Teubner Studienbücher

Mathematik

Ahlswede/Wegener: **Suchprobleme**
328 Seiten. DM 29,80

Ansorge: **Differenzenapproximationen partieller Anfangswertaufgaben**
298 Seiten. DM 29,80 (LAMM)

Bohl: **Finite Modelle gewöhnlicher Randwertaufgaben**
318 Seiten. DM 29,80 (LAMM)

Böhmer: **Spline-Funktionen**
Theorie und Anwendungen. 340 Seiten. DM 30,80

Bröcker: **Analysis in mehreren Variablen**
einschließlich gewöhnlicher Differentialgleichungen und des Satzes von Stokes
VI, 361 Seiten. DM 29,80

Clegg: **Variationsrechnung**
138 Seiten. DM 18,80

Collatz: **Differentialgleichungen**
Eine Einführung unter besonderer Berücksichtigung der Anwendungen
6. Aufl. 287 Seiten. DM 29,80 (LAMM)

Collatz/Krabs: **Approximationstheorie**
Tschebyscheffsche Approximation mit Anwendungen. 208 Seiten. DM 28,—

Constantinescu: **Distributionen und ihre Anwendung in der Physik**
144 Seiten. DM 19,80

Dinges/Rost: **Prinzipien der Stochastik**
294 Seiten. DM 34,—

Fischer/Sacher: **Einführung in die Algebra**
2. Aufl. 240 Seiten. DM 19,80

Floret: **Maß- und Integrationstheorie**
Eine Einführung. 360 Seiten. DM 29,80

Grigorieff: **Numerik gewöhnlicher Differentialgleichungen**
Band 1: Einschrittverfahren. 202 Seiten. DM 18,80
Band 2: Mehrschrittverfahren. 411 Seiten. DM 29,80

Hainzl: **Mathematik für Naturwissenschaftler**
3. Aufl. 376 Seiten. DM 29,80 (LAMM)

Hässig: **Graphentheoretische Methoden des Operations Research**
160 Seiten. DM 26,80 (LAMM)

Hettich/Zencke: **Numerische Methoden der Approximation und semi-infinitiven Optimierung**
232 Seiten. DM 24,80

Hilbert: **Grundlagen der Geometrie**
12. Aufl. VII, 271 Seiten. DM 25,80

Jeggle: **Nichtlineare Funktionalanalysis**
Existenz von Lösungen nichtlinearer Gleichungen. 255 Seiten. DM 26,80

Kall: **Mathematische Methoden des Operations Research**
Eine Einführung. 176 Seiten. DM 24,80 (LAMM)

Fortsetzung auf der 3. Umschlagseite

Teubner Studienbücher   Mathematik

W. Uhlmann
Statistische Qualitätskontrolle

Leitfäden der angewandten Mathematik und Mechanik LAMM

Unter Mitwirkung von
Prof. Dr. E. Becker, Darmstadt
Prof. Dr. G. Hotz, Saarbrücken
Prof. Dr. P. Kall, Zürich
Prof. Dr. K. Magnus, München
Prof. Dr. E. Meister, Darmstadt
Prof. Dr. Dr. h. c. F. K. G. Odqvist, Stockholm

herausgegeben von
Prof. Dr. Dr. h. c. H. Görtler, Freiburg

Band 7

Die Lehrbücher dieser Reihe sind einerseits allen mathematischen Theorien und Methoden von grundsätzlicher Bedeutung für die Anwendung der Mathematik gewidmet; andererseits werden auch die Anwendungsgebiete selbst behandelt. Die Bände der Reihe sollen dem Ingenieur und Naturwissenschaftler die Kenntnis der mathematischen Methoden, dem Mathematiker die Kenntnisse der Anwendungsgebiete seiner Wissenschaft zugänglich machen. Die Werke sind für die angehenden Industrie- und Wirtschaftsmathematiker, Ingenieure und Naturwissenschaftler bestimmt, darüber hinaus aber sollen sie den im praktischen Beruf Tätigen zur Fortbildung im Zuge der fortschreitenden Wissenschaft dienen.

Statistische Qualitätskontrolle

Eine Einführung

Von Dr. rer. nat. Werner Uhlmann
Professor an der Universität Würzburg

2., überarbeitete und erweiterte Auflage
Mit 35 Figuren, 10 Tabellen und 93 Aufgaben

 B. G. Teubner Stuttgart 1982

Prof. Dr. rer. nat. Werner Uhlmann

Geboren 1928 in Hamburg. Studium der Mathematik in
Hamburg. 1952 Diplom, 1955 Promotion und 1961 Habili-
tation. Von 1956 bis 1961 Assistent in Hamburg, von 1961 bis
1965 Dozent in Braunschweig, 1962/63 Lehrstuhlvertre-
tung Karlsruhe, ab 1965 o. Prof. für Statistik in Würzburg.
Von 1965 bis 1974 Vorstand des Instituts für Statistik,
ab 1974 Mitvorstand des Instituts für Angewandte Mathematik und Statistik der Universität Würzburg

CIP-Kurztitelaufnahme der Deutschen Bibliothek

Uhlmann, Werner:
Statistische Qualitätskontrolle : e. Einf. /
von Werner Uhlmann. – 2., überarb. u. erw.
Aufl. – Stuttgart : Teubner, 1982.
   (Leitfäden der angewandten Mathematik und
   Mechanik ; Bd. 7) (Teubner-Studienbücher :
   Mathematik)
   ISBN-13: 978-3-519-12306-4   e-ISBN-13: 978-3-322-84871-0
   DOI: 10.1007/978-3-322-84871-0
NE: 1. GT

Satz: Elsner & Behrens GmbH, Oftersheim

Umschlaggestaltung: W. Koch, Sindelfingen

Vorwort

In diesem Buch soll eine Einführung in die Kontrollverfahren gegeben werden, die bei
der Entscheidung über Annahme oder Ablehnung einer Partie von Waren oder irgendwelcher Produkte oder die zur Überwachung einer Fertigung eingesetzt werden. Der
Zusatz „statistisch" im Titel weist darauf hin, daß es hier ausschließlich um Stichprobenverfahren geht und nicht um die technische Durchführung erforderlicher Messungen und
auch nicht um die erforderlichen organisatorischen Maßnahmen im Betrieb.

Nur ein kleiner Teil der Studierenden der Mathematik, der Ingenieurwissenschaften und
der Wirtschaftswissenschaften hat Zeit und Gelegenheit, dieses Teilgebiet der mathematischen Statistik in Vorlesungen zu hören. Hierauf war bei der Konzeption des Buches
ebenso Rücksicht zu nehmen wie auf die unterschiedlichen mathematischen und statistischen Vorkenntnisse der Leser. Deshalb werden alle erforderlichen Begriffe und Lehrsätze aus der Wahrscheinlichkeitstheorie und der mathematischen Statistik in den ersten
beiden Abschnitten so breit dargestellt, daß die Lektüre ohne Rückgriff auf andere Lehrbücher möglich ist. Zwar ist die Benutzung von einfachen mathematischen Hilfsmitteln
unvermeidbar, doch habe ich mich bemüht, das Verständnis durch ausführliche Erläuterungen, durch häufige Wiederholung der Bedeutung der benutzten Symbole und die
Vermeidung von „Abkürzungen" zu erleichtern. Andererseits werden die Bezeichnungen
und Definitionen in so allgemeiner Form eingeführt, wie es das Studium weiterführender
Literatur erfordert.

Der Zielsetzung einer „Einführung" entsprechend kommt es darauf an, die grundlegenden Ideen und Konzepte der statistischen Kontrollverfahren vorzustellen, ihre Konse-
quenzen und Eigenschaften zu untersuchen und darzulegen, wie man bei einmal gewähl-
tem Konzept das statistische Verfahren für eine gegebene Anwendungssituation konkret
festlegt. Vollständigkeit konnte und sollte dabei nicht angestrebt werden. Ganz bewußt
wurde darauf verzichtet, Rezepte durch bloße Hinweise auf als Prüfanweisung zu verwen-
dende Tabellenwerke, wie z. B. Military Standard, zu geben, denn wer ein statistisches
Verfahren sinnvoll anwenden will, muß seine Voraussetzungen, seine Zielsetzung und
seine Eigenschaften verstanden haben. Für die in diesem Buch behandelten Verfahren
reichen für die Anwendungen in der Regel die üblichen statistischen Tafelwerke, oft auch
schon die hier eingefügten kleinen Tabellen aus, wobei die erforderlichen Rechnungen
leicht mit einem Taschenrechner zu bewältigen sind. Um die Lektüre weiterführender,
oft englisch geschriebener Literatur zu erleichtern, sind bei den Definitionen der einzelnen Begriffe die englischen Fachausdrücke hinzugefügt, wobei auch die üblichen Abkürzungen angeführt sind.

Gegenüber der 1. Auflage wurden einige Änderungen und vor allem erhebliche Ergänzungen vorgenommen. In den ersten beiden Abschnitten findet sich jetzt auch die
Weibull-Verteilung, wurde die Einführung des Begriffes „Zufallsstichprobe" völlig über-
arbeitet und wurden die Ausführungen über die Entscheidungstheorie um die Darstellung
von Optimalitätsprinzipien ergänzt. Erhebliche Erweiterungen haben die folgenden
Abschnitte dadurch erfahren, daß die für die Anwendungen so wichtigen die Kosten
erfassenden Verfahren aufgenommen wurden. Bei der Eingangs- und Endkontrolle hat

sich für solche Verfahren die Kennzeichnung „kostenoptimal" eingebürgert. Für die laufende Kontrolle eines Produktionsprozesses ergibt sich durch solche Verfahren die Möglichkeit, auch die Kontrollabstände sachgerecht festzulegen. In einigen wenigen Fällen wird dabei nur das mathematische Modell vorgestellt, auf die Angabe der recht komplizierten Lösung aber verzichtet; doch genügt die Kenntnis des Modells bereits, um die Frage zu entscheiden, ob das Verfahren bei einer gegebenen Situation eingesetzt werden kann.

Auch an dieser Stelle möchte ich mich bei denjenigen sehr herzlich bedanken, die mir wesentlich geholfen haben: Herrn Dr. H. Basler für eine ausführliche Diskussion des Stichprobenbegriffes, Herrn Dipl.-Math. M. Behl und Herrn Dr. E. v. Collani für die gründliche Durchsicht aller überarbeiteten und neuen Abschnitte, Frau S. Strobl für das sorgfältige Schreiben des Manuskriptes und meiner Frau für das unermüdliche Korrekturenlesen.

Würzburg, im Juli 1981   Werner Uhlmann

Inhalt

1 Wahrscheinlichkeitstheoretische Grundlagen

Die statistische Qualitätskontrolle kann als ein Teilgebiet der mathematischen Statistik angesehen werden. Beiden gemeinsam ist folgendes Kernproblem: Aus einer Grundgesamtheit (z. B. von Waren) werden in gewisser Weise „blindlings" oder „zufällig" einige Elemente als Stichprobe gezogen. Was läßt sich dann auf Grund der Stichprobe quantitativ über die Grundgesamtheit aussagen? Um diese Frage mit mathematischen Hilfsmitteln zu behandeln, bedient man sich naturgemäß der Wahrscheinlichkeitstheorie, die ja eigens geschaffen wurde, um Abhängigkeiten vom Zufall zu studieren. Demgemäß wollen wir in den beiden einleitenden Kapiteln die für die Qualitätskontrolle wichtigen Grundbegriffe und Tatsachen der Wahrscheinlichkeitstheorie und der mathematischen Statistik behandeln. Um den Rahmen des vorliegenden Buches nicht zu sprengen, kann dies nur in aller Kürze geschehen; insbesondere wird auf fast alle Beweise verzichtet werden, soweit sie nicht sehr elementar sind und das Verständnis der betreffenden Sätze beträchtlich fördern. Wer sich näher mit der Wahrscheinlichkeitstheorie befassen will, möge zu speziellen Lehrbüchern greifen. Um wenigstens einige zu nennen, sei auf die Bücher der folgenden Autoren aufmerksam gemacht, wobei die Zahl in eckigen Klammern das Erscheinungsjahr ist: H. B a s l e r [1978] und [1977], H. B a u e r [1978], K. L. C h u n g [1978], M. F i s z [1980], B. W. G n e d e n k o [1965], K. H i n d e r e r [1975], M. L o è v e [1977], P. H. M ü l l e r [1980], A. R é n y i [1962], W. V o g e l [1970]. Auch die am Anfang von Abschnitt 2 genannten Bücher über mathematische Statistik enthalten fast alle eine Einführung in die Wahrscheinlichkeitstheorie.

1.1 Begriff der Wahrscheinlichkeit

1.1.1 Anschauliche Bemerkungen

Bevor wir die hierher gehörenden mathematischen Begriffe definieren, wollen wir unser Ziel anschaulich formulieren. Gewissen E r e i g n i s s e n soll jeweils eine reelle Zahl zwischen 0 und 1 zugeordnet werden, die dann die Wahrscheinlichkeit des betreffenden Ereignisses heißt. Beispiele dafür sind:

1. Das Ereignis, mit einem gegebenen Würfel die Zahl „drei" zu würfeln.

2. Das Ereignis, daß ein aus einer Warenlieferung zufällig herausgegriffenes Stück „gut" im Sinne der Lieferbedingungen ist.

3. Das Ereignis, daß ein aus einer Produktion zufällig herausgegriffenes Werkstück ein Bohrloch mit einem Durchmesser zwischen 24,5 mm und 25,0 mm aufweist.

Wir werden später genauer erörtern, wie das z u f ä l l i g e Herausgreifen in der Praxis zu realisieren ist, doch sei hier schon bemerkt, daß es dabei im wesentlichen darauf ankommt, daß das Herausgreifen oder, anders ausgedrückt, das Auswahlverfahren unabhängig von dem interessierenden Merkmal ist.

Zu beachten ist, daß sich Ereignisse miteinander verknüpfen lassen. So kann man z. B.
das Ereignis betrachten, eine „Zwei" oder eine „Drei" zu würfeln. Auch kann bei zwei
Ereignissen E_1 und E_2 das neue Ereignis „E_1 und E_2 treten gleichzeitig ein" von Bedeutung sein, z. B. eine ungerade Zahl zu würfeln, die zugleich kleiner als vier ist. Bei einem
Ereignis E spielt oft auch das Ereignis „nicht E" eine Rolle; im zweiten Beispiel etwa
das Ereignis, daß das Stück „nicht gut", also schlecht, ist. Das obige dritte Beispiel
schließlich lehrt, daß praktisch wichtige Ereignisse sich manchmal aus vielen sogenannten
Elementarereignissen zusammensetzen. So ist etwa das Ergebnis „Durchmesser ist gleich
24,532 mm" ein mögliches solches Elementarereignis. Ein Ereignis ist dann also eine
Menge von Elementarereignissen.

Die Wahrscheinlichkeit eines Ereignisses E soll später interpretiert werden als relative
Häufigkeit bei vielen Versuchen, wobei

$$\text{(relative Häufigkeit von E)} = \frac{\text{Anzahl der Versuche mit E}}{\text{Anzahl aller Versuche}}$$

zu setzen ist. Den oben angedeuteten Verknüpfungen entsprechen gewisse Relationen
zwischen den relativen Häufigkeiten, die beachtet werden müssen, um zu einem praktisch anwendbaren Wahrscheinlichkeitsbegriff zu gelangen. Wir werden auf diese Weise
die sogenannte objektive Wahrscheinlichkeit erhalten, die eine zum Zwecke der mathematischen Behandlung vorgenommene Präzisierung (oder Idealisierung) der relativen
Häufigkeit in langen Versuchsreihen ist. Das Wort „Wahrscheinlichkeit" wird im täglichen
Sprachgebrauch noch in einer Weise benutzt, die sich etwa mit „Grad unseres Wissens
beziehungsweise Nicht-Wissens" umschreiben läßt. Dieser Begriff kann präzisiert werden
zur sogenannten subjektiven Wahrscheinlichkeit. Eine sehr ausführliche Erläuterung
beider Begriffe findet sich in dem Buch von C a r n a p und S t e g m ü l l e r [1959].

1.1.2 Definitionsbereich

Entsprechend dem eben anschaulich formulierten Ziel müssen wir zunächst dafür Sorge
tragen, einen Definitionsbereich für Wahrscheinlichkeiten zu schaffen, in dem die Operationen ausführbar sind, die den Verknüpfungen von Ereignissen entsprechen.

Ω sei eine beliebige Menge von Elementen ω. Es sei mindestens ein Element vorhanden.
Die Elemente ω von Ω bezeichnen wir als Elementarereignisse; jedes ω repräsentiert
einen möglichen Versuchsausgang.

Es sei M eine Teilmenge von Ω, also kürzer geschrieben: $M \subseteq \Omega$. Wir lassen dabei stets
auch die beiden Extremfälle zu, daß M überhaupt kein Element enthält, also die leere
Menge $\emptyset$ ist, oder daß M aus allen Elementen von Ω besteht, also $M = \Omega$ ist. Dann besteht
das K o m p l e m e n t $\complement M$ von M aus allen Elementen von Ω, die nicht zu M gehören:

$$\complement M = \{\omega : \omega \notin M\}.$$

Hierbei ist die rechte Seite zu lesen als „Menge der ω (natürlich aus Ω), für die ω kein
Element aus M ist".

Die V e r e i n i g u n g s m e n g e $M \cup N$ zweier Teilmengen von Ω ist definiert durch

$$M \cup N = \{\omega : \omega \in M \quad \text{oder} \quad \omega \in N\}$$

als Menge der ω, die Elemente aus M oder aus N (oder aus beiden) sind. Unter dem
D u r c h s c h n i t t $M \cap N$ von M und N versteht man

$$M \cap N = \{\omega : \omega \in M \quad \text{und} \quad \omega \in N\}$$

die Menge der ω, die sowohl Element von M als auch von N sind. Schließlich ist noch
die D i f f e r e n z

$$M - N = \{\omega : \omega \in M, \omega \notin N\}$$

von Bedeutung, die aus denjenigen Elementen von M besteht, die nicht zu N gehören.

Die Definitionen von Vereinigung und Durchschnitt lassen sich sofort auf beliebig viele
Teilmengen erweitern.

$$\bigcup_{i \in I} M_i = \{\omega : \omega \in M_i \text{ für mindestens ein } i \in I\}$$

$$\bigcap_{i \in I} M_i = \{\omega : \omega \in M_i \text{ für jedes } i \in I\}$$

Hierbei ist I eine beliebige Menge von Indizes und $M_i \subseteq \Omega$ für jedes $i \in I$.

Für ein System von Teilmengen, das abgeschlossen gegenüber allen diesen Operationen
ist, führen wir die Bezeichnung σ-Algebra ein:

Definition 1.1 *Ein nicht-leeres System S von Teilmengen einer nicht-leeren Menge Ω
heißt eine σ-A l g e b r a , wenn mit $M \in S$ stets auch $CM \in S$ ist, und wenn mit je endlich oder abzählbar unendlich vielen $M_1 \in S, M_2 \in S, M_3 \in S, \ldots$ stets auch $\bigcup_i M_i \in S$ ist.*

Zum Verständnis sei betont, daß die Elemente von S Teilmengen von Ω sind. Weiter sei
daran erinnert, daß man eine Menge von Elementen a b z ä h l b a r nennt, wenn man
sie, anschaulich gesprochen, mit Hilfe der natürlichen Zahlen durchnumerieren kann,
genauer gesagt, wenn man die Elemente eineindeutig auf eine Teilmenge der natürlichen
Zahlen abbilden kann. Daß man sich bei der Vereinigungsmenge nicht auf endlich viele
Elemente beschränkt, wird sich bei den Anwendungen als nützlich erweisen, hat darüber
hinaus aber auch innermathematische Gründe, wobei insbesondere die Darstellungssätze
von M. H. S t o n e zu nennen sind, die man z. B. in dem Buch von D. A. K a p p o s
[1960] nachlesen kann.

Trotz der geringen Forderungen, die man an eine σ-Algebra stellt, ist die Abgeschlossen-
heit bezüglich aller oben eingeführten Operationen gewährleistet, d. h. sie sind innerhalb
von S ausführbar. Dies zeigt der folgende, ohne Beweis zitierte

Satz 1.1 *Wenn S eine σ-Algebra ist und $M, N, M_1, M_2, \ldots$ abzählbar viele Elemente aus
S sind, so ist auch $M - N \in S$ und $\bigcap_i M_i \in S$. Weiter ist stets die leere Menge $\emptyset$ und auch
die Menge Ω selbst ein Element aus S.*

Haben wir eingangs die Elemente ω der Menge Ω als Elementarereignisse bezeichnet, so
nennen wir nun die Elemente E der σ-Algebra S Ereignisse. Wir sagen, daß ein Ereignis E

eintritt, wenn ein Elementarereignis eintritt, das zu E gehört. Dem Komplement CE entspricht dann das Ereignis, daß E nicht auftritt. Ist $E_1 \in S$ und $E_2 \in S$, so ist $E_1 \cup E_2$ als das Ereignis zu interpretieren, daß E_1 oder E_2 eintritt, während $E_1 \cap E_2$ das Ereignis ist, daß sowohl E_1 als auch E_2 eintritt. Weiter bezeichnet $E_1 - E_2$ das Ereignis, daß zwar E_1, aber nicht E_2 eintritt. Da bei diesem Modell das Ergebnis eines Versuches stets ein Element $\omega \in \Omega$ ist, so bezeichnet man Ω, aufgefaßt als Element aus S, auch als sicheres Ereignis und die leere Menge $\emptyset$, die ja auch zu S gehört, als unmögliches Ereignis. Damit hat sich, was die Operationen mit endlich vielen Elementen angeht, die σ-Algebra S als brauchbares Modell für die anschaulich eingeführte Menge der Ereignisse und ihre Verknüpfungen herausgestellt.

Für die Anwendungen in der Statistik, und damit auch bei der Qualitätskontrolle, sind die folgenden beiden Beispiele von besonderer Wichtigkeit.

Aus der Definition 1.1 folgt sofort, daß das System aller Teilmengen von Ω eine σ-Algebra bildet. Diese σ-Algebra aller Teilmengen ist praktisch nur dann von Bedeutung, wenn die Menge der Elementarereignisse endlich, wie bei einem Wurf mit einem Würfel, oder abzählbar unendlich ist.

Das dritte Beispiel in 1.1.1 führt dagegen zu einer anderen σ-Algebra. Die Elementarereignisse sind hier reelle Zahlen, und die für die Praxis interessanten Ereignisse sind Intervalle von reellen Zahlen. Wir nehmen für Ω die Menge $R^{(1)}$ aller reellen Zahlen. Da das Komplement eines Intervalls kein Intervall ist, bildet das System aller Intervalle sicher keine σ-Algebra. Wohl aber kann man relativ leicht beweisen, daß es ein kleinstes System von Teilmengen des $R^{(1)}$ gibt, das einerseits eine σ-Algebra bildet und das andererseits die Intervalle (offene, abgeschlossene und halboffene) als Elemente enthält. Man nennt dieses System die σ - A l g e b r a d e r B o r e l - M e n g e n und ihre Elemente dementsprechend die B o r e l - M e n g e n. Es sei bemerkt, daß man relativ leicht Beispiele für Teilmengen des $R^{(1)}$ angeben kann, die keine Borel-Mengen sind.

1.1.3 Definition der Wahrscheinlichkeit

Wir haben uns in der σ-Algebra einen brauchbaren Definitionsbereich für Wahrscheinlichkeiten geschaffen, die wir nun als spezielle Mengenfunktionen einführen wollen. Allgemein ordnet eine Mengenfunktion jeder Menge eines gewissen Systems eine reelle Zahl als Funktionswert zu. So haben wir z. B. eine Mengenfunktion vor uns, wenn wir jedem reellen Intervall — aufgefaßt als Punktmenge — seine Länge als Funktionswert zuordnen.

Definition 1.2 *S sei eine σ-Algebra von Teilmengen einer Menge Ω. Eine für jedes $E \in S$ definierte Mengenfunktion W heißt ein* W a h r s c h e i n l i c h k e i t s m a ß, *wenn folgendes gilt:*

1. *W ist nicht negativ, d. h.* $W(E) \geqslant 0$ *für jedes* $E \in S$.

2. *W ist total-additiv, d. h. für je abzählbar viele Elemente* $E_1, E_2, E_3, \ldots$ *aus S ist*

$$W\left(\bigcup_i E_i\right) = \sum_i W(E_i),$$

falls nur $E_j \cap E_k$ *leer ist für alle* $j \neq k$.

3. W *ist normiert, d. h. es ist* $W(\Omega) = 1$.

W(E) *heißt die* W a h r s c h e i n l i c h k e i t *des Ereignisses* E *und* (Ω, S, W) *ein*
W a h r s c h e i n l i c h k e i t s r a u m.

Bevor wir auf die Interpretation eingehen, sollen einige einfache Folgerungen gezogen
werden. Wegen der besonderen Bedeutung der zweiten Eigenschaft notieren wir uns noch
einmal den Spezialfall zweier Elemente. Es sei $E_1 \in S$ und $E_2 \in S$, und es sei $E_1 \cap E_2$ leer;
dann gilt die S u m m e n r e g e l

$$W(E_1 \cup E_2) = W(E_1) + W(E_2). \tag{1.1}$$

Für jedes $E \in S$ ist auch $CE \in S$ und $E \cup CE = \Omega$, und damit folgt aus (1.1) und der dritten
und der ersten Eigenschaft:

$$W(CE) = 1 - W(E) \tag{1.2}$$

und $\quad 0 \leqslant W(E) \leqslant 1.$ $\hspace{6cm}$ (1.3)

Für $E = \Omega$ folgt aus (1.2) für die leere Menge

$$W(\emptyset) = 0, \tag{1.4}$$

doch sei bemerkt, daß umgekehrt aus $W(E) = 0$ keineswegs $E = \emptyset$ folgen muß.

Wenn $E_1 \in S$, $E_2 \in S$ und $E_1 \subseteq E_2$ ist, so ist $E_1 \cup (E_2 - E_1) = E_2$ und $E_1 \cap (E_2 - E_1) = \emptyset$
und also $W(E_1) + W(E_2 - E_1) = W(E_2)$, und es gilt also die M o n o t o n i e - Eigenschaft:
Aus $E_1 \subseteq E_2$ folgt

$$W(E_1) \leqslant W(E_2). \tag{1.5}$$

Man sagt dafür auch: Jedes Wahrscheinlichkeitsmaß ist isoton.

Wie in 1.1.1 schon skizziert wurde, soll die Wahrscheinlichkeit W(E) eines Ereignisses E
interpretiert werden als relative Häufigkeit von E bei sehr vielen Versuchen unter ungeänderten Versuchsbedingungen. Diese Interpretation ist durchführbar, weil den zur Definition benutzten und damit auch den eben abgeleiteten Eigenschaften der Wahrscheinlichkeit entsprechende Relationen der relativen Häufigkeit gegenüberstehen. So ist die relative
Häufigkeit eines Ereignisses E offenbar eine reelle Zahl zwischen 0 und 1, wobei das
unmögliche Ereignis die relative Häufigkeit 0 und das sichere Ereignis die relative Häufigkeit 1 hat. Man überlegt sich auch, daß die Gleichungen (1.1) bis (1.5) richtig bleiben,
wenn man die Wahrscheinlichkeit W durch die relative Häufigkeit ersetzt, und zwar gilt
dies nicht nur für viele Versuche, sondern stets; erst die Definition 1.10 der Unabhängigkeit führt zu der Einschränkung der Interpretation auf „sehr viele" Versuche. Daß man
in der Definition 1.2 die Total-Additivität, nicht nur die endliche Additivität, fordert,
hat seinen Grund darin, daß so eine gewisse Stetigkeit des Wahrscheinlichkeitsmaßes
sichergestellt wird.

Von besonderer Wichtigkeit für die Praxis ist es, daß man Ereignisse mit sehr kleiner
Wahrscheinlichkeit als praktisch nicht vorkommend und Ereignisse mit einer Wahrscheinlichkeit nahe bei 1 als praktisch stets vorkommend interpretiert und entsprechend handelt beziehungsweise Entscheidungen trifft. Es sei ausdrücklich betont, daß es unter
anderem von psychologischen Gegebenheiten abhängt, ob man eine Wahrscheinlichkeit

als „sehr klein" ansieht. Für viele statistische Zwecke ist in diesem Sinne 0,01 bereits „sehr klein". Nach der starken Beteiligung am Zahlen-Lotto („6 aus 49") zu urteilen, erfährt dagegen die außerordentlich kleine Wahrscheinlichkeit von rund $1 : 14\,000\,000$ für den Gewinn im 1. Rang eine andere Einschätzung.

Für manche statistischen Zwecke ist es üblich, die Wahrscheinlichkeit in Prozent auszudrücken und z. B. $W(E) = 25\%$ an Stelle von $W(E) = 0,25$ zu schreiben.

1.1.4 Endlich viele Elementarereignisse

Besonders einfach läßt sich ein Wahrscheinlichkeitsraum (Ω, S, W) beschreiben, wenn die Menge Ω der Elementarereignisse nur aus endlich vielen Elementen besteht, sagen wir $\omega_1, \omega_2, \ldots, \omega_N$. Als σ-Algebra S nehmen wir das System aller Teilmengen von Ω. Ein Wahrscheinlichkeitsmaß W über S ist vollständig beschrieben, wenn man die Wahrscheinlichkeiten der Ereignisse $\{\omega_i\}$ kennt, die aus nur einem Elementarereignis ω_i bestehen:

$$W(\{\omega_i\}) = p_i \quad \text{für} \quad i = 1, 2, \ldots, N. \tag{1.6}$$

Nach Definition 1.2 muß $0 \leqslant p_i \leqslant 1$ und $\sum_{i=1}^{N} p_i = 1$ sein, und umgekehrt kann man die p_i beliebig vorgeben, sofern sie nur diesen beiden Relationen genügen. Jedes Ereignis $E \in S$ läßt sich eindeutig darstellen in der Form $E = \{\omega_{\nu_1}, \omega_{\nu_2}, \ldots, \omega_{\nu_n}\}$ mit $1 \leqslant \nu_1 < \nu_2 < \cdots < \nu_n \leqslant N$, und nach der zweiten Eigenschaft in Definition 1.2 ist dafür

$$W(E) = \sum_{j=1}^{n} p_{\nu_j}. \tag{1.7}$$

Betrachten wir als Beispiel das Würfeln mit einem Würfel. Hier besteht Ω aus $N = 6$ Elementen; ω_i ist das (Elementar-)Ereignis, bei einem Wurf die Augenzahl i zu würfeln $(i = 1, 2, \ldots, 6)$, und p_i ist die zugehörige Wahrscheinlichkeit. Mit den obigen Bezeichnungen läßt sich das Ereignis E', eine gerade Zahl zu würfeln, in der Form $E' = \{\omega_2, \omega_4, \omega_6\}$ schreiben, und nach Gl. (1.7) ist $W(E') = p_2 + p_4 + p_6$. Bei einem schlecht gearbeiteten Würfel müssen die p_i durchaus nicht einander gleich sein. Die numerische Bestimmung der p_i ist – im Sinne des hier benutzten objektiven Wahrscheinlichkeitsbegriffes – nur durch (viele) Experimente möglich. Auf die durchaus nützliche Möglichkeit, im Sinne des subjektiven Wahrscheinlichkeitsbegriffes Aussagen über die p_i zu machen, etwa durch Schlüsse aus der Homogenität und Symmetrie des Würfels, soll hier aus Platzmangel nicht eingegangen werden.

Gl. (1.7) läßt sich noch vereinfachen, wenn man weiß, daß die endlich vielen Elementarereignisse ω_i alle gleich-wahrscheinlich sind:

$$p_1 = p_2 = \cdots p_N.$$

Da $\sum_{i=1}^{N} p_i = 1$ ist, folgt sofort, daß $p_i = 1/N$ ist für $i = 1, 2, \ldots, N$. Betrachten wir nun wieder unser Ereignis $E = \{\omega_{\nu_1}, \omega_{\nu_2}, \ldots, \omega_{\nu_n}\}$, das sich aus n Elementarereignissen zusammensetzt. Nach einer alten Gewohnheit nennt man die Elementarereignisse $\omega_{\nu_1}, \omega_{\nu_2}, \ldots, \omega_{\nu_n}$ günstig für E. Wegen der Gleich-Wahrscheinlichkeit ergibt Gl. (1.7)

$$W(E) = \frac{n}{N}.$$

Wir haben damit folgende, leicht zu merkende Regel erhalten:

Wahrscheinlichkeit von E

$$= \frac{\text{Anzahl der für E günstigen Elementarereignisse}}{\text{Anzahl der möglichen, gleich-wahrscheinlichen Elementarereignisse}}.$$

Nebenbei sei bemerkt, daß mit Hilfe dieser Regel praktisch alle bei Glücksspielen auftretenden Wahrscheinlichkeiten zu berechnen sind, wobei allerdings das Abzählen der günstigen beziehungsweise möglichen Fälle oft nicht ganz einfach auszuführen ist.

Aufgabe 1.1 Von einem Würfel sei bekannt, daß bei jedem Wurf die möglichen sechs Augenzahlen gleich-wahrscheinlich sind. Wie groß ist die Wahrscheinlichkeit, bei drei „unabhängigen" Würfen insgesamt mindestens die Augenzahl 16 zu erreichen? Man stelle eine Liste aller (gleich-wahrscheinlichen!) Elementarereignisse auf.

Aufgabe 1.2 Eine Warenlieferung bestehe aus 20 Stücken, von denen 15 gut und 5 schlecht sind. Wieviele Möglichkeiten gibt es, 4 Stücke gleichzeitig herauszugreifen? Wie groß ist unter der Voraussetzung, daß jede dieser Möglichkeiten gleichwahrscheinlich ist, die Wahrscheinlichkeit dafür, daß mindestens eines der ausgewählten 4 Stücke schlecht ist? (Hinweis: Man berechne zunächst die Wahrscheinlichkeit dafür, daß alle 4 Stücke gut sind, und benutze Gl. (1.2).)

Aufgabe 1.3 Man beweise folgenden Spezialfall des Satzes 1.1: Es sei S eine σ-Algebra von Teilmengen der Menge Ω, und es sei $M \in S$ und $N \in S$. Man zeige, daß $M - N \in S$ und $M \cap N \in S$ ist. (Hinweis: Man drücke die Differenz beziehungsweise den Durchschnitt durch die schon in S ausführbaren Operationen aus.) Man zeige, daß $\Omega \in S$ und $\emptyset \in S$ ist.

1.2 Zufällige Variable und Verteilungsfunktion

1.2.1 Eindimensionale zufällige Variable

Im vorigen Abschnitt haben wir den Begriff des Wahrscheinlichkeitsraumes (Ω, S, W) eingeführt. Von Spezialfällen, etwa endlich vielen Elementarereignissen, abgesehen, bereitet es bei dieser recht abstrakten Definition Schwierigkeiten, das Wahrscheinlichkeitsmaß W explizit anzugeben, müßte man doch zu jedem Element der σ-Algebra S die zugehörige Wahrscheinlichkeit aufschreiben. In der Praxis lassen sich aber im allgemeinen die Elementarereignisse durch eine reelle Zahl (oder, wie in 1.2.3 behandelt werden wird, mehrere Zahlen) beschreiben. Dies kann natürlich auch geschehen, wenn man auf gewisse Eigenschaften achtet, also z. B. einem guten Werkstück die Zahl 0 und einem schlechten Werkstück die Zahl 1 zuordnet. Wir haben also — etwas mathematischer gesprochen — eine Abbildung oder Funktion x zu betrachten, die jedem Elementarereignis ω eine reelle Zahl $x(\omega)$ zuordnet. Nun interessiert uns insbesondere das Ereignis, daß die vom Zufall (repräsentiert durch ω) abhängige Zahl $x(\omega)$ in einem vorgegebenen Intervall liegt. Wir müssen daher dafür Sorge tragen, daß mit Hilfe der Abbildung x das auf S definierte Wahrscheinlichkeitsmaß W auf eine die Intervalle umfassende σ-Algebra über der Menge $R^{(1)}$ der reellen Zahlen übertragen wird. Abbildungen, die dies leisten, werden wir im folgenden als zufällige Variable definieren, und ihre anschließend einzuführende Verteilungsfunktion wird die gewünschte einfache Beschreibung des Wahrscheinlichkeitsmaßes ermöglichen.

Definition 1.3 *(Ω, S, W) sei ein Wahrscheinlichkeitsraum. Die Funktion x ordne jedem $\omega \in \Omega$ eine (und nur eine) reelle Zahl x(ω) zu. x heißt eine (eindimensionale)* z u f ä l - l i g e   V a r i a b l e , *wenn*

$$\{\omega : x(\omega) \leqslant y\} \in S$$

ist für jede reelle Zahl y.

Soll zwischen Funktion und Funktionswert unterschieden werden, so nennt man den von der zufälligen Variablen x für ein ω angenommenen Wert x(ω) eine R e a l i s a - t i o n der zufälligen Variablen.

Diese Definition stellt zunächst sicher, daß wenigstens die Urbilder der speziellen Intervalle $(-\infty, y]$, d. h. die Menge der ω, für die x(ω) $\leqslant$ y ausfällt, Elemente aus S sind, für die ja das Wahrscheinlichkeitsmaß W definiert ist.

Für jede auf Ω definierte, reellwertige Funktion x(ω) und jedes reelle y ist ersichtlich

$$\{\omega : x(\omega) < y\} = \bigcup_{i=1}^{\infty} \left\{ \omega : x(\omega) \leqslant y - \frac{1}{i} \right\}$$

$$\text{und} \qquad \{\omega : x(\omega) \leqslant y\} = \bigcap_{i=1}^{\infty} \left\{ \omega : x(\omega) < y + \frac{1}{i} \right\}.$$

Daraus folgt unmittelbar, daß es bei der Definition 1.3 nicht darauf ankommt, daß man den Endpunkt y des Intervalles mitnimmt:

Satz 1.2 *Eine auf Ω definierte, reellwertige Funktion x(ω) ist genau dann eine zufällige Variable, wenn*

$$\{\omega : x(\omega) < y\} \in S$$

ist für jede reelle Zahl y.

Bei zufälligen Variablen sind aber nicht nur die Urbilder der speziellen Intervalle $(-\infty, y]$ und $(-\infty, y)$ Elemente aus S, sondern die Urbilder aller Intervalle und darüber hinaus aller Borel-Mengen. Dies zeigt der folgende Satz, dessen Beweis naturgemäß von der Struktur der σ-Algebra der Borel-Mengen Gebrauch macht, die ja die kleinste die Intervalle umfassende σ-Algebra ist.

Satz 1.3 *Eine auf Ω definierte, reellwertige Funktion x(ω) ist genau dann eine zufällige Variable, wenn*

$$\{\omega : x(\omega) \in B\} \in S$$

für jede Borel-Menge B ist.

Übrigens ist in der Terminologie der Maßtheorie eine zufällige Variable nichts anderes als eine S-meßbare Abbildung von Ω in den $R^{(1)}$.

Anschaulich ist es klar, daß Summe und Produkt usw. von zufälligen Variablen wieder zufällige Variable sind, doch muß mathematisch dazu bewiesen werden, daß die in Definition 1.3 geforderte S-Meßbarkeit erhalten bleibt. Dies zeigt der ohne Beweis zitierte

Satz 1.4 $x_1(\omega), x_2(\omega), \ldots, x_n(\omega)$ *seien endlich viele zufällige Variable und* $c_1, c_2, \ldots, c_n$ *reelle Zahlen. Dann sind auch*

$$|x_1(\omega)|$$

und $\quad c_1 x_1(\omega) + c_2 x_2(\omega) + \ldots + c_n x_n(\omega)$

und $\quad x_1(\omega) x_2(\omega) \cdot \ldots \cdot x_n(\omega)$

zufällige Variable. Wenn $W(\{\omega : x_1(\omega) \neq 0\}) = 1$ *ist, so ist auch*

$$\frac{1}{x_1(\omega)}$$

eine zufällige Variable.

1.2.2 Eindimensionale Verteilungsfunktion

Eine zufällige Variable induziert auf der σ-Algebra der Borel-Mengen ein Wahrscheinlichkeitsmaß, das durch die zugehörige Verteilungsfunktion beschrieben werden kann.

Definition 1.4 *Es sei* (Ω, S, W) *ein Wahrscheinlichkeitsraum und* $x(\omega)$ *eine zufällige Variable. Dann heißt*

$$F(y) = W(\{\omega : x(\omega) \leqslant y\})$$

als Funktion von y *die* V e r t e i l u n g s f u n k t i o n *von* $x(\omega)$.

Nach Definition 1.3 ist die Verteilungsfunktion $F(y)$ für jedes reelle y definiert, und unter Benutzung von Gl. (1.1) folgert man für $y_1 < y_2$:

$$W(\{\omega : y_1 < x(\omega) \leqslant y_2\}) = F(y_2) - F(y_1). \tag{1.8}$$

Leicht verständlich, aber etwas schwieriger zu beweisen ist es, daß

$$W(\{\omega : x(\omega) = y\}) = \lim_{\substack{\epsilon \to 0 \\ \epsilon > 0}} (F(y) - F(y - \epsilon)) \tag{1.9}$$

für jedes reelle y ist.

Die Gl. (1.8) und (1.9) zeigen, wie man praktisch alle für die zufällige Variable $x(\omega)$ wichtigen Wahrscheinlichkeiten durch die Verteilungsfunktion ausdrücken kann.

Um die Frage zu beantworten, welche Funktionen Verteilungsfunktionen sein können, geben wir vier weitere Eigenschaften an, die natürlich auch sonst von Interesse sind. Aus der Isotonie (s. Ungleichung (1.5)) folgt, daß jede Verteilungsfunktion $F(y)$ monoton nicht-fallend ist:

$$F(y_1) \leqslant F(y_2), \quad \text{falls} \quad y_1 < y_2. \tag{1.10}$$

Mit Hilfe der Total-Additivität des Wahrscheinlichkeitsmaßes W kann man für Verteilungsfunktionen $F(y)$ die rechtsseitige Stetigkeit

$$\lim_{\substack{\epsilon \to 0 \\ \epsilon > 0}} F(y + \epsilon) = F(y) \tag{1.11}$$

und die beiden folgenden Grenzwerte beweisen:

$$\lim_{y \to -\infty} F(y) = 0 \tag{1.12}$$

$$\lim_{y \to \infty} F(y) = 1. \tag{1.13}$$

Hat umgekehrt eine beliebige, für alle reellen y definierte Funktion $F(y)$ die durch (1.10) bis (1.13) ausgedrückten Eigenschaften, so kann $F(y)$ als Verteilungsfunktion aufgefaßt werden, d. h. es gibt eine zufällige Variable $x(\omega)$, die $F(y)$ als Verteilungsfunktion hat. Zum Beweis dieses sogenannten Charakterisierungssatzes wählt man $\Omega = R^{(1)}$, $S = \sigma$-Algebra der Borel-Mengen, $x(\omega) \equiv \omega$ für alle $\omega \in R^{(1)}$ und konstruiert das noch erforderliche Wahrscheinlichkeitsmaß W, indem man zunächst, entsprechend (1.8), den halboffenen Intervallen (a, b] die Wahrscheinlichkeiten

$$W((a, b]) = F(b) - F(a)$$

zuordnet. Nach einem Satz der Maßtheorie kann man W unter den gemachten Voraussetzungen auf eine und nur eine Weise zu einem Wahrscheinlichkeitsmaß auf der σ-Algebra der Borel-Mengen erweitern.

Die Eigenschaften (1.10) bis (1.13) lassen eine Fülle auch relativ komplizierter Funktionen als Verteilungsfunktionen zu, doch kommen bei statistischen Anwendungen in aller Regel nur die folgenden beiden Typen vor:

1.2.2.1 Diskreter Typ Wegen der Monotonie (1.10) und der Beschränktheit kann man zeigen, daß eine Verteilungsfunktion $F(y)$ höchstens abzählbar viele Sprungstellen haben kann. Man beachte dabei, daß $F(y)$ zwar stets von rechts her stetig ist (1.11), daß $F(y)$ aber von links her unstetig sein kann (s. auch (1.9)).

Definition 1.5 *Wenn eine zufällige Variable* $x(\omega)$ *eine Verteilungsfunktion* $F(y)$ *hat, die, abgesehen von (diskret liegenden) Sprungstellen, konstant ist, so heißt* $x(\omega)$ *oder auch* $F(y)$ *vom* d i s k r e t e n T y p.

Es gibt dann also abzählbar viele reelle Zahlen y_i und p_i derart, daß man $F(y)$ in der Form

$$F(y) = \sum_{\substack{i \\ \text{mit } y_i \leqslant y}} p_i \tag{1.14}$$

darstellen kann; wobei der in der Definition gemachte Zusatz „diskret liegend" besagt, daß die Sprungstellen y_i keinen endlichen Häufungspunkt haben. Nach (1.10) und (1.13) müssen die $p_i > 0$ und $\sum\limits_i p_i = 1$ sein. Aus Gl. (1.8) und (1.9) erkennt man, daß

$W(\{\omega : a < x(\omega) \leqslant b\})$ nur dann größer als 0 sein kann, wenn das Intervall (a, b] mindestens einen der Punkte y_i enthält, und daß die zugehörigen Sprunghöhen p_i die Bedeutung

$$W(\{\omega : x(\omega) = y_i\}) = p_i$$

haben.

Nach dem im Anschluß an (1.13) formulierten Charakterisierungssatz kann man umgekehrt abzählbar viele reelle Zahlen y_i (ohne endlichen Häufungspunkt) und $p_i \geqslant 0$ mit $\sum p_i = 1$ vorgeben; definiert man dann F(y) durch (1.14), so ist F(y) eine mögliche Verteilungsfunktion.

Bei Anwendungen kommt es oft vor, daß die y_i die oder einige der natürlichen Zahlen 0, 1, 2, ... sind. Das ist insbesondere der Fall, wenn $x(\omega)$ eine Anzahl, z. B. von schlechten Stücken einer Warenlieferung oder Augenzahlen beim Würfeln, wiedergibt. Zur Erläuterung betrachten wir einen Würfel, dessen 6 Augenzahlen gleich-wahrscheinlich seien. Es sei $x(\omega)$ die Augenzahl bei einem Wurf. Dann sind die Sprungstellen y_i der zugehörigen Verteilungsfunktion F(y) offenbar die Punkte 1, 2, ..., 6, und für die Sprunghöhen gilt:

$$p_1 = p_2 = \cdots = p_6 = 1/6.$$

Es ist also

$$F(y) = \begin{cases} 0 & \text{für} & y < 1 \\ 1/6 & \text{für} & 1 \leqslant y < 2 \\ 2/6 & \text{für} & 2 \leqslant y < 3 \\ 3/6 & \text{für} & 3 \leqslant y < 4 \\ 4/6 & \text{für} & 4 \leqslant y < 5 \\ 5/6 & \text{für} & 5 \leqslant y < 6 \\ 1 & \text{für} & 6 \leqslant y. \end{cases}$$

1.2.2.2 Stetiger Typ Wir wollen zunächst die allgemeine Definition des stetigen Typs kennenlernen, um das Verständnis der neueren Literatur nicht zu gefährden und um möglichen Mißverständnissen vorzubeugen. Es sei jedoch ausdrücklich betont, daß in diesem Buch nur der anschließende Spezialfall auftreten wird.

Definition 1.6 *Eine zufällige Variable* $x(\omega)$ *oder ihre Verteilungsfunktion* F(y) *heißt vom* s t e t i g e n T y p , *wenn es eine für alle reellen t definierte, reellwertige, Lebesgueintegrierbare Funktion* f(t) *gibt derart, daß* F(y) *als Lebesgue-Integral dargestellt werden kann:*

$$F(y) = \int\limits_{-\infty}^{y} f(t)dt.$$

f(y) *heißt* W a h r s c h e i n l i c h k e i t s d i c h t e *oder einfach* D i c h t e .

Grob anschaulich läßt sich sagen, daß in der Praxis immer dann der stetige Typ vorliegt, wenn $x(\omega)$ alle reellen Zahlen, jedenfalls in einem gewissen Intervall, als Werte annehmen kann, wie es z. B. der Fall ist, wenn $x(\omega)$ Geschwindigkeits-, Längen- oder Gewichtsmessungen wiedergibt.

Die Definition 1.6 umfaßt folgenden wichtigen Spezialfall: $F(y)$ ist differenzierbar, die Ableitung $\dfrac{dF(y)}{dy} = f(y)$ ist stetig (beides bis auf höchstens endlich viele, meist höchstens ein oder zwei Ausnahmepunkte), und $F(y)$ kann als (uneigentliches) Riemann-Integral geschrieben werden:

$$F(y) = \int_{-\infty}^{y} f(t)dt. \tag{1.15}$$

Wegen der Normierung, die sich in Gl. (1.13) ausdrückt, ist für jede Dichte

$$\int_{-\infty}^{+\infty} f(t)dt = 1, \tag{1.16}$$

und wegen (1.10) ist

$$f(y) \geqslant 0. \tag{1.17}$$

Mit Hilfe der Dichte $f(y)$ kann man (1.8) für $y_1 < y_2$ in der Form

$$W(\{\omega : y_1 < x(\omega) \leqslant y_2\}) = \int_{y_1}^{y_2} f(t)dt \tag{1.18}$$

schreiben, und dies ist wegen (1.9) und der Stetigkeit von $F(y)$ weiter

$$\approx W(\{\omega : y_1 < x(\omega) < y_2\}) = W(\{\omega : y_1 \leqslant x(\omega) \leqslant y_2\}).$$

Um die Bedeutung der Dichte $f(y)$ noch etwas anschaulicher zu machen, sei bemerkt, daß aus (1.18) für jedes kleine $\Delta y > 0$ folgt, daß

$$W(\{\omega : y < x(\omega) \leqslant y + \Delta y\})$$

ungefähr gleich $f(y)\Delta y$ ist.

Gibt man umgekehrt eine für alle reellen Zahlen t definierte Funktion $f(t) \geqslant 0$ vor, die der Gleichung (1.16) genügt, so ist nach dem im Anschluß an (1.13) formulierten Charakterisierungssatz die Funktion $F(y)$, hier definiert durch (1.15), eine mögliche Verteilungsfunktion.

1.2.3 Mehrdimensionale zufällige Variable

Oft ist man genötigt, mehrere zufällige Variable gleichzeitig zu betrachten, z. B. wenn man auf Länge und Gewicht bei jedem Werkstück achtet oder wenn man Experimente mehrfach ausführt.

Faßt man n zufällige Variable $x_1(\omega), x_2(\omega), \ldots, x_n(\omega)$ zu einem Vektor

$$(x_1(\omega), x_2(\omega), \ldots, x_n(\omega))$$

zusammen, so spricht man wohl auch von einer n - d i m e n s i o n a l e n z u f ä l l i g e n V a r i a b l e n .

Analog zu Definition 1.4 führen wir die g e m e i n s a m e V e r t e i l u n g s f u n k - t i o n ein:

$$F(y_1, y_2, \ldots, y_n) = W(\{\omega : x_1(\omega) \leqslant y_1, x_2(\omega) \leqslant y_2, \ldots, x_n(\omega) \leqslant y_n\}).$$

Aus Platzmangel müssen wir auf eine Erörterung der Eigenschaften solcher mehrdimensionalen Verteilungsfunktionen verzichten. An Hand des Spezialfalles $n = 2$ soll jedoch angegeben werden, wie man aus der gemeinsamen Verteilungsfunktion die einzelnen Verteilungsfunktionen bestimmen kann. Es sei

$$F(y_1, y_2) = W(\{\omega : x_1(\omega) \leqslant y_1, x_2(\omega) \leqslant y_2\})$$
$$F_1(y_1) = W(\{\omega : x_1(\omega) \leqslant y_1\})$$
$$F_2(y_2) = W(\{\omega : x_2(\omega) \leqslant y_2\}).$$

Dann kann man mit Hilfe der Total-Additivität von W nachrechnen, was anschaulich sofort zu vermuten ist, daß nämlich

$$F_1(y_1) = \lim_{y_2 \to \infty} F(y_1, y_2), \qquad F_2(y_2) = \lim_{y_1 \to \infty} F(y_1, y_2). \tag{1.19}$$

Ohne zusätzliche Voraussetzungen kann man natürlich nicht umgekehrt aus der Kenntnis von $F_1(y_1)$ und $F_2(y_2)$ heraus die gemeinsame Verteilungsfunktion $F(y_1, y_2)$ berechnen.

Aufgabe 1.4 Von einem Würfel sei bekannt, daß bei jedem Wurf die möglichen sechs Augenzahlen gleich-wahrscheinlich sind. Es sei $x(\omega)$ die Augenzahl bei zwei Würfen. Man bestimme die Verteilungsfunktion der zufälligen Variablen $x(\omega)$ und skizziere sie.

Aufgabe 1.5 (Ω, S, W) sei ein Wahrscheinlichkeitsraum und c eine reelle Zahl. Die Funktion $x(\omega)$ sei definiert durch $x(\omega) = c$ für jedes $\omega \in \Omega$. Man zeige, daß $x(\omega)$ eine zufällige Variable ist und bestimme ihre Verteilungsfunktion.

Aufgabe 1.6 $F(y)$ sei die Verteilungsfunktion einer zufälligen Variablen $x(\omega)$. Man beweise, daß $F(y)$ rechtsseitig stetig ist, wie es Gl. (1.11) angibt. (Hinweis: Man setze $A_n = \{\omega : y + \epsilon_{n+1} < x(\omega) \leqslant y + \epsilon_n\}$ für eine monoton fallende Nullfolge ϵ_n; aus der Total-Additivität folgere man die Konvergenz von $\sum\limits_{i=1}^{\infty} W(A_i)$ und beweise damit die Behauptung.)

1.3 Funktional-Parameter

Für die Praxis ist es oft wichtig, eine zufällige Variable statt durch ihre Verteilungsfunktion einfacher noch durch einige wenige Zahlen zu charakterisieren. Solche Zahlen nennt man Funktional-Parameter und unterscheidet sie damit begrifflich von eventuell in der

Verteilungsfunktion explizit auftretenden Parametern. Insbesondere sollen Funktional-Parameter Auskunft darüber geben, wo die Werte der zufälligen Variablen auf der Zahlengeraden liegen (Mittelwert, Zentralwert) und wie dicht sie sich beieinander befinden (Varianz, Streuung).

1.3.1 Mittelwert und Streuung

(Ω, S, W) sei ein Wahrscheinlichkeitsraum, $x(\omega)$ eine zufällige Variable mit Verteilungsfunktion $F(y)$, c eine reelle Zahl und $n \geq 1$ eine natürliche Zahl.

Wir wollen zunächst das n-te Moment der zufälligen Variablen $x(\omega)$ bezüglich c definieren als Durchschnittswert oder, wie man auch sagt, als Erwartungswert der n-ten Potenz $(x(\omega) - c)^n$. Wir wollen diese Definition in voller Allgemeinheit kennenlernen, schon um den Lesern mit Kenntnissen aus der Maß- und Integrationstheorie das Verständnis zu erleichtern. Anschließend werden die für die folgenden Kapitel dieses Buches allein erforderlichen Spezialfälle behandelt werden.

Definition 1.7 *Das* n-te M o m e n t $E[(x(\omega) - c)^n]$ *der zufälligen Variablen* $x(\omega)$ *bezüglich der reellen Zahl* c *wird definiert durch*

$$E[(x(\omega) - c)^n] = \int_{\Omega} (x(\omega) - c)^n dW,$$

falls dieses Integral existiert.

Der Buchstabe E soll daran erinnern, daß man den Erwartungswert von $(x(\omega) - c)^n$ bildet. Man kann das n-te Moment auch mit Hilfe der Verteilungsfunktion ausdrücken:

$$E[(x(\omega) - c)^n] = \int_{-\infty}^{+\infty} (y - c)^n dF(y), \tag{1.20}$$

wobei das Integral im Sinne von L e b e s g u e - S t i e l t j e s zu verstehen ist und genau dann existiert, wenn das Integral in Definition 1.7 existiert. Es sei bemerkt, daß das Integral nicht für jede Verteilungsfunktion zu existieren braucht, weil die Approximationssummen des Integrals gegen unendlich streben können. Man kann aber zeigen:

Satz 1.5 *Wenn* $E[(x(\omega) - c_1)^n]$ *für ein reelles* c_1 *existiert, so existiert auch* $E[(x(\omega) - c_2)^m]$ *für jede natürliche Zahl* $m \leq n$ *und jedes reelle* c_2.

Wir kommen nun zu den beiden wichtigen Spezialfällen. Wenn $F(y)$ entsprechend Definition 1.5 vom diskreten Typ ist und sich also in der Form (1.14) darstellen läßt, und wenn überdies $\sum_i |(y_i - c)^n| p_i$ konvergent ist, so läßt sich zeigen, daß $E[(x(\omega) - c)^n]$ existiert und daß nach Definition des Lebesgue-Stieltjes-Integrals

$$E[(x(\omega) - c)^n] = \int_{-\infty}^{+\infty} (y - c)^n dF(y) = \sum_i (y_i - c)^n p_i \tag{1.21}$$

ist. Offenbar existiert $E[(x(\omega) - c)^n]$ stets, wenn $F(y)$ nur endlich viele Sprungstellen hat, denn dann ist die obige Reihe ja nur eine endliche Summe.

Wenn andererseits F(y) vom stetigen Typ ist, und zwar im engeren Sinne, wie es bei Gl. (1.15) angegeben ist, und wenn $\int\limits_{-\infty}^{+\infty} |(y-c)^n|f(y)dy$ als (uneigentliches) Riemann-Integral existiert, so existiert auch $E[(x(\omega)-c)^n]$, und es ist

$$E[(x(\omega)-c)^n] = \int\limits_{-\infty}^{+\infty} (y-c)^n dF(y) = \int\limits_{-\infty}^{+\infty} (y-c)^n f(y)dy, \qquad (1.22)$$

wobei das letzte Integral als Riemann-Integral zu berechnen ist.

Leser, denen das Lebesgue-Stieltjes-Integral nicht vertraut ist, können sich an den wenigen Stellen, an denen im folgenden Integrale der Form (1.20) auftreten, immer darauf beschränken, sie entsprechend den Gleichungen (1.21) und (1.22) zu „übersetzen".

Die ersten beiden Momente sind für die Statistik so wichtig, daß sie eigene Namen bekommen haben.

Definition 1.8 x(ω) *sei eine zufällige Variable mit Verteilungsfunktion* F(y). *Der* E r w a r t u n g s w e r t *oder* M i t t e l w e r t μ *von* x(ω) *ist das erste Moment bezüglich* 0:

$$\mu = E[x(\omega)] = \int\limits_{-\infty}^{+\infty} ydF(y),$$

falls es existiert. Existiert überdies das zweite Moment bezüglich μ, *so heißt es die* V a r i a n z σ^2 *von* x(ω):

$$\sigma^2 = E[(x(\omega)-\mu)^2] = \int\limits_{-\infty}^{+\infty} (y-\mu)^2 dF(y).$$

Die nicht-negativ genommene Wurzel σ der Varianz heißt S t r e u u n g.

Zur Erläuterung wollen wir μ und σ für das Würfel-Beispiel am Ende von 1.2.2.1 berechnen. Es ist

$$\mu = \sum_i y_i p_i = \sum_{i=1}^{6} i\,\frac{1}{6} = \frac{21}{6} = 3,5,$$

$$\sigma^2 = \sum_i (y_i-\mu)^2 p_i = \sum_{i=1}^{6} (i-3,5)^2\,\frac{1}{6} = \frac{17,50}{6} = 2,92,$$

$$\sigma = \sqrt{\frac{17,50}{6}} = 1,7 > 0.$$

Anschaulich gesprochen ist die Varianz σ^2 die durchschnittliche quadratische Abweichung der zufälligen Variablen x(ω) von ihrem Mittelwert μ, und dementsprechend ist die Streuung die durchschnittliche Abweichung selbst, die man auch Standard-Abweichung nennt. Daß μ wirklich das wiedergibt, was man anschaulich von einem Mittelwert erwartet, wird durch die folgende Überlegung noch deutlicher. Sie wird zeigen, daß die durchschnittliche quadratische Abweichung von einem Punkt c, also das zweite Moment bezüglich c, dann am kleinsten ausfällt, wenn man $c = \mu$ wählt: Wenn das zweite Moment existiert, so ist nach Gl. (1.20) für $n = 2$

$$E[(x(\omega) - \mu)^2] = E[(x(\omega) - c + c - \mu)^2]$$
$$= E[(x(\omega) - c)^2] + 2(c - \mu)E[(x(\omega) - c)] + E[(c - \mu)^2]$$
$$= E[(x(\omega) - c)^2] + 2(c - \mu)(\mu - c) + (c - \mu)^2.$$

Also ist

$$E[(x(\omega) - \mu)^2] = E[(x(\omega) - c)^2] - (c - \mu)^2. \tag{1.23}$$

Dem Leser sei empfohlen, diese Gleichungen gesondert für die beiden Spezialfälle (1.21) und (1.22) nachzuprüfen. Aus (1.23) folgt sofort

$$E[(x(\omega) - \mu)^2] < E[(x(\omega) - c)^2] \quad \text{für alle} \quad c \neq \mu. \tag{1.24}$$

Bei der praktischen Berechnung der Varianz einer Verteilungsfunktion empfiehlt es sich im allgemeinen, Gl. (1.23) mit $c = 0$ zu benutzen.

Bei manchen Anwendungen ist nicht die Abweichung selbst, sondern die prozentuale Abweichung von Bedeutung. Wir führen daher noch die Bezeichnung V a r i a t i o n s - K o e f f i z i e n t V ein:

$$V = \frac{\sigma}{\mu}. \tag{1.25}$$

1.3.2 Ungleichung von Tschebyscheff

Es sei $x(\omega)$ eine zufällige Variable mit Verteilungsfunktion $F(y)$, und es existiere der Mittelwert μ und die Streuung σ. Wir wollen zeigen, daß $x(\omega)$ nur mit kleiner Wahrscheinlichkeit Werte annimmt, die weit von μ entfernt sind.

Wir bedienen uns der Gleichung (1.20), wobei sich der Leser darauf beschränken kann, die Richtigkeit für die Spezialfälle (1.21) und (1.22) nachzuprüfen. Für jede reelle Zahl $\epsilon > 0$ ist

$$\sigma^2 = \int\limits_{-\infty}^{+\infty} (y - \mu)^2 dF(y) \geqslant \int\limits_{|y - \mu| \geqslant \epsilon} (y - \mu)^2 dF(y) \geqslant \epsilon^2 \int\limits_{|y - \mu| \geqslant \epsilon} dF(y) \cdot$$
$$= \epsilon^2 W(\{\omega : |x(\omega) - \mu| \geqslant \epsilon\}).$$

Daraus folgt die U n g l e i c h u n g v o n T s c h e b y s c h e f f:

$$W(\{\omega : |x(\omega) - \mu| \geqslant \epsilon\}) \leqslant \frac{\sigma^2}{\epsilon^2} \tag{1.26}$$

für jedes reelle $\epsilon > 0$.

Die Bedeutung und Anwendbarkeit dieser Ungleichung liegt darin, daß sie nur von der Varianz σ^2, nicht aber von irgendwelchen Eigenschaften der Verteilungsfunktion selbst Gebrauch macht. Sie ist unter anderem ein wichtiges Hilfsmittel für die Beweise gewisser Grenzwertsätze (schwache Gesetze der großen Zahlen).

1.3.3 Quantile oder Prozentpunkte

Wieder sei $x(\omega)$ eine zufällige Variable mit Verteilungsfunktion $F(y)$. Wir interessieren uns hier für die Umkehrfunktion von $F(y)$, die aber nicht in der üblichen Weise zu existieren braucht, weil $F(y)$ Sprungstellen haben kann und weil $F(y)$ für gewisse y-Intervalle konstant sein kann. Es sei daran erinnert, daß $F(y)$ nach Definition 1.4 und Ungleichung (1.3) nur Werte im Intervall [0, 1] annehmen kann.

Definition 1.9 $x(\omega)$ *sei eine zufällige Variable mit Verteilungsfunktion* $F(y)$ *und a eine reelle Zahl mit* $0 < a < 1$. *Dann heißt jede Zahl* $z(a)$ *mit*

$$F(y) \begin{cases} \leqslant a & \textit{für} \quad y < z(a) \\ \geqslant a & \textit{für} \quad y \geqslant z(a) \end{cases}$$

ein Q u a n t i l d e r O r d n u n g a *oder auch ein* $100a\%$-P u n k t *von* $x(\omega)$ *oder* $F(y)$. *Insbesondere heißt* $z(1/2)$ Z e n t r a l w e r t *oder* M e d i a n w e r t.

Aus den Relationen (1.10), (1.12) und (1.13) folgt sofort, daß es stets mindestens ein $z(a)$ gibt. Wenn $F(y)$ den Wert a nicht annimmt, so ist $z(a)$ eindeutig bestimmt als die Stelle, an der $F(y)$ den Wert a überspringt. Nimmt $F(y)$ den Wert a an genau einer Stelle y an, so ist $z(a)$ gleich diesem y. Wenn $F(y)$ dagegen den Wert a mehrfach und damit in einem ganzen Intervall annimmt, so ist jeder Punkt dieses Intervalls einschließlich der beiden Eckpunkte ein $z(a)$.

Bei unserem Würfel-Beispiel am Ende von 1.2.2.1 ist $z(1/4)$ eindeutig bestimmt und =2. Dagegen ist jeder Punkt des Intervalls [4; 5] ein $z(2/3)$.

Der Zentralwert oder Medianwert $z(1/2)$ kann ganz ähnlich wie der Mittelwert μ zur Charakterisierung der Lage der zufälligen Variablen $x(\omega)$ benutzt werden. Ist $F(y)$ stetig und nimmt $F(y)$ den Wert a an, so ist $W(\{\omega : x(\omega) \leqslant z(a)\}) = F(z(a)) = a$, was wir nach der letzten Bemerkung in 1.1.3 auch gleich $100a\%$ setzen können, wie es auch in der in Definition 1.9 eingeführten Bezeichnung zum Ausdruck kommt.

Aufgabe 1.7 Man berechne für die Verteilungsfunktion der Aufgabe 1.4 den Mittelwert μ und die Streuung σ.

Aufgabe 1.8 Man bestimme für die Verteilungsfunktion der Aufgabe 1.4 den oder die Zentralwerte $z(1/2)$ und alle Quantile der Ordnung 1/6.

Aufgabe 1.9 Eine Verteilungsfunktion $F(y)$ sei symmetrisch zum Punkt c, d. h. es sei $F(c - y) + F(c + y) = 1$ für alle y; weiter sei $F(y)$ vom stetigen Typ, es existiere der Mittelwert μ, und an der Stelle c sei die Dichte $f(c) > 0$. Man zeige: Der Zentralwert $z(1/2)$ ist eindeutig bestimmt, und es ist $z(1/2) = \mu = c$.

1.4 Unabhängigkeit

1.4.1 Anschauliche Bemerkungen

Wir wollen hier die statistische oder stochastische Unabhängigkeit von Ereignissen und anschließend von zufälligen Variablen definieren. Um zu einer praktisch sinnvollen Definition zu kommen, wollen wir zunächst feststellen, was man für die relativen Häufigkeiten zweier Ereignisse zu erwarten hat, wenn diese im umgangssprachlichen Sinne unabhängig sind.

Wir denken uns n Experimente ausgeführt. Das Ergebnis jedes Experimentes sei die Feststellung, daß eine Eigenschaft A vorliegt oder nicht und daß eine Eigenschaft B vorliegt oder nicht. Das Experiment könnte z. B. darin bestehen, einen Europäer zufällig auszuwählen und zu ermitteln, ob er Lungenkrebs (=A) hat oder nicht und ob er Raucher (=B) ist oder nicht. Die Experimente mögen folgende absolute Häufigkeiten n_{ik} ergeben haben:

	A liegt vor	nicht vor	Summe
B liegt vor	n_{11}	n_{12}	$n_{11} + n_{12}$
B liegt nicht vor	n_{21}	n_{22}	$n_{21} + n_{22}$
Summe	$n_{11} + n_{21}$	$n_{12} + n_{22}$	$n_{11} + n_{12} + n_{21} + n_{22} = n$

Wertet man alle Versuche aus, so ist

$$\frac{n_{11} + n_{21}}{n} \text{ die relative Häufigkeit H(A) von A,}$$

$$\frac{n_{11} + n_{12}}{n} \text{ die relative Häufigkeit H(B) von B,}$$

$$\frac{n_{11}}{n} \quad \text{ die relative Häufigkeit } H(A \cap B) \text{ von A und B gleichzeitig.}$$

Betrachtet man dagegen nur diejenigen Versuche, die A ergeben haben, so ist $n_{11}/(n_{11} + n_{21})$ die relative Häufigkeit $H_A(B)$ von B.

Haben A und B nichts miteinander zu tun, sind sie also im umgangssprachlichen Sinne unabhängig, so ist zu erwarten, daß $H_A(B)$ ungefähr gleich H(B) ist:

$$\frac{n_{11}}{n_{11} + n_{21}} \approx \frac{n_{11} + n_{12}}{n}.$$

Dies ist offenbar gleichbedeutend mit

$$\frac{n_{11}}{n} \approx \frac{n_{11} + n_{21}}{n} \frac{n_{11} + n_{12}}{n},$$

also mit $H(A \cap B) \approx H(A)H(B)$. Da nach 1.1.3 Wahrscheinlichkeiten als relative Häufigkeiten interpretiert werden sollen, wird dies im folgenden Abschnitt Anlaß geben, die Unabhängigkeit zweier Ereignisse A und B durch

$$W(A \cap B) = W(A)W(B)$$

zu definieren. Diese Beziehung nannte man früher wohl auch P r o d u k t r e g e l.

1.4.2 Definition der Unabhängigkeit

Definition 1.10 (Ω, S, W) *sei ein Wahrscheinlichkeitsraum. Die Elemente* $E_1, E_2, \ldots, E_n$ *aus S heißen (statistisch oder stochastisch)* u n a b h ä n g i g , *wenn*

$$W(E_{i_1} \cap E_{i_2} \cap \cdots \cap E_{i_k}) = W(E_{i_1})W(E_{i_2}) \cdot \ldots \cdot W(E_{i_k})$$

ist für alle $1 \leqslant i_1 < i_2 < \cdots < i_k \leqslant n$ *und* $k = 2, 3, \ldots, n$.

Anschaulich gesprochen heißen also die Ereignisse $E_1, E_2, \ldots, E_n$ unabhängig, wenn für jede Teilmenge dieser Ereignisse die Produktregel gilt.

Diese Definition wird dadurch auf zufällige Variable übertragen, daß man zufällige Variable unabhängig nennt, wenn die dabei interessierenden Ereignisse unabhängig sind.

Definition 1.11 $x_1(\omega), x_2(\omega), \ldots, x_n(\omega)$ *seien zufällige Variable. Sie heißen (statistisch oder stochastisch)* u n a b h ä n g i g , *wenn für je* n *beliebige reelle Zahlen* $y_1, y_2, \ldots, y_n$ *die Ereignisse*

$$\{\omega : x_1(\omega) \leqslant y_1\}, \{\omega : x_2(\omega) \leqslant y_2\}, \ldots, \{\omega : x_n(\omega) \leqslant y_n\}$$

unabhängig sind.

Wenn $x_1(\omega), x_2(\omega), \ldots, x_n(\omega)$ unabhängig sind, so ist offenbar nach Definition 1.10 auch jede Teilmenge dieser zufälligen Variablen unabhängig.

Wir wollen nun noch die Unabhängigkeit durch die Verteilungsfunktion ausdrücken. Es sei

$$F(y_1, y_2, \ldots, y_n) = W(\{\omega : x_1(\omega) \leqslant y_1, x_2(\omega) \leqslant y_2, \ldots, x_n(\omega) \leqslant y_n\})$$

die gemeinsame Verteilungsfunktion, und es seien

$$F_i(y_i) = W(\{\omega : x_i(\omega) \leqslant y_i\})$$

die einzelnen Verteilungsfunktionen. Dann folgt unmittelbar aus Definition 1.11:

Satz 1.6 *Die zufälligen Variablen* $x_1(\omega), x_2(\omega), \ldots, x_n(\omega)$ *sind genau dann unabhängig, wenn*

$$F(y_1, y_2, \ldots, y_n) = F_1(y_1)F_2(y_2) \cdot \ldots \cdot F_n(y_n)$$

für je n *reelle Zahlen* $y_1, y_2, \ldots, y_n$ *ist.*

1.4.3 Unkorreliertheit

Es seien $x_1(\omega)$ und $x_2(\omega)$ zwei zufällige Variable mit gemeinsamer Verteilungsfunktion $F(y_1, y_2)$, deren Mittelwerte μ_1 und μ_2 existieren mögen. Man mißt die Stärke ihres Zusammenhanges (genauer gesagt: ihres linearen Zusammenhanges) durch die sogenannte K o v a r i a n z σ_{12}:

$$\sigma_{12} = E[(x_1(\omega) - \mu_1)(x_2(\omega) - \mu_2)] = \int_\Omega (x_1(\omega) - \mu_1)(x_2(\omega) - \mu_2) dW$$

$$= \int_{-\infty}^{+\infty} \int_{-\infty}^{+\infty} (y_1 - \mu_1)(y_2 - \mu_2) dF(y_1, y_2), \tag{1.27}$$

falls die auftretenden Integrale existieren. Dies ist der Fall, wenn die Varianzen von $x_1(\omega)$ und $x_2(\omega)$ existieren.

Aus Platzmangel können wir auf eine Erörterung der Kovarianz nicht eingehen, sondern müssen uns mit dem folgenden Spezialfall begnügen: Wenn $x_1(\omega)$ und $x_2(\omega)$ unabhängig sind, so folgt aus Satz 1.6, daß

$$\sigma_{12} = \int_{-\infty}^{+\infty} \int_{-\infty}^{+\infty} (y_1 - \mu_1)(y_2 - \mu_2) dF_1(y_1) dF_2(y_2)$$

$$= \int_{-\infty}^{+\infty} (y_1 - \mu_1) dF_1(y_1) \int_{-\infty}^{+\infty} (y_2 - \mu_2) dF_2(y_2) = 0$$

ist, weil nach Definition 1.8 des Mittelwertes die beiden letzten Integrale verschwinden. Es gilt also

Satz 1.7 *Wenn die zufälligen Variablen* $x_1(\omega)$ *und* $x_2(\omega)$ *mit den Mittelwerten* μ_1 *beziehungsweise* μ_2 *unabhängig sind, so ist*

$$E[(x_1(\omega) - \mu_1)(x_2(\omega) - \mu_2)] = 0.$$

Zufällige Variable, deren Kovarianz = 0 ist, nennt man u n k o r r e l i e r t. Wir haben also festgestellt, daß aus der Unabhängigkeit die Unkorreliertheit folgt, doch sei ausdrücklich betont, daß die Umkehrung nicht zu gelten braucht, wie z. B. Aufgabe 1.12 zeigt.

Aufgabe 1.10 Ein technisches Gerät bestehe aus n Teilen und werde serienmäßig hergestellt. Die Wahrscheinlichkeit, daß ein Einzelteil funktioniert, sei p. Wir wollen annehmen, daß beim Zusammenbau die Auswahl der Einzelteile unabhängig voneinander vorgenommen wird, daß der Zusammenbau einwandfrei erfolgt und daß das Gerät dann und nur dann funktioniert, wenn alle Einzelteile funktionieren. Wie groß ist die Wahrscheinlichkeit dafür, daß ein zufällig aus der Produktion herausgegriffenes Gerät funktioniert? Man berechne dies a) für p = 0,95, n = 5 und b) für p = 0,999, n = 1000.

Aufgabe 1.11 Bei der vorigen Aufgabe sei n = 10. Wie groß muß p sein, damit die Wahrscheinlichkeit dafür, daß ein Gerät funktioniert, gleich 0,99 ist?

Aufgabe 1.12 $x(\omega)$ sei eine zufällige Variable, es existiere $E[x(\omega)^4]$, und ihre Verteilungsfunktion $F(y)$ sei symmetrisch zu 0, d. h. $F(-y) + F(y) = 1$ für alle y. Wir setzen $x_1(\omega) = x(\omega)^2$. Man zeige, daß $x(\omega)$ und $x_1(\omega)$ zwar abhängig, aber unkorreliert sind.

1.5 Summen von zufälligen Variablen

1.5.1 Mittelwert und Varianz

Es seien $x_1(\omega)$, $x_2(\omega)$, . . ., $x_n(\omega)$ zufällige Variable und c_1, c_2, . . ., c_n reelle Zahlen. Nach Satz 1.4 ist dann auch

$$x(\omega) = \sum_{i=1}^{n} c_i x_i(\omega)$$

eine zufällige Variable.

Es mögen die Mittelwerte $\mu_i = E[x_i(\omega)]$ für $i = 1, 2, . . ., n$ existieren. Der Erwartungswert ist infolge seiner Definition als Integral (s. Definition 1.7 und Gl. (1.20)) ein linearer Operator, d. h. es ist

$$\mu = E\left[\sum_{i=1}^{n} c_i x_i(\omega)\right] = \sum_{i=1}^{n} c_i \mu_i, \tag{1.28}$$

wobei die Existenz von μ aus der der μ_i folgt.

Existieren überdies die Varianzen $\sigma_i^2 = E[(x_i(\omega) - \mu_i)^2]$ für $i = 1, 2, . . ., n$, so existiert auch die Varianz σ^2 von $x(\omega)$, und es ist

$$\sigma^2 = E\left[\left(\sum_{i=1}^{n} c_i x_i(\omega) - \mu\right)^2\right] = E\left[\left(\sum_{i=1}^{n} c_i (x_i(\omega) - \mu_i)\right)^2\right]$$

$$= \sum_{i,k=1}^{n} c_i c_k E[(x_i(\omega) - \mu_i)(x_k(\omega) - \mu_k)]$$

$$= \sum_{i=1}^{n} c_i^2 \sigma_i^2 + \sum_{i \neq k} c_i c_k E[(x_i(\omega) - \mu_i)(x_k(\omega) - \mu_k)]. \tag{1.29}$$

Für den wichtigen Spezialfall, daß die $x_1(\omega)$, $x_2(\omega)$, . . ., $x_n(\omega)$ unabhängig sind, folgt daraus nach Satz 1.7:

$$\sigma^2 = \sum_{i=1}^{n} c_i^2 \sigma_i^2. \tag{1.30}$$

Ist insbesondere $c_1 = c_2 = \cdots = c_n = 1$, so addieren sich die Varianzen σ_i^2 und nicht etwa die Streuungen σ_i.

1.5.2 Verteilungsfunktion

Für unsere Zwecke können wir uns auf die Summen zweier unabhängiger zufälliger Variablen beschränken.

$x_1(\omega)$ und $x_2(\omega)$ seien unabhängige zufällige Variable, und die Verteilungsfunktion von $x_k(\omega)$ sei $F_k(y_k) = W(\{\omega : x_k(\omega) \leqslant y_k\})$ für $k = 1, 2$. Nach Satz 1.6 gilt dann für die Verteilungsfunktion $F(y)$ der Summe $x_1(\omega) + x_2(\omega)$

$$F(y) = W(\{\omega : x_1(\omega) + x_2(\omega) \leqslant y\}) = \iint\limits_{y_1 + y_2 \leqslant y} dF_1(y_1)dF_2(y_2),$$

und dies läßt sich umformen zu

$$F(y) = \int\limits_{-\infty}^{+\infty} F_1(y - y_2)dF_2(y_2) = \int\limits_{-\infty}^{+\infty} F_2(y - y_1)dF_1(y_1). \qquad (1.31)$$

Wir wollen diese Gleichung für die beiden Spezialfälle in 1.2.2 betrachten.

Wenn die $x_k(\omega)$ vom stetigen Typ sind, mit Dichte $f_k(y)$ für $k = 1, 2$, so ist auch $x_1(\omega) + x_2(\omega)$ vom stetigen Typ, und zwar mit der Dichte

$$f(y) = \int\limits_{-\infty}^{+\infty} f_1(y - y_2)f_2(y_2)dy_2 = \int\limits_{-\infty}^{+\infty} f_2(y - y_1)f_1(y_1)dy_1, \qquad (1.32)$$

wie sich aus (1.31) durch Differentiation ergibt.

Es seien nun andererseits die $x_k(\omega)$ vom diskreten Typ. In den Bezeichnungen von 1.2.2.1 habe $F_k(y)$ die Sprungstellen $y_{k,i}$ mit den Sprunghöhen $p_{k,i} = W(\{\omega : x_k(\omega) = y_{k,i}\})$ für $k = 1, 2$. Dann kann man in einigen Schritten aus (1.31) folgern, daß für jedes reelle y gilt

$$W(\{\omega : x_1(\omega) + x_2(\omega) = y\}) = \sum_i W(\{\omega : x_1(\omega) = y - y_{2,i}\})\, W(\{\omega : x_2(\omega) = y_{2,i}\})$$

$$= \sum_i W(\{\omega : x_1(\omega) = y_{1,i}\})\, W(\{\omega : x_2(\omega) = y - y_{1,i}\}).$$

$$(1.33)$$

Dabei sind in der ersten Summe ersichtlich diejenigen Summanden 0, bei denen $y - y_{2,i}$ keine Sprungstelle von F_1 ist, und in der zweiten Summe verschwinden diejenigen Summanden, bei denen $y - y_{1,i}$ keine Sprungstelle von F_2 ist. $x_1(\omega) + x_2(\omega)$ ist also vom diskreten Typ, die Sprungstellen haben die Form $y_{1,i} + y_{2,j}$, und die Sprunghöhen ergeben sich aus Gl. (1.33).

Aufgabe 1.13 Bei einer Massenproduktion werde jeweils ein Zylinder senkrecht durch ein kreisförmiges Loch einer Platte geführt. Die Durchmesser der Zylinder und der Löcher mögen zufällige Schwankungen aufweisen. Der Mittelwert der Durchmesser der Zylinder betrage 20,4 mm und der der Löcher 21,7 mm, die Streuung sei in beiden Fällen 0,2 mm. Wir wollen annehmen, daß bei der Produktion die Zylinder und die Platten unabhängig voneinander und zufällig aus den Vorräten entnommen werden. Wieviel Spiel weisen die Werkstücke durchschnittlich auf und wie groß ist die Streuung?

Aufgabe 1.14 Man löse noch einmal die Aufgabe 1.4 unter Benutzung der am Ende von 1.2.2.1 als Beispiel abgeleiteten Verteilungsfunktion und Gl. (1.33).

Aufgabe 1.15 Man führe den Beweis von Gl. (1.31) für den stetigen Fall durch und folgere daraus (1.32).

Aufgabe 1.16 Man beweise Gl. (1.33) mit Hilfe der Total-Additivität des Wahrscheinlichkeitsmaßes und der Definitionen 1.10 und 1.11, aber ohne Gl. (1.31) zu benutzen.

1.6 Einige spezielle Verteilungen

Wir wollen hier diejenigen speziellen Verteilungsfunktionen kennenlernen, die für die Qualitätskontrolle von besonderer Bedeutung sind. Entsprechend 1.2.2 genügt es, die Sprungstellen und Sprunghöhen beziehungsweise die Dichte der jeweiligen Verteilungsfunktion anzugeben. Die Anwendungsmöglichkeiten der einzelnen Verteilungsfunktionen werden besprochen, auch werden die Mittelwerte und Varianzen angegeben und die Beziehungen der Verteilungsfunktionen untereinander skizziert.

1.6.1 Hypergeometrische Verteilung

Wir denken uns eine Menge von N Elementen gegeben, die wir Grundgesamtheit nennen wollen. M von den Elementen der Grundgesamtheit mögen eine gewisse Eigenschaft A haben, wobei $0 \leqslant M \leqslant N$ sei. Dann haben also $N - M$ Elemente die Eigenschaft „nicht A", und $100p = 100M/N$ ist der prozentuale Anteil der Elemente mit A in der Grundgesamtheit. Zum Beispiel kann die Grundgesamtheit eine Warenlieferung von N Stück sein, von denen M Stück schlecht und also $N - M$ Stück gut sind. Wir ziehen nun (siehe auch 2.1.1) eine Stichprobe vom Umfang n, d. h. wir wählen zufällig n Elemente aus der Grundgesamtheit aus (o h n e dabei einmal gezogene Elemente wieder z u r ü c k z u l e g e n). Wir wollen annehmen, daß das Auswahlverfahren so beschaffen ist, daß jede aus n Elementen bestehende Teilmenge der Grundgesamtheit die gleiche Wahrscheinlichkeit hat, ausgewählt zu werden.

Wir setzen nun

x = Anzahl der Elemente in der Stichprobe mit der Eigenschaft A.

Sicher ist $0 \leqslant x \leqslant n$. Damit wir x als zufällige Variable $x(\omega)$ ansehen können, wollen wir einen passenden Wahrscheinlichkeitsraum (Ω, S, W) angeben. Als Elementarereignis ω sehen wir jede aus n Elementen bestehende Teilmenge der Grundgesamtheit an. Ω ist die Menge aller dieser Elementarereignisse ω, S ist die σ-Algebra aller Teilmengen von Ω, und das Wahrscheinlichkeitsmaß W ordnet jedem Elementarereignis ω dieselbe Wahrscheinlichkeit zu, wie das unter dem Stichwort „endlich viele, gleich-wahrscheinliche Elementarereignisse" in 1.1.4 besprochen wurde. Es gibt hier offenbar

$$\binom{N}{n} = \frac{N!}{n!(N-n)!} = \frac{N(N-1)(N-2) \cdot \ldots \cdot (N-(n-1))}{1 \cdot 2 \cdot 3 \cdot \ldots \cdot n}$$

Elementarereignisse.

Es sei m eine natürliche Zahl mit $0 \leqslant m \leqslant n$, und wir wollen

$$p_m = W(\{\omega : x(\omega) = m\})$$

berechnen. Wegen der Gleich-Wahrscheinlichkeit brauchen wir nur noch die Anzahl der günstigen Fälle zu ermitteln, d. h. die Anzahl der Stichproben, bei denen genau m Elemente die Eigenschaft A haben. Das ist aber die Anzahl $\binom{M}{m}$ der Möglichkeiten, m Elemente aus den überhaupt vorhandenen M Elementen mit A herauszugreifen, multipliziert mit der Anzahl $\binom{N-M}{n-m}$ der Möglichkeiten, $(n-m)$ Elemente aus $(N-M)$ Elementen mit der Eigenschaft „nicht A" auszuwählen. Damit ergibt sich

$$p_m = W(\{\omega : x(\omega) = m\}) = \frac{\binom{M}{m}\binom{N-M}{n-m}}{\binom{N}{n}}. \tag{1.34}$$

Eine diskrete Verteilungsfunktion, die die Sprungstellen $m = 0, 1, 2, \ldots, n$ hat, mit den Sprunghöhen p_m, heißt eine **h y p e r g e o m e t r i s c h e V e r t e i l u n g**. Man sagt daher: $x(\omega)$ ist verteilt nach der hypergeometrischen Verteilung mit den (expliziten) Parametern N, n und M (oder N, n und p), kürzer: $x(\omega)$ ist verteilt nach $H(N, n; p)$.

Es sei bemerkt, daß nach der Definition von $x(\omega)$ offenbar $W(\{\omega : x(\omega) = m\}) = 0$ ist, falls $m > M$ oder falls $n - m > N - M$. Da nach Definition der Binomial-Koeffizienten aber dann auch die rechte Seite von Gl. (1.34) verschwindet, brauchen wir diesen Fall nicht gesondert zu behandeln.

Nach Definition 1.8 und Gl. (1.21) berechnet man den Mittelwert μ von $H(N, n; p)$

$$\mu = \sum_{m=0}^{n} m p_m = \frac{M}{N} n = pn \tag{1.35}$$

und die Varianz

$$\sigma^2 = \sum_{m=0}^{n} \left(m - \frac{M}{N} n\right)^2 p_m = n \frac{M}{N} \left(1 - \frac{M}{N}\right) \frac{N-n}{N-1} = np(1-p) \frac{N-n}{N-1}. \tag{1.36}$$

Da sich üblicherweise in den Lehrbüchern über Statistik keine oder nur sehr kleine Tabellen der hypergeometrischen Verteilung finden, sei auf die Tafel von G. J. L i e b e r m a r und D. B. O w e n [1961] aufmerksam gemacht.

Aufgabe 1.17 Man löse noch einmal Aufgabe 1.2 mit Hilfe von Gl. (1.34). Wie groß ist außerdem die Wahrscheinlichkeit dafür, daß höchstens ein Stück schlecht ist?

Aufgabe 1.18 Man zeige, daß die hypergeometrische Verteilung $H(N, n; p)$ der Gl. (1.13) genügt und beweise Gl. (1.35).

1.6.2 Binomial-Verteilung

Es sei (Ω, S, W) ein Wahrscheinlichkeitsraum, und es sei $A \in S$ ein Ereignis mit $W(A) = p$ Die zufällige Variable $\xi_1(\omega)$ werde definiert durch

$$\xi_1(\omega) = \begin{cases} 1 & \text{für } \omega \in A \\ 0 & \text{für } \omega \in CA. \end{cases} \tag{1.37}$$

Man prüft sofort nach, daß $\xi_1(\omega)$ die Verteilungsfunktion

$$F_1(y) = W(\{\omega : \xi_1(\omega) \leqslant y\}) = \begin{cases} 0 & \text{für } y < 0 \\ 1 - p & \text{für } 0 \leqslant y < 1 \\ 1 & \text{für } 1 \leqslant y \end{cases} \qquad (1.38)$$

hat.

Dies ist offenbar ein Modell für folgende Situation: Aus einer Grundgesamtheit wird ein Element ω zufällig herausgegriffen, und es sei p die Wahrscheinlichkeit dafür, daß ω eine gewisse Eigenschaft A hat. Jedem Element ω ordnen wir die Zahl 1 zu, falls es die Eigenschaft A hat, und die Zahl 0 sonst. Damit haben wir die zufällige Variable (1.37). Ihre Verteilungsfunktion (1.38) besagt nichts anderes als $W(A) = W(\{\omega : \xi_1(\omega) = 1\}) = p$ und $W(CA) = W(\{\omega : \xi_1(\omega) = 0\}) = 1 - p$.

Wir wiederholen nun diesen Versuch n-mal u n a b h ä n g i g voneinander mit u n g e - ä n d e r t e m p = W(A). Wir interessieren uns für die Anzahl der Versuche oder Elemente mit A. Diese Anzahl wird wiedergegeben durch

$$x_n(\omega) = \xi_1(\omega) + \xi_2(\omega) + \cdots + \xi_n(\omega), \qquad (1.39)$$

wobei $\xi_1(\omega)$, $\xi_2(\omega)$, ..., $\xi_n(\omega)$ unabhängige zufällige Variable sind (s. Definition 1.11) und jedes $\xi_i(\omega)$ die Verteilungsfunktion (1.38) hat. Mit Hilfe des zweiten Teiles von 1.5.2 kann man durch vollständige Induktion nach n die Wahrscheinlichkeit dafür berechnen, daß genau m von den n Versuchen A ergeben haben:

$$W(\{\omega : x_n(\omega) = m\}) = \binom{n}{m} p^m (1 - p)^{n-m} \qquad (1.40)$$

für m = 0, 1, 2, ..., n.

Eine diskrete Verteilungsfunktion mit den Sprungstellen m = 0, 1, 2, ..., n und den Sprunghöhen (1.40) heißt eine B i n o m i a l - V e r t e i l u n g , die auch V e r t e i - l u n g v o n B e r n o u l l i zu Ehren von Jakob Bernoulli genannt wird. Man sagt daher: Die zufällige Variable (1.39) ist verteilt nach der Binomial-Verteilung mit den (expliziten) Parametern n und p, oder kürzer: $x_n(\omega)$ ist verteilt nach Bi(n, p).

Für verschiedene $p \leqslant 0, 1$ und n = 1, 2, ..., 100 hat S. W e i n t r a u b [1963] die Bino-mial-Verteilung tabelliert.

Nach Definition 1.8 und Gl. (1.21) ergibt sich sofort, daß die Verteilungsfunktion (1.38) den Mittelwert p und die Varianz p(1 − p) hat. Aus Gl. (1.28) und (1.30) läßt sich damit für die Binomial-Verteilung Bi(n, p) der Mittelwert μ und die Varianz σ^2 berechnen:

$$\mu = np \quad \text{und} \quad \sigma^2 = np(1 - p). \qquad (1.41)$$

Wir wollen nun einige Anwendungsmöglichkeiten der Binomial-Verteilung besprechen.

I. Wir würfeln mit einem Würfel und achten nur darauf, ob die Augenzahl „5" erscheint oder nicht. Es sei p die Wahrscheinlichkeit für die „5" bei einem Wurf. Wir setzen $\xi_i = 1$, falls beim i-ten Wurf eine „5" erscheint, und $\xi_i = 0$ sonst, und wir setzen x_n = Anzahl der Würfe mit Augenzahl 5 bei insgesamt n Würfen. Bei der üblichen Art, mit einem Wür-felbecher zu würfeln, darf man wohl annehmen, daß die Ergebnisse der einzelnen Würfe und damit die ξ_i unabhängig voneinander sind. Dann ist x_n verteilt nach Bi(n, p). Sind bei dem Würfel die sechs Augenzahlen gleich-wahrscheinlich, so ist x_n nach Bi(n, 1/6) verteilt.

II. Eine Grundgesamtheit bestehe aus e n d l i c h vielen, sagen wir N, Elementen, von denen M eine gewisse Eigenschaft A haben. Dies liegt z. B. bei einer Warenlieferung von N Stück vor, von denen M Stück schlecht sind. Wir setzen p = M/N. Wir wählen nun zufällig ein Element aus, und zwar so, daß jedes der N Elemente dieselbe Wahrscheinlichkeit hat, gezogen zu werden, nämlich 1/N. Hat das gezogene Element die Eigenschaft A (ist es schlecht beim Beispiel der Warenlieferung), so ordnen wir ihm die Zahl 1 zu und sonst 0. Wir l e g e n nun das eben gezogene Element in die Grundgesamtheit z u r ü c k. Jetzt wählen wir zum zweitenmal ein Element, u n a b h ä n g i g vom ersten Versuch und wieder so, daß jedes, auch das beim erstenmal gezogene Element die Wahrscheinlichkeit 1/N hat, gezogen zu werden. ξ_2 setzen wir wieder = 1 oder = 0. Wir fahren auf diese Weise fort, bis wir insgesamt n Elemente gezogen haben. Wir setzen $x_n = \xi_1 + \xi_2 + \cdots + \xi_n$, und dies ist die Anzahl derjenigen von den n Elementen, die die Eigenschaft A haben. Nach der Definition der Binomial-Verteilung ist x_n verteilt nach Bi(n, p).

III. Eine Grundgesamtheit bestehe aus u n e n d l i c h vielen Elementen, und der relative Anteil der Elemente mit einer Eigenschaft A sei p. Wir wählen zufällig und unabhängig voneinander n Elemente aus. Das Auswahlverfahren sei unabhängig von der Eigenschaft A, d. h. die Wahrscheinlichkeit, daß ein zufällig herausgegriffenes Element die Eigenschaft A hat, sei p. Da die Grundgesamtheit unendlich ist, ist es offensichtlich belanglos, ob man ein schon gezogenes Element wieder zurücklegt oder nicht. Setzen wir wieder x_n = Anzahl derjenigen von den n Elementen mit der Eigenschaft A, so ist offenbar x_n verteilt nach Bi(n, p).

Eine genauere Betrachtung der in 1.6.1 (Stichwort: „Ziehen ohne Zurücklegen") und im Beispiel II (Stichwort: „Ziehen mit Zurücklegen") geschilderten Versuchsanordnungen läßt — bedenkt man auch die Ausführungen zu Beispiel III — die Vermutung aufkommen, daß sich die Verteilungsfunktionen der hypergeometrischen Verteilung H(N, n; p) und der Binomial-Verteilung Bi(n, p) numerisch nur sehr wenig unterscheiden, wenn nur der Umfang N der Grundgesamtheit sehr groß ist. Diese Vermutung ist richtig, und ihr entspricht die nachfolgende Grenzwertaussage.

Nach einigen elementaren Umformungen von Gl. (1.34) und unter Berücksichtigung von M/N = p lassen sich die Wahrscheinlichkeiten p_m der hypergeometrischen Verteilung H(N, n; p) in der Form

$$p_m = \binom{n}{m} \frac{\left[p\left(p - \frac{1}{N}\right) \cdot \ldots \cdot \left(p - \frac{m-1}{N}\right)\right] \left[(1-p)\left(1 - p - \frac{1}{N}\right) \cdot \ldots \cdot \left(1 - p - \frac{n-m-1}{N}\right)\right]}{1\left(1 - \frac{1}{N}\right)\left(1 - \frac{2}{N}\right) \cdot \ldots \cdot \left(1 - \frac{n-1}{N}\right)}$$

(1.42)

schreiben. Wir halten nun n, m und p fest. Für $N \to \infty$ konvergiert offenbar der linke Faktor des Zählers gegen p^m, der rechte gegen $(1-p)^{n-m}$ und der Nenner gegen 1. Es gilt also

$$\lim_{N \to \infty} p_m = \binom{n}{m} p^m (1 - p)^{n-m}.$$

(1.43)

Da H(N, n; p) und Bi(n, p) beide dieselben n Sprungstellen 0, 1, . . ., n haben, konvergiert also auch die Verteilungsfunktion der hypergeometrischen Verteilung H(N, n; p) für N → ∞ gegen die Verteilungsfunktion der Binomial-Verteilung Bi(n, p).

Damit ergibt sich die Möglichkeit, H(N, n; p) durch Bi(n, p) zu approximieren, falls N hinreichend groß im Vergleich zu n ist, wobei also die Parameter n und p bei beiden Verteilungen übereinstimmen.

Eine zweite Möglichkeit, H(N, n; p) durch eine Binomial-Verteilung Bi(n', p') zu approximieren, besteht darin, daß man n' und p' so wählt, daß Mittelwert und Varianz der beiden Verteilungen übereinstimmen (s. P. J. S a n d i f o r d [1960]).

Aufgabe 1.19 Bei einem Glücksspiel sei die Wahrscheinlichkeit für einen Gewinn 1/10. Wie groß ist die Wahrscheinlichkeit, bei 10 (unabhängigen) Spielen mindestens einmal zu gewinnen?

Aufgabe 1.20 x(ω) sei eine zufällige Variable. Man berechne W({ω : x(ω) ≤ 1 }), und zwar sei x(ω) 1. nach H(100; 6; 1/50) und 2. nach Bi(6; 1/50) verteilt.

1.6.3 Poisson-Verteilung

Eine diskrete Verteilungsfunktion mit den Sprungstellen m = 0, 1, 2, . . . und den zugehörigen Sprunghöhen

$$\frac{a^m}{m!} e^{-a} \tag{1.44}$$

heißt eine P o i s s o n - V e r t e i l u n g , wobei der auftretende Parameter $a > 0$ sei ($e = 2{,}71828 \ldots$ ist die Basis der natürlichen Logarithmen). Von einer zufälligen Variablen mit dieser Verteilungsfunktion wollen wir abkürzend sagen, daß sie nach Po(a) verteilt ist. Man prüft mühelos nach, daß die Sprunghöhen > 0 sind und ihre Summe $= 1$ ist.

Aus Definition 1.8 und Gl. (1.21) ergeben sich der Mittelwert μ und die Varianz σ^2 der Poisson-Verteilung Po(a):

$$\mu = \sum_{m=0}^{\infty} m \, \frac{a^m}{m!} e^{-a} = a \tag{1.45}$$

$$\sigma^2 = \sum_{m=0}^{\infty} (m-a)^2 \, \frac{a^m}{m!} e^{-a} = a. \tag{1.46}$$

So unmittelbar einleuchtend wie bei den beiden vorigen Verteilungsfunktionen läßt sich hier keine Anwendungsmöglichkeit angeben. Ein wirkliches Verständnis für die Bedeutung der Poisson-Verteilung gewinnt man erst aus dem Studium der sogenannten stochastischen Prozesse und speziell des Poisson-Prozesses, worüber man z. B. bei M. F i s z [1980] eine kurze, aber sehr lesenswerte Einführung findet. Der beschränkte Raum verbietet es hier, darauf näher einzugehen, doch sei wegen der vielen, auch technischen Anwendungsmöglichkeiten (s. auch 6.3.2) wenigstens anschaulich skizziert, worum es sich handelt.

Es sei (Ω, S, W) ein Wahrscheinlichkeitsraum. Ein stochastischer Prozeß $x(t, \omega)$ ist für jeden festen, reellen, meist als Zeit gedeuteten Parameterwert t eine zufällige Variable und für jedes feste $\omega \in \Omega$ eine Funktion von t im gewöhnlichen Sinne. Man spricht daher auch von Zufallsfunktionen. Ein Poisson-Prozeß ist ein spezieller stochastischer Prozeß, bei dem $x(t, \omega)$ nur die Werte $0, 1, 2, \ldots$ annehmen kann und als Funktion von t monoton nicht fallend ist. $x(t, \omega)$ wird als die Anzahl von gewissen Vorkommnissen im Zeitintervall 0 bis t gedeutet. Es handelt sich dabei stets um gleichartige Vorkommnisse, bei denen lediglich der Zeitpunkt des Eintretens vom Zufall abhängt. Dabei muß diese von der Zeit und vom Zufall abhängende Anzahl $x(t, \omega)$ von Vorkommnissen folgenden, hier nur anschaulich formulierten Bedingungen genügen:

1. Der Prozeß beginnt mit 0 Vorkommnissen zur Zeit $t = 0$.

2. Die Anzahlen von Vorkommnissen in getrennten Zeitintervallen sind statistisch unabhängig.

3. Die Verteilungsfunktion der Anzahl von Vorkommnissen im Zeitintervall $(t, t + \Delta t)$ hängt von Δt, aber nicht von t ab.

4. Die Wahrscheinlichkeit dafür, daß genau ein Vorkommnis in einem kleinen Zeitintervall der Länge Δt eintritt, ist bis auf Glieder höherer Ordnung $\lambda \cdot \Delta t$ (dabei λ = Intensität).

5. Die Wahrscheinlichkeit, daß in einem kleinen Zeitintervall mehr als ein Vorkommnis stattfindet, ist so klein, daß sie vernachlässigt werden kann.

Dann läßt sich auf dem Umweg über ein System von Differentialgleichungen beweisen, daß $x(t, \omega)$ nach der Poisson-Verteilung $Po(\lambda t)$ verteilt ist. Anwendungsmöglichkeiten ergeben sich unter anderem für die Anzahl der Anrufe in einer Telefonzentrale, für die Anzahl der Garnrisse bei einer Spinnmaschine, für die Anzahl gewisser Betriebsunfälle, aber auch in der Physik (radioaktiver Zerfall, Glühkathode) und mit gewissen Verallgemeinerungen in der Biologie.

Die Bedeutung der Poisson-Verteilung für die eigentliche Qualitätskontrolle liegt in der Möglichkeit, die Binomial-Verteilung durch die Poisson-Verteilung zu approximieren (s. aber auch 6.3.2). Wir betrachten dazu die bei der Binomial-Verteilung auftretenden Wahrscheinlichkeiten (1.40) für den Fall, daß die Anzahl n der Versuche immer größer, p dagegen immer kleiner wird, und zwar so, daß der Mittelwert $\mu = np$ (s. Gl. (1.41)) konstant bleibt. Für die rechte Seite von Gl. (1.40) gilt

$$\binom{n}{m} p^m (1 - p)^{n-m} = \binom{n}{m} \left(\frac{\mu}{n}\right)^m \left(1 - \frac{\mu}{n}\right)^{n-m} \tag{1.47}$$

$$= \frac{\mu^m}{m!} \left(1 - \frac{\mu}{n}\right)^n \left(1 - \frac{\mu}{n}\right)^{-m} \left(1 - \frac{1}{n}\right) \left(1 - \frac{2}{n}\right) \cdot \ldots \cdot \left(1 - \frac{m-1}{n}\right).$$

Wir halten m und μ fest. Für $n \to \infty$ bleibt der erste Faktor ungeändert, der zweite Faktor konvergiert gegen $e^{-\mu}$, und alle weiteren Faktoren konvergieren gegen 1. Es gilt also für $p = \mu/n$

$$\lim_{n \to \infty} \binom{n}{m} p^m (1 - p)^{n-m} = \frac{\mu^m}{m!} e^{-\mu}. \tag{1.48}$$

Demnach konvergiert die Binomial-Verteilung $Bi(n, \mu/n)$ für $n \to \infty$ gegen die Poisson-Verteilung $Po(\mu)$. Da $p = \mu/n$ für $n \to \infty$ gegen 0 konvergiert, nennt man die Poisson-Verteilung auch die Verteilung der seltenen Ereignisse.

Für kleine p und große n kann man also die Binomial-Verteilung Bi(n, p), und damit
auch für N groß gegen n die hypergeometrische Verteilung H(N, n; p), durch die Poisson-
Verteilung Po(np) approximieren.

Aufgabe 1.21 Die zufällige Variable $x(\omega)$ sei nach Po(6/50) verteilt. Man berechne
$W(\{\omega : x(\omega) \leqslant 1\})$ und vergleiche das Ergebnis mit dem von Aufgabe 1.20.

Aufgabe 1.22 Man tabelliere die Verteilungsfunktion der Binomial-Verteilung Bi(10; 1/10)
und vergleiche sie mit der zur Approximation zu benutzenden Poisson-Verteilung. Das-
selbe führe man für Bi(10; 1/100) aus. Wie wirkt sich die Verkleinerung von p auf die
Genauigkeit der Approximation aus?

Aufgabe 1.23 Man beweise Gl. (1.45) und (1.46).

1.6.4 Normalverteilung

1.6.4.1 Dichte und Verteilungsfunktion Eine Verteilungsfunktion vom stetigen Typ mit
der Dichte

$$f(y) = \frac{1}{\sigma\sqrt{2\pi}}\, e^{-\frac{(y-\mu)^2}{2\sigma^2}} \tag{1.49}$$

für alle reellen y heißt eine N o r m a l v e r t e i l u n g oder G a u ß - V e r t e i l u n g.
Der Parameter μ darf eine beliebige reelle Zahl sein, dagegen muß $\sigma > 0$ sein (wie stets
ist e = 2,71828 ... und π = 3,14159 ...). Wir werden die Normalverteilung mit der
Abkürzung $N(\mu, \sigma^2)$ zitieren.

Entsprechend 1.2.2.2 können wir die zugehörige Verteilungsfunktion F(y) als uneigentliches Riemann-Integral schreiben:

$$F(y) = \int_{-\infty}^{y} \frac{1}{\sigma\sqrt{2\pi}}\, e^{-\frac{(t-\mu)^2}{2\sigma^2}}\, dt. \tag{1.50}$$

Die Integration ist nicht explizit mit Hilfe von elementaren Funktionen ausführbar, wes-
halb es hier auch etwas schwieriger ist, die Normierungsbedingung (1.16) nachzuprüfen.
Offenbar ist die Dichte f(y) symmetrisch zum Punkt μ, und damit ist

$$F(\mu - y) + F(\mu + y) = 1$$

für alle y. Wegen der Ähnlichkeit mit einer Glocke nennt man das Bild der Dichte f(y)
G a u ß s c h e G l o c k e n k u r v e.
Nach Definition 1.8 und Gl. (1.22) berechnet man für $N(\mu, \sigma^2)$ den Mittelwert

$$= \int_{-\infty}^{+\infty} y\, \frac{1}{\sigma\sqrt{2\pi}}\, e^{-\frac{(y-\mu)^2}{2\sigma^2}}\, dy = \mu \tag{1.51}$$

und die Varianz

$$= \int_{-\infty}^{+\infty} (y - \mu)^2 \, \frac{1}{\sigma \sqrt{2\pi}} \, e^{-\frac{(y-\mu)^2}{2\sigma^2}} \, dy = \sigma^2 . \qquad (1.52)$$

Diese Gleichungen rechtfertigen nachträglich, daß wir die expliziten Parameter mit μ und σ bezeichnet haben. Weil stets $f(y) > 0$ und damit $F(y)$ streng monoton wachsend ist, ist der Zentralwert $z(1/2)$ nach Definition 1.9 eindeutig bestimmt, und wegen der Symmetrie ist $z(1/2) = \mu$.

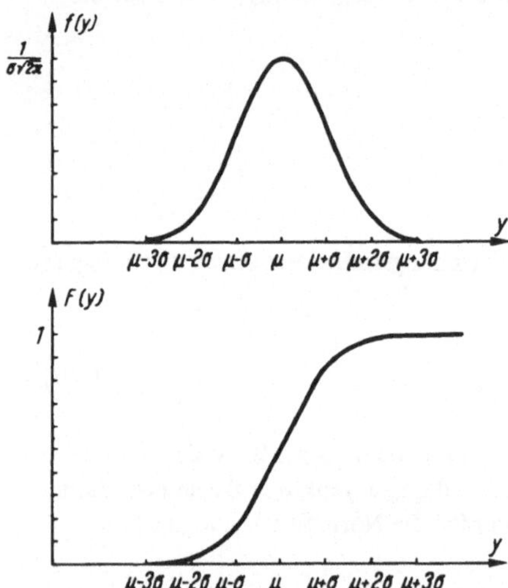

Fig. 1
Dichte $f(y)$ und Verteilungsfunktion $F(y)$
der Normalverteilung $N(\mu, \sigma^2)$

In fast allen einschlägigen Lehrbüchern ist die Verteilungsfunktion

$$\Phi(y) = \int_{-\infty}^{y} \frac{1}{\sqrt{2\pi}} \, e^{-\frac{t^2}{2}} \, dt \qquad (1.53)$$

der Normalverteilung $N(0, 1)$ tabelliert. Für statistische Zwecke benötigt man insbesondere die in Tab. 1 wiedergegebenen Werte.

Tab. 1 Verteilungsfunktion Φ der Normalverteilung $N(0, 1)$

y	$\Phi(y)$	y	$\Phi(y)$
−3	0,00135	1,282	0,9000
−2	0,02275	1,645	0,9500
−1	0,15866	1,960	0,9750
0	0,50000	2,326	0,9900
1	0,84134	2,576	0,9950
2	0,97725	3,090	0,9990
3	0,99865	3,291	0,9995

Ist eine zufällige Variable $x(\omega)$ nach $N(\mu, \sigma^2)$ verteilt, so ist nach Gl. (1.50) und (1.53)

$$W(\{\omega : x(\omega) \leqslant y\}) = F(y) = \int\limits_{-\infty}^{\frac{y-\mu}{\sigma}} \frac{1}{\sqrt{2\pi}}\, e^{-\frac{t^2}{2}}\, dt = \Phi\left(\frac{y-\mu}{\sigma}\right). \tag{1.54}$$

Häufig findet man auch die Funktion

$$\Phi^*(y) = \int\limits_{-y}^{+y} \frac{1}{\sqrt{2\pi}}\, e^{-\frac{t^2}{2}}\, dt \tag{1.55}$$

tabelliert. Für eine nach $N(0, 1)$ verteilte zufällige Variable $x(\omega)$ gilt für $y \geqslant 0$:

$$W(\{\omega : -y \leqslant x(\omega) \leqslant y\}) = \Phi(y) - \Phi(-y) = \Phi^*(y). \tag{1.56}$$

Wegen $\Phi(-y) + \Phi(y) = 1$ folgt daraus für $y \geqslant 0$:

$$\Phi^*(y) = 2\Phi(y) - 1. \tag{1.57}$$

Anschaulich ist es klar, daß eine Maßstabsänderung und Nullpunktsverschiebung bei einer normalverteilten zufälligen Variablen nichts daran ändert, daß eine Normalverteilung vorliegt. Dementsprechend gilt folgender, sehr leicht zu beweisender

Satz 1.8 *Wenn eine zufällige Variable* $x(\omega)$ *nach* $N(\mu, \sigma^2)$ *verteilt ist, so ist* $\alpha x(\omega) + \beta$ *nach* $N(\alpha\mu + \beta, (\alpha\sigma)^2)$ *verteilt für jede reelle Zahl* $\alpha \neq 0$ *und jede reelle Zahl* β.

1.6.4.2 Zentraler Grenzwertsatz und Anwendungsmöglichkeiten Es ist zu bedauern, daß sich die Bezeichnung „Normalverteilung" weit stärker durchgesetzt hat als der Name „Gauß-Verteilung". Allzuleicht wird dadurch die Vorstellung suggeriert, daß die Normalverteilung die normalerweise vorliegende Verteilung ist, was durchaus nicht der Fall ist. Die trotzdem unbestreitbar große Anwendungsmöglichkeit beruht auf Grenzwertsätzen, die besagen, daß unter gewissen Voraussetzungen die Summe von unabhängigen zufälligen Variablen annähernd normalverteilt ist, sofern nur die Anzahl der Summanden groß genug ist. Die Beweise überschreiten erheblich die hier zur Verfügung stehenden Mittel.
(Ω, S, W) sei ein Wahrscheinlichkeitsraum, und $x_1(\omega)$, $x_2(\omega)$, $x_3(\omega)$, ... seien unabhängige zufällige Variable. Es sei $x_i(\omega)$ verteilt nach der Verteilungsfunktion $F_i(x)$ und es existiere $E[x_i(\omega)] = \mu_i$ und $E[(x_i(\omega) - \mu_i)^2] = \sigma_i^2$ für $i = 1, 2, 3, \ldots$. Dann hat $\sum\limits_{i=1}^{n} x_i(\omega)$ nach Gl. (1.28) und (1.30) den Mittelwert $\mu^{(n)} = \sum\limits_{i=1}^{n} \mu_i$ und die Varianz

$$(\sigma^{(n)})^2 = \sum\limits_{i=1}^{n} \sigma_i^2, \text{ und damit hat}$$

$$\frac{\sum\limits_{i=1}^{n} x_i(\omega) - \mu^{(n)}}{\sigma^{(n)}} = \frac{1}{\sigma^{(n)}} \sum\limits_{i=1}^{n} (x_i(\omega) - \mu_i) \tag{1.58}$$

den Mittelwert 0 und die Varianz 1. Um die gewünschte Konvergenzaussage über die Verteilungsfunktion der zufälligen Variablen (1.58) machen zu können, setzen wir voraus, daß die Lindeberg-Bedingung

$$\lim_{n\to\infty} \frac{1}{(\sigma^{(n)})^2} \sum_{i=1}^{n} \int_{|x-\mu_i| > \epsilon\sigma^{(n)}} (x-\mu_i)^2 \, dF_i(x) = 0 \quad \text{für jedes } \epsilon > 0 \qquad (1.59)$$

erfüllt ist. Dann läßt sich beweisen:

Satz 1.9 (Zentraler Grenzwertsatz) *Wenn für eine Folge* $x_1(\omega), x_2(\omega), \ldots$ *von unabhängigen zufälligen Variablen die Varianzen existieren und die Bedingung* (1.59) *erfüllt ist, so ist*

$$\lim_{n\to\infty} W\left(\left\{\omega : \frac{1}{\sigma^{(n)}} \sum_{i=1}^{n} (x_i(\omega) - \mu_i) \leqslant y\right\}\right) = \int_{-\infty}^{y} \frac{1}{\sqrt{2\pi}} e^{-\frac{t^2}{2}} \, dt,$$

und diese Konvergenz ist gleichmäßig bezüglich y.

Setzen wir zusätzlich noch voraus, daß alle $x_i(\omega)$ nach ein und derselben Verteilungsfunktion $F(y)$ verteilt sind, so sind auch $E[x_i(\omega)] = \mu$ und $E[(x_i(\omega) - \mu)^2] = \sigma^2$ unabhängig von i. In diesem Fall ist die Lindeberg-Bedingung (1.59) von selbst erfüllt, da sie hier nichts anderes besagt als die Existenz der Varianz σ^2. Daher gilt

Satz 1.10 $x_1(\omega), x_2(\omega), x_3(\omega), \ldots$ *seien unabhängige zufällige Variable. Alle* $x_i(\omega)$ *seien nach der gleichen Verteilungsfunktion verteilt, und es existiere* $E[x_i(\omega)] = \mu$ *und* $E[(x_i(\omega) - \mu)^2] = \sigma^2$. *Dann ist*

$$\lim_{n\to\infty} W\left(\left\{\omega : \frac{1}{\sigma\sqrt{n}} \sum_{i=1}^{n} (x_i(\omega) - \mu) \leqslant y\right\}\right) = \int_{-\infty}^{y} \frac{1}{\sqrt{2\pi}} e^{-\frac{t^2}{2}} \, dt,$$

und diese Konvergenz ist gleichmäßig bezüglich y.

Der zentrale Grenzwertsatz ist der tiefere Grund dafür, daß in der Praxis so viele Grundgesamtheiten annähernd normalverteilt sind. Es ist eben einfach so, daß in vielen Fällen die zufälligen Schwankungen darauf beruhen, daß sich viele kleine, (mindestens annähernd) unabhängige, zufällige Schwankungen addieren. In aller Regel kann man physikalische und technische Meßfehler als normalverteilt ansehen. Auch dürften z. B. die Gewichte von Zuckerpaketen oder anderen Waren, die von jeweils einer Maschine etwa an einem Tag abgefüllt werden, annähernd normalverteilt sein, d. h. wenn man zufällig (also mit einem Auswahlverfahren, das unabhängig vom Gewicht ist) ein Zuckerpaket ω herausgreift, so ist die Wahrscheinlichkeit dafür, daß das Gewicht $x(\omega)$ kleiner oder gleich einer vorgegebenen Zahl y ist, annähernd aus Gl. (1.54) zu bestimmen.

Daß eine nach $N(\mu, \sigma^2)$ verteilte zufällige Variable $x(\omega)$ stets auch sehr große und sehr kleine (stark negative) Werte annehmen kann, stört für die Anwendungen nicht, denn die Wahrscheinlichkeit dafür ist nur sehr gering. So ist z. B. $W(\{\omega : |x(\omega) - \mu| \geqslant 3\sigma\})$ = 0,0027.

Zur Warnung sei noch auf die beiden folgenden Möglichkeiten hingewiesen:

I. Gegeben sei eine große Menge von Kugeln, von denen wir annehmen wollen, daß ihr Durchmesser annähernd normalverteilt ist. Sortieren wir nun diejenigen Kugeln aus, die durch ein Loch passen, dessen Durchmesser sich nicht zu stark vom Mittelwert der Kugel-

Durchmesser unterscheidet, so sind die Durchmesser der aussortierten Kugeln sicher nicht mehr normalverteilt. Ähnlich schiefe, d. h. unsymmetrische Verteilungen können z. B. bei Durchmessern von Bohrlöchern entstehen, die nie kleiner, wohl aber größer als der Durchmesser des benutzten Bohrers ausfallen können.

II. Zwei Abfüllmaschinen mögen mit geringer Streuung, aber beträchtlichem Unterschied in den Mittelwerten arbeiten. Mischt man die Pakete beider Abfüllmaschinen, so sind die Gewichte nicht mehr normalverteilt. Es entsteht eine zwei-gipflige Verteilung im Gegensatz zu dem einen Gipfel der Dichte der Normalverteilung. Solche Erscheinungen treten auch auf, wenn bei einer Produktion im Laufe der Zeit der Mittelwert anwächst oder absinkt.

Diese Beispiele zeigen, daß man nicht unbedenklich voraussetzen darf, daß eine Normalverteilung vorliegt. In 2.3.3 werden sich daher Hinweise dafür finden, wie man statistisch, d. h. durch Experimente, entscheiden kann, ob eine Normalverteilung vorliegt oder nicht.

Daß es für praktische Anwendungen nicht gar so sehr darauf ankommt, ob die einzelnen Größen hinreichend genau normalverteilt sind, zeigt der Satz 1.10, zumal in vielen Fällen in der Statistik nur das arithmetische Mittel interessiert, also, abgesehen von einem Faktor, eine Summe von zufälligen Variablen. Satz 1.10 besagt ja, daß eine Summe von hinreichend vielen Gliedern selbst dann annähernd normalverteilt ist, wenn dies für die einzelnen Summanden nicht gilt.

Eine weitere Bedeutung erlangt der Satz 1.10 dadurch, daß er die Möglichkeit eröffnet, eine Reihe von Verteilungsfunktionen durch eine Normalverteilung zu approximieren. Dies kann z. B. für die Binomial-Verteilung Bi(n, p) geschehen, die ja als Verteilungsfunktion der Summe (1.39) eingeführt wurde. Damit die Übereinstimmung hinreichend gut wird, muß natürlich n groß genug sein. Da die Binomial-Verteilung für p nahe bei 0 oder nahe bei 1 für kleine n sehr schief, d. h. sehr wenig symmetrisch, ist, muß n um so größer sein, je kleiner p(1 − p) ist. Statt die Binomial-Verteilung auf den Mittelwert 0 und die Varianz 1 zu transformieren, ist es bequemer, die Normalverteilung zu transformieren, oder, anders ausgedrückt, man approximiert Bi(n, p) durch N(np, np(1 − p)). Eine Faustregel besagt, daß diese Approximation praktisch genau genug ist, wenn np(1 − p) > 9 ist. Es empfiehlt sich, bei dieser Annäherung durch Anbringen eines Summanden 1/2 auch noch zu berücksichtigen, daß die Binomial-Verteilung diskret ist. Man benutzt dann also für eine nach Bi(n, p) verteilte zufällige Variable $x(\omega)$ und eine natürliche Zahl m mit $0 \leqslant m \leqslant n$ die folgende Näherung:

$$W(\{\omega : x(\omega) \leqslant m\}) \approx \Phi\left(\frac{m + \dfrac{1}{2} - np}{\sqrt{np(1-p)}}\right). \tag{1.60}$$

Es sei aber abschließend bemerkt, daß für die Qualitätskontrolle die Approximation der Binomial-Verteilung durch die Poisson-Verteilung eine erheblich größere Rolle spielt als die durch die Normalverteilung.

1.6.4.3 Summen und Quadratsummen Mit Hilfe von Gl. (1.32) kann man durch elementare Rechnung die sogenannte Reproduktionseigenschaft der Normalverteilung beweisen, die besagt, daß die Summe zweier unabhängiger, normalverteilter zufälliger Variablen wieder normalverteilt ist. Ist z. B. das Nettogewicht und auch das Verpackungsgewicht normalverteilt, so kann man also folgern, daß auch das Bruttogewicht normalverteilt ist. Man hüte sich aber vor einer Verwechslung dieser Summenbildung mit der im vorigen Abschnitt erwähnten Mischung zweier normalverteilter Grundgesamtheiten.

Durch vollständige Induktion und unter Berücksichtigung von Satz 1.8 folgt aus der Reproduktionseigenschaft:

Satz 1.11 $x_1(\omega), x_2(\omega), \ldots, x_n(\omega)$ *seien unabhängige zufällige Variable; jedes* $x_i(\omega)$ *sei nach* $N(\mu, \sigma^2)$ *verteilt. Dann ist* $\sum\limits_{i=1}^{n} x_i(\omega)$ *verteilt nach* $N(n\mu, n\sigma^2)$, *und* $\dfrac{1}{n} \sum\limits_{i=1}^{n} x_i(\omega)$ *ist nach* $N\left(\mu, \dfrac{\sigma^2}{n}\right)$ *verteilt.*

Für die in 2.2.4 zu behandelnde näherungsweise Bestimmung, d. h. die Schätzung, von σ brauchen wir noch die Verteilungsfunktion der Quadratsumme von unabhängigen, normalverteilten zufälligen Variablen. Dazu wollen wir die χ^2-Verteilung kennenlernen, die von einem Parameter n abhängt, der eine natürliche Zahl ≥ 1 ist und der aus hier nicht weiter zu erörternden Gründen Freiheitsgrad heißt.

Definition 1.12 *Eine Verteilungsfunktion vom stetigen Typ mit der Dichte*

$$g_n(y) = \begin{cases} 0 & \text{für} \quad y \leqslant 0 \\[2ex] \dfrac{1}{2^{n/2}\, \Gamma\left(\dfrac{n}{2}\right)}\, y^{\frac{n}{2}-1}\, e^{-\frac{y}{2}} & \text{für} \quad y > 0 \end{cases}$$

heißt χ^2-*V e r t e i l u n g   m i t   F r e i h e i t s g r a d* $n \geqslant 1$.

Die dabei auftretende Gamma-Funktion ist für $y > 0$ definiert durch

$$\Gamma(y) = \int\limits_0^\infty t^{y-1} e^{-t}\, dt.$$

Für jedes reelle $y > 0$ ist $\Gamma(y + 1) = y\Gamma(y)$, für jede natürliche Zahl $m \geq 1$ ist $\Gamma(m) = (m-1)!$, und es ist $\Gamma\left(\dfrac{1}{2}\right) = \sqrt{\pi}$.

Ohne Beweis notieren wir uns den

Satz 1.12 *Es sei* $x(\omega)$ *eine nach der* χ^2-*Verteilung mit Freiheitsgrad* n *verteilte zufällige Variable. Dann ist der Mittelwert*

$$E[x(\omega)] = \int\limits_0^\infty y g_n(y)\, dy = n$$

und die Varianz

$$E[(x(\omega) - n)^2] = 2n.$$

Dagegen hat die zufällige Variable $\sqrt{x(\omega)} \geqslant 0$ *den Mittelwert*

$$E[\sqrt{x(\omega)}] = \sqrt{2} \; \frac{\Gamma\left(\frac{n+1}{2}\right)}{\Gamma\left(\frac{n}{2}\right)}.$$

Mit Hilfe von Definition 1.12 können wir die gewünschte Aussage über die Quadratsummen formulieren, deren Beweis allerdings nicht ganz einfach ist:

Satz 1.13 $x_1(\omega), x_2(\omega), \ldots, x_n(\omega)$ *seien unabhängige zufällige Variable; jedes* $x_i(\omega)$ *sei nach* $N(\mu, \sigma^2)$ *verteilt. Dann ist*

$$\sum_{i=1}^{n} \left(\frac{x_i(\omega) - \mu}{\sigma}\right)^2$$

nach der χ^2*-Verteilung mit Freiheitsgrad* n *verteilt. Setzen wir* $\bar{x}(\omega) = \frac{1}{n} \sum_{i=1}^{n} x_i(\omega)$, *so ist*

$$\frac{1}{\sigma^2} \sum_{i=1}^{n} (x_i(\omega) - \bar{x}(\omega))^2$$

nach der χ^2*-Verteilung mit Freiheitsgrad* $(n-1)$ *verteilt.*

Aufgabe 1.24 $x(\omega)$ sei eine nach $N(7, 9)$ verteilte zufällige Variable. Für welches y ist $W(\{\omega : -y \leqslant x(\omega) - 7 \leqslant y\}) = 0{,}95$?

Aufgabe 1.25 Wie groß muß n nach der Faustregel am Ende von 1.6.4.2 mindestens sein, damit man die Binomialverteilung $Bi(n, p)$ durch eine Normalverteilung approximieren darf, wenn $p = 0{,}5$, $p = 0{,}05$ oder $p = 0{,}01$ ist? Man vergleiche beide Verteilungen numerisch miteinander, und zwar, je nach den zur Verfügung stehenden Tafeln, für $n \approx 30$ und $p = 1/2$ beziehungsweise $p = 0{,}1$.

Aufgabe 1.26 Man beweise die erste Gleichung in Satz 1.12.

1.6.5 Weibull-Verteilung

Die Lebensdauer eines Werkstücks kann etwa durch unmittelbare Beobachtung oder etwa auch durch Dauerfestigkeits-Versuche ermittelt werden. Wir wollen hier nun eine noch von drei Parametern abhängende Verteilungsfunktion kennenlernen, die für die statistische Auswertung solcher Versuche besonders wichtig ist.

1.6.5.1 Lebensdauer-Verteilung Gibt eine zufällige Variable $\tau(\omega)$ die Lebensdauer eines Werkstücks wieder, so nennt man ihre Verteilungsfunktion $F(t) = W(\{\omega : \tau(\omega) \leqslant t\})$ auch L e b e n s d a u e r - V e r t e i l u n g. Stets beginnen wir die Versuche zum Zeitpunkt 0. Dann ist für $t \geqslant 0$ also $F(t)$ die Wahrscheinlichkeit dafür, daß das Werkstück im Zeitintervall $[0, t]$ zu Bruch geht. Für $t < 0$ ist dagegen $F(t) = 0$.

Bei den technischen Anwendungen interessiert naturgemäß besonders die Wahrscheinlichkeit dafür, daß ein Werkstück, das im Zeitpunkt t noch funktionsfähig ist, im „nächsten Augenblick" zu Bruch geht. Dafür bedarf es des Begriffes der „bedingten Wahrscheinlichkeit". Anschaulich gesprochen ist die bedingte Wahrscheinlichkeit für ein Ereignis E_1

unter der Bedingung E_2 die Wahrscheinlichkeit für E_1, wenn man nur Experimente zählt, die E_2 ergeben haben. Vergegenwärtigt man sich noch einmal die Ausführungen in 1.4.1, so ist die folgende Definition naheliegend:

Definition 1.13 (Ω, S, W) *sei ein Wahrscheinlichkeitsraum.* E_1 *und* E_2 *seien Ereignisse, also* $E_1 \in S$ *und* $E_2 \in S$, *und es sei* $W(E_2) > 0$.
Dann heißt

$$W(E_1 \,|E_2) = \frac{W(E_1 \cap E_2)}{W(E_2)}$$

die **bedingte Wahrscheinlichkeit** *von* E_1 *unter der Bedingung* E_2.

Ersichtlich ist $W(E_1\,|E_2)$ als Funktion von E_1 wieder ein für jedes $E_1 \in S$ definiertes Wahrscheinlichkeitsmaß.

Es sei nun $t \geqslant 0$ und $\Delta t > 0$ und es sei $W(\{\omega : \tau(\omega) > t\}) > 0$.

Dann ist nach Definition 1.13

$$W(\{\omega : t < \tau(\omega) \leqslant t + \Delta t\}|\{\omega : \tau(\omega) > t\})$$

$$= \frac{W(\{\omega : t < \tau(\omega) \leqslant t + \Delta t\})}{W(\{\omega : \tau(\omega) > t\})} = \frac{F(t + \Delta t) - F(t)}{1 - F(t)} \tag{1.61}$$

die bedingte Wahrscheinlichkeit dafür, daß das betreffende Werkstück im Zeitintervall $[t, t + \Delta t]$ zu Bruch geht, und zwar unter der Bedingung, daß das Werkstück länger als t „lebt".

Ist $F(t)$ differenzierbar mit Ableitung $f(t)$, so ist für kleines $\Delta t > 0$

$$\frac{F(t + \Delta t) - F(t)}{1 - F(t)} \approx \frac{f(t)}{1 - F(t)} \cdot \Delta t$$

Man nennt

$$\frac{f(t)}{1 - F(t)} \tag{1.62}$$

die **Sterbe-Intensität** oder **Ausfall-Intensität** (= conditional failure rate).

1.6.5.2 Existenz und Eindeutigkeit der Weibull-Verteilung Wir wollen hier annehmen, daß das Zu-Bruch-Gehen eines Werkstückes ausschließlich auf Ermüdungserscheinungen zurückzuführen ist, insbesondere also nicht durch einen bereits bei Versuchsbeginn vorhandenen Material- oder Fabrikationsfehler bedingt ist. In der üblichen Weise sprechen wir von einem Zu-Bruch-Gehen infolge Ermüdung, wenn ein Werkstück bei oft wiederholten, periodisch auftretenden Belastungen zerbricht, obwohl es einmalig auch selbst die stärkste der auftretenden Belastungen aushalten würde. Man nimmt an, daß es durch die ständige Wiederholung der Belastungen zu Veränderungen in der Struktur des Werkstückes kommt, die schließlich zum Bruch führen. Der Ausdruck „Ermüdung" soll im Gegensatz zu seiner biologischen Bedeutung aber nicht beinhalten, daß während eventueller Ruhepausen eine „Erholung" eintritt.

Von dieser Vorstellung ausgehend machen wir nun zwei Annahmen über die Lebensdauer-Verteilung $F(t)$ und überlegen uns dann, ob und wieviele Funktionen es gibt, die diesen Annahmen genügen.

1. Annahme $F(t)$ *ist eine stetige Verteilungsfunktion mit*

$$F(t) = 0 \qquad \textit{für } t \leqslant t_0$$

und $\quad 0 < F(t) < 1 \quad \textit{für } t > t_0.$

Diese Annahme bedeutet, daß jedes Werkstück die Zeit $t_0 \geqslant 0$ überlebt (der Parameter t_0 heißt daher minimale Lebensdauer) und daß es keinen endlichen Zeitpunkt gibt, bis zu dem jedes Werkstück zu Bruch gegangen sein muß.

Um die 2. Annahme sachgerecht formulieren zu können, müssen wir uns etwas genauere Vorstellungen über Ermüdungserscheinungen machen: Sie sind bedingt durch das Vorhandensein sehr vieler kleiner Risse, die nach Lage und Größe zufällig über das jeweilige Werkstück verteilt sind und die im Laufe der Zeit größer werden. Wird auch nur ein Riß zu groß, so kommt es zum Bruch des ganzen Werkstückes. Die Lebensdauer eines Werkstückes ist damit gleich der kürzesten Lebensdauer der auftretenden Risse. Denken wir uns das Werkstück in n gleiche Teile eingeteilt, die alle die gleiche Lebensdauer-Verteilung $G(t)$ aufweisen, so ist die Wahrscheinlichkeit, daß ein Teil länger als t lebt, gleich $1 - G(t)$; daher ist unter der Annahme der Unabhängigkeit nach Definition 1.10 die Wahrscheinlichkeit, daß alle n Teile länger als t leben, gleich $(1 - G(t))^n$. Anders ausgedrückt: Die Lebensdauer für das ganze Werkstück ist dann gleich der Lebensdauer des kurzlebigsten Teiles (man sagt „des schwächsten Gliedes"), und zwar mit der Verteilung $1 - (1 - G(t))^n$. Wir wollen nun unterstellen, daß die Lebensdauer-Verteilungen beliebiger Teile des Werkstücks, die ja immer Verteilungen des jeweils schwächsten Gliedes sind, stets von der gleichen analytischen Gestalt sind und sich höchstens durch eine Verschiebung und eine Streckung der Zeitachse unterscheiden. Mathematisch drückt sich dies so aus:

2. Annahme *Zu jeder natürlichen Zahl* $n \geqslant 1$ *gibt es zwei reelle Zahlen* a_n *und* b_n *derart, daß*

$$1 - (1 - F(t))^n = F(a_n t + b_n)$$

für jedes t *ist.*

Wir geben nun eine Verteilungsfunktion an, die den beiden Annahmen genügt, nämlich die durch

$$F(t) = \begin{cases} 0 & \text{für } t \leqslant t_0 \\ 1 - e^{-\left(\frac{t-t_0}{t_1-t_0}\right)^a} & \text{für } t > t_0 \end{cases} \tag{1.63}$$

definierte (drei-parametrige) W e i b u l l - V e r t e i l u n g mit den Bedingungen $t_1 > t_0 \geqslant 0$ und $a > 0$ für die drei Parameter t_0, t_1 und a.

Mit Hilfe des Charakterisierungssatzes in 1.2.2 prüft man sofort nach, daß durch (1.63) eine mögliche Verteilungsfunktion definiert ist. Offensichtlich ist auch die 1. Annahme erfüllt. Zur Überprüfung der 2. Annahme berechnen wir für $t \geqslant t_0$

$$1 - (1 - F(t))^n = 1 - e^{-\left(\frac{n^{\frac{1}{a}}t - n^{\frac{1}{a}}t_0}{t_1 - t_0}\right)^a} = F\left(n^{\frac{1}{a}}t + t_0 - n^{\frac{1}{a}}t_0\right).$$

Für $t \geqslant t_0$ ist also die 2. Annahme erfüllt, und zwar mit

$$a_n = n^{\frac{1}{a}} \text{ und } b_n = t_0 - n^{\frac{1}{a}}t_0 \quad \text{für } n = 1, 2, \dots . \tag{1.64}$$

Ersichtlich ist die Gleichung in der 2. Annahme auch für $t < t_0$ richtig (beide Seiten sind $= 0$).

Interessanterweise gibt es keine anderen Funktionen, die beiden Annahmen genügen, wie der folgende Satz zeigt, für dessen nicht ganz einfachen Beweis auf U h l m a n n [1967] verwiesen sei:

Satz 1.14 *Es existiert genau dann eine Verteilungsfunktion, die der 1. und 2. Annahme genügt, wenn* a_n *und* b_n *von der Form* (1.64) *mit beliebigem a > 0 sind. In diesem Fall ist F(t) bis auf den frei wählbaren Parameter* $t_1 > t_0$ *eindeutig bestimmt, und zwar ist F(t) von der Form* (1.63).

Ob in einem konkreten Anwendungsfall tatsächlich die Weibull-Verteilung vorliegt, ob also unsere Annahmen berechtigt waren, kann letzten Endes nur das Experiment entscheiden (siehe den letzten Absatz in 2.3.3). Für ein weiteres Studium des hier angeschnittenen Fragenkreises sei auf die Monographie von E. J. G u m b e l [1960] und auf die Literaturübersicht von W. R. B u c k l a n d [1964] hingewiesen.

1.6.5.3 Eigenschaften der Weibull-Verteilung Die Sterbe-Intensität (1.62) berechnet sich für die Weibull-Verteilung (1.63) durch einfaches Differenzieren zu

$$\frac{f(t)}{1 - F(t)} = \begin{cases} 0 & \text{für } t < t_0 \\ \dfrac{a(t - t_0)^{a-1}}{(t_1 - t_0)^a} & \text{für } t > t_0 \end{cases} \tag{1.65}$$

Die Sterbe-Intensität nimmt genau dann im Laufe der Zeit nicht ab, wenn $a \geqslant 1$ ist. Bei technischen Anwendungen ist also nur der Fall $a \geqslant 1$ von Bedeutung. Man bezeichnet den Parameter a als W e i b u l l - A n s t i e g (= Weibull slope = shape parameter). Den Parameter $t_0 \geqslant 0$ haben wir im vorigen Abschnitt schon entsprechend seiner Bedeutung als m i n i m a l e L e b e n s d a u e r bezeichnet. Für den Spezialfall $t_0 = 0$ spricht man bei (1.63) von der zwei-parametrigen Weibull-Verteilung.

Um die Bedeutung des Parameters $t_1 > t_0$ zu erkennen, fragen wir nach dem Zeitpunkt, in dem die Wahrscheinlichkeit für das Überleben nur noch e^{-1} beträgt. Ersichtlich ist dieser Zeitpunkt gerade t_1; man nennt daher t_1 die c h a r a k t e r i s t i s c h e L e b e n s d a u e r.

$t_0 = 0$ und $a = 1$ ist ein wichtiger Spezialfall, bei dem die Sterbe-Intensität für $t > 0$ nach (1.65) unabhängig von t ist. Wir haben es hier also nicht mehr mit wirklichen Ermüdungserscheinungen zu tun. Setzen wir $\alpha = 1/t_1 > 0$, so lautet die Verteilungsfunktion (1.63)

$$F(t) = \begin{cases} 0 & \text{für } t \leqslant 0 \\ 1 - e^{-\alpha t} & \text{für } t > 0 \end{cases} \tag{1.66}$$

Diese Verteilungsfunktion heißt E x p o n e n t i a l - V e r t e i l u n g. Für sie ist die bedingte Wahrscheinlichkeit (1.61) für $t \geqslant 0$ gleich

$$\frac{F(t + \Delta t) - F(t)}{1 - F(t)} = \begin{cases} 0 & \text{für } \Delta t = 0 \\ 1 - e^{-\alpha \cdot \Delta t} & \text{für } \Delta t > 0 \end{cases} \tag{1.67}$$

Zum Beispiel ist die Lebensdauer eines radioaktiven Atoms nach der Verteilungsfunktion (1.66) verteilt; (1.67) besagt dann, daß die Lebensdauer-Verteilung eines solchen Atoms unabhängig von der Zeit ist, die es nicht-zerfallen überstanden hat.

Aufgabe 1.27 Mit Hilfe der Γ-Funktion beweise man, daß der Mittelwert der Weibull-Verteilung (1.63) gleich $t_0 + (t_1 - t_0)\, \Gamma\left(1 + \dfrac{1}{a}\right)$ ist.

2 Statistische Grundlagen

Schon in der Einleitung zu den wahrscheinlichkeitstheoretischen Grundlagen wurde als eine der Hauptaufgaben der mathematischen Statistik, und damit auch der statistischen Qualitätskontrolle, der Schluß von einer Stichprobe auf die zugehörige Grundgesamtheit herausgestellt. Zwei Fälle lassen sich dabei unterscheiden, die sich durch die Stichwörter „Schätzen von Parametern" und „Testen von Hypothesen" charakterisieren lassen.

Die Parameterschätzung hat z. B. die Aufgabe, den als unbekannt anzusehenden Mittelwert μ auf Grund des Ergebnisses einer Stichprobe zu schätzen. Bei einfachen Problemen dieser Art ist es meistens sehr leicht, eine anschaulich plausible Lösung zu finden. Die mathematische Statistik hat sich daran anschließend mit etwa den folgenden Fragen zu beschäftigen: Wie genau ist die Schätzung? Gibt es eine bessere oder sogar eine beste Methode der Schätzung? Welche Eigenschaften machen eine gute, welche eine beste Schätzung aus?

Beim Testen von Hypothesen dagegen soll auf Grund einer Stichprobe z. B. die Frage entschieden werden, ob der unbekannte Mittelwert einer Grundgesamtheit gleich einer vorgegebenen Zahl ist, etwa ob das Ergebnis der Wägung von einigen zufällig herausgegriffenen Paketen mit ihrer Aufschrift „Inhalt 500 g" vereinbar ist. Ähnlich wie bei der Parameterschätzung hat die mathematische Statistik hier zu klären, welche Eigenschaften bei einem solchen Test als gut anzusehen sind und wie man gute Tests, gegebenenfalls sogar einen besten Test, konstruiert.

Ein genaueres Studium der beiden eben angedeuteten Aufgaben zeigt, daß, jedenfalls für eine Reihe grundsätzlicher Probleme, eine gemeinsame mathematische Behandlung möglich ist, die überdies im Hinblick auf die Anwendbarkeit der verwendeten mathematischen Methoden zum Verständnis beiträgt. Dies ist das Anliegen der Entscheidungstheorie, die von A. W a l d [1950] geschaffen wurde. A. W a l d [1947] (auch [1945]) hat daneben sogenannte sequentielle Verfahren entwickelt, die für die statistische Qualitätskontrolle von besonderer Bedeutung sind.

Nachdem im vorangehenden Abschnitt die wahrscheinlichkeitstheoretischen Grundlagen hinreichend geklärt wurden, können wir hier in aller Regel auf die explizite Angabe des zugrunde gelegten Wahrscheinlichkeitsraumes (Ω, S, W) verzichten. Für eine zufällige Variable $x(\omega)$ werden wir daher einfach x schreiben und dementsprechend die Verteilungsfunktion $F(y) = W(\{\omega : x(\omega) \leqslant y\})$ abkürzen durch $F(y) = W(x \leqslant y)$.

Natürlich kann hier bei dem zur Verfügung stehenden beschränkten Raum von der Statistik nur das dargestellt werden, was für die Qualitätskontrolle unbedingt erforderlich ist. Mit den Problemen in der oben angedeuteten Richtung befassen sich unter anderem die Bücher von E. L. L e h m a n n [1959] und [1975], D. M o r g e n s t e r n [1968], L. S c h m e t t e r e r [1966], B. L. v a n d e r W a e r d e n [1971], S. S. W i l k s [1962], H. W i t t i n g [1978] und H. W i t t i n g, G. N ö l l e [1970]. Speziell im Hinblick auf technische Anwendungen wurden die Bücher von H e i n h o l d und G a e d e [1972] sowie von N. W. S m i r n o w und I. W. D u n i n - B a r k o w s k i [1973] und von R. S t o r m [1976] geschrieben. Ohne Beweise findet man die wichtigsten modernen statistischen Verfahren in den beiden Bändchen von J. P f a n z a g l [1972], [1978] zusammengestellt. Als Nachschlagewerk für alle wichtigeren statistischen Verfahren ist schließlich das zweibändige Werk von D. R a s c h , G. H e r r e n d ö r f e r , J. B o c k , K. B u s c h [1978] zu empfehlen.

Für die Anwendung von statistischen Verfahren sind statistische Tafeln unerläßlich, die in fast allen oben genannten Büchern enthalten sind. Ausführliche Tafeln wurden unter anderem von R. A. F i s h e r und F. Y a t e s [1978], U. G r a f , H.-J. H e n n i n g , K. S t a n g e [1966], A. H a l d [1962], D. B. O w e n [1962] sowie E. S. P e a r s o n und H. O. H a r t l e y [1966] herausgegeben, wobei sich bei O w e n auch Tafeln für die so wichtigen sogenannten nicht-parametrischen Verfahren finden. Schließlich sei noch auf das Buch von J. A. G r e e n w o o d und H. O. H a r t l e y [1962] aufmerksam gemacht, dessen Inhalt aus einer Liste aller — auch in Zeitschriften — veröffentlichten statistischen Tafeln besteht.

2.1 Stichproben

2.1.1 Begriff der Stichprobe

Wir denken uns eine G r u n d g e s a m t h e i t als eine Menge von Elementen gegeben. Für die Qualitätskontrolle sind unter anderem folgende Grundgesamtheiten von Bedeutung:

1. Eine ausgelieferte oder auszuliefernde Menge von Waren.

2. Die von einem Arbeiter mit Hilfe einer Maschine in einem bestimmten Zeitabschnitt hergestellten Werkstücke.

3. Die von einer Maschine bei einer bestimmten Einstellung schon produzierten (und eventuell auch die noch zu produzierenden oder überhaupt produzierbaren) Werkstücke.

4. Die in einer Fabrik in einem bestimmten Zeitabschnitt produzierten Werkstücke eines Typs.

Der Einfachheit halber wollen wir uns, zunächst jedenfalls, bei jedem Element der Grundgesamtheit nur für eine, durch eine reelle Zahl x beschreibbare Eigenschaft interessieren, z. B. für das Gewicht, die Länge oder den Durchmesser. Damit ist auch der Fall erfaßt, daß man sich für — endlich viele — qualitative Eigenschaften interessiert, indem man diese Eigenschaften durchnumeriert, z. B. einem „schlechten" Element die Zahl 1 und einem „guten" die 0 zuordnet, wie es schon in 1.6.1 und 1.6.2 durchgeführt wurde.

Ist die Grundgesamtheit endlich, so läßt sie sich im Hinblick auf das eine interessierende Merkmal durch die Angabe einer Verteilungsfunktion $F(y)$ beschreiben, wobei $F(y)$ gleich dem Anteil der Elemente mit $x \leqslant y$ ist. Zu einer wahrscheinlichkeitstheoretischen Deutung kommen wir dadurch, daß wir nach der Wahrscheinlichkeit dafür fragen, daß ein aus der Grundgesamtheit herausgegriffenes Element ein $x \leqslant y$ hat. Greift man das Element „zufällig" heraus, so ist diese Wahrscheinlichkeit gerade gleich $F(y)$, wobei hier das Wort „zufällig" nichts anderes besagen soll, als daß alle Elemente mit der gleichen Wahrscheinlichkeit gezogen werden. In diesem Sinne spricht man also von „einer nach der Verteilungsfunktion $F(y)$ verteilten Grundgesamtheit". Die „Zufälligkeit" des Ziehens eines Elementes kann als realisiert angesehen werden, wenn das zum Ziehen benutzte Auswahlverfahren im anschaulichen Sinne unabhängig vom interessierenden Merkmal ist.

Wir können und wollen die Sprechweise „eine nach der Verteilungsfunktion $F(y)$ verteilte Grundgesamtheit" auch dann beibehalten, wenn die Grundgesamtheit nicht endlich ist. Die Bedeutung dieser Sprechweise sei an zwei Beispielen erläutert: 1. Für das Würfel-Beispiel in 1.2.2.1 können wir die Menge der denkbaren oder möglichen Würfe als Grundgesamtheit ansehen, das interessierende Merkmal ist die Augenzahl und die diese Grundgesamtheit beschreibende Verteilungsfunktion $F(y)$ ist in 1.2.2.1 explizit angegeben. 2. Wir betrachten als Grundgesamtheit alle nach einem bestimmten Verfahren herstellbaren Werkstücke und interessieren uns bei jedem solchen Werkstück für die Lebensdauer; die Verteilungsfunktion dieser Lebensdauer und damit die der Grundgesamtheit ist dann — unter den dortigen Voraussetzungen — durch Gleichung (1.63) gegeben.

Eine S t i c h p r o b e ist zunächst nichts anderes als eine aus endlich vielen Elementen bestehende Teilmenge der Grundgesamtheit, bei der aber die einzelnen Elemente der Grundgesamtheit auch mehrfach auftreten dürfen. Die Anzahl der Elemente der Stichprobe nennt man ihren U m f a n g. Achten wir bei jedem Element wieder nur auf ein Merkmal, so läßt sich das Ergebnis einer Stichprobe vom Umfang n durch n reelle Zahlen $x_1, x_2, \ldots, x_n$ beschreiben. Es ist unser Ziel, mit Hilfe dieser beobachteten Zahlen $x_1, x_2, \ldots, x_n$ Aussagen über die Grundgesamtheit zu machen, d. h. genauer gesagt, über ihre Verteilungsfunktion $F(y)$, z. B. über ihren Mittelwert oder ihre Streuung. Eine Aussage etwa über den Mittelwert kann darin bestehen, daß wir mit Hilfe von $x_1, x_2, \ldots, x_n$ einen sogenannten Schätzwert für diesen uns numerisch nicht bekannten Mittelwert berechnen (nämlich zum Beispiel $\bar{x} = (x_1 + x_2 + \ldots + x_n)/n$). Es ist eine der Aufgaben der mathematischen Statistik, Aussagen über die Eigenschaften solchen Vorgehens zu machen. Dazu bedient man sich des folgenden Modells: Man sieht jede mögliche Stichprobe aus der nach F(y) verteilten Grundgesamtheit als Elementarereignis ω im Sinne von 1.1.2 an und faßt die $x_1, x_2, \ldots, x_n$ als n zufällige Variable $x_1(\omega), x_2(\omega), \ldots, x_n(\omega)$ auf, wobei jedes $x_i(\omega)$ nach der Verteilungsfunktion F(y) verteilt ist. Das Ergebnis einer fertig gezogenen Stichprobe ist dann die Realisation dieser n zufälligen Variablen. Da keine Gefahr von Verwechslungen besteht, brauchen wir den Unterschied zwischen zufälliger Variabler und ihrer Realisation, also dem von ihr angenommenen Wert, nicht in der Schreibweise zum Ausdruck zu bringen.

Dieses vorläufige Modell ist allerdings noch zu weit. Um formulieren zu können, was wir noch von einer Stichprobe verlangen wollen, sind zwei Fälle zu unterscheiden. Wir werden Stichproben, die unseren Forderungen genügen, als Zufallsstichproben bezeichnen. Zum Unterschied von anderen möglichen Stichproben, auf die wir im Rahmen dieses Buches nicht einzugehen brauchen, wie etwa Klumpenstichproben oder geschichteten Stichproben, spricht man wohl auch von reinen oder einfachen Zufallsstichproben.

Wenn wir die Elemente der Stichprobe gleichzeitig oder zwar nacheinander, aber ohne Zurücklegen ziehen, kommt natürlich jedes Element höchstens einmal in der Stichprobe vor. Ist die Grundgesamtheit endlich, so wollen wir in diesem Fall stets das Zutreffen des folgenden Modells voraussetzen:

1. Modell *Gegeben sei eine endliche Grundgesamtheit vom Umfang N. Wir sprechen von einer* „Zufallsstichprobe ohne Zurücklegen" *vom Umfang n, wenn das Auswahlverfahren für das Ziehen der Stichprobe so beschaffen ist, daß jede der möglichen* $\binom{N}{n}$ *Teilmengen die gleiche Wahrscheinlichkeit hat, als Stichprobe gezogen zu werden, nämlich* $1 : \binom{N}{n}$.

Dieses Modell wurde übrigens bereits bei der Herleitung der hypergeometrischen Verteilung in 1.6.1 zugrundegelegt. Wie man einem Aufsatz von H. B a s l e r [1979] entnehmen kann, ist dieses Modell für die Herleitung der hypergeometrischen Verteilung nicht nur hinreichend, sondern in einem bestimmten Sinne auch notwendig.

Von den weiteren Folgerungen aus dem 1. und aus dem noch einzuführenden 2. Modell sowie äquivalenten Formulierungen, die H. B a s l e r [1979] bewiesen hat, seien einige besonders wichtige Ergebnisse hier ohne Beweis wiedergegeben:

Zieht man die Elemente einzeln nacheinander, und zwar so, daß bei jedem Zug alle bis dahin noch nicht gezogenen Elemente die gleiche bedingte Wahrscheinlichkeit besitzen, gezogen zu werden, so erhält man insgesamt eine Zufallsstichprobe ohne Zurücklegen im Sinne des 1. Modells. Die Umkehrung gilt aber nicht.

Liegt das 1. Modell vor, so hat jedes Element der Grundgesamtheit die gleiche Wahrscheinlichkeit, nämlich $\frac{n}{N}$, in die Stichprobe zu kommen. Daraus folgt weiter sofort, daß jedes x_i — wie weiter oben verlangt — verteilt ist nach der Verteilungsfunktion F(y), die auch die Grundgesamtheit beschreibt. Durch Gegenbeispiele kann man sich leicht überlegen, daß aus „jedes Element hat die gleiche Wahrscheinlichkeit gezogen zu werden" nicht folgt, daß das 1. Modell vorliegt.

Ziehen wir nun bei einer endlichen Grundgesamtheit die Stichprobe mit Zurücklegen, d. h. ziehen wir die Elemente nacheinander und legen wir nach jedem Zug das jeweils gezogene Element wieder zurück (es kann dann also erneut gezogen werden) oder ist die Grundgesamtheit unendlich, so benutzen wir folgendes Modell:

2. Modell *Gegeben sei eine nach der Verteilungsfunktion* $F(y)$ *verteilte Grundgesamtheit. Wir sprechen von einer* u n a b h ä n g i g e n Z u f a l l s s t i c h p r o b e *(mit Zurücklegen) von Umfang n, wenn das Auswahlverfahren so beschaffen ist, daß die die Stichprobe beschreibenden zufälligen Variablen* $x_1, x_2, \ldots, x_n$ *unabhängig sind und jedes* x_i *nach* $F(y)$ *verteilt ist.*

Nach Definition 1.11 und Satz 1.6 ist bei unabhängigen Zufallsstichproben die gemeinsame Verteilungsfunktion der zufälligen Variablen $x_1, x_2, \ldots, x_n$ gegeben durch

$$W(x_1 \leqslant y_1, x_2 \leqslant y_2, \ldots, x_n \leqslant y_n) = F(y_1) F(y_2) \cdot \ldots \cdot F(y_n).$$

Achtet man bei jedem Element nur auf das Vorliegen einer Eigenschaft A, so ist bei einer unabhängigen Zufallsstichprobe vom Umfang n die Anzahl der Elemente in der Stichprobe mit der Eigenschaft A nach der Binomial-Verteilung $Bi(n, p)$ verteilt, wie wir in 1.6.2 gesehen haben. Zur Verdeutlichung sei noch darauf hingewiesen, daß folgendes gilt: Ist bei einer Grundgesamtheit vom endlichen Umfang N der Anteil der Elemente mit einer Eigenschaft A gleich p und zieht man eine Stichprobe vom Umfang n mit Zurücklegen so, daß die dann möglichen N^n Stichproben gleichwahrscheinlich sind, so läßt sich leicht zeigen (vergleiche H. B a s l e r [1979], Satz 5): Bezeichnet x_i die Anzahl der Elemente mit der Eigenschaft A, die der i-te Zug ergibt (i = 1, 2, . . ., n), so sind $x_1, x_2, \ldots, x_n$ statistisch unabhängig und jedes x_i nach $Bi\,(1; p)$ verteilt, d. h. das 2. Modell liegt vor.

Es sei noch einmal betont, daß wir in diesem Buch nur Stichproben behandeln, die dem 1. oder 2. Modell genügen. Wenn die bloße Bezeichnung „Stichprobe" nicht ausreicht, bedienen wir uns dabei der Sprechweise „Zufallsstichprobe ohne Zurücklegen gezogen" oder „unabhängige Zufallsstichprobe", je nachdem, ob das 1. oder 2. Modell vorausgesetzt werden soll.

In der Praxis spielt das Ziehen mit Zurücklegen aus einer endlichen Grundgesamtheit keine direkte Rolle, wohl aber gewinnt man so Näherungen für numerisch schwer zu handhabende Verteilungsfunktionen, wie dies schon in 1.6.2 (insbesondere (1.43)) gezeigt wurde.

Will man eine angelieferte Partie von Waren vermittels einer Stichprobe überprüfen, so wird das Ziehen der Stichprobe wohl immer „ohne Zurücklegen" vorgenommen. Um sicherzustellen, daß das hier erforderliche 1. Modell zutrifft, zieht man die Elemente nacheinander, wie es im 3. Absatz anschließend an die Formulierung des 1. Modells beschrieben ist. Die bei jedem Zug erforderliche Gleichwahrscheinlichkeit sucht man dadurch zu erreichen, daß man „blind" auswählt oder − besser gesagt − nach einem Auswahlverfahren zieht, das unabhängig vom interessierenden Merkmal ist. Dafür gibt es ein Hilfsmittel, das einen Zusammenhang zwischen dem Auswahlverfahren und dem beobachteten Merkmal praktisch mit Sicherheit ausschließt, und zwar sind das die Tafeln von Z u f a l l s z a h l e n (= random numbers), die aus einer Liste zufällig angeordneter natürlicher Zahlen bestehen. Von ihrer Entstehung her kann man jede Gewinnliste einer Lotterie als Tafel von Zufalls-

zahlen ansehen; nur trägt man bei den in der Statistik benutzten Tafeln dafür Sorge, daß
z. B. nicht zu viele gerade Zahlen enthalten sind. Um diese Zufallszahlen in der Praxis
anzuwenden, denken wir uns die Elemente der Grundgesamtheit durchnumeriert. Man
braucht natürlich die Nummern nicht wirklich auf die Elemente zu schreiben, aber es
muß sichergestellt sein, daß zu jeder Nummer das zugehörige Element eindeutig feststeht.
Will man nun eine Stichprobe z. B. vom Umfang 20 ziehen, so entnimmt man der Tafel
der Zufallszahlen 20 aufeinanderfolgende Zahlen (beginnend an einer zufällig ausgewählten Stelle) und wählt dann diejenigen 20 Elemente aus der Grundgesamtheit aus, deren
Nummern gerade diese 20 Zahlen sind. Tafeln von Zufallszahlen sind in manchen der
Statistik-Lehrbücher und in den Tafelwerken abgedruckt, die in der Einleitung zum
Abschnitt 2 zitiert wurden.

Um Fehlschlüsse zu vermeiden, ist in der Praxis genau darauf zu achten, aus welcher
Grundgesamtheit die Stichprobe entnommen wird. Betrachten wir z. B. eine Warenlieferung von 10000 Stück, die zu je 100 in einer Kiste verpackt sind. Nimmt man von
vornherein nur eine Kiste heraus und zieht daraus dann erst die Stichprobe, so ist eine
Aussage natürlich nur über die Beschaffenheit der 100 Stück in dieser einen Kiste und
nicht etwa über die gesamte Warenlieferung möglich. Man beachte, daß man sich hier
für die Beschaffenheit der Ware interessiert, die einzelnen Stücke also die Elemente der
Grundgesamtheit sind. Stellt man sich dagegen die 100 Kisten als Lastwagenladung bei
der Zollkontrolle vor, so würde die Entnahme einer Kiste ja nur der Kontrolle des Kisten-
inhalts schlechthin dienen, und die Grundgesamtheit würde aus 100 Kisten und nicht
aus 10000 Stück Ware bestehen.

2.1.2 Beschreibung einer Stichprobe

Achtet man bei jedem Element der Stichprobe nur auf das Vorliegen weniger Eigenschaften, wie gut oder schlecht, so genügt es naturgemäß, als Ergebnis einer Stichprobe vom
Umfang n festzuhalten, wie oft die einzelnen Eigenschaften aufgetreten sind.

Interessiert man sich dagegen bei den Elementen für jeweils einen Meßwert, wie Gewicht,
Länge oder ähnliches, so ist es zweckmäßig, die folgenden Begriffe zur Beschreibung der
Stichprobe einzuführen.

Eine unabhängige Zufallsstichprobe vom Umfang n aus einer nach F(y) verteilten Grundgesamtheit habe die Werte

$$x_1, x_2, \ldots, x_n$$

ergeben. Nach dem vorigen Abschnitt können wir also die $x_1, x_2, \ldots, x_n$ als unabhängige
zufällige Variable ansehen, wobei jedes x_i die Verteilungsfunktion $F(y) = W(x_i \leqslant y)$ hat.
Wir sortieren nun $x_1, x_2, \ldots, x_n$ der Größe nach und bezeichnen sie anschließend mit

$$\xi_n(1) \leqslant \xi_n(2) \leqslant \cdots \leqslant \xi_n(n). \tag{2.1}$$

Diese $\xi_n(1), \ldots, \xi_n(n)$ heißen die zu $x_1, \ldots, x_n$ gehörigen R a n g g r ö ß e n (= order
statistics). Hat z. B. eine Stichprobe vom Umfang n = 3 die Werte $x_1 = 7,4$, $x_2 = 7,2$,
$x_3 = 7,5$ ergeben, so ist $\xi_3(1) = 7,2$, $\xi_3(2) = 7,4$, $\xi_3(3) = 7,5$.

Natürlich sind die Ranggrößen $\xi_n(k)$ auch wieder zufällige Variable. Für jede reelle Zahl y tritt das Ereignis $\xi_n(k) \leqslant y$ genau dann ein, wenn mindestens k der zufälligen Variablen x_i kleiner oder gleich y ausfallen. Da die x_i als unabhängig vorausgesetzt wurden, folgt aus der Herleitung der Binomial-Verteilung in 1.6.2, daß die Ranggröße $\xi_n(k)$ die Verteilungsfunktion

$$W(\xi_n(k) \leqslant y) = \sum_{j=k}^{n} \binom{n}{j} (F(y))^j (1 - F(y))^{n-j} \tag{2.2}$$

für $k = 1, 2, \ldots, n$ hat.

Da $\xi_n(1)$ der kleinste und $\xi_n(n)$ der größte Wert der Stichprobe ist, nennt man

$$R_n = \xi_n(n) - \xi_n(1) \tag{2.3}$$

die **S p a n n w e i t e** (= range) der Stichprobe vom Umfang n.

Für manche Zwecke ist es nützlich, das Ergebnis einer Stichprobe vom Umfang n durch eine sogenannte **e m p i r i s c h e   V e r t e i l u n g s f u n k t i o n** $G_n(y)$ wiederzugeben, die wir definieren durch

$$G_n(y) = \begin{cases} 0 & \text{für } y < \xi_n(1) \\ k/(n+1) & \text{für } \xi_n(k) \leqslant y < \xi_n(k+1), \quad k = 1, 2, \ldots, n-1 \\ 1 & \text{für } \xi_n(n) \leqslant y. \end{cases} \tag{2.4}$$

$G_n(y)$ geht also durch die Punkte $\left(\xi_n(k), \dfrac{k}{n+1}\right)$ und das ist günstig, weil sich in Satz 2.4 herausstellen wird, daß $\xi_n(k)$ eine brauchbare Schätzfunktion für den $\dfrac{100k}{n+1}\%$-Punkt der Verteilungsfunktion $F(y)$ ist. Daß auch insgesamt diese Form (man findet in der Literatur Varianten) der empirischen Verteilungsfunktion günstige statistische Eigenschaften hat, wurde unter anderem von H. V o g t [1978] untersucht. Es sei bemerkt, daß die empirische Verteilungsfunktion $G_n(y)$ vom Zufall abhängt und sich mit zunehmendem Stichprobenumfang n immer mehr der zugrunde liegenden Verteilungsfunktion $F(y)$ nähert.

Um eine Stichprobe durch wenige Zahlen zu beschreiben, definiert man ähnlich wie bei der Grundgesamtheit und ihrer Verteilungsfunktion (s. 1.3.1) ihren Mittelwert, ihre Varianz und ihre Streuung, die man hier, da sie auf Beobachtungen beruhen, empirisch nennt. Hat eine Stichprobe vom Umfang n die Werte $x_1, x_2, \ldots, x_n$ ergeben, so heißt

$$\bar{x} = \frac{1}{n} \sum_{i=1}^{n} x_i \text{ der } \mathbf{e m p i r i s c h e   M i t t e l w e r t,} \tag{2.5}$$

$$s^2 = \frac{1}{n-1} \sum_{i=1}^{n} (x_i - \bar{x})^2 \text{ die } \mathbf{e m p i r i s c h e   V a r i a n z} \text{ und} \tag{2.6}$$

$$s = \sqrt{\frac{1}{n-1} \sum_{i=1}^{n} (x_i - \bar{x})^2} \geqslant 0 \text{ die } \mathbf{e m p i r i s c h e   S t r e u u n g.} \tag{2.7}$$

Warum man hier durch $(n - 1)$ und nicht etwa durch n dividiert, wird im Zusammenhang mit Gl. (2.19) erläutert werden.

Man kann sich die numerische Berechnung von $\bar{x}$ und s^2 erleichtern, indem man die folgenden, elementar nachzurechnenden Identitäten benutzt:

$$\bar{x} = c + \frac{1}{n} \sum_{i=1}^{n} (x_i - c) \tag{2.8}$$

$$s^2 = \frac{1}{n-1} \left\{ \sum_{i=1}^{n} (x_i - c)^2 - n(c - \bar{x})^2 \right\}, \tag{2.9}$$

wobei es je nach den zur Verfügung stehenden Rechenhilfsmitteln zweckmäßig ist, für die, an sich völlig beliebige, reelle Zahl c eine „runde" Zahl in der Nähe von $\bar{x}$ oder auch $c = 0$ zu wählen.

Wenn die Stichprobe aus einer normalverteilten Grundgesamtheit gezogen ist, so kann man den Sätzen 1.11 und 1.13 die Verteilungsfunktionen von $\bar{x}$ und s^2 entnehmen.

Aufgabe 2.1 Eine Stichprobe vom Umfang 11 habe die Werte 53,68, 53,54, 53,57, 53,61, 53,63, 53,57, 53,52, 53,65, 53,59, 53,58, 53,67 ergeben. Man bestimme die Ranggrößen und die Spannweite, skizziere die empirische Verteilungsfunktion und berechne den empirischen Mittelwert und die empirische Streuung.

Aufgabe 2.2 Man beweise Gl. (2.8) und (2.9).

2.1.3 Graphische Darstellungen

Wir wollen jetzt das Ergebnis einer Stichprobe mit zeichnerischen Methoden darstellen, wobei wir wieder annehmen, daß wir bei jedem Element der Stichprobe einen Meßwert x_i, wie z. B. Länge oder Gewicht, ermittelt haben.

Es lassen sich zwei Möglichkeiten unterscheiden, die sich beide noch auf mannigfache Art variieren lassen. Erstens kann man die in Gl. (2.4) definierte empirische Verteilungsfunktion $G_n(y)$ graphisch darstellen und erhält damit zugleich einen Anhalt für das Aussehen der zugrunde liegenden Verteilungsfunktion $F(y)$ der Grundgesamtheit. Zweitens kann man aber auch die absoluten oder relativen Häufigkeiten der einzelnen Meßwerte zeichnerisch darstellen, was der Dichte der Verteilungsfunktion entspricht. Man beachte aber, daß dies nicht die Dichte von $G_n(y)$ ist, denn die Ableitung von $G_n(y)$ ist 0 mit Ausnahme der (allein interessanten) Sprungstellen von $G_n(y)$.

Mit dieser zweiten Möglichkeit wollen wir uns zunächst beschäftigen. Dazu ist es erforderlich, die Meßwerte zu Klassen zusammenzufassen. Würde man nämlich bei einer Stichprobe vom Umfang $n = 80$ z. B. die Gewichte von Paketen mit etwa 500 g Inhalt (unsinnigerweise) auf ein Milligramm genau bestimmen, so würde man vermutlich 80 verschiedene Meßwerte erhalten und eine graphische Darstellung der Häufigkeit der einzelnen Meßwerte würde keinen besonders anschaulichen Überblick über die Stichprobe ergeben.

Durch die Punkte $y_1, y_2, \ldots, y_{k+1}$ unterteilen wir die Skala für die Meßwerte, wobei es genügt, sich auf äquidistante Punkte zu beschränken. Wir wollen annehmen, daß y_1 kleiner und y_{k+1} größer als alle Meßwerte x_i der Stichprobe ist. Für jedes Element der Stichprobe stellen wir den Meßwert x_i fest und machen jeweils ein Kreuz über der Mitte des Intervalls $(y_j, y_{j+1}]$, in das x_i hineinfällt. Auf diese Weise erhalten wir eine S t r i c h - t a b e l l e oder ein S t r i c h g e b i r g e. Liegen bei unserem Pakete-Beispiel die Gewichte zwischen 493,5 g und 505,5 g, so würde man y_1 = 493,5, y_2 = 494,5, . . ., y_{13} = 505,5 wählen und etwa eine Strichtabelle erhalten, wie es Fig. 2 wiedergibt.

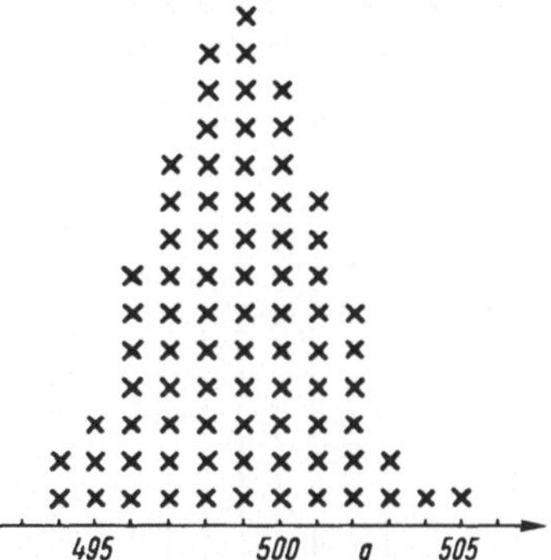

Fig. 2
Strichtabelle einer Stichprobe vom Umfang n = 80

Um für eine Stichprobe vom Umfang n eine übersichtliche Strichtabelle zu erhalten, empfiehlt es sich, die Anzahl k der Klassen ungefähr gleich $\sqrt{n}$ zu wählen, doch sollte $5 \leqslant k \leqslant 25$ sein.

Eine Strichtabelle gibt bereits einen guten und schnell zu erzielenden Überblick über eine Produktion oder eine Warenlieferung. Wegen des im Anschluß an Gl. (2.4) erwähnten Grenzwertsatzes hat das Strichgebirge für größere Stichprobenumfänge n ungefähr die Form der Gaußschen Glockenkurve, falls die Grundgesamtheit normalverteilt ist. Man kann sofort erkennen, ob der Mittelwert einigermaßen an der gewünschten Stelle liegt (z. B. also, ob die Maschine richtig zentriert ist) und ob die Streuung relativ zu den vorgegebenen Toleranzen klein genug ist.

Wegen ihrer Anschaulichkeit und leichten Verständlichkeit ist die Strichtabelle sicher auch gut geeignet, um dem Arbeiter an einer Maschine das tägliche Ergebnis von Kontrollmessungen zu demonstrieren.

Für die betreffende Grundgesamtheit ungewöhnliche Abweichungen des Strichgebirges von der Glockenkurve sollten Anlaß geben, nach der Ursache zu forschen. So könnte ein beträchtlich schiefes oder gar abbrechendes Strichgebirge darauf schließen lassen, daß bei einer Warenlieferung vorher eine Aussortierung vorgenommen wurde. Treten zwei Gipfel beim Strichgebirge auf, so ist zu vermuten, daß zwei Grundgesamtheiten, z. B. die Produkte von zwei verschieden eingestellten Maschinen, miteinander vermischt wurden. Naturgemäß lassen sich keine allgemein gültigen Regeln dafür angeben, was aus der jeweiligen Form der Strichtabelle geschlossen werden kann; vielmehr bedarf es dazu der Kenntnis der jeweils vorliegenden konkreten Situation.

Will man den zeitlichen Ablauf festhalten, so kann man statt der Kreuze die Nummer des betreffenden Elementes eintragen, wobei die Elemente der Stichprobe in der Reihenfolge ihrer Entnahme zu numerieren sind.

Natürlich erhält man ein genau so übersichtliches Bild der Stichprobe, wenn man statt
der Kreuze nur jeweils deren obersten Punkt markiert. Man bekommt dann ein sogenanntes H i s t o g r a m m der Stichprobe, bei dem über jeder Klasse ein Rechteck
gezeichnet ist, dessen Flächeninhalt (und nicht etwa dessen Höhe) proportional zur
Anzahl der Stichprobenelemente in der betreffenden Klasse ist. Zweckmäßigerweise
versieht man die Ordinatenachse mit zwei Skalen, die es ermöglichen, die absoluten und
die prozentualen Häufigkeiten der einzelnen Klassen abzulesen, wie dies Fig. 3 zeigt, bei
der noch einmal das Material des in Fig. 2 gebrachten Beispiels dargestellt ist.

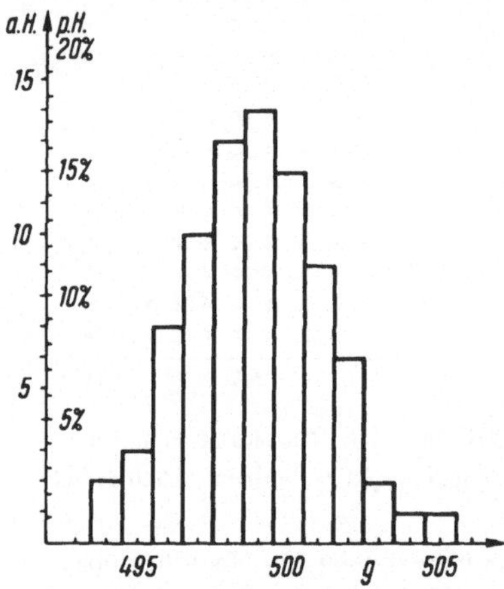

Fig. 3
Histogramm einer Stichprobe vom Umfang n = 80;
a. H. = absolute Häufigkeit, p. H. = prozentuale
Häufigkeit

Die andere eingangs erwähnte Möglichkeit der graphischen Darstellung besteht darin, die
in Gl. (2.4) definierte empirische Verteilungsfunktion zu zeichnen. Kommt es nur auf
einen gröberen Überblick an, kann man sich natürlich damit begnügen, einige der Punkte
$\left(\xi_n(k), \dfrac{k}{n+1} \right)$ aufzutragen.

So anschaulich auch die Darstellungen durch Strichtabelle, Histogramm und empirische
Verteilungsfunktion sind, so kann man doch aus ihnen durch bloßen Augenschein keinen
Aufschluß darüber erhalten, ob die zugehörige Grundgesamtheit normalverteilt ist oder
nicht. Dazu eignet sich aber unsere Darstellung der empirischen Verteilungsfunktion,
wenn man nur die Ordinatenachse geeignet transformiert, und zwar so, daß das Bild der
in Gl. (1.53) eingeführten Verteilungsfunktion Φ der Normalverteilung N(0, 1) eine
Gerade ist. Genauer gesagt: Haben wir bisher für die empirische Verteilungsfunktion die
Punkte $\left(\xi_n(k), \dfrac{k}{n+1} \right)$ aufgetragen, so zeichnen wir nun also die Punkte $\left(\xi_n(k), \Psi\left(\dfrac{k}{n+1} \right) \right)$
auf, wobei Ψ die Umkehrfunktion der Verteilungsfunktion Φ der Normalverteilung
N(0, 1) ist. Zur Ausführung benutzt man entweder – nämlich für gewöhnliches Millimeterpapier – eine Tafel der Funktion Ψ (man beachte: Die meisten Tafeln von Verteilungsfunktionen sind eigentlich Tafeln ihrer Umkehrfunktionen) oder einfacher noch
benutzt man das im Handel käufliche Wahrscheinlichkeitspapier, das in der Abszissen-
Richtung wie gewöhnliches Millimeterpapier eingeteilt ist, in der Ordinaten-Richtung

aber eine Skala entsprechend der Transformation y → Ψ(y) aufweist, wobei zur Beschriftung meistens die Angabe „100y%" benutzt wird. Zeichnet man auf ein solches Wahrscheinlichkeitspapier die Verteilungsfunktion F(y) der Normalverteilung $N(\mu, \sigma^2)$ auf, so ergibt sich nach (1.54) offenbar eine Gerade, die durch die Punkte $(\mu - \sigma; 15{,}87\%)$, $(\mu; 50\%)$ und $(\mu + \sigma; 84{,}13\%)$ geht.

Weichen bei einer Stichprobe die Punkte $\left(\xi_n(k), \Psi\left(\dfrac{k}{n+1}\right)\right)$ beträchtlich von einer Geraden ab, so darf man vermuten, daß die zugehörige Grundgesamtheit nicht normalverteilt ist. Eine endgültige Entscheidung kann jedoch nur mit quantitativen statistischen Methoden getroffen werden, auf die in 2.3.3 hingewiesen wird.

Die Darstellung im Wahrscheinlichkeitspapier hat noch einen weiteren Vorteil, sofern die Punkte hinreichend gut auf einer Geraden liegen und man voraussetzen darf, daß die Grundgesamtheit normalverteilt ist nach $N(\mu, \sigma^2)$. Man kann sich dann leicht und ohne weitere Rechenarbeit Schätzwerte für μ und σ verschaffen, indem man durch die eingezeichneten Punkte der Summenhäufigkeiten nach Augenmaß eine Gerade hindurchlegt. Die Abszisse, die zur Ordinate 50% dieser Geraden gehört, ist ein Schätzwert für μ, und der Abstand der Abszissen, die zu den Ordinaten 16% und 84% dieser Geraden gehören, ist ein Schätzwert für 2σ, weil ja die eingezeichnete Gerade nach dem im Anschluß an Gl. (2.4) zitierten Grenzwertsatz für hinreichend großen Stichprobenumfang n ungefähr mit dem Bild der Verteilungsfunktion von $N(\mu, \sigma^2)$ übereinstimmt. Es sei bemerkt, daß es im allgemeinen keinen Sinn hat, diese Gerade mit Hilfe irgendwelcher numerischer Methoden zu bestimmen, um sich etwa dadurch genauere Schätzwerte für μ und σ zu verschaffen. Für die numerische Bestimmung solcher Schätzwerte benutzt man besser die in 2.2 angegebenen, eigens für diesen Zweck entwickelten Verfahren.

Aufgabe 2.3 Eine Stichprobe vom Umfang n = 75 aus einer nach $N(\mu, \sigma^2)$ normalverteilten Grundgesamtheit habe folgende Meßwerte ergeben:
63,80 63,67 63,87 63,64 63,71 64,56 64,05 64,01 63,87 64,09 64,13 63,92 63,56 63,28
63,95 63,94 63,82 64,17 64,20 63,69 63,76 64,17 63,96 63,47 64,34 64,14 64,33 64,02
64,41 64,50 64,64 63,89 63,71 63,99 64,71 63,74 63,91 63,86 63,95 63,82 64,20 63,50
64,30 64,32 64,11 64,19 64,17 63,44 64,26 64,37 64,22 64,46 63,92 64,31 63,79 63,41
63,75 63,32 63,98 63,62 63,75 63,90 64,24 63,66 64,06 63,78 64,00 63,88 63,57 64,28
64,33 63,60 63,85 64,44 63,54.
Man führe eine geeignete Klasseneinteilung durch und zeichne die Strichtabelle und das Histogramm. Aus einer Zeichnung der empirischen Verteilungsfunktion im Wahrscheinlichkeitspapier entnehme man Schätzwerte für μ und σ.

2.2 Parameterschätzung

2.2.1 Schätzfunktionen

Wie in der Einleitung zu Abschnitt 2 bereits gesagt wurde, wollen wir hier die Aufgabe behandeln, gewisse Parameter der Grundgesamtheit, wie z. B. den Mittelwert μ und die Streuung σ, auf Grund einer Stichprobe zu schätzen. Den zu schätzenden Parameter wollen wir mit Θ bezeichnen, wobei wir uns darauf beschränken können, daß Θ eine reelle

Zahl ist. Das Ergebnis einer zufälligen Stichprobe vom Umfang n sei wiedergegeben durch

$$x_1, x_2, \ldots, x_n,$$

die wir nach 2.1.2 als zufällige Variable ansehen können. Eine reellwertige, von Θ unabhängige Funktion

$$\delta(x_1, x_2, \ldots, x_n) \tag{2.10}$$

dieser n zufälligen Variablen heißt eine **S c h ä t z f u n k t i o n** (= estimator) für den Parameter Θ, wenn man beabsichtigt, den Wert, den δ bei einer gegebenen Stichprobe annimmt, als **S c h ä t z w e r t** (= estimate) für Θ zu benutzen. Man sieht also, daß nicht durch mathematische Eigenschaften definiert wird, wann eine Funktion eine Schätzfunktion ist, sondern ausschließlich durch ihren praktischen Verwendungszweck. Selbstverständlich ist nicht jede mathematisch mögliche Funktion von n Variablen als Schätzfunktion brauchbar, und wir werden daher im folgenden einige einschränkende Forderungen an δ zu besprechen haben. Natürlich hängt mit $x_1, x_2, \ldots, x_n$ auch $\delta(x_1, x_2, \ldots, x_n)$ vom Zufall ab, und es ist daher zweckmäßig, nur solche Schätzfunktionen δ zu betrachten, bei denen sich die in 1.2.1 eingeführte Meßbarkeit überträgt, was z. B. der Fall ist, wenn δ als Funktion der n Variablen $x_1, x_2, \ldots, x_n$ stetig ist. Wir können daher Schätzfunktionen stets als zufällige Variable ansehen und von ihrem Mittelwert und ihrer Streuung sprechen, falls diese Funktional-Parameter existieren.

Da es bei unseren Stichproben nicht auf die Reihenfolge ankommt, in der die einzelnen Elemente gezogen werden, wird man von einer Schätzfunktion $\delta(x_1, x_2, \ldots, x_n)$ verlangen, daß sie **s y m m e t r i s c h** in $x_1, x_2, \ldots, x_n$ ist. Damit gleichwertig ist ersichtlich die Forderung, daß δ nicht von den x_i selbst, sondern nur von den zugehörigen Ranggrößen $\xi_n(1), \ldots, \xi_n(n)$ abhängt (s. 2.1.2).

Bei „vernünftig" angelegten Versuchen wird man mit Recht erwarten, daß die zu gewinnende Information um so größer oder um so genauer ist, je mehr Versuche gemacht werden. Entsprechend wünscht man auch bei einer Schätzfunktion δ, daß die von ihr gelieferten Schätzwerte um so näher am zu schätzenden Parameter Θ liegen, je größer der Stichprobenumfang n ist. Eine Schätzfunktion mit dieser Eigenschaft nennt man **k o n s i s t e n t**, und zwar genauer gesagt dann, wenn $\delta(x_1, x_2, \ldots, x_n)$ für $n \to \infty$ in einem gewissen, hier nicht näher zu besprechenden Sinn (nämlich „in Wahrscheinlichkeit") gegen den zu schätzenden Wert Θ konvergiert. Die Konsistenz allein reicht aber noch nicht aus, um die praktische Brauchbarkeit einer Schätzfunktion sicherzustellen, denn sie besagt ja nichts über die Güte der Schätzung bei kleinerem Stichprobenumfang. Alle im folgenden benutzten Schätzfunktionen sind konsistent, ohne daß dies noch im einzelnen erwähnt werden wird.

Von großer Bedeutung gerade auch für kleine Stichprobenumfänge ist die Erwartungstreue einer Schätzfunktion; sie besagt anschaulich gesprochen folgendes: Wenn man sehr viele Stichproben vom gleichen Umfang zieht, so soll der Mittelwert aller so erhaltenen Schätzwerte gleich dem zu schätzenden Parameter Θ sein, d. h. man schätzt im Durchschnitt gesehen weder zu hoch noch zu tief. Exakt läßt sich diese Eigenschaft so formulieren:

Definition 2.1 *Es sei* $\delta(x_1, x_2, \ldots, x_n)$ *eine Schätzfunktion für einen Parameter* Θ, *und es existiere der Erwartungswert* $E[\delta(x_1, x_2, \ldots, x_n)]$. δ *heißt* e r w a r t u n g s t r e u (= *unbiased*) *für* Θ, *wenn*

$$E[\delta(x_1, x_2, \ldots, x_n)] = \Theta$$

ist.

Für eine erwartungstreue Schätzfunktion δ ist es naheliegend, ihre Qualität an Hand ihrer Varianz

$$E[(\delta(x_1, x_2, \ldots, x_n) - \Theta)^2] \tag{2.11}$$

zu beurteilen, falls diese existiert. Stehen zwei erwartungstreue Schätzfunktionen δ und δ^* zur Auswahl, so wird man von derjenigen größere Genauigkeit erwarten dürfen, deren Varianz (2.11) kleiner ausfällt. Die durchschnittliche Abweichung der Schätzwerte von dem Parameter Θ wird durch die Streuung, also die Wurzel aus der Varianz (2.11), wiedergegeben.

2.2.2 Schätzen einer Wahrscheinlichkeit

Gegeben sei eine Grundgesamtheit, z. B. eine Menge von Waren, bei der p der Anteil der Elemente mit einer Eigenschaft A (z. B. „schlecht") sei. Dann ist also p die Wahrscheinlichkeit dafür, daß ein zufällig herausgegriffenes Element die Eigenschaft A hat. Um den hier als unbekannt anzusehenden Parameter p zu schätzen, ziehen wir eine Zufallsstichprobe (ohne oder auch mit Zurücklegen) vom Umfang n und nennen x die Anzahl der Elemente mit der Eigenschaft A. Wir benutzen x/n, also die relative Häufigkeit von A in der Stichprobe, als Schätzwert für p. Nach Gl. (1.35) beziehungsweise (1.41) ist x/n erwartungstreu, d. h. $E[x/n] = p$.

Ist die Grundgesamtheit sehr groß oder legen wir die gezogenen Elemente jeweils wieder zurück (s. 1.6.2), so ist x nach Bi(n, p) verteilt, und x/n hat nach (1.41) die Varianz

$$E\left[\left(\frac{x}{n} - p\right)^2\right] = \frac{p(1 - p)}{n}. \tag{2.12}$$

Besteht dagegen die Grundgesamtheit aus endlich vielen, etwa N Elementen, und ziehen wir eine Zufallsstichprobe ohne Zurücklegen, so ist x nach der hypergeometrischen Verteilung H(N, n; p) verteilt und x/n hat die Varianz

$$E\left[\left(\frac{x}{n} - p\right)^2\right] = \frac{p(1 - p)}{n} \frac{N - n}{N - 1}. \tag{2.13}$$

Bei einer endlichen Grundgesamtheit ist es also für die Schätzung von p etwas günstiger, die Stichprobe auf einmal zu ziehen, als „mit Zurücklegen".

Da für die Genauigkeit die Streuung der Schätzfunktion maßgebend ist, folgt aus (2.12) beziehungsweise (2.13), daß die Genauigkeit im wesentlichen mit $\sqrt{n}$ wächst.

2.2.3 Schätzen des Mittelwertes

Gegeben sei eine Grundgesamtheit, bei deren Elementen wir jeweils auf eine reelle Zahl,
wie z. B. Länge oder Gewicht, achten. Wie im ersten Absatz von 2.1.1 besprochen, sei
$F(y)$ die Verteilungsfunktion der Grundgesamtheit, und es existiere ihr Mittelwert μ
und ihre Streuung σ. Eine Zufallsstichprobe vom Umfang n habe $x_1, x_2, \ldots, x_n$ ergeben.
Es ist naheliegend, das arithmetische Mittel $\bar{x}$ der Stichprobe (s. (2.5) und (2.8)) als
Schätzwert für den Mittelwert μ zu benutzen. Aus Gl. (1.28) folgt unmittelbar $E[\bar{x}] = \mu$,
d. h. $\bar{x}$ ist erwartungstreu für μ.

Handelt es sich um eine unabhängige Zufallsstichprobe (mit Zurücklegen), so sind die
$x_1, x_2, \ldots, x_n$ unabhängige zufällige Variable, und damit folgt aus Gl. (1.30) für die
Varianz von $\bar{x}$:

$$E[(\bar{x} - \mu)^2] = \frac{\sigma^2}{n}. \tag{2.14}$$

Besteht dagegen die Grundgesamtheit nur aus endlich vielen, etwa N Elementen, und
ziehen wir die Zufallsstichprobe ohne Zurücklegen, so kann man durch eine etwas müh-
same Rechnung feststellen (s. z. B. F i s z [1980], S. 595), daß die Varianz dann nur

$$E[(\bar{x} - \mu)^2] = \frac{\sigma^2}{n} \frac{N-n}{N-1} \tag{2.15}$$

beträgt, also geringfügig günstiger als im ersten Fall (2.14) ist.

Es sei bemerkt, daß man durch einfache Spezialisierung dieser Betrachtungen noch einmal
die Ergebnisse von 2.2.2 erhalten kann ($x_i = 1$, falls das i-te Element die Eigenschaft A hat,
$x_i = 0$ sonst; Gl. (1.35), (1.36) und (1.41)).

Es mag auf den ersten Blick überraschen, daß man für unabhängige Zufallsstichproben
aus einer normalverteilten Grundgesamtheit mit Hilfe der sogenannten Ungleichung von
R a o und C r a m é r (siehe (2.24)) beweisen kann, daß es keine erwartungstreue
Schätzfunktion für μ gibt, die eine kleinere Streuung als $\bar{x}$ hat.

Wenn auch $\bar{x}$ zweifellos sehr einfach zu berechnen ist, so mag es doch für manche Zwecke
nützlich sein, Schätzfunktionen für μ zu benutzen, die noch weniger Rechenarbeit erfordern. Dazu eignet sich das arithmetische Mittel je zweier symmetrisch liegender Ranggrößen

$$\zeta_{n,k} = \frac{\xi_n(k) + \xi_n(n+1-k)}{2}, \tag{2.16}$$

wobei die natürliche Zahl k beliebig zwischen 1 und n gewählt werden kann.

Wenn die Grundgesamtheit symmetrisch zu μ verteilt ist, d. h. die Verteilungsfunktion
$F(y)$ punktsymmetrisch zu μ, also $F(\mu + y) - 1/2 = 1/2 - F(\mu - y)$ für alle y, ist, wie
es z. B. für die Normalverteilung $N(\mu, \sigma^2)$ der Fall ist, und wenn wir eine unabhängige
Zufallsstichprobe benutzen, so folgt sofort, daß $\zeta_{n,k}$ erwartungstreu für μ ist:

$$E[\zeta_{n,k}] = \mu. \tag{2.17}$$

Besonders einfach läßt sich $\zeta_{n,k}$ für $k = 1$ bestimmen. Will man dagegen k so wählen, daß die Streuung von $\zeta_{n,k}$ bei gegebenem n möglichst klein ausfällt, so muß man bedenken, daß diese Streuung von der Verteilungsfunktion $F(y)$ abhängt und es kein für alle $F(y)$ günstigstes k gibt. Im Fall der Normalverteilung kann man aber immerhin das Verhältnis der Varianz (2.14) von $\bar{x}$ zu der von $\zeta_{n,k}$ für $n \to \infty$ berechnen. Diese sogenannte
a s y m p t o t i s c h e   E f f i z i e n z oder a s y m p t o t i s c h e   W i r k s a m k e i t

$$\lim_{n \to \infty} \frac{E[(\bar{x} - \mu)^2]}{E[(\zeta_{n,k} - \mu)^2]} \tag{2.18}$$

fällt am günstigsten, d. h. möglichst groß, aus, wenn man k/n möglichst nahe bei 0,2703 wählt. Für dieses k/n beträgt die asymptotische Effizienz 0,81 (s. F i s z [1980], S. 560) und damit das asymptotische Verhältnis der Streuungen ungefähr 0,9, d. h. man muß mit etwa 10% Einbuße an Genauigkeit rechnen, wenn man bei großem Stichprobenumfang n den Mittelwert μ der Normalverteilung durch (2.16) statt durch $\bar{x}$ schätzt.

Ein weiterer Spezialfall der Schätzfunktion (2.16) wird in der Praxis benutzt, nämlich $k = \dfrac{n+1}{2}$ für ungerades n. Dann ist $\zeta_{n,\frac{n+1}{2}} = \xi_n\left(\dfrac{n+1}{2}\right)$ der Zentralwert der Stichprobe.

Im Fall der Normalverteilung läßt sich hierfür (2.18) berechnen und ergibt eine asymptotische Effizienz von immerhin noch 0,65; d. h. für große n ist die Streuung von $\xi_n\left(\dfrac{n+1}{2}\right)$ etwa gleich $1{,}25\sigma/\sqrt{n}$. Im übrigen sei auf 2.2.6 hingewiesen.

Da gerade bei den uns hier interessierenden technischen Anwendungen die Kosten stets eine große Rolle spielen, überlege man sich auch von dieser Seite her, welche Schätzfunktion für μ man benutzen will und mit welchem möglichst kleinen Stichprobenumfang n man bereits die jeweils erforderliche Genauigkeit erreichen kann. Als erster Anhalt (s. auch 2.2.5) sei noch bemerkt, daß $\bar{x}$ nach dem zentralen Grenzwertsatz annähernd nach $N\left(\mu, \dfrac{\sigma^2}{n}\right)$ verteilt ist und daß es daher sehr unwahrscheinlich ist, daß $\bar{x}$ einen Wert außerhalb des Intervalls $\left[\mu - \dfrac{3\sigma}{\sqrt{n}}, \mu + \dfrac{3\sigma}{\sqrt{n}}\right]$ annimmt.

Aufgabe 2.4 Auf Grund der in Aufgabe 2.3 wiedergegebenen Stichprobe berechne man Schätzwerte für μ, und zwar $\bar{x}$ und $\zeta_{n,k}$ für $k = 1$, $k = 38$ und für das k mit maximaler asymptotischer Effizienz.

2.2.4 Schätzen der Varianz und der Streuung

Wir benutzen die Bezeichnungen von 2.2.3, wollen aber hier gleich voraussetzen, daß die Stichproben dem 2. Modell genügen, also unabhängige Zufallsstichproben sind (siehe 2.1.1).

Als Schätzfunktion für die Varianz σ^2 kann man die empirische Varianz s^2 (s. (2.6) und (2.9)) benutzen. Mit Hilfe von Gl. (1.30) rechnet man leicht nach, daß

$$E[s^2] = \sigma^2 \tag{2.19}$$

ist. Bei der Bildung von s^2 bewirkt also die Division durch $(n-1)$ statt durch n, daß s^2 erwartungstreu für σ^2 ist, und zwar unabhängig davon, welche Verteilungsfunktion $F(y)$ die Grundgesamtheit hat.

Um einen Anhalt für die Genauigkeit der Schätzung von σ^2 durch s^2 zu geben, sei bemerkt, daß s^2 im Fall der Normalverteilung nach den Sätzen 1.12 und 1.13 die Streuung

$$\sigma^2 \sqrt{\frac{2}{n-1}} \text{ hat.}$$

Es ist naheliegend, entsprechend s als Schätzfunktion für σ zu benutzen. Jedoch ist diese Schätzung nicht einmal im Fall der Normalverteilung erwartungstreu (im allgemeinen ist $\sigma = \sqrt{E[s^2]} \neq E[\sqrt{s^2}]$); vielmehr folgt unmittelbar aus den Sätzen 1.13 und 1.12, daß

$$E[s] = \gamma_n \sigma \quad \text{mit} \quad \gamma_n = \sqrt{\frac{2}{n-1} \cdot \frac{\Gamma\left(\dfrac{n}{2}\right)}{\Gamma\left(\dfrac{n-1}{2}\right)}} \tag{2.20}$$

ist. Damit ergibt sich aber, daß

$$\hat{s} = \frac{s}{\gamma_n} \tag{2.21}$$

eine erwartungstreue Schätzfunktion für σ ist, falls die Normalverteilung vorliegt. Der bei s stehende Faktor $1/\gamma_n$ ist nur für sehr kleine n nennenswert von 1 verschieden, wie die Tab. 2 zeigt.

Tab. 2 Faktoren für die erwartungstreue
Schätzung der Streuung σ

n	$\dfrac{1}{\gamma_n} = \sqrt{\dfrac{n-1}{2} \cdot \dfrac{\Gamma\left(\dfrac{n-1}{2}\right)}{\Gamma\left(\dfrac{n}{2}\right)}}$
2	1,253
3	1,128
4	1,085
5	1,064
6	1,051
7	1,042
8	1,036
9	1,032
10	1,028

Es ist also nur für kleine n sinnvoll, $\hat{s}$ an Stelle von s als Schätzfunktion für σ zu verwenden, und auch nur dann, wenn man sicher ist, daß die Grundgesamtheit normalverteilt ist.

Da Schätzwerte für σ unter anderem ständig für die laufende Kontrolle einer Produktion benötigt werden, ist es wünschenswert, Schätzfunktionen zu kennen, die ohne Quadrieren und Wurzelziehen auskommen. Dafür eignen sich bei vorliegender Normalverteilung die mit einem passenden Faktor multiplizierten Differenzen $\xi_n(n + 1 - k) - \xi_n(k)$. Im Sinne der asymptotischen Effizienz wäre es am günstigsten, k dicht bei 0,0692 n zu wählen (s. F i s z [1980], S. 560). Da diese Wahl von k im allgemeinen als zu aufwendig gilt, beschränkt man sich darauf, die Spannweite (2.3) zugrunde zu legen, und benutzt also

$$U_n = (\xi_n(n) - \xi_n(1))d_n \qquad (2.22)$$

als Schätzfunktion für σ. Man setzt dabei $1/d_n$ gleich dem Erwartungswert der Spannweite einer Stichprobe vom Umfang n aus einer nach N(0, 1) verteilten Grundgesamtheit, und man erreicht damit, daß

$$E[U_n] = \sigma, \qquad (2.23)$$

also U_n erwartungstreu für σ ist, falls die Grundgesamtheit nach $N(\mu, \sigma^2)$ verteilt ist (s. auch Satz 6.2). Der Beweis von Gl. (2.23) ist relativ einfach, und die mühsam zu berechnenden d_n sind meist in der Form $1/d_n$ tabelliert, besonders ausführlich bei P e a r s o n und H a r t l e y [1966]. Da U_n in erster Linie für kleine n benutzt wird, können wir uns hier mit den Werten in der Tab. 3 begnügen.

Tab. 3 Faktoren für das Schätzen der
Streuung durch die Spannweite

n	d_n
2	0,886
3	0,591
4	0,486
5	0,430
6	0,395
7	0,370
8	0,351
9	0,337
10	0,325

Da wir für Abschnitt 5.2.2 eine möglichst gute und einfache Approximation für $1 - \gamma_n^2$ brauchen, wollen wir hier noch γ_n^2 abschätzen (siehe J. G u r l a n d [1956] und C. van E e d e n [1961]). Man zieht dazu die Ungleichung von Rao und Cramér heran, die eine Abschätzung nach unten für die Varianz einer erwartungstreuen Schätzfunktion beinhaltet: $\xi_1, \xi_2, \ldots, \xi_n$ seien unabhängige zufällige Variable, jede verteilt mit der gleichen Wahrscheinlichkeitsdichte $f(y, \Theta)$; $\delta(\xi_1, \xi_2, \ldots, \xi_n)$ sei eine erwartungstreue Schätzfunktion für den Parameter Θ; der Träger $Y = \{y : f(y, \Theta) > 0\}$ der Dichte sei unabhängig von Θ; wenn dann noch einige Regularitätsvoraussetzungen erfüllt sind, auf die wir hier nicht eingehen wollen, die aber in allen einschlägigen Lehrbüchern angegeben sind, so läßt sich die Ungleichung

$$E[(\delta(\xi_1, \xi_2, \ldots, \xi_n) - \Theta)^2] \geqslant \frac{1}{n \int\limits_Y \left(\frac{\partial \ln f(y, \Theta)}{\partial \Theta}\right)^2 f(y, \Theta) dy} \tag{2.24}$$

beweisen.

Wir betrachten nun folgenden Spezialfall: Jedes ξ_i sei normalverteilt nach $N(0; \sigma^2)$, also $\Theta = \sigma$ und $f(y, \sigma) = \frac{1}{\sigma \sqrt{2\pi}} e^{-y^2/2\sigma^2}$. Dann ist nach den Sätzen 1.13 und 1.12

$$\delta(\xi_1, \xi_2, \ldots, \xi_n) = \frac{1}{\gamma_{n+1}} \sqrt{\frac{1}{n} \sum_{i=1}^{n} \xi_i^2}$$

eine erwartungstreue Schätzfunktion für σ, wobei man beachte, daß im Unterschied zu (2.6) und (2.20) hier $\mu = 0$ bekannt ist. Die Varianz von δ ergibt sich nach (1.23) und Satz 1.12 zu

$$E[(\delta(\xi_1, \xi_2, \ldots, \xi_n) - \sigma)^2] = E[\delta^2] - \sigma^2 = \frac{1 - \gamma_{n+1}^2}{\gamma_{n+1}^2} \sigma^2$$

Weiter ergibt sich mit einigen Zwischenrechnungen

$$\int\limits_Y \left(\frac{\partial \ln f(y, \sigma)}{\partial \sigma}\right)^2 f(y, \sigma) dy = \int\limits_{-\infty}^{+\infty} \left(\frac{1}{\sigma^2} - \frac{2y^2}{\sigma^4} + \frac{y^4}{\sigma^6}\right) f(y, \sigma) dy = \frac{1}{\sigma^2} - \frac{2}{\sigma^2} + \frac{3}{\sigma^2} = \frac{2}{\sigma^2}$$

Da die Regularitätsvoraussetzungen der Ungleichung (2.24) erfüllt sind, folgt:

$$\frac{1 - \gamma_{n+1}^2}{\gamma_{n+1}^2} \geqslant \frac{1}{2n}$$

Für $n = 2, 3, \ldots$ ist daher $(1 - \gamma_n^2)/\gamma_n^2 \geqslant 1/(2n - 2)$ und damit

$$\gamma_n^2 \leqslant \frac{2n - 2}{2n - 1} \quad \text{und} \quad \left(\frac{\Gamma\left(\frac{n}{2}\right)}{\Gamma\left(\frac{n-1}{2}\right)}\right)^2 \leqslant \frac{(n-1)^2}{2n - 1} \tag{2.25}$$

Wegen $\Gamma(y + 1) = y\Gamma(y)$ (siehe 1.6.4.3) folgt weiter

$$\left(\frac{\Gamma\left(\frac{n}{2}\right)}{\Gamma\left(\frac{n-1}{2}\right)}\right)^2 = \left(\frac{n-1}{2}\right)^2 \left(\frac{\Gamma\left(\frac{n}{2}\right)}{\Gamma\left(\frac{n+1}{2}\right)}\right)^2 \geqslant \frac{(n-1)^2}{4} \cdot \frac{2n + 1}{n^2} > \frac{2n - 3}{4}$$

Damit ergibt sich insgesamt

$$\frac{2n - 3}{2n - 2} < \gamma_n^2 \leqslant \frac{2n - 2}{2n - 1} \tag{2.26}$$

und also

$$\frac{1}{2n - 1} \leqslant 1 - \gamma_n^2 < \frac{1}{2n - 2} \tag{2.27}$$

für $n = 2, 3, \ldots$.

Aufgabe 2.5 Eine zufällige und unabhängige Stichprobe aus einer nach $N(\mu, \sigma^2)$ normalverteilten Grundgesamtheit habe die Werte 170,8, 159,8, 183,9, 152,9, 142,1, 166,7, 198,2, 163,2, 190,6, 178,0 ergeben. Man berechne die Schätzwerte s, $\hat{s}$ und U_{10} für σ.

Aufgabe 2.6 Man beweise Gl. (2.19).

Aufgabe 2.7 Man beweise Gl. (2.23) mit Hilfe von Gl. (1.50) und (2.2) und der Definition von d_n.

2.2.5 Konfidenzintervalle

Bei der bisher behandelten Parameterschätzung haben wir uns bemüht, einen unbekannten Parameter Θ mit Hilfe einer Schätzfunktion $\delta(x_1, x_2, \ldots, x_n)$ so gut und genau wie möglich zu schätzen, ohne jedoch exakte Angaben über die Genauigkeit der Schätzung zu machen. Im allgemeinen ist es auch nicht möglich, auf Grund einer Stichprobe, die ja vom Zufall abhängt, ein Intervall anzugeben, in dem der Parameter Θ mit Sicherheit liegen muß. Man muß sich vielmehr darauf beschränken, ein sogenanntes K o n f i d e n z -
i n t e r v a l l $[\eta_1, \eta_2]$ zu bestimmen, dessen Endpunkte auf Grund des Stichprobenergebnisses $x_1, x_2, \ldots, x_n$ berechnet werden und das mit vorgegebener hoher Wahrscheinlichkeit, der V e r t r a u e n s w a h r s c h e i n l i c h k e i t β, den gesuchten Parameter Θ überdeckt.

Die Abhängigkeit der Endpunkte η_1 und η_2 von $x_1, x_2, \ldots, x_n$ sei genau wie bei den Schätzfunktionen (2.10) wieder so beschaffen, daß sich die Meßbarkeit überträgt und wir also $\eta_1(x_1, x_2, \ldots, x_n)$ und $\eta_2(x_1, x_2, \ldots, x_n)$ als zufällige Variable ansehen können. Die Vertrauenswahrscheinlichkeit β, oder meist $100\beta\%$ genannt, wählt man in der Praxis im allgemeinen gleich 95% oder 99%. Ein Konfidenzintervall $[\eta_1, \eta_2]$ für Θ zur Vertrauenswahrscheinlichkeit β ist dann definiert durch die Forderung

$$W(\eta_1(x_1, x_2, \ldots, x_n) \leqslant \Theta \leqslant \eta_2(x_1, x_2, \ldots, x_n)) = \beta. \tag{2.28}$$

Bei diskreten Verteilungen, bei denen nur endlich viele Werte angenommen werden, ist es oft nicht möglich, η_1 und η_2 so zu wählen, daß Gl. (2.28) genau erfüllt ist. Man ersetzt dann (2.28) durch die Ungleichung

$$W(\eta_1(x_1, x_2, \ldots, x_n) \leqslant \Theta \leqslant \eta_2(x_1, x_2, \ldots, x_n)) \geqslant \beta, \tag{2.29}$$

verlangt aber, daß W nur möglichst wenig größer als β ist.

Offensichtlich sind die Funktionen η_1 und η_2 durch (2.28) beziehungsweise (2.29) nicht eindeutig bestimmt. Man kann daher durch eine anschaulich naheliegende Symmetrie-Bedingung die Forderungen etwas verschärfen, indem man verlangt, daß

$$\left. \begin{array}{l} W(\Theta < \eta_1(x_1, x_2, \ldots, x_n)) \leqslant \dfrac{1-\beta}{2} \\[2em] \text{und} \quad W(\eta_2(x_1, x_2, \ldots, x_n) < \Theta) \leqslant \dfrac{1-\beta}{2} \end{array} \right\} \tag{2.30}$$

ist.

Platzmangel verbietet es, hier auf Konstruktionsverfahren und Qualitätskriterien für Konfidenzintervalle einzugehen. Wir wollen nur zwei besonders wichtige spezielle Konfidenzintervalle kennenlernen.

2.2.5.1 Konfidenzintervall für den Mittelwert Eine unabhängige Zufallsstichprobe aus einer nach $N(\mu, \sigma^2)$ verteilten Grundgesamtheit habe die Werte $x_1, x_2, \ldots, x_n$ ergeben, und es sei $\bar{x} = \dfrac{1}{n} \sum x_i$.

Um ein Konfidenzintervall zur Vertrauenswahrscheinlichkeit β für den Mittelwert μ zu konstruieren, ist es nach Satz 1.11 naheliegend, den Ansatz $\left[\bar{x} - \lambda\, \dfrac{\sigma}{\sqrt{n}}, \bar{x} + \lambda\, \dfrac{\sigma}{\sqrt{n}} \right]$ zu versuchen und den Zahlenfaktor λ nach Gl. (2.28) in Abhängigkeit von β zu bestimmen. Da σ im allgemeinen nicht bekannt ist, ersetzen wir σ durch den Schätzwert s (s. (2.7)), müssen dann aber auch einen anderen Faktor, sagen wir t, benutzen, den wir aus

$$W\left(\bar{x} - t\, \frac{s}{\sqrt{n}} \leqslant \mu \leqslant \bar{x} + t\, \frac{s}{\sqrt{n}} \right) = \beta$$

bestimmen. Dies ist ersichtlich gleichbedeutend mit

$$W\left(-t \leqslant \frac{\bar{x} - \mu}{s}\, \sqrt{n} \leqslant t \right) = \beta.$$

Nun kann man (siehe Satz 5.1) beweisen, daß die zufällige Variable $\dfrac{\bar{x} - \mu}{s}\, \sqrt{n}$ nach der sogenannten t-Verteilung von S t u d e n t mit dem Freiheitsgrad $(n - 1)$ verteilt ist (und zwar unabhängig von μ und σ). Die Dichte $h_f(y)$ der t-Verteilung mit Freiheitsgrad f ist für alle y definiert durch

$$h_f(y) = \frac{\Gamma\left(\dfrac{f+1}{2} \right)}{\Gamma\left(\dfrac{1}{2} \right) \Gamma\left(\dfrac{f}{2} \right) \sqrt{f}} \left(1 + \frac{y^2}{f} \right)^{-\frac{f+1}{2}}. \tag{2.31}$$

Damit lautet die Bestimmungsgleichung für t:

$$\int_{-t}^{+t} h_{n-1}(y)\,dy = \beta.$$

Alle zitierten Tafelwerke enthalten auch eine Tabelle der t-Verteilung, die wie nebenstehend beginnt.

Entnimmt man t *dieser Tafel, so ist also*

$$\left[\bar{x} - t\, \frac{s}{\sqrt{n}}, \ \bar{x} + t\, \frac{s}{\sqrt{n}} \right] \tag{2.32}$$

ein Konfidenzintervall für den Mittelwert μ zur Vertrauenswahrscheinlichkeit β.

| Freiheitsgrad | Vertrauenswahrscheinlichkeit | |
f	95%	99%
1	12,71	63,66
2	4,30	9,92
3	3,18	5,84
4	2,78	4,60
.	.	.
.	.	.
.	.	.
9	2,26	3,25
.	.	.
.	.	.
.	.	.
∞	1,96	2,58

Aufgabe 2.8 Für das Material der Aufgabe 2.5 bestimme man ein Konfidenzintervall für μ zur Vertrauenswahrscheinlichkeit von 99%.

Aufgabe 2.9 In 2.2.5.1 wurde ein Konfidenzintervall für μ bei bekanntem σ skizziert. Wie groß ist dabei λ für $\beta = 0,95$?

2.2.5.2 Konfidenzintervall für eine Wahrscheinlichkeit In 2.2.2 haben wir die unbekannte Wahrscheinlichkeit p einer Eigenschaft A durch die relative Häufigkeit x/n von A in der Stichprobe geschätzt. Da es auf die Reihenfolge der Stichprobenelemente nicht ankommt, sollen hier auch unsere Funktionen η_1 und η_2 nur von x und n abhängen.

Für eine unabhängige Zufallsstichprobe ist x nach Bi(n, p) verteilt. Wir wollen zunächst ein Konfidenzintervall $[\eta_1, \eta_2]$ für p zur Vertrauenswahrscheinlichkeit β angeben, den Beweis für das Erfülltsein der Forderungen (2.30) aber aufschieben bis nach der Umformulierung (2.40):

Für x = 0 *ist* $\eta_1 = 0$, *und für* x > 0 *genügt* $\eta_1 \in (0, 1)$ *der Gleichung*

$$\sum_{i=x}^{n} \binom{n}{i} \eta_1^i (1 - \eta_1)^{n-i} = \frac{1-\beta}{2}. \qquad (2.33)$$

Für x = n *ist* $\eta_2 = 1$, *und für* x < n *genügt* $\eta_2 \in (0, 1)$ *der Gleichung*

$$\sum_{i=0}^{n} \binom{n}{i} \eta_2^i (1 - \eta_2)^{n-i} = \frac{1-\beta}{2}. \qquad (2.34)$$

Anschaulich läßt sich sagen, daß dieses Konfidenzintervall aus denjenigen Zahlen zwischen 0 und 1 besteht, für die, gedeutet als Wahrscheinlichkeit für A, das erhaltene Stichprobenergebnis x nicht zu unwahrscheinlich ist.

Um bei gegebenen n, x und β die Werte η_1 und η_2 numerisch zu bestimmen, brauchte man ausführlichere Tafeln für die links stehenden Summen, d. h. für die Binomial-Verteilung, als sie im allgemeinen vorhanden sind. Man findet aber η_1 und η_2 in Abhängigkeit von n und x für $\beta = 0{,}95$ und $\beta = 0{,}99$ z. B. bei H a l d [1962], S. 66 tabelliert und z. B. bei P e a r s o n und H a r t l e y [1966] graphisch dargestellt.

Eine bequeme und nützliche Möglichkeit der Bestimmung von η_1 und η_2 liefert ein Zusammenhang zwischen der Binomial-Verteilung und der sogenannten F-Verteilung; er gestattet es, η_1 und η_2 explizit in Abhängigkeit von x, n und β darzustellen und ist zugleich geeignet nachzuweisen, daß η_1 und η_2 die Forderungen (2.30) erfüllen. Die Dichte $f_{m_1,m_2}(y)$ der F-Verteilung ist definiert durch

$$f_{m_1,m_2}(y) = \begin{cases} 0 & \text{für } y < 0 \\[2ex] \dfrac{\Gamma\left(\dfrac{m_1+m_2}{2}\right)}{\Gamma\left(\dfrac{m_1}{2}\right)\Gamma\left(\dfrac{m_2}{2}\right)} \, m_1^{\frac{m_1}{2}} \, m_2^{\frac{m_2}{2}} \, y^{\frac{m_1}{2}-1}(m_2+m_1 y)^{-\frac{m_1+m_2}{2}} & \text{für } y \geqslant 0. \end{cases} \quad (2.35)$$

Die dabei auftretenden Parameter $m_1 \geqslant 1$ und $m_2 \geqslant 1$ sind natürliche Zahlen, m_1 heißt Freiheitsgrad des Zählers und m_2 Freiheitsgrad des Nenners. Die zugehörige Verteilungsfunktion lautet

$$F(y; m_1, m_2) = \begin{cases} 0 & \text{für } y < 0 \\[2ex] \displaystyle\int_0^y f_{m_1,m_2}(\tilde{y})d\tilde{y} & \text{für } y \geqslant 0. \end{cases} \quad (2.36)$$

Die Umkehrfunktion $F^*(\alpha; m_1, m_2) \geqslant 0$ von $F(y; m_1, m_2)$ ist für $0 \leqslant \alpha \leqslant 1$ definiert durch

$$\int_0^{F^*(\alpha; m_1, m_2)} f_{m_1,m_2}(y)dy = \alpha. \quad (2.37)$$

F^* ist für alle wichtigen Werte von α in Abhängigkeit von m_1 und m_2 in allen zitierten Tafelwerken tabelliert. Zur oft erforderlichen Interpolation bezüglich m_1 und m_2 ist anzumerken, daß man dabei (falls m_1 und m_2 groß sind) $m_1 = 1/z_1$ und $m_2 = 1/z_2$ setzt und dann $F^*\left(\alpha; \dfrac{1}{z_1}, \dfrac{1}{z_2}\right)$ als Funktion von z_1 beziehungsweise z_2 linear interpoliert.

Mit einigem Rechenaufwand läßt sich nun folgender Zusammenhang beweisen (die linken und rechten Seiten sind Funktionen von ρ, sie stimmen überein für $\rho = 0$ beziehungsweise $\rho = 1$ und haben jeweils identische Ableitungen nach ρ):

Für $0 \leqslant \rho \leqslant 1$ und $0 \leqslant k < n$ ist

$$\sum_{i=0}^{k} \binom{n}{i}\rho^i(1-\rho)^{n-i} = 1 - \int_0^{\frac{n-k}{k+1}\frac{\rho}{1-\rho}} f_{2(k+1),\,2(n-k)}(y)dy, \quad (2.38)$$

und für $0 \leqslant \rho \leqslant 1$ und $0 < k \leqslant n$ ist

$$\sum_{i=k}^{n} \binom{n}{i}\rho^i(1-\rho)^{n-i} = 1 - \int_0^{\frac{k}{n-k+1}\frac{1-\rho}{\rho}} f_{2(n-k+1),\,2k}(y)dy. \quad (2.39)$$

Dieses Resultat läßt sich auch in der folgenden Form aussprechen:

Satz 2.1 n *und* k *seien natürliche,* α *und* ρ *reelle Zahlen; es sei* $n > 0, 0 \leq \alpha \leq 1, 0 \leq \rho \leq 1$. *Dann ist für* $0 \leq k < n$

$$\sum_{i=0}^{k} \binom{n}{i} \rho^i (1-\rho)^{n-i} = \alpha \Leftrightarrow \frac{n-k}{k+1} \frac{\rho}{1-\rho} = F^*(1-\alpha; 2(k+1), 2(n-k)),$$

und für $0 < k \leq n$ *ist*

$$\sum_{i=k}^{n} \binom{n}{i} \rho^i (1-\rho)^{n-i} = \alpha \Leftrightarrow \frac{k}{n-k+1} \frac{1-\rho}{\rho} = F^*(1-\alpha; 2(n-k+1), 2k).$$

Unser obiges Konfidenzintervall $[\eta_1, \eta_2]$ für p zur Vertrauenswahrscheinlichkeit β läßt sich damit auch so bestimmen:

$$\left. \begin{aligned} \eta_1 &= \frac{x}{x + (n-x+1)F^*\left(\frac{1+\beta}{2}; 2(n-x+1), 2x\right)} \\[2em] \eta_2 &= \frac{(x+1)F^*\left(\frac{1+\beta}{2}; 2(x+1), 2(n-x)\right)}{(n-x) + (x+1)F^*\left(\frac{1+\beta}{2}; 2(x+1), 2(n-x)\right)} \end{aligned} \right\} \tag{2.40}$$

Um das Verständnis dafür zu erleichtern, daß $[\eta_1, \eta_2]$ wirklich ein Konfidenz-Intervall für p ist, das den Forderungen (2.30) genügt, sei der Beweis für $W(\eta_2 < p) \leq (1-\beta)/2$ ausgeführt, wobei es genügt $0 < \beta < 1$ vorauszusetzen. Da $W(\eta_2 < p) = 0 < (1-\beta)/2$ für $p = 0$ und $p = 1$ ist, ist nur noch der Fall $0 < p < 1$ zu behandeln:
Es sei nun c die kleinste ganze Zahl ≥ 0 mit

$$\sum_{i=0}^{c} \binom{n}{i} p^i (1-p)^{n-i} \geq \frac{1-\beta}{2}.$$

Es ist $c \leq n$. Die zufällige Variable x ist nach Bi(n, p) verteilt und η_2 ist in Abhängigkeit von x definiert durch (2.40) für $x < n$ und $\eta_2 = 1$ für $x = n$.
Zur Abkürzung setzen wir

$$F^*(k) = F^*\left(\frac{1+\beta}{2}; 2(k+1), 2(n-k)\right)$$

für $k = 0, 1, \ldots, n-1$. Dann ist (man beachte: $\eta_2 < p < 1 \Rightarrow x < n$) für $0 < p < 1$:

$$W(\eta_2 < p) = W(\{\eta_2 < p\} \cap \{x < n\})$$

$$= W\left(\left\{\frac{(x+1)F^*(x)}{(n-x) + (x+1)F^*(x)} < p\right\} \cap \{x < n\}\right)$$

$$= W\left(\left\{F^*(x) < \frac{n-x}{x+1} \cdot \frac{p}{1-p}\right\} \cap \{x < n\}\right)$$

$$= W\left(\left\{\sum_{i=0}^{x} \binom{n}{i} p^i (1-p)^{n-i} < \frac{1-\beta}{2}\right\} \cap \{x < n\}\right)$$

$$\leqslant W\left(\left\{\left|\sum_{i=0}^{x}\binom{n}{i}p^i(1-p)^{n-i}<\sum_{i=0}^{c}\binom{n}{i}p^i(1-p)^{n-i}\right|\cap\{x<n\}\right\}\right)$$

$$= W(\{x<c\}\cap\{x<n\})$$

$$= W(x<c) = \begin{cases} 0<(1-\beta)/2 & \text{für } c=0 \\ \sum_{i=0}^{c-1}\binom{n}{i}p^i(1-p)^{n-i}<(1-\beta)/2 & \text{für } c>0. \end{cases}$$

Aufgabe 2.10 Bei einer sehr großen Warenlieferung sei p der Ausschußanteil. Bei einer Stichprobe vom Umfang $n = 31$ seien $x = 5$ schlechte Stücke festgestellt worden. Man errechne für p einen Schätzwert und ein Konfidenzintervall zur Vertrauenswahrscheinlichkeit von 95%. Wie lautet ferner die Lösung für $n = 620$ und $x = 78$?

Aufgabe 2.11 Entsprechend dem obigen Beweis zeige man, daß auch $W(\eta_1 > p) \leqslant (1-\beta)/2$ ist.

2.2.6 Verteilungsfreie Verfahren für Quantile

Interessiert man sich bei jedem Element der Grundgesamtheit beziehungsweise der Stichprobe für einen Meßwert, wie Länge oder Gewicht, so kann man zwar nach dem ersten Absatz von 2.2.3 den Mittelwert μ der Grundgesamtheit ohne einschränkende Voraussetzungen erwartungstreu schätzen, doch wurde das Konfidenzintervall für μ in 2.2.5.1 nur für den Fall konstruiert, daß die Grundgesamtheit normalverteilt ist. Wegen des zentralen Grenzwertsatzes kann man allerdings dieses Konfidenzintervall für größere Stichprobenumfänge n auch sonst zumindest als Näherung benutzen. Darüber hinaus aber ist es nützlich, Verfahren aufzustellen, die keinen Gebrauch von der speziellen Gestalt oder dem speziellen Typ der jeweiligen Verteilungsfunktion machen. Solche Verfahren nennt man v e r t e i l u n g s f r e i oder n i c h t - p a r a m e t r i s c h.

Wir wollen voraussetzen, daß die Verteilungsfunktion F(y) der Grundgesamtheit stetig ist. Dann gibt es (s. 1.3.3) zu jeder reellen Zahl a mit $0 < a < 1$ mindestens ein Quantil $z(a)$ der Ordnung a mit

$$F(z(a)) = a. \tag{2.41}$$

Für die Qualitätskontrolle ist nicht nur der die Lage der Meßwerte charakterisierende Zentralwert $z(1/2)$ von Bedeutung, sondern ebenso wichtig sind auch die anderen Quantile $z(a)$. So kann man sich z. B. bei Produkten, auf deren Lebensdauer es ankommt, dafür interessieren, daß 90% der Produkte eine gewisse Lebensdauer nicht unterschreiten, also nur 10% der Meßwerte unterhalb einer gewissen Schranke liegen.

Um einen Schätzwert für Quantile zu erhalten, ziehen wir eine unabhängige Zufallsstichprobe vom Umfang n. Die in (2.1) eingeführte Ranggröße $\xi_n(k)$ kann dann als

Schätzwert für ein bestimmtes Quantil, nämlich $z\left(\dfrac{k}{n+1}\right)$, benutzt werden.

Diese Schätzung ist zwar im allgemeinen nicht erwartungstreu, doch hat sie dafür andere wünschenswerte Eigenschaften, auf die wir in 2.4.2.1 noch zu sprechen kommen werden, und überdies erfordert sie fast keine Rechenarbeit. Immerhin sei hier für den Fall, daß n ungerade ist, schon darauf hingewiesen, daß $\xi_n\left(\dfrac{n+1}{2}\right)$ eine **m e d i a n - u n v e r -**

f ä l s c h t e Schätzfunktion für den Zentralwert $z(1/2)$ ist, d. h. daß der Zentralwert

der zufälligen Variablen $\xi_n\left(\dfrac{n+1}{2}\right)$ gerade $z(1/2)$ ist. Das bedeutet also anschaulich

gesprochen, daß man auf die Dauer genau so oft Schätzwerte oberhalb wie unterhalb
des zu schätzenden Wertes $z(1/2)$ erhält.

*Wir wollen ein Konfidenzintervall für das Quantil $z(a)$ zur Vertrauenswahrscheinlichkeit β
in der Form $[\xi_n(k_1), \xi_n(k_2)]$ bestimmen.*

Entsprechend den Ungleichungen (2.30) wählen wir k_1 möglichst groß und k_2 möglichst
klein, aber so, daß

$$W(z(a) < \xi_n(k_1)) \leqslant \frac{1-\beta}{2} \quad \text{und} \quad W(\xi_n(k_2) < z(a)) \leqslant \frac{1-\beta}{2} \tag{2.42}$$

ist. Nach Gl. (2.2) und (2.41) und wegen der Stetigkeit von F sind diese Ungleichungen
gleichwertig mit

$$\sum_{i=0}^{k_1-1} \binom{n}{i} a^i (1-a)^{n-i} \leqslant \frac{1-\beta}{2} \quad \text{und} \quad \sum_{i=k_2}^{n} \binom{n}{i} a^i (1-a)^{n-i} \leqslant \frac{1-\beta}{2}.$$

Zur numerischen Bestimmung von k_1 und k_2 benutzen wir den Satz 2.1. Danach ist k_1
die größte und k_2 die kleinste natürliche Zahl mit

$$\left.\begin{aligned}
\frac{n+1-k_1}{k_1} \cdot \frac{a}{1-a} &\geqslant F^*\left(\frac{1+\beta}{2}; 2k_1, 2(n+1-k_1)\right) \\
\frac{k_2}{n-k_2+1} \cdot \frac{1-a}{a} &\geqslant F^*\left(\frac{1+\beta}{2}; 2(n-k_2+1), 2k_2\right)
\end{aligned}\right\} . \tag{2.43}$$

Falls es kein solches $k_1 \geqslant 1$ oder kein solches $k_2 \leqslant n$ gibt, ist a zu klein beziehungsweise
zu groß, um bei dem vorliegenden Stichprobenumfang n ein Konfidenzintervall der
gewünschten Form für $z(a)$ konstruieren zu können.

Aufgabe 2.12 Eine unabhängige Zufallsstichprobe vom Umfang $n = 20$ habe die Werte
38,4, 39,0, 40,9, 42,5, 37,3, 38,6, 36,6, 37,4, 39,7, 34,6, 35,3, 38,7, 40,0, 40,3, 38,5,
39,3, 38,2, 36,3, 39,1, 37,7 ergeben. Man bestimme Konfidenzintervalle für $z(1/2)$ und
$z(1/5)$ zur Vertrauenswahrscheinlichkeit von 95%.

Aufgabe 2.13 Man beweise unter Benutzung von Gl. (2.2), daß $\xi_n\left(\dfrac{n+1}{2}\right)$ medianunver-

fälschte Schätzung für $z(1/2)$ ist, wobei vorausgesetzt sei, daß $F(z(1/2)) = 1/2$ ist (s. auch
Definition 1.9).

2.3 Testen von Hypothesen

Da statistische Tests im Grunde genommen den wesentlichen Inhalt der folgenden
Abschnitte über die Qualitätskontrolle ausmachen, sollen hier nur die grundlegenden
Begriffe und Eigenschaften eingeführt werden. Um das Verständnis zu erleichtern, wollen wir zunächst ein leicht überschaubares Beispiel besprechen.

2.3.1 Hypothese über den Mittelwert

Gegeben sei eine (hinreichend genau) nach $N(\mu, \sigma^2)$ verteilte Grundgesamtheit, z. B.
eine Menge von Paketen, die von einer Maschine abgefüllt wurden und bei denen wir
auf das Gewicht achten. Wir wollen annehmen, daß der tatsächliche oder wahre Mittelwert μ unbekannt ist, daß aber ein Sollwert μ_0 vorgegeben ist (bei den Paketen z. B.
$\mu_0 = 500$ g). Um das Grundsätzliche der folgenden Überlegungen deutlich hervortreten
zu lassen, wollen wir die in der Praxis meist nicht erfüllte Annahme machen, daß die
Streuung σ bekannt ist.

Es ist dann unsere Aufgabe, auf Grund einer unabhängigen Zufallsstichprobe vom Umfang
n, die die Werte $x_1, x_2, \ldots, x_n$ ergeben haben möge, zu entscheiden, ob die sogenannte
N u l l h y p o t h e s e H_0, daß $\mu = \mu_0$ ist, abgelehnt und also die A l t e r n a t i v e H_1,
daß $\mu \neq \mu_0$ ist, angenommen werden kann oder nicht.

Es ist naheliegend, die Differenz $\bar{x} - \mu_0$ zwischen dem empirischen Mittelwert (2.5) und
dem hypothetischen Wert μ_0 zu bilden und H_0 abzulehnen, wenn $|\bar{x} - \mu_0|$ „zu groß" ausfällt. Ob man $|\bar{x} - \mu_0|$ als groß anzusehen hat, hängt ersichtlich noch davon ab, ob die
einzelnen x_i stark streuen oder dicht um $\bar{x}$ herum konzentriert sind. Man wird daher diese
Differenz gleichsam zu normieren versuchen, indem man durch die Streuung von $\bar{x}$ dividiert,
die nach Satz 1.11 gleich $\sigma/\sqrt{n}$ ist. Man bildet also

$$\xi = \frac{\bar{x} - \mu_0}{\sigma} \sqrt{n}. \tag{2.44}$$

Die Nullhypothese H_0 wird nun abgelehnt, wenn die sogenannte T e s t g r ö ß e $|\xi|$
größer als eine Schranke λ ausfällt, wobei man λ so wählt, daß dies nur mit einer sehr
kleinen Wahrscheinlichkeit α, der sogenannten I r r t u m s w a h r s c h e i n l i c h k e i t ,
geschieht, falls H_0 richtig ist. Diese Irrtumswahrscheinlichkeit muß im Rahmen des jeweiligen Anwendungsgebietes vereinbart werden, doch hat es sich eingebürgert, $\alpha = 0,05$ oder
$\alpha = 0,01$ zu wählen. Die Bestimmungsgleichung für λ lautet also

$$W(|\xi| \geqslant \lambda \,|H_0) = \alpha, \tag{2.45}$$

wobei $W(|\xi| \geqslant \lambda \,|H_0)$ die Wahrscheinlichkeit für $|\xi| \geqslant \lambda$ ist, falls H_0 richtig ist. Nach den
Sätzen 1.11 und 1.8 folgt aus (2.45)

$$1 - \int\limits_{-\lambda}^{+\lambda} \frac{1}{\sqrt{2\pi}} \, e^{-\frac{t^2}{2}} \, dt = \alpha,$$

und damit ist nach der Tab. 1 zum Beispiel $\lambda = 1{,}960$ für $\alpha = 0{,}05$ und $\lambda = 2{,}576$ für $\alpha = 0{,}01$.

Wir wollen noch einmal zusammenfassen, was bei diesem Test zu tun ist: Man berechnet $|\xi|$ auf Grund der Stichprobe, wählt α und bestimmt damit λ. Wenn $|\xi| \geqslant \lambda$ ausfällt, so lehnt man die Nullhypothese H_0, daß $\mu = \mu_0$ ist, ab unter Zugrundelegung der Irrtumswahrscheinlichkeit α. Wenn dagegen $|\xi| < \lambda$ ausfällt, so kann man H_0 nicht unter Zugrundelegung dieser Irrtumswahrscheinlichkeit α ablehnen.

Diese letzte Entscheidung bedeutet nicht, daß man H_0 im Falle $|\xi| < \lambda$ annimmt. Vielmehr läßt sich lediglich sagen: „Man hat keinen Grund, die Nullhypothese abzulehnen" oder „Das Stichprobenergebnis ist mit der Nullhypothese (die richtig oder falsch sein kann) vereinbar". Da wir nur berücksichtigt haben (s. (2.45)), wie sich die Testgröße $|\xi|$ verhält, wenn H_0 richtig ist, ist unser Test in dieser Form darauf abgestellt, die Nullhypothese gegebenenfalls abzulehnen. Man nennt einen solchen Test genauer einen S i g n i f i - k a n z - T e s t , weil er nur dazu dient, einen Unterschied, nämlich zwischen $\bar{x}$ und μ_0, als signifikant oder bedeutungsvoll (um auf $\mu \neq \mu_0$ schließen zu können) nachzuweisen. Will man gegebenenfalls auch H_0 annehmen, also sich wirklich für eine der beiden Möglichkeiten H_0 oder H_1 entscheiden, so muß man neben (2.45) auch eine Forderung (etwa im Sinne von „genügend groß") an $W(|\xi| \geqslant \lambda\,|H_1)$ stellen, also an die Wahrscheinlichkeit für das Ablehnen der Nullhypothese $\mu = \mu_0$ für den Fall der Richtigkeit der Alternative $\mu \neq \mu_0$. Zur Unterscheidung spricht man hier von einem A l t e r n a t i v - T e s t , auf den wir in 2.3.2 näher eingehen werden.

Man sollte bei Ablehnung der Nullhypothese keinesfalls auf die Angabe der benutzten Irrtumswahrscheinlichkeit verzichten, um für sich selbst und erst recht für andere festzuhalten, auf welcher Grundlage die Entscheidung getroffen wurde. Ist z. B. $\mu = 500$ zu testen und hat eine Stichprobe $\xi = 2{,}3$ ergeben, so wird man als Ergebnis notieren: Die Nullhypothese $\mu = 500$ kann unter Zugrundelegung einer Irrtumswahrscheinlichkeit von 5%, aber nicht von 1% abgelehnt werden.

Um besser zu verstehen, wie sich solche statistischen Tests in der Praxis auswirken, werden wir im folgenden Abschnitt besprechen, welche Fälle dabei auftreten können und insbesondere, welche Fehler dabei, wenn auch nur mit kleiner Wahrscheinlichkeit, unvermeidbar sind.

Bei dem obigen Test sind für die Alternative alle Werte $\mu \neq \mu_0$, also beiderseits von μ_0, zugelassen. Man nennt daher den Test oder auch die Alternative z w e i s e i t i g .

Wir wollen nun noch den entsprechenden e i n s e i t i g e n Test für die Nullhypothese $\mu = \mu_0$ gegen die Alternative $\mu > \mu_0$ besprechen. Als Testgröße benutzen wir ξ selbst, lehnen jetzt also die Nullhypothese ab, falls ξ zu groß ausfällt, nämlich $\geqslant \lambda_1$. Dabei wird λ_1 in Abhängigkeit von der Irrtumswahrscheinlichkeit α durch die Gleichung

$$\alpha = W(\xi \geqslant \lambda_1\,|H_0) = 1 - \int_{-\infty}^{\lambda_1} \frac{1}{\sqrt{2\pi}}\, e^{-\frac{t^2}{2}}\, dt \tag{2.46}$$

bestimmt. Genau derselbe Test ist für die Nullhypothese $\mu \leqslant \mu_0$ gegen die Alternative $\mu > \mu_0$ anzuwenden.

Aufgabe 2.14 Eine unabhängige Zufallsstichprobe aus einer nach $N(\mu; 6{,}25)$ verteilten Grundgesamtheit habe die Werte 999,7, 996,1, 997,7, 994,3, 996,9, 1000,9, 1002,6, 998,8, 1001,0, 995,7, 998,6, 998,0, 995,2, 997,4, 1000,3, 999,4 ergeben. Man teste die Nullhypothese $\mu = 1000$ gegen die Alternative $\mu \neq 1000$.

Aufgabe 2.15 Wie lautet der (2.46) entsprechende einseitige Test für die Nullhypothese $\mu = \mu_0$ (beziehungsweise $\mu \geq \mu_0$) gegen die Alternative $\mu < \mu_0$?

2.3.2 Einige Begriffe der Testtheorie

Wir wollen in Anlehnung an den vorigen Abschnitt einige grundlegende Begriffe und Eigenschaften der statistischen Tests zusammenstellen.

Gegeben sei eine Grundgesamtheit, deren Verteilungsfunktion $F_\Theta(y)$ von einem beliebigen, nicht notwendig reellen Parameter Θ abhänge. Die Menge der für Θ möglichen Werte nennen wir die z u l ä s s i g e H y p o t h e s e H. Eine durch den Anwendungszweck ausgezeichnete Teilmenge von H heißt die N u l l h y p o t h e s e H_0, und die nicht zu H_0 gehörigen Θ-Werte bilden die A l t e r n a t i v e H_1. Um triviale Fälle auszuschließen, nehmen wir an, daß H_0 und H_1 beide jeweils mindestens ein Element enthalten. Zum Beispiel besteht H beim zweiseitigen Test in 2.3.1 aus der Menge aller reellen Zahlen, H_0 nur aus der reellen Zahl μ_0 und H_1 aus allen Zahlen $\neq \mu_0$.

Bei einem S i g n i f i k a n z - T e s t wollen wir auf Grund einer Zufallsstichprobe vom Umfang n, die die Werte $x_1, x_2, \ldots, x_n$ ergeben haben möge, feststellen, ob man die Nullhypothese H_0 (= wahrer Wert Θ gehört zu H_0) ablehnen kann oder ob man H_0 nicht ablehnen kann, d. h. genauer gesagt, ob man auf eine Entscheidung zwischen H_0 und H_1 verzichten muß. Bei einem A l t e r n a t i v - T e s t dagegen soll — wieder auf Grund von $x_1, x_2, \ldots, x_n$ — entschieden werden, ob H_0 oder ob H_1 richtig ist. In den erforderlichen Rechnungen stimmen beide Arten von Tests formal überein, nur verlangt der Alternativ-Test, daß man zusätzlich sicherstellt, daß sich der Test auch dann angemessen verhält, wenn die Alternative H_1 richtig ist. Obwohl der Alternativ-Test im Gegensatz zum Signifikanz-Test H_0 und H_1 gleichberechtigt und symmetrisch behandelt, wollen wir uns im Hinblick auf die Anwendungen wie allgemein üblich einer unsymmetrischen Sprechweise bedienen.

Die Gesamtheit aller möglichen Stichprobenergebnisse $(x_1, x_2, \ldots, x_n)$ nennen wir den S t i c h p r o b e n r a u m. Das Wahrscheinlichkeitsmaß für die n-dimensionale zufällige Variable $(x_1, x_2, \ldots, x_n)$ hängt natürlich von Θ ab, und wir bezeichnen es daher mit W_Θ.

Wir geben nun eine I r r t u m s w a h r s c h e i n l i c h k e i t α vor. α heißt auch T e s t - n i v e a u (= level of significance), und $1 - \alpha$ wird als S i c h e r h e i t s w a h r s c h e i n - l i c h k e i t bezeichnet.

Zu vorgegebenem α bestimmen wir die k r i t i s c h e R e g i o n K als eine Teilmenge des Stichprobenraumes, und zwar so, daß

$$W_\Theta((x_1, x_2, \ldots, x_n) \in K) \leq \alpha \tag{2.47}$$

ist für alle $\Theta \in H_0$. Wir müssen es hier bei der allgemeinen Formulierung — im Gegensatz zu (2.45) — bei einer Ungleichung belassen, weil es sonst Schwierigkeiten geben kann, wenn H_0 aus mehreren Elementen besteht oder wenn die x_i diskret verteilt sind.

Die Testvorschrift lautet dann:

I. Wenn das Stichprobenergebnis $(x_1, x_2, \ldots, x_n)$ in der kritischen Region K liegt, so lehnt man die Nullhypothese H_0, daß Θ ein Element aus H_0 ist, ab, nimmt also die Alternative H_1 an. Im Hinblick auf H_0 nennt man K daher auch die **A b l e h n u n g s - R e g i o n .**

II. Liegt dagegen $(x_1, x_2, \ldots, x_n)$ nicht in K, so kann man H_0 nicht unter Zugrundelegung dieser Irrtumswahrscheinlichkeit α ablehnen. Handelt es sich um einen Signifikanz-Test, so verzichtet man auf eine Entscheidung zwischen H_0 und H_1. Liegt dagegen ein Alternativ-Test vor, so nimmt man H_0 an. Der Einfachheit halber nennt man das Komplement von K in beiden Fällen **A n n a h m e - R e g i o n .**

Bei sehr vielen der in der Praxis verwendeten Tests, so auch in 2.3.1, wird die kritische Region K durch eine Ungleichung (manchmal auch zwei) beschrieben, und zwar ist K gleich der Menge der $(x_1, x_2, \ldots, x_n)$, für die

$$\vartheta(x_1, x_2, \ldots, x_n) \geqslant c(\alpha)$$

ausfällt. Die dabei auftretende Funktion ϑ heißt **T e s t g r ö ß e** , und die von der Irrtumswahrscheinlichkeit α abhängende Schranke $c(\alpha)$ heißt Testschranke oder **k r i t i - s c h e r   W e r t** . Statt der kritischen Region K wählt beziehungsweise konstruiert man hier ϑ und bestimmt dazu $c(\alpha)$ durch die (2.47) entsprechende Ungleichung

$$W_\Theta(\vartheta(x_1, x_2, \ldots, x_n) \geqslant c(\alpha)) \leqslant \alpha \tag{2.48}$$

für alle $\Theta \in H_0$. Damit diese Wahrscheinlichkeit definiert ist, setzen wir voraus, daß die Meßbarkeit der x_i erhalten bleibt (s. auch die Bemerkung zur Schätzfunktion (2.10)) und also $\vartheta(x_1, x_2, \ldots, x_n)$ eine zufällige Variable ist.

Bei der Anwendung der Tests gibt es offenbar genau zwei Arten von falschen Entscheidungen, die — von trivialen Ausnahmen abgesehen — unvermeidbar sind, weil die Stichprobe vom Zufall abhängt.

Erstens kann es vorkommen, daß $(x_1, x_2, \ldots, x_n) \in K$ ist, obwohl $\Theta \in H_0$ ist. Laut Testvorschrift wird dann die Nullhypothese H_0 abgelehnt, obwohl H_0 richtig ist; man nennt dies den **F e h l e r 1 . A r t** . Die Wahrscheinlichkeit, diesen Fehler 1. Art zu begehen, ist nach (2.47) offenbar kleiner oder gleich der vorgegebenen Irrtumswahrscheinlichkeit α.

Zweitens kann es vorkommen, daß $(x_1, x_2, \ldots, x_n) \notin K$ ist, obwohl $\Theta \in H_1$ ist. Hier wird die Nullhypothese H_0 nicht abgelehnt, obwohl H_0 falsch ist; man nennt dies den **F e h l e r 2 . A r t** . Beim Signifikanz-Test besteht dieser „Fehler" nur darin, daß man auf eine Aussage verzichtet, obwohl an sich die Aussage „H_0 ablehnen" richtig wäre. Beim Alternativ-Test dagegen ist dieser Fehler 2. Art eine echte Fehlentscheidung, denn hier wird die falsche Nullhypothese H_0 wirklich angenommen.

Es ist die Aufgabe der mathematischen Statistik und speziell der Testtheorie, einen Test, d. h. seine kritische Region K beziehungsweise die Testgröße ϑ, so zu konstruieren, daß die Wahrscheinlichkeit, den Fehler 2. Art zu begehen, möglichst klein wird. Diese Wahrscheinlichkeit hängt im allgemeinen von der gewählten Irrtumswahrscheinlichkeit α, von dem vorliegenden Wert Θ aus H_1 und vom Stichprobenumfang n ab. Bei einem „guten" Test wird die Wahrscheinlichkeit für den Fehler 2. Art mit wachsendem n immer kleiner.

Es ist anschaulich klar, daß die Wahrscheinlichkeit für den Fehler 2. Art um so größer ist, je kleiner die Irrtumswahrscheinlichkeit α ist, und umgekehrt. Je nachdem, welcher der beiden Fehler bei den betreffenden Anwendungen schwerwiegendere oder kostspieligere Folgen hat, ist also α festzusetzen. Die bereits angedeutete Wahl von $\alpha = 0{,}05$ oder $\alpha = 0{,}01$ ist unter anderem bei naturwissenschaftlichen Untersuchungen (Biologie, Medizin, usw.) üblich, insbesondere soweit es sich um reine Signifikanz-Tests handelt. Lassen sich die Folgen einer Fehlentscheidung in reellen Zahlen oder gar in Geldbeträgen ausdrücken, so kann α mit Hilfe der in 2.4.2.2 behandelten Entscheidungstheorie festgelegt werden.

Ein nützliches Hilfsmittel, das insbesondere auch in der Qualitätskontrolle verwendet wird, um die Eigenschaften eines Tests, gerade auch im Hinblick auf die Fehler 1. und 2. Art, darzustellen, ist die G ü t e f u n k t i o n (= power function) $g(\Theta)$, die für alle $\Theta \in H$ definiert wird durch

$$g(\Theta) = W_\Theta((x_1, x_2, \ldots, x_n) \in K). \tag{2.49}$$

$g(\Theta)$ gibt also in Abhängigkeit vom Parameter Θ die Wahrscheinlichkeit für das Ablehnen der Nullhypothese H_0 wieder. Nach der Definition des Testes vom Niveau α ist $g(\Theta) \leqslant \alpha$ für alle $\Theta \in H_0$. Für $\Theta \in H_1$ dagegen ist $1 - g(\Theta)$ die Wahrscheinlichkeit für den Fehler 2. Art. Der nur in völlig trivialen Fällen existierende „ideale" Test hat also eine Gütefunktion $g(\Theta)$, die 0 ist für $\Theta \in H_0$ und die 1 ist für $\Theta \in H_1$.

Als Beispiel sei die Gütefunktion des einseitigen Testes für $\mu \leqslant \mu_0$ gegen $\mu > \mu_0$ berechnet, der im letzten Absatz von 2.3.1 besprochen wurde. Der Parameter Θ ist hier der wahre Mittelwert μ, und unter Benutzung von 1.6.4.1 erhält man

$$g(\mu) = W_\mu\left(\frac{\overline{x} - \mu_0}{\sigma}\sqrt{n} \geqslant \lambda_1\right) = W_\mu\left(\frac{\overline{x} - \mu}{\sigma}\sqrt{n} \geqslant \lambda_1 - \frac{\mu - \mu_0}{\sigma}\sqrt{n}\right)$$

$$= 1 - \Phi\left(\lambda_1 - \frac{\mu - \mu_0}{\sigma}\sqrt{n}\right). \tag{2.50}$$

Nach (1.53) ist $g(\mu)$ eine streng monoton wachsende Funktion von μ und nach (2.46) ist $g(\mu_0) = \alpha$; wie verlangt ist also die Wahrscheinlichkeit für den Fehler 1. Art stets $\leqslant \alpha$ (und $= \alpha$ nur für $\mu = \mu_0$). Für $\mu > \mu_0$ sieht man, daß die Wahrscheinlichkeit für den Fehler 2. Art stets $< 1 - \alpha$ ist, aber: Für μ nur wenig größer als μ_0 ist diese Wahrscheinlichkeit wegen der Stetigkeit von $g(\mu)$ fast $1 - \alpha$. Selbst für die bei Signifikanztests übliche größte benutzte Irrtumswahrscheinlichkeit, nämlich $\alpha = 0{,}05$, ist daher die Wahrscheinlichkeit für den Fehler 2. Art fast 95% (!) für μ wenig größer als μ_0. Deswegen eben darf die Nullhypothese bei Verwendung von Signifikanztests nie angenommen werden.

Wir wollen nun einige Bezeichnungen für wünschenswerte Eigenschaften von Tests einführen.

Definition 2.2 *Ein Test vom Niveau* α *heißt* u n v e r f ä l s c h t (= *unbiased*), *wenn seine Gütefunktion*

$$g(\Theta) \geqslant \alpha$$

für jedes $\Theta \in H_1$ *ist.*

Offensichtlich ist diese Forderung der Unverfälschtheit für die praktische Anwendung unabdingbar, denn die Wahrscheinlichkeit für das Ablehnen der Nullhypothese H_0 soll natürlich nicht kleiner sein, wenn H_0 falsch ist, als wenn H_0 richtig ist.

Es sei nun T_α die Menge aller Tests τ vom Niveau α für eine Nullhypothese H_0 gegen eine Alternative H_1. Wir bezeichnen mit $g_\tau(\Theta)$ die Gütefunktion des Tests $\tau \in T_\alpha$.

Definition 2.3 *Ein Test* $\tau^* \in T_\alpha$ *heißt* g l e i c h m ä ß i g   m ä c h t i g s t e r (= *uniformly most powerful*) *oder* t r e n n s c h a r f e r *Test, wenn*

$$g_{\tau^*}(\Theta) \geqslant g_\tau(\Theta)$$

für alle $\Theta \in H_1$ *und alle* $\tau \in T_\alpha$ *ist.*

Im Sinne unserer obigen Betrachtungen ist der trennscharfe Test der günstigste. Ein solcher Test muß aber nicht existieren und tut es häufig auch nicht. Oft gibt es einen trennscharfen Test für eine einseitige Alternative, während er für die entsprechende zweiseitige Alternative nicht existiert. Man schwächt daher die Forderung in Definition 2.3 etwas ab, indem man nur unverfälschte Tests zur Konkurrenz zuläßt:

Definition 2.4 *Ein unverfälschter Test* $\tau^{**} \in T_\alpha$ *heißt* g l e i c h m ä ß i g   m ä c h t i g - s t e r   u n v e r f ä l s c h t e r *Test, wenn*

$$g_{\tau^{**}}(\Theta) \geqslant g_\tau(\Theta)$$

für alle $\Theta \in H_1$ *und alle unverfälschten Tests* $\tau \in T_\alpha$ *ist.*

Aus Platzmangel können wir hier auf Konstruktionsprinzipien für trennscharfe Tests nicht eingehen, doch sei erwähnt, daß der Hauptsatz von N e y m a n und P e a r s o n das wichtigste Hilfsmittel dafür ist. Im übrigen sei für eine eingehende Beschäftigung mit der Testtheorie auf das Buch von E. L. L e h m a n n [1959] hingewiesen.

Vergleicht man den Test in 2.3.1 mit dem am Anfang von 2.2.5.1 skizzierten Konfidenzintervall, so erkennt man folgenden, allgemein gültigen Zusammenhang: Die Verteilungsfunktion der Grundgesamtheit hänge von einem reellen Parameter Θ ab. Jedem Test vom Niveau α für die Nullhypothese $\Theta = \Theta_0$ gegen die Alternative $\Theta \neq \Theta_0$ entspricht ein Konfidenzintervall für Θ zur Vertrauenswahrscheinlichkeit $\beta = 1 - \alpha$ und umgekehrt. Dabei besteht das Konfidenzintervall bei gegebenem Stichprobenergebnis $x_1, x_2, \ldots, x_n$ aus allen den Werten Θ^*, die, als Nullhypothese $\Theta = \Theta^*$ gedeutet, nicht abgelehnt würden. Anders ausgedrückt: Wenn man die Nullhypothese $\Theta = \Theta_0$ gegen die Alternative $\Theta \neq \Theta_0$ auf dem Niveau α testen will, so kann man statt dessen auf Grund von $x_1, x_2, \ldots, x_n$ ein Konfidenzintervall für Θ zur Vertrauenswahrscheinlichkeit $\beta = 1 - \alpha$ bestimmen; H_0 ist abzulehnen, wenn Θ_0 nicht in diesem Konfidenzintervall liegt, andernfalls kann H_0 nicht abgelehnt werden. Entsprechendes gilt im einseitigen Fall.

Aufgabe 2.16 Man berechne und skizziere die Gütefunktion des zweiseitigen Tests für $\mu = \mu_0$ gegen $\mu \neq \mu_0$, der in 2.3.1 behandelt wurde. Ebenso skizziere man die Gütefunktion (2.50). Wie wirkt sich eine Vergrößerung des Stichprobenumfanges n aus?

2.3.3 Hinweise auf spezielle Tests

Ähnlich wie bei der Parameterschätzung und den Konfidenzintervallen kann man vom Standpunkt der Anwendungsmöglichkeiten aus gewisse Typen von Tests unterscheiden, über die hier ein erster Überblick gegeben werden soll.

Beim einfachsten Fall der qualitativen Beurteilung jedes Elementes der Grundgesamtheit beziehungsweise der Stichprobe, bei dem man nur auf eine Eigenschaft (z. B. schlecht — gut) achtet, weiß man von vornherein, daß die hypergeometrische Verteilung $H(N, n; p)$ beziehungsweise die Binomial-Verteilung $Bi(n, p)$ vorliegt. In dem für unsere Zwecke wichtigsten Fall ist die Nullhypothese $p \leqslant p_0$ gegen die Alternative $p > p_0$ zu testen, wobei p_0 eine vorgegebene Zahl zwischen 0 und 1 ist. Es ist anschaulich klar, daß man hierfür x, die Anzahl der schlechten Stücke in der Stichprobe, als Testgröße verwendet und daß man die Nullhypothese ablehnt, falls x zu groß, nämlich $\geqslant c(\alpha)$ ausfällt, wobei $c(\alpha)$ entsprechend $H(N, n; p)$ beziehungsweise $Bi(n, p)$ zu bestimmen ist. Man kann zeigen, daß dieser einseitige Test trennscharf ist.

Achtet man bei den einzelnen Elementen auf quantitative Merkmale, also Meßwerte, wie Länge oder Gewicht, so kann es vorkommen, daß man aus früheren Untersuchungen weiß, daß die Grundgesamtheit (hinreichend genau) nach $N(\mu, \sigma^2)$ normalverteilt ist. Zwei Tests, die zu diesem auf der Normalverteilung basierenden Typ gehören, haben wir bereits in 2.3.1 kennengelernt, wobei die zusätzliche Voraussetzung gemacht wurde, daß die Streuung σ bekannt ist. Der dortige zweiseitige Test ist ein gleichmäßig mächtigster unverfälschter Test, während der einseitige Test sogar trennscharf ist. Dem Konfidenzintervall (2.32) entspricht ein Test für die Nullhypothese $\mu = \mu_0$ gegen die Alternative $\mu \neq \mu_0$ bei unbekanntem σ. Weitere Tests betreffen Hypothesen über die Streuung σ. Hierher gehören auch Tests für zwei normalverteilte Grundgesamtheiten, bei denen die Hypothesen Unterschiede zwischen den Mittelwerten oder den Streuungen betreffen.

Als dritten Typ wollen wir die verteilungsfreien oder nichtparametrischen Tests erwähnen, die meistens numerisch sehr einfach zu handhaben sind. Ihr Vorteil besteht weiterhin darin, daß man praktisch überhaupt keine Kenntnisse über die Verteilungsfunktion der Grundgesamtheit zu haben braucht. Zu diesen verteilungsfreien Verfahren gehören Tests für Hypothesen über Quantile, die den Konfidenzintervallen von 2.2.6 entsprechen. Besonders einfach ist der als Zeichentest bekannte Spezialfall für die Nullhypothese „Zentralwert $z(1/2) =$ vorgegebener Zahl z_0", der als Testgröße die Anzahl der Stichprobenelemente $< z_0$ benutzt (s. 6.2.1). Ein anderer Test für diese Hypothese ist der Vorzeichen-Rangtest von W i l c o x o n. Um bei zwei Grundgesamtheiten einen Unterschied in der Lage ihrer Meßwerte zu testen, kann man den Test von Wilcoxon, der auch Test von M a n n und W h i t n e y genannt wird, oder den Iterationstest (= run test) benutzen.

Ein weiterer Typ von Tests schließlich ist für Hypothesen entwickelt worden, die nicht nur die Lage oder die Streuung, sondern die Verteilungsfunktion $F(y)$ der Grundgesamtheit insgesamt betreffen. Mit ihrer Hilfe kann man z. B. testen, ob eine Grundgesamtheit normalverteilt ist (s. auch: K a c , K i e f e r und W o l f o w i t z [1955] und S t ö r - m e r [1964]), ob $F(y)$ gleich einer hypothetischen Verteilung ist oder ob zwei Grundgesamtheiten dieselbe Verteilungsfunktion haben. Als Stichwörter seien der Test von K o l m o g o r o f f und der Test von S m i r n o w und auch der χ^2-Test genannt.

2.3.4 Mehrstufige und sequentielle Tests

Es soll hier das Grundsätzliche der m e h r s t u f i g e n T e s t s beschrieben werden,
die eine gerade auch für die Qualitätskontrolle sehr nützliche Verallgemeinerung der in
2.3.2 besprochenen Alternativ-Tests darstellen, die wir zur Unterscheidung als e i n -
s t u f i g e T e s t s bezeichnen wollen.

Bei einem m-stufigen Test für eine Nullhypothese H_0 gegen eine Alternative H_1 geht man
in folgender Weise vor: Man zieht als ersten Schritt (in der ersten Stufe) eine Stichprobe
vom Umfang n_1. Die Testvorschrift teilt nun den Stichprobenraum auf in eine Annahme-
und eine Ablehnungs-Region und eine — bei einstufigen Tests nicht vorkommende —
dritte Region. Fällt das Stichprobenergebnis in diese dritte Region, so wird zunächst
keine Entscheidung über H_0 und H_1 getroffen, sondern eine weitere Stichprobe vom
Umfang n_2 gezogen. In der Praxis werden die drei Regionen meistens wieder durch eine
Testgröße ϑ in Verbindung mit zwei Schranken c_1 und c_2 mit $c_1 < c_2$ beschrieben; die
Annahme-Region ist durch $\vartheta < c_1$, die Ablehnungs-Region durch $\vartheta \geqslant c_2$ charakterisiert,
während für $c_1 \leqslant \vartheta < c_2$ eine weitere Stichprobe zu ziehen ist. Man trifft also in der
ersten Stufe eine der folgenden drei Entscheidungen:

$$
\left.
\begin{array}{l}
d_0 = H_0 \text{ wird angenommen,}\\[6pt]
d_1 = H_1 \text{ wird angenommen,}\\[6pt]
d_2 = \text{weitere Stichprobe ziehen.}
\end{array}
\right\}
\qquad (2.51)
$$

Lautet die Entscheidung d_0 oder d_1, so ist der Test natürlich beendet. Bei der Entscheidung d_2 dagegen ist auf Grund der erweiterten Stichprobe, die nun insgesamt den Umfang
$n_1 + n_2$ hat, wieder eine der drei Entscheidungen (2.51) zu treffen. Gegebenenfalls fährt
man so bis zur m-ten Stufe fort, bei der die Stichprobe den Umfang $n_1 + n_2 + \cdots + n_m$
erreicht hat. Auf dieser m-ten Stufe ist die Testvorschrift aber so beschaffen, daß nur
noch eine der Entscheidungen d_0 oder d_1 getroffen werden kann und der m-stufige Test
also spätestens hier endet.

Offenbar ist der erforderliche Stichprobenumfang n bis zur endgültigen Entscheidung d_0
oder d_1 eine zufällige Variable, die durch $n_1 + n_2 + \cdots + n_m$ nach oben beschränkt ist.
Der durchschnittliche Stichprobenumfang, also der Erwartungswert $E[n]$, ist entscheidend
für den bei häufiger Anwendung erforderlichen Arbeitsaufwand. Im allgemeinen hängt
$E[n]$ von der Verteilungsfunktion der Grundgesamtheit, z. B. von dem jeweiligen Parameterwert Θ ab.

Man benutzt mehrstufige statt der einstufigen Tests, um dadurch den durch den Stichprobenumfang bedingten Arbeitsaufwand herabzusetzen, eben indem man in „klaren"
Fällen rasch eine Entscheidung fällt und nur in „Grenzfällen" größere Stichprobenumfänge benutzt. Ein Vergleich zwischen einem mehrstufigen und einem einstufigen Test
ist natürlich nur dann sinnvoll, wenn beide (hinreichend genau) dieselbe Gütefunktion
haben. Ist allerdings der Zeitaufwand für die Untersuchung einer Stichprobe sehr groß,
wie z. B. bei langwierigen Tierversuchen zur Überprüfung von Medikamenten oder bei
der Feststellung der Lebensdauer von Elektronen-Röhren, so ist es meist zweckmäßiger,
einstufige, höchstens gelegentlich zweistufige, Tests anzuwenden.

Schließlich sei noch auf die unendlich-stufigen Tests hingewiesen, die man s e q u e n -
t i e l l e T e s t s nennt, und bei denen auf jeder Stufe stets auch die Entscheidung d_2
fallen kann. Ein sequentieller Test ist nur dann in der Praxis brauchbar, wenn die Wahrscheinlichkeit 1 ist, daß die endgültige Entscheidung d_0 oder d_1 nach endlich vielen
Schritten fällt. Bei der theoretischen Untersuchung setzt man oft voraus, daß alle $n_i = 1$
sind, daß also die Entscheidung d_2 das Ziehen nur eines weiteren Stichprobenelementes
verlangt. Durch geeignete Festlegung der zu d_0, d_1 und d_2 führenden Regionen des Stichprobenraumes ist aber der Fall beliebiger $n_i \geqslant 1$ als Spezialfall zu erhalten.

2.4 Entscheidungstheorie

2.4.1 Grundbegriffe

Alle bisher unter den Überschriften Parameterschätzung, Konfidenzintervalle und Testen
von Hypothesen behandelten statistischen Aufgaben lassen sich — soweit es grundsätzliche
Fragen betrifft — gemeinsam mit Hilfe der Entscheidungstheorie von A. W a l d behandeln, deren Grundbegriffe — Entscheidung, Entscheidungsfunktion, Verlustfunktion,
Risikofunktion — hier eingeführt werden sollen.

Bei der Anwendung der Statistik auf ein konkretes Problem erhält man nach Abschluß
der erforderlichen Rechenarbeiten stets eine „E n t s c h e i d u n g". So „entscheidet"
man sich bei der Schätzung eines reellen Parameters Θ für eine reelle Zahl, die als Schätzwert für Θ benutzt werden soll. Entsprechend „entscheidet" man sich beim Konfidenzintervall für Θ für ein reelles Intervall. Schließlich „entscheidet" man sich beim Testen
mit einem Alternativ-Test dafür, ob die Nullhypothese H_0 oder die Alternative H_1 angenommen werden soll. Wir wollen hier diese Entscheidungen mit d, d_0, d_1, $\ldots$ bezeichnen. Die Menge aller für ein bestimmtes statistisches Verfahren möglichen Entscheidungen
heißt der R a u m D d e r E n t s c h e i d u n g e n. Bei der Parameterschätzung ist D
z. B. eine Menge von oder die Menge aller reellen Zahlen, während bei einem Alternativ-
Test D nur aus den beiden Entscheidungen $d_0 = $ „H_0 annehmen" und $d_1 = $ „H_1 annehmen" besteht.

Welche Entscheidung $d \in D$ getroffen wird, hängt stets vom Ergebnis einer Zufallsstichprobe vom Umfang n ab. Wie schon in 2.3.2 bezeichnen wir die Menge aller möglichen
Stichprobenergebnisse $x = (x_1, x_2, \ldots, x_n)$ als S t i c h p r o b e n r a u m R, wobei wir
uns auf den Fall beschränken können, daß $(x_1, x_2, \ldots, x_n)$ ein n-Tupel von reellen Zahlen ist. Die Verteilungsfunktion der n-dimensionalen zufälligen Variablen $x = (x_1, x_2, \ldots, x_n)$
hänge noch von einem, nicht notwendig reellen, die Grundgesamtheit kennzeichnenden
Parameter Θ ab, und es sei H der P a r a m e t e r r a u m , d. h. die Menge aller Werte Θ.
Um die Abhängigkeit des Wahrscheinlichkeitsmaßes von Θ anzudeuten, schreiben wir W_Θ;
es ist also z. B. $W_\Theta(x \in R')$ die Wahrscheinlichkeit dafür, daß das Stichprobenergebnis x
in der (Borelschen) Teilmenge R' von R liegt, wenn Θ der wahre Parameterwert ist.

Daß wir jedem Stichprobenergebnis eine Entscheidung $d \in D$ zuordnen, drückt sich
mathematisch durch eine E n t s c h e i d u n g s f u n k t i o n (= decision function) δ

aus: $\delta(x) \in D$ für jedes $x = (x_1, x_2, \ldots, x_n) \in R$. Da der wahre Parameterwert Θ als unbekannt anzusehen ist, darf δ nicht von Θ abhängen, damit man bei der Anwendung $\delta(x)$ wirklich bestimmen kann. Bei der Parameterschätzung ist die Entscheidungsfunktion identisch mit der Schätzfunktion (2.10). Bei dem im Zusammenhang mit (2.47) formulierten Alternativ-Test ist

$$\delta(x) = \begin{cases} d_0 = \text{Nullhypothese } H_0 \text{ annehmen, falls } x \notin K, \\ d_1 = \text{Alternative } H_1 \text{ annehmen, falls } x \in K, \end{cases}$$

während beim Signifikanz-Test d_0 durch $d_0' =$ „keine Entscheidung zwischen H_0 und H_1" zu ersetzen ist.

Auch der in 2.3.4 besprochene m-stufige Test läßt sich hier erfassen. Man nimmt dazu $n = n_1 + n_2 + \cdots + n_m$. Gehören z. B. die ersten n_1 Komponenten von $(x_1, x_2, \ldots, x_n)$ zur Annahme- oder auch Ablehnungs-Region, so ist der Wert von $\delta(x_1, x_2, \ldots, x_n) = d_0$ beziehungsweise $= d_1$ unabhängig von den weiteren Komponenten $x_{n_1+1}, \ldots, x_n$, während δ sonst mindestens von $x_1, x_2, \ldots, x_{n_1+n_2}$ abhängt.

Zur Verdeutlichung sei betont: Die Entscheidung (jetzt im umgangssprachlichen Sinne), die der Statistiker tatsächlich treffen kann und treffen muß, ist die Entscheidung, welches statistische Verfahren, also welche Entscheidungsfunktion er benutzen will; dafür gibt die Entscheidungstheorie eine Hilfestellung, indem sie — hier noch zu besprechende — Kriterien für die Güte einer Entscheidungsfunktion entwickelt. Dagegen ist bei vorliegender Entscheidungsfunktion δ und vorliegendem Stichprobenergebnis x die vorher erwähnte Entscheidung d zwangsläufig.

Wir wollen annehmen, daß sich die Folgen und damit die Güte einer getroffenen Entscheidung d durch eine reelle Zahl L wiedergeben lassen. Da die Entscheidung d in irgendeiner Weise den Parameter Θ betrifft, hängt diese Zahl L außer von d auch noch von dem wahren Parameterwert Θ ab: $L(\Theta, d)$. Diese Annahme besagt durchaus nicht, daß sich die Folgen einer Entscheidung damit auch durch einen Geldbetrag ausdrücken lassen, wenngleich diese schärfere Annahme für die Qualitätskontrolle oft berechtigt ist, im Gegensatz etwa zu manchen Anwendungen der Statistik auf medizinische Probleme. Man interpretiert $L(\Theta, d)$ als Verlust, der eintritt, wenn man die Entscheidung d trifft und Θ der wahre Parameterwert ist, und hat damit einen weiteren Grundbegriff der Entscheidungstheorie, nämlich die V e r l u s t f u n k t i o n (= loss function) $L(\Theta, d)$, die jedem Paar $\Theta \in H$, $d \in D$ eine reelle Zahl $L(\Theta, d)$ zuordnet. Natürlich sind negative Werte von L als „Gewinn" zu deuten. Es sei betont, daß der so definierte Verlust $L(\Theta, d)$ zwar von Θ und von der getroffenen Entscheidung d abhängt, daß er aber unabhängig davon ist, auf welche Weise (mit welcher Entscheidungsfunktion δ) die Entscheidung getroffen wurde.

Soweit man mit Hilfe der Verlustfunktion (und der noch zu definierenden Risikofunktion) nur statistische Verfahren miteinander vergleichen will — und darauf kommt es uns im wesentlichen an — kann man noch eine beliebige Konstante zu $L(\Theta, d)$ addieren. Man nimmt daher im allgemeinen an, daß $L(\Theta, d) \geq 0$ ist für alle Θ und d. Bei der Schätzung eines reellen Parameters ist $D = H$, und in aller Regel normiert man die Verlustfunktion so, daß

$$L(\Theta, d) \begin{cases} = 0 & \text{falls} \quad d = \Theta \\ > 0 & \text{falls} \quad d \neq \Theta, \end{cases} \tag{2.52}$$

d. h. daß der Verlust 0 ist, wenn Schätzwert und wahrer Wert übereinstimmen, und daß er sonst > 0 ist.

Bei der Parameterschätzung in 2.2 haben wir uns zunächst nicht um die Folgen falscher Entscheidungen gekümmert, doch wird sich in 2.4.2.1 zeigen, daß sich unsere anschaulich gewonnenen Qualitätskriterien auch vom Standpunkt der Entscheidungstheorie aus begründen lassen. Beim Testen von Hypothesen dagegen haben wir schon insofern die falschen Entscheidungen in die Betrachtung einbezogen, als wir an Hand der Gütefunktion (2.49) die Wahrscheinlichkeit für ihr Auftreten definiert haben. Wenngleich die Konfidenzintervalle vom Standpunkt der Anwendungen aus eng mit der Parameterschätzung zusammenhängen, läßt sich doch mit Hilfe der am Ende von 2.3.2 angedeuteten Dualität zeigen, daß die hier aus Platzmangel nicht zu behandelnden Qualitätskriterien für Konfidenzintervalle ganz analog zu denen der Tests sind.

Mit Hilfe der Entscheidungstheorie soll nicht die Güte einer einzelnen, von x und damit vom Zufall abhängenden Entscheidung beurteilt werden, vielmehr interessiert man sich für die Folgen eines Entscheidungsverfahrens, d. h. für die Ergebnisse, die bei häufiger Anwendung derselben Entscheidungsfunktion δ eintreten. Die zu erwartenden Ergebnisse drücken sich durch die R i s i k o f u n k t i o n (= risk function) $R(\Theta, \delta)$ aus, die man als Erwartungswert der Verlustfunktion $L(\Theta, \delta(x))$ definiert:

$$R(\Theta, \delta) = E_\Theta[L(\Theta, \delta(x))] = \int_R L(\Theta, \delta(x))dW_\Theta. \tag{2.53}$$

Da hier über alle $x \in R$ gemittelt wird, gibt $R(\Theta, \delta)$ also den durchschnittlichen Verlust bei Anwendung der Entscheidungsfunktion δ an, und zwar in Abhängigkeit von dem wahren Parameterwert Θ. Der Index Θ bei E_Θ soll andeuten, daß man zur Mittelwertbildung das zu Θ gehörende Wahrscheinlichkeitsmaß W_Θ benutzt. Wir wollen und können uns hier auf den Fall beschränken, daß $\delta(x)$ und $L(\Theta, \delta(x))$ so von x abhängen, daß sie ihrerseits zufällige Variable sind und daß der Erwartungswert (2.53) im Sinne der Definition 1.8 existiert. Bei den noch anzugebenden speziellen Entscheidungs- und Verlustfunktionen werden diese Voraussetzungen ohne weiteres nachzuprüfen sein.

Es sei nicht verschwiegen, daß die Bestimmung einer für eine konkrete Situation angemessenen Verlustfunktion L erhebliche Schwierigkeiten bereiten kann. Immerhin können die in 2.4.2 und 2.4.3 behandelten Beispiele als gute Näherung für viele praktisch wichtige Situationen gelten.

Hat man für ein statistisches Problem zwei Entscheidungsfunktionen δ_1 und δ_2 zur Auswahl und ist $R(\Theta, \delta_1) \leqslant R(\Theta, \delta_2)$ für alle $\Theta \in H$ und gilt für manche Θ sogar $R(\Theta, \delta_1) < R(\Theta, \delta_2)$, so wird man (bei dem gewählten L) natürlich δ_1 bevorzugen. Entsprechend könnte man bei einer Menge von Entscheidungsfunktionen diejenige Entscheidungsfunktion als optimal bezeichnen, deren Risikofunktion für alle Θ minimal ausfällt. Solche optimalen Entscheidungsfunktionen existieren nur in trivialen Fällen; denn für eine Entscheidungsfunktion δ', die unabhängig vom Stichprobenergebnis stets zur Entscheidung d' führt, ist das Risiko $R(\Theta, \delta') = 0$ für diejenigen Θ, für die d' die richtige Entscheidung ist, und daher müßte das Risiko einer optimalen Entscheidungsfunktion identisch 0 sein. Man ist daher genötigt, den Optimalitätsbegriff abzuschwächen, etwa durch Beschränkung auf unverfälschte Entscheidungsfunktionen, wie sie in 2.4.2 besprochen werden.

Da die Gefahr besteht, daß die Anwendungsmöglichkeiten der Entscheidungstheorie überschätzt werden, sei noch ein Wort zu ihrer Problematik gesagt. Solange man die Entscheidungstheorie zur einheitlichen mathematischen Darstellung verschiedener statistischer Teilgebiete benutzt, ist die Entscheidungstheorie von großem Nutzen, weil sie die Darstellung vereinfacht und das Verständnis vertieft. Geht man aber über den engeren Rahmen der mathematischen Statistik hinaus, so besteht die Gefahr, daß man das an sich erforderliche genaue Durchdenken der vorliegenden Situation und das erforderliche Abwägen der Folgen von möglichen Fehlentscheidungen ersetzt durch die Wahl einer mehr oder minder zutreffenden Verlustfunktion, die dann zu einer Entscheidung führt, die fälschlich und für den Laien in irreführender Weise wissenschaftlich genannt wird, nur weil dabei, und zwar in unangemessener Weise, wissenschaftliche Hilfsmittel verwendet wurden.

2.4.2 Unverfälschtheit

Es soll eine Eigenschaft der Entscheidungsfunktionen besprochen werden, die man als Unverfälschtheit bezeichnet und die eine gewisse Unvoreingenommenheit sicherstellen soll. Es handelt sich dabei um eine Verallgemeinerung von Eigenschaften, die wir bei der Parameterschätzung als Erwartungstreue (s. Definition 2.1) beziehungsweise als Median-Unverfälschtheit (s. 2.2.6) und beim Testen als Unverfälschtheit (s. Definition 2.2) kennengelernt haben.

Wie in 2.4.1 sei $\Theta \in H$ der wahre, aber unbekannte Parameter der Grundgesamtheit beziehungsweise der Verteilungsfunktion der zufälligen Variablen $x = (x_1, x_2, \ldots, x_n)$. Die zu treffende Entscheidung d betrifft in irgendeiner Weise diesen wahren Parameterwert Θ, sei es z. B., daß Θ geschätzt werden soll oder daß man eine Hypothese über Θ testen will. Es könnte aber nun sein, daß die Entscheidungsfunktion δ verfälscht oder voreingenommen ist, d. h. daß sie — fälschlicher- oder ungünstigerweise — auf einen „falschen", d. h. von Θ abweichenden Wert $\Theta' \in H$ zugeschnitten ist, wie das folgende Beispiel „Schätzen der Varianz σ^2" zeigt. Hier ist $D = H = $ Menge der positiven reellen Zahlen. Nach 2.2.4 ist $\delta(x) = \dfrac{1}{n} \sum\limits_{i=1}^{n} (x_i - \overline{x})^2$ keine gute Schätzfunktion für σ^2, weil sie durchschnittlich zu kleine Werte ergibt; vielmehr ist dieses $\delta(x)$ besser geeignet, den Wert $\dfrac{n-1}{n}\, \sigma^2$ zu schätzen, der ja auch zu H gehört. Man kann diesen Sachverhalt auch so ausdrücken: Diese als Schätzfunktion für σ^2 ins Auge gefaßte Entscheidungsfunktion δ ist besser geeignet, die „falsche" Varianz $\sigma'^2 = \dfrac{n-1}{n}\, \sigma^2$ zu schätzen als den wahren Wert σ^2.

Um zu prüfen, inwieweit die Entscheidungsfunktion δ auf einen eventuell falschen Parameterwert $\Theta' \in H$ zugeschnitten ist, bilden wir den durchschnittlichen Verlust

$$E_\Theta[L(\Theta', \delta(x))], \tag{2.54}$$

wobei der Verlust $L(\Theta', \delta(x))$ sich auf Θ' bezieht, der Mittelwert aber über alle von den Stichprobenergebnissen abhängenden Verluste mit Hilfe des wahren, tatsächlich vorliegenden Parameterwertes Θ zu bilden ist. Je kleiner (2.54) für ein Θ' ausfällt, um so besser ist δ geeignet, eine Entscheidung über eben dieses Θ' herbeizuführen. Entsprechend der ursprünglichen Absicht, daß δ den wahren Wert Θ betreffen soll, wird es daher sinnvoll sein, zu verlangen, daß (2.54) als Funktion von $\Theta' \in H$ sein Minimum für $\Theta' = \Theta$ annimmt. Für Entscheidungsfunktionen, die dieser Bedingung genügen, führen wir die folgende Bezeichnung ein:

Definition 2.5 *Eine Entscheidungsfunktion* δ *heißt* u n v e r f ä l s c h t (= *unbiased*) *bezüglich der Verlustfunktion* L, *wenn*

$$E_{\Theta}[L(\Theta, \delta(x))] \leqslant E_{\Theta}[L(\Theta', \delta(x))]$$

ist für jedes $\Theta' \in H$ *und jedes* $\Theta \in H$.

Diese Definition stammt von E. L. L e h m a n n , der in [1951], aber auch in [1959] eine andere anschauliche Rechtfertigung angibt. Wir wollen den Begriff der Unverfälschtheit durch einige Beispiele erläutern und dabei zugleich eine Reihe wichtiger Verlustfunktionen kennenlernen.

2.4.2.1 Anwendung auf die Parameterschätzung I. Q u a d r a t i s c h e V e r l u s t - f u n k t i o n . Wir wollen einen reellen Parameter $\Theta \in H$ schätzen und können daher $D = H$ annehmen. Wir wählen als Verlustfunktion

$$L(\Theta', d) = (\Theta' - d)^2. \tag{2.55}$$

Man könnte hier noch mit einer Konstanten multiplizieren und eine andere Konstante addieren, ohne etwas am folgenden Ergebnis zu ändern. Auch kann man diese Verlustfunktion für die Anwendungen als erste Näherung für kompliziertere Verlustfunktionen vom Typ (2.52) ansehen.

Wir setzen voraus, daß die Varianz von $\delta(x)$ existiert und daß die reelle Zahl $E_{\Theta}[\delta(x)]$ zur Menge H der möglichen Parameterwerte gehört. Dann existiert auch der durchschnittliche Verlust

$$E_{\Theta}[L(\Theta', \delta(x))] = E_{\Theta}[(\Theta' - \delta(x))^2],$$

und δ ist genau dann unverfälscht, wenn

$$E_{\Theta}[(\Theta - \delta(x))^2] \leqslant E_{\Theta}[(\Theta' - \delta(x))^2] \tag{2.56}$$

für jedes $\Theta' \in H$ und jedes $\Theta \in H$ ist, d. h. wenn die durchschnittliche quadratische Abweichung von $\delta(x)$, bezogen auf Θ', am kleinsten für $\Theta' = \Theta$ ist. Durch elementare Rechnung erkennt man, daß (2.56) gleichwertig ist mit

$$(E_{\Theta}[\delta(x)] - \Theta)^2 \leqslant (E_{\Theta}[\delta(x)] - \Theta')^2$$

und daß diese Ungleichung wiederum gleichwertig mit $E_{\Theta}[\delta(x)] = \Theta$ für jedes $\Theta \in H$ ist. Damit haben wir bewiesen:

Satz 2.2 *Wenn* $E_\Theta[\delta(x)^2]$ *existiert und* $E_\Theta[\delta(x)] \in H$ *ist für jedes* $\Theta \in H$, *so ist die Schätzfunktion* δ *für* Θ *genau dann unverfälscht bezüglich der quadratischen Verlustfunktion* (2.55), *wenn* δ *erwartungstreu für jedes* $\Theta \in H$ *ist.*

Für erwartungstreue δ ist das Risiko bei der quadratischen Verlustfunktion (2.55) gleich der Varianz von δ, und damit läßt sich die bei (2.11) erhobene Forderung nach möglichst kleiner Varianz auch von der Entscheidungstheorie her verstehen.

II. B e t r a g s - V e r l u s t f u n k t i o n. An Stelle von (2.55) kann man auch die Verlustfunktion

$$L(\Theta', d) = |\Theta' - d| \tag{2.57}$$

verwenden.

Ganz allgemein kann man für jede zufällige Variable ξ, deren Erwartungswert existiert, beweisen, daß $E[|\xi - z|] < E[|\xi - c|]$ ist, wenn z ein Zentralwert, aber c kein Zentralwert von ξ ist. Daraus folgt leicht:

Satz 2.3 *Wenn* $E_\Theta[\delta(x)]$ *existiert und die Zentralwerte von* $\delta(x)$ *für jedes* $\Theta \in H$ *stets in* H *liegen, so ist die Schätzfunktion* δ *für* Θ *genau dann unverfälscht bezüglich der Betrags-Verlustfunktion* (2.57), *wenn* Θ *ein Zentralwert von* δ *für jedes* $\Theta \in H$ *ist, d. h. wenn* δ *median-unverfälscht ist.*

Bei einer median-unverfälschten Schätzfunktion δ erhält man also auf die Dauer genau so viele Schätzwerte oberhalb wie unterhalb des zu schätzenden Wertes Θ.

III. D e f e k t - V e r l u s t f u n k t i o n. Wir wollen hier ein Quantil $z(\Theta)$ der Ordnung Θ einer stetigen Verteilungsfunktion $F(y)$ schätzen. Hier ist also H das Intervall $(0, 1)$. Da $F(z(\Theta)) = \Theta$ ist, ist es naheliegend, als Verlustfunktion

$$L(\Theta', d) = (F(d) - \Theta')^2 , \tag{2.58}$$

d. h. das Quadrat des Defektes, zu wählen. Hier kann man beweisen (s. W. U h l m a n n [1963], vgl. auch 2.2.6):

Satz 2.4 *Sind* $x_1, x_2, \ldots, x_n$ *unabhängige zufällige Variable, jede mit der stetigen Verteilungsfunktion* $F(y)$, *und sind* $\xi_n(1), \xi_n(2), \ldots, \xi_n(n)$ *die zugehörigen Ranggrößen, so ist* $\xi_n(k)$ *eine bezüglich der Defekt-Verlustfunktion* (2.58) *unverfälschte, also eine defekt-unverfälschte Schätzfunktion für* $z(k/(n + 1))$. *Das zugehörige Risiko lautet:*

$$R\left(\frac{k}{n+1}, \xi_n(k)\right) = \frac{k(n+1-k)}{(n+1)^2(n+2)}.$$

2.4.2.2 Anwendung auf das Testen Mit Hilfe eines Alternativ-Testes, der auch mehrstufig sein kann, oder, wie wir hier sagen, einer Entscheidungsfunktion δ, wollen wir uns für eine Nullhypothese H_0 beziehungsweise für deren Alternative $H_1 = H - H_0$ entscheiden. Für manche Anwendungen ist die folgende Verlustfunktion $L(\Theta, d)$ angemessen ($d_0 = H_0$ annehmen, $d_1 = H_1$ annehmen):

$$L(\Theta, d_0) = \begin{cases} 0 & \text{falls } \Theta \in H_0' \\ a > 0 & \text{falls } \Theta \in H_1' = H - H_0' \end{cases}$$
$$L(\Theta, d_1) = \begin{cases} b > 0 & \text{falls } \Theta \in H_0' \\ 0 & \text{falls } \Theta \in H_1'. \end{cases} \tag{2.59}$$

Dabei sei H_0 eine Teilmenge von H_0', und es sei weder H_0' noch H_1' leer. Für $H_0' = H_0$ besagt diese Verlustfunktion, daß der Verlust $= 0$ ist bei einer richtigen Entscheidung, daß er $= b > 0$ beim Fehler 1. Art und daß er $= a > 0$ beim Fehler 2. Art ist. Die Einführung von H_0' soll den Fall mit erfassen, daß die Annahme von H_0 keinen Verlust bewirkt, falls Θ „nur geringfügig" außerhalb von H_0 liegt.

Als Anwendungsbeispiel sei die Prüfung der Einstellung einer Maschine besprochen. Es ist also etwa zu testen, ob die Durchmesser der hergestellten Produkte im Mittel den vorgeschriebenen Wert μ_0 haben. Hier ist H die Menge der reellen Zahlen, und H_0 besteht nur aus der Zahl μ_0. Man darf annehmen, daß die Annahme von H_0 keinen Verlust mit sich bringt, solange für den wahren Mittelwert Θ gilt, daß $|\Theta - \mu_0| \leqslant t$ ist, wobei die Schranke t durch die näheren praktischen Umstände bestimmt ist. Dann ist $H_0' = \{\Theta : |\Theta - \mu_0| \leqslant t\}$. Wir wollen weiter annehmen, daß andernfalls die Produkte unbrauchbar sind und daß der Verlust bei diesen schlechten Produkten nicht von Θ abhängt. Dann ist die Verlustfunktion (2.59) anwendbar. a gibt den Verlust an, der dadurch entsteht, daß die schlecht eingestellte Maschine (bis zur nächsten Kontrolle) weiter benutzt wird; dagegen stellt b die Kosten dar, die das unnötige Einregulieren einer vorher schon hinreichend gut eingestellten Maschine verursacht. Nimmt man an, daß die Normalverteilung $N(\Theta, \sigma^2)$ mit bekanntem σ vorliegt, so ist der zweiseitige Test von 2.3.1 anzuwenden. Wollte man statt „$\Theta = \mu_0$ gegen $\Theta \neq \mu_0$" entsprechend den vorliegenden Umständen „$|\Theta - \mu_0| \leqslant t$ gegen $|\Theta - \mu_0| > t$" testen, so hätte man dieselbe Testgröße $|\xi|$ (s. (2.44)) zu benutzen, wobei nur der kritische Wert λ oder, gleichwertig damit, das Testniveau anders zu wählen wäre. Man sieht also, daß man stets $H_0' = H_0$ setzen könnte, wenn man nur den jeweils benutzten Test entsprechend modifizieren würde.

Wir wollen nun feststellen, wann ein Test bezüglich (2.59) unverfälscht ist. Nach Definition 1.8 und Gl. (1.21) gilt für den durchschnittlichen Verlust

$$E_\Theta[L(\Theta', \delta(x))] = \begin{cases} bW_\Theta(\delta(x) = d_1) & \text{falls } \Theta' \in H_0' \\ aW_\Theta(\delta(x) = d_0) & \text{falls } \Theta' \in H_1'. \end{cases} \tag{2.60}$$

Nach Definition 2.5 ist δ genau dann unverfälscht, wenn

$$bW_\Theta(\delta(x) = d_1) \leqslant aW_\Theta(\delta(x) = d_0) \quad \text{für } \Theta \in H_0'$$

und $\quad aW_\Theta(\delta(x) = d_0) \leqslant bW_\Theta(\delta(x) = d_1) \quad \text{für } \Theta \in H_1'$

ist. Nun ist $W_\Theta(\delta(x) = d_0) + W_\Theta(\delta(x) = d_1) = 1$, und damit ergibt sich sofort

Satz 2.5 *Eine Entscheidungsfunktion δ für eine Nullhypothese H_0 gegen eine Alternative H_1 ist genau dann unverfälscht bezüglich der Verlustfunktion (2.59), wenn*

$$g(\Theta) = W_\Theta(\delta(x) = d_1) \leqslant \frac{a}{a+b} = \frac{1}{1 + b/a} \text{ für jedes } \Theta \in H_0'$$

und $\quad g(\Theta) = W_\Theta(\delta(x) = d_1) \geqslant \frac{a}{a+b} = \frac{1}{1 + b/a} \text{ für jedes } \Theta \in H_1'$

ist, wobei g(Θ) *die Gütefunktion* (2.49) *ist. Für ein unverfälschtes* δ *ist die Risikofunktion*

$$R(\Theta, \delta) = E_\Theta[L(\Theta, \delta(x))] \leqslant \frac{ab}{a+b}$$

für jedes $\Theta \in H$.

Aus diesem Satz folgt unmittelbar: δ ist genau dann unverfälscht bezüglich (2.59) mit $H_0' = H_0$, wenn der Test unverfälscht im Sinne der Definition 2.2, und zwar auf dem Niveau $\alpha = a/(a+b)$, ist.

Auf diese Weise kann man für viele der in der Praxis benutzten Tests die Unverfälschtheit bezüglich (2.59) durch passende Wahl des Testniveaus erreichen. Ist die Verlustfunktion (2.59) der betreffenden praktischen Situation angemessen, so erhält man damit also einen Hinweis auf die zweckmäßige Wahl des Testniveaus.

2.4.3 Optimalitäts-Prinzipien

Im Abschnitt 2.4.2.1 haben wir gesehen, daß die Forderung der Unverfälschtheit bezüglich der quadratischen Verlustfunktion (2.55) auf die Erwartungstreue der Schätzfunktion δ hinausläuft und daß das Risiko $R(\Theta, \delta)$ für erwartungstreue Schätzfunktionen gleich ihrer Varianz ist. Hier ist es naheliegend, zusätzlich zu fordern, daß dieses Risiko für jeden Parameterwert Θ möglichst klein ausfällt. Ein Kriterium dafür, wann diese Optimalitätsforderung erfüllt ist, haben wir in der Ungleichung (2.24) von Rao und Cramér kennengelernt (siehe auch Abschnitt 2.2.3).

Wenden wir uns nun dem für die statistische Qualitätskontrolle weit wichtigerem Testen von Hypothesen zu, und zwar zunächst noch einmal dem in 2.4.2.2 behandelten Beispiel, hier der Einfachheit halber mit $H_0' = H_0$ und $H_1' = H_1$. Für eine bezüglich der Verlustfunktion (2.59) unverfälschte Entscheidungsfunktion δ ist hier die Risikofunktion

$$R(\Theta, \delta) = E_\Theta[L(\Theta, \delta(x))] = \begin{cases} bW_\Theta(\delta(x) = d_1) & \text{für } \Theta \in H_0 \\ a(1 - W_\Theta(\delta(x) = d_1)) & \text{für } \Theta \in H_1 \end{cases} \tag{2.61}$$

Die Forderung, δ so zu wählen oder zu konstruieren, daß die Risikofunkton möglichst klein ausfällt, führt hier also zur Forderung nach möglichst kleiner Wahrscheinlichkeit für den Fehler 1. Art beziehungsweise 2. Art (siehe auch Abschnitt 2.3.2). Wie beim vorigen Beispiel ist auch hier die Forderung nach möglichst kleinem Risiko für jeden Parameterwert Θ sinnvoll und oft auch erfüllbar.

In anderen Fällen kommt überhaupt nur eine (z. B. bis auf den Stichprobenumfang und die Testschranke eindeutig bestimmte) Entscheidungsfunktion als sinnvoll in Frage, wie das folgende für uns wichtigste Beispiel zeigt: Soll bei einer Partie von Waren mittels einer Zufallsstichprobe geprüft werden, ob der Ausschußanteil nicht zu groß ist, so ist klar, daß als Testgröße nur die Anzahl x der schlechten Stücke in der Stichprobe in Frage kommt und daß die Hypothese „Ausschußanteil klein genug" genau dann abgelehnt wird, wenn x größer als eine Schranke c ausfällt. In diesem Beispiel sind nur noch der Stichprobenumfang n und die Testschranke c zu bestimmen, und zwar etwa so, daß der Test in einem noch zu definierendem Sinne optimal ist. Probleme dieser Art werden uns in den folgenden Abschnitten immer wieder beschäftigen, doch sollen jetzt bereits für diese Fragestellung geeignete Optimalitäts-Prinzipien eingeführt werden.

Entscheidend ist auch hier die Risikofunktion $R(\Theta, \delta)$, also der durchschnittliche Verlust in Abhängigkeit vom Parameter Θ, wenn man die Entscheidungsfunktion δ benutzt. Kann man — wie im obigen Beispiel durch Bestimmung des Stichprobenumfangs und der Testschranke — diese Risikofunktion nicht für alle Θ gleichmäßig klein machen, so ist es naheliegend, statt dessen wenigstens durch geeignete Bestimmung von δ dafür zu sorgen, daß das über Θ genommene Maximum von $R(\Theta, \delta)$ so klein wie möglich ausfällt, wobei anzumerken ist, daß das Maximum bei allen in diesem Buch behandelten Fällen existiert (also wirklich angenommen wird) und daß es sich daher erübrigt, das Maximum durch das Supremum zu ersetzen.

Für eine Entscheidungsfunktion $\bar{\delta}$, für die das Maximum der Risikofunktion $R(\Theta, \delta)$ minimal ausfällt, führen wir folgende Sprechweise ein:

Minimax-Prinzip *Eine Entscheidungsfunktion $\bar{\delta}$ aus einer jeweils anzugebenden Menge von möglichen Entscheidungsfunktionen δ genügt dem Minimax-Prinzip angewendet auf die Risikofunktion, falls*

$$\underset{\Theta \in H}{\text{Max}} \ R(\Theta, \bar{\delta}) = \underset{\delta}{\text{Min}} \ \underset{\Theta \in H}{\text{Max}} \ R(\Theta, \delta) \tag{2.62}$$

ist.

Es ist nun zu bedenken, daß man vernünftigerweise nicht mehr von statistischen Methoden verlangen kann, als daß sie zu Entscheidungen führen, die den Entscheidungen möglichst nahe kommen, die man treffen würde, wenn man alles das wüßte, was man durch eine vollständige Überprüfung der Grundgesamtheit erfahren würde. Anders ausgedrückt: Der Anteil am durchschnittlichen Gesamtverlust, also an der Risikofunktion, der selbst bei bestmöglicher Entscheidung verbleibt, sollte bei der Beurteilung der Güte einer Entscheidungsfunktion keine Rolle spielen. Diesen Anteil am Gesamtverlust nennen wir den u n v e r m e i d b a r e n V e r l u s t $V_u(\Theta)$, und es ist

$$V_u(\Theta) = \underset{d \in D}{\text{Min}} \ L(\Theta, d) \tag{2.63}$$

Dies ist also der Verlust, der bei gegebenem Parameterwert Θ eintritt, wenn man die für dieses Θ günstigste Entscheidung d trifft. Es sei betont, daß die Verlustfunktion $L(\Theta, d)$ möglichst gut den vorliegenden Sachverhalt wiedergeben sollte; eine Normierung, wie sie in (2.52) für theoretische Betrachtungen vorgenommen wurde, ist hier nicht angebracht. Es ist vielmehr so, daß das hier jetzt entwickelte Konzept die für viele Aufgaben der statistischen Qualitätskontrolle angemessene Modifizierung dieser Normierung darstellt.

Für die Beurteilung einer Entscheidungsfunktion ist dann die sogenannte R e g r e t - f u n k t i o n

$$R(\Theta, \delta) - \underset{d \in D}{\text{Min}} \ L(\Theta, d) \tag{2.64}$$

heranzuziehen, also die Differenz zwischen dem durchschnittlichen Gesamtverlust und dem unvermeidbaren Verlust. Die Regretfunktion gibt das wieder, was man auch als durchschnittlichen vermeidbaren Verlust bezeichnet, wobei zur Bezeichnung anzumerken ist, daß dieser Verlust zwar durch die Wahl der Entscheidungsfunktion δ nicht vollständig zu vermeiden, wohl aber zu beeinflussen ist.

Wir modifizieren nun das obige Minimax-Prinzip zum

Minimax-Regret-Prinzip *Eine Entscheidungsfunktion δ^* aus einer jeweils anzugebenden Menge von möglichen Entscheidungsfunktionen δ genügt dem Minimax-Prinzip angewendet auf die Regretfunktion (kurz: genügt dem Minimax-Regret-Prinzip), falls*

$$\underset{\Theta \in H}{\text{Max}} \; (R(\Theta, \delta^*) - \underset{d \in D}{\text{Min}} \; L(\Theta, d)) = \underset{\delta}{\text{Min}} \; \underset{\Theta \in H}{\text{Max}} \; (R(\Theta, \delta) - \underset{d \in D}{\text{Min}} \; L(\Theta, d)) \quad (2.65)$$

ist.

Das Minimax-Prinzip und damit auch das Minimax-Regret-Prinzip wären für die Anwendungen nicht recht angemessen, wenn das über Θ genommene Maximum für einen Parameterwert angenommen würde, der „praktisch doch nicht vorkommt". Der Anwender eines solchen statistischen Verfahrens würde sich – gleichsam zu ängstlich – zum Beispiel gegen nicht zu erwartende sehr hohe Ausschußanteile einer Partie von Waren schützen, während vielleicht sogar die Regretfunktion für die tatsächlich zu erwartenden Ausschußanteile unnötig große Werte annimmt. Daher sollte bei einem statistischen Verfahren, das gemäß einem Minimax-Prinzip bestimmt wird, immer untersucht werden, wo das Maximum angenommen wird.

Zum Abschluß sei noch auf ein Konzept hingewiesen, bei dem wesentlich mehr Kenntnisse über die Grundgesamtheit vorausgesetzt werden, nämlich in der Form, daß dem Statistiker ein Wahrscheinlichkeitsmaß $\widetilde{W}$ über dem Raum H der Parameter Θ numerisch bekannt ist. Zwar wollen wir in diesem Buch eine derart einschneidende Voraussetzung nicht machen, doch soll das darauf basierende Bayes-Prinzip wenigstens formuliert werden.

Als entscheidend für die Beurteilung einer Entscheidungsfunktion sieht man hier die mit Hilfe von $\widetilde{W}$ über Θ gemittelte Risikofunktion an, also

$$\underset{\Theta \in H}{\int} \; R(\Theta, \delta) d\widetilde{W}. \quad (2.66)$$

Bayes-Prinzip *Eine Entscheidungsfunktion δ_1 aus einer jeweils anzugebenden Menge von möglichen Entscheidungsfunktionen δ genügt dem Bayes-Prinzip, falls*

$$\underset{\Theta \in H}{\int} \; R(\Theta, \delta_1) d\widetilde{W} = \underset{\delta}{\text{Min}} \; \underset{\Theta \in H}{\int} \; R(\Theta, \delta) d\widetilde{W} \quad (2.67)$$

ist.

Da

$$\underset{\Theta \in H}{\int} \; (\underset{d \in D}{\text{Min}} \; L(\Theta, d)) d\widetilde{W}$$

selbstverständlich von Θ unabhängig ist, führt das Bayes-Prinzip angewendet auf die Risikofunktion ersichtlich zum gleichen Ergebnis wie das Bayes-Prinzip angewendet auf die Regretfunktion.

3 Aufgaben und Methoden der statistischen Qualitätskontrolle

3.1 Aufgaben und Ziele

Zwei Hauptaufgaben lassen sich unterscheiden: 1. die Kontrolle der Annahme und ebenso
der Auslieferung von Waren (Eingangs- und Endkontrolle) und 2. die laufende Kontrolle
einer Produktion. Im ersten Fall ist es das Ziel der Kontrolle, für den Empfänger beziehungsweise für den Lieferanten sicherzustellen, daß die Qualität der Ware den vereinbarten Bedingungen entspricht oder daß sie den zu stellenden Anforderungen für die Weiterverarbeitung genügt. Die laufende Kontrolle dagegen soll prüfen, ob die Maße, wie Länge,
Gewicht oder Durchmesser, der produzierten Gegenstände innerhalb der vorgeschriebenen Grenzen liegen und ob der Ausschußanteil das gewünschte Niveau einhält oder ob
z. B. durch Nachstellen der Maschine in den Produktionsprozeß eingegriffen werden muß.
Es ist aber nicht etwa das Ziel — zumindest nicht direkt — den Ausschußanteil ständig
weiter herabzusetzen, sondern man beabsichtigt vielmehr, eine gleichmäßige Produktions-
qualität auf einem wirtschaftlich vernünftigen Niveau zu erreichen. Ohnehin können
Kontrollmaßnahmen nur prüfen, welches Qualitätsniveau vorliegt, es aber von sich aus
nicht verbessern oder, wie ein gern zitiertes englisches Sprichwort sagt: „Quality cannot
be inspected into a product, it has to be built in".

Die eben angedeuteten Ziele lassen sich in vielen Fällen durch eine vollständige Kontrolle
der ausgelieferten beziehungsweise produzierten Waren erreichen, und es fragt sich also,
warum man überhaupt Stichproben benutzt, also s t a t i s t i s c h e Qualitätskontrolle
betreibt. Sicher sind Stichprobenkontrollen unvermeidbar, wenn die Kontrolle die zu
prüfende Ware zerstört. Solche zerstörende Kontrolle liegt z. B. bei der Prüfung der Reiß-
festigkeit von Garnen, des Funktionierens von Zündkapseln oder der Lebensdauer von
Glühlampen oder Elektronenröhren vor. Aber auch in vielen anderen Fällen sind die statistischen Verfahren vorteilhafter als eine Totalkontrolle. Sehr oft sind die Kosten der
Prüfung im wesentlichen proportional zur Anzahl der geprüften Stücke, und es wäre
schon deswegen unsinnig, eine Totalkontrolle durchzuführen, wenn eine Stichprobe hinreichend genaue Unterlagen liefert. Überdies lehrt die praktische Erfahrung, daß Totalkontrollen durchaus nicht immer fehlerlos durchgeführt werden. Einer der Gründe dafür
kann die Ermüdung des Kontrolleurs sein, es kann aber auch an der Kompliziertheit der
erforderlichen Prüfung liegen oder daran, daß ein nicht hinreichend ausgebildeter Kon-
trolleur in Grenzfällen, z. B. bei der Überprüfung der Oberfläche eines Werkstückes,
falsche Entscheidungen trifft. Bei der verhältnismäßig kleinen Stichprobe dagegen ist eine
sorgfältige und durch qualifizierte Fachkräfte ausgeführte Kontrolle der Stichprobenelemente weit eher durchführbar, so daß man auf diese Weise nicht nur Kosten einspart, sondern auch zuverlässigere Ergebnisse erhält. Es braucht wohl nicht mehr betont zu werden,
daß nur Zufallsstichproben, die dem 1. oder 2. Modell in Abschnitt 2.1 genügen, brauchbare quantitative Aussagen über die Grundgesamtheit zulassen.

Die obigen Ausführungen sollen natürlich nicht besagen, daß nicht auch Totalkontrollen
sinnvoll sein können. So wird mit Recht keine Autofabrik darauf verzichten, bei ihren

vom Fließband kommenden Wagen zu prüfen, ob sie mit eigener Kraft fahren können, ob die Bremsen funktionieren usw. Auch wird man wichtige und am fertigen Stück schwer ersetzbare Einzelteile sämtlich und mit der erforderlichen Sorgfalt vor ihrem Einbau überprüfen. Weiterhin ist eine Totalkontrolle unvermeidbar, wenn die Kontrolle mit einem Aussortieren der schlechten Stücke kombiniert wird, was z. B. erforderlich ist, wenn man gezwungen ist, die Produkte einer nicht mehr ganz einwandfrei funktionierenden Maschine weiter zu verarbeiten oder wenn die Toleranzen relativ zur unvermeidbaren Streuung der Maschine zu klein vorgeschrieben wurden.

Schon aus diesen einleitenden Bemerkungen wird ersichtlich, daß sich die statistische Qualitätskontrolle in erster Linie mit dem Testen von Hypothesen beschäftigt, während das Schätzen von Parametern demgegenüber nur eine geringere Rolle spielt. Soweit Parameterschätzungen als Hilfsmittel für das Testen benötigt werden, z. B. Schätzung der Streuung für das Testen von Mittelwerten, wurden die erforderlichen Verfahren in 2.2 zusammengestellt. Diese Verfahren können zugleich dazu dienen, etwa die unbekannte Qualität einer Warenlieferung zu schätzen, um einen angemessenen Preis festzusetzen.

Es ist im Rahmen dieses Buches nicht beabsichtigt, auf Beispiele aus der industriellen Praxis in allen Einzelheiten einzugehen. Wer sich dafür interessiert, sei auf das Buch von S c h a a f s m a und W i l l e m z e [1973] aufmerksam gemacht. Als ergänzende Literatur seien die Bücher von A. H. B o w k e r und G. J. L i e b e r m a n [1961] und [1972], von A. J. D u n c a n [1965] und von A. H a l d [1976], [1978] genannt. Den besonderen Problemen bei der Entnahme von Proben aus Pulvern und körnigen Massengütern ist das Buch von K. S o m m e r [1979] gewidmet.

3.2 Eingangs- und Endkontrolle

Bei der Eingangs- und Endkontrolle ist auf Grund einer Zufallsstichprobe über eine Partie von Waren zu entscheiden. Da selbstverständlich die Partie entweder angenommen oder abgelehnt werden muß, kommen nur Alternativ-Tests und keine Signifikanz-Tests in Betracht (siehe 2.3.2). In aller Regel besteht über die Form der zu benutzenden Testgröße (z. B. Anzahl der schlechten Stücke oder arithmetisches Mittel der Stichprobe) kein Zweifel; der Statistiker hat dann nur noch die Aufgabe, den Stichprobenumfang und die Testschranke nach einem geeigneten Konzept zu bestimmen. Abkürzend nennt man bei gegebener Testgröße das aus Stichprobenumfang und Testschranke bestehende Zahlenpaar den P r ü f p l a n. Tabelliert man für ein bestimmtes Konzept die Prüfpläne in Abhängigkeit von den dabei auftretenden Größen (z. B. den vorgeschriebenen Werten für die Wahrscheinlichkeiten für den Fehler 1. Art und für den Fehler 2. Art oder z. B. den auftretenden Kosten beim Minimax-Regret-Prinzip), so nennt man diese Tabelle wohl auch einen S t i c h p r o b e n p l a n. Der Ausdruck „Stichprobenplan" wird – ohne daß deswegen Verwirrung zu befürchten ist – zugleich benutzt, um das verwendete Konzept samt den zugehörigen Testvorschriften stichwortartig zu bezeichnen.

Wie wir in Abschnitt 2.3.2 gesehen haben, gibt die Gütefunktion (2.49) entscheidende Auskunft über das Verhalten eines Testes. In der Qualitätskontrolle ist es üblich, statt dessen die

Operations-Charakteristik = 1 − Gütefunktion

zu benutzen (also z. B. die Wahrscheinlichkeit für die Annahme der Partie in Abhängigkeit vom angelieferten Ausschußanteil). Die Operations-Charakteristik, auch A n n a h m e - K e n n l i n i e oder A r b e i t s - C h a r a k t e r i s t i k genannt, wird abkürzend auch als O C - K u r v e bezeichnet.

In 2.1.1 wurde bereits zusammengestellt, welche Anforderungen an eine Zufallsstichprobe zu stellen sind und wie man diese Anforderungen z. B. durch Verwendung von Zufallszahlen realisieren kann. Es sei hier aber noch betont, daß sich die Stichprobe z. B. nicht auf die obenauf liegende Schicht einer großen Kiste oder, falls die Lieferung in mehrere Kisten verpackt ist, auf eine einzige Kiste beschränken darf, denn selbst wenn der Lieferant die Kisten ohne irgendwelche Täuschungsabsichten gepackt hat, kann es doch sein, daß die Ware in der Reihenfolge ihrer Herstellung verpackt wurde und die Produktion z. B. immer schlechter geworden ist. Mit besonderer Sorgfalt ist darauf zu achten, was jeweils unter der Grundgesamtheit und also der Partiegröße und was unter den einzelnen Elementen der Grundgesamtheit zu verstehen ist. Im Liefervertrag muß daher festgelegt sein, ob sich etwaige Reklamationen auf die gesamte Lieferung oder etwa nur auf die Verpackungseinheiten beziehen. Je nachdem sind die Prüfverfahren, also die Stichprobenpläne, auf die gesamte Lieferung oder auf die einzelnen Verpackungseinheiten anzuwenden. Sind die Verpackungseinheiten zugleich die Reklamationseinheiten, so ist naturgemäß das Risiko für Lieferant und Konsument geringer, jedoch sind im allgemeinen mehr Stücke zu prüfen.

Um sich möglichst anschaulich und einprägsam auszudrücken, beschränkt man sich in der Literatur gern darauf, Warenlieferungen von dem Produzenten an den Konsumenten zu betrachten. Für die Anwendung der Stichprobenpläne ist es natürlich belanglos, ob der Lieferant wirklich zugleich der Produzent ist und ob der Empfänger nicht seinerseits nur ein Zwischenhändler ist. Immerhin hat es dieses Vorgehen mit sich gebracht, daß man die Wahrscheinlichkeit, daß eine gute Warenlieferung infolge des zufällig schlechten Stichprobenergebnisses zurückgewiesen wird, als P r o d u z e n t e n r i s i k o bezeichnet, während man die Wahrscheinlichkeit, daß eine schlechte Warenlieferung infolge des zufällig guten Stichprobenergebnisses angenommen wird, als K o n s u m e n t e n - r i s i k o bezeichnet. Diese Ausdrucksweise darf nicht darüber hinwegtäuschen, daß der Produzent, um seinen guten Ruf zu wahren, auch das Konsumentenrisiko zu befürchten hat und daß dem Konsumenten nicht daran gelegen sein kann, zu oft unnötig zu reklamieren.

Wegen dieser vom Zufall abhängenden Möglichkeiten falscher Entscheidungen dürfte es für den Lieferanten und ebenso für den Empfänger bequemer und eindeutiger sein, sich vertraglich auf ein bestimmtes Prüfverfahren statt auf den Ausschußprozentsatz in der gesamten Warenlieferung zu einigen, falls überhaupt statistische Tests benutzt werden sollen. Da die Entscheidung über eine Partie in Grenzfällen davon abhängt, ob ein schlechtes Stück mehr oder weniger in der Stichprobe gefunden wird, ist die Stichprobenkontrolle stets sehr sorgfältig durchzuführen.

Für die zweckmäßige Auswahl des Stichprobenplanes sind wenn irgend möglich die Kosten, und zwar die der Prüfung und auch die eventuellen Kosten bei falschen Entscheidungen, zu berücksichtigen. Natürlich ist es nicht möglich, allgemein gültige Beträge anzugeben. Es sollen hier lediglich einige wichtige Gesichtspunkte zusammengestellt werden:

Die Prüfkosten setzen sich zusammen aus den Löhnen für die Kontrolleure, den Aufwendungen für die Prüfgeräte und gegebenenfalls noch den Kosten für die bei der Kontrolle zerstörten Stichprobenelemente. Es wird sich zeigen, daß die einfachen Stichprobenpläne gegenüber den mehrfachen leichter zu handhaben sind, und daher dürften auch die Löhne, sofern sie überhaupt Unterschiede aufweisen, dabei am kleinsten sein. Sind die Prüfkosten proportional zum Stichprobenumfang n, so wird man einen mehrfachen Stichprobenplan benutzen, um n durchschnittlich zu verkleinern. Müssen die Stichprobenelemente vor der Prüfung vorbehandelt, z. B. getrocknet werden und bietet die vorhandene Trockenkammer Platz für die gesamte Stichprobe beim einfachen Stichprobenplan, so wird man diesen auch gleich benutzen. Weiter sind einfache Stichprobenpläne vorzuziehen, wenn die Prüfdauer zu groß ist, wie bei der Feststellung der Lebensdauer von Glühlampen. Man beachte schließlich noch, daß bei einem mehrfachen Stichprobenplan die ganze Partie so lange für weitere Stichprobenentnahmen bereit gehalten werden muß, bis die endgültige Entscheidung gefallen ist.

Wie groß die Verluste durch die Annahme einer schlechten Partie sind, hängt, abgesehen von der Größe der Partie, weitgehend davon ab, wann man bei den einzelnen schlechten Stücken bemerkt, daß sie fehlerhaft sind. Geschieht dies praktisch von selbst noch vor der Montage oder sonstigen Weiterverarbeitung der Stücke, so dürfte der Verlust gering sein; es genügt eine weniger scharfe Kontrolle. Allerdings besteht die Gefahr, daß die Reklamationsfrist versäumt wird. Eine andere Frage ist noch, wie sich Arbeiter im Akkordlohn verhalten, wenn sie zu viele defekte Stücke aussortieren müssen, und ob es eventuell zu Montagestockungen kommt. Dagegen lohnen sich die höheren Kosten einer schärferen Kontrolle, wenn man erst nach dem Einbau bemerkt, ob ein Stück defekt ist oder nicht, und wenn es womöglich noch komplizierte Reparaturen erfordert, das Stück auszuwechseln. Dies gilt um so mehr, wenn die fehlerhaften Stücke erst durch Kunden-Reklamationen bemerkt werden. Werden die Waren ohne Verarbeitung direkt weiterverkauft, so ist entsprechend zu unterscheiden, ob die defekten Stücke vor dem Verkauf noch bemerkt werden oder erst später vom Kunden. Diese letzten Punkte deuten zugleich an, daß auch dem Lieferanten — mindestens durch die Reklamationen — Kosten entstehen können, wenn eine schlechte Partie abgenommen wird.

Entsprechend dem Ziel eines einführenden Lehrbuches ist eine Beschränkung auf die wichtigsten Konzepte, ihre grundlegenden Begriffe und Lösungsmöglichkeiten unumgänglich. Dabei ist zwischen einstufigen, mehrstufigen und sequentiellen Testverfahren und zwar bei qualitativen und quantitativen Merkmalen zu unterscheiden. Für jedes dieser Testverfahren ist wiederum die Festlegung des Prüfplanes nach verschiedener Prinzipien oder Konzepten möglich. Die wichtigsten davon wollen wir in der folgenden Reihenfolge behandeln:

1. Man orientiert sich ausschließlich an der Wahrscheinlichkeit für Fehlentscheidungen, etwa durch Vorgabe zweier Punkte der Operations-Charakteristik. Eine Variante hiervon ist die Vorgabe von Indifferenzpunkt und Steilheit der Operations-Charakteristik.

2. Man führt bei Ablehnung einer Partie eine Totalkontrolle durch und gibt in gewisser

Weise den bei häufiger Anwendung dieses Verfahrens verbleibenden Ausschußanteil vor; hier kann auch der Aufwand für die Prüfung der Stücke berücksichtigt werden.

3. Man legt den Prüfplan unter Beachtung aller relevanten Kosten fest. Dabei wollen wir uns des Minimax-Regret-Prinzips bedienen und die so erhaltenen Prüfpläne kostenoptimal nennen.

Das an dritter Stelle genannte Konzept wurde gezielt für die statistische Qualitätskontrolle entwickelt und in den letzten Jahren in vielen Varianten untersucht. Es geht auf Arbeiten von B. S. M o r i g u t i [1955] und S. U r a [1955] zurück und wurde durch einen Aufsatz von B. L. v a n d e r W a e r d e n [1960] in weiteren Kreisen bekannt. Grundlegende theoretische Untersuchungen findet man bei H. B a s l e r [1967/68]. Für eine ausführliche Darstellung des verwendeten Modells, der erforderlichen Untersuchungen der exakten Lösung, der Tabellen für ihre Berechnung und der Näherungslösungen ist für den einfachsten, aber wohl grundlegenden Fall, nämlich den des einstufigen Tests für die Gut-Schlecht-Prüfung, auf die Monographie von W. U h l m a n n [1970] hinzuweisen.

3.3 Laufende Kontrolle einer Produktion

Mit Hilfe häufig gezogener Stichproben soll durch die laufende Kontrolle erreicht werden, daß gar nicht erst in nennenswertem Maße Ausschuß produziert wird, indem rechtzeitig fehlerhafte Maschineneinstellungen behoben oder Mängel in den Rohstoffen bemerkt werden. Aus wirtschaftlichen Gründen ist es dabei zweckmäßig, keine höheren Anforderungen an die Genauigkeit und Qualität zu stellen als es technisch erforderlich ist, weil man sonst unnötig viel Ausschuß hat oder zu teure Produktionsmittel benutzt werden müssen. Im Rahmen dieser sinnvollen Qualitätsansprüche soll die Kontrolle eine gute Produktion durch Verhütung von Ausschuß bewirken, um das meist teure nachträgliche Aussortieren schlechter Erzeugnisse überflüssig zu machen.

Daß die produzierten Erzeugnisse nicht genau die vorgeschriebenen Abmessungen haben, hat drei Ursachen: Erstens sind kleine zufällige Schwankungen um den Sollwert bei jedem Fertigungsvorgang unvermeidbar; es hat weder Sinn, sie zu kontrollieren noch sie abstellen zu wollen. Zweitens kann es sein, daß die Schwankungen zwar klein sind, aber der Mittelwert vom Sollwert abweicht. Eine laufende Kontrolle des Mittelwertes soll hier rechtzeitiges Eingreifen ermöglichen, z. B. neues Justieren der Maschine. Drittens kann die Streuung über das unvermeidbare Maß anwachsen und dadurch der Ausschußanteil unverhältnismäßig groß werden. Man muß daher auch noch die Streuung unter Kontrolle halten und gegebenenfalls durch Maschinenreparaturen, Unterweisung der Arbeiter oder Verwendung besseren Rohmaterials für Abhilfe sorgen.

Genau wie bei der Eingangs- und Endkontrolle sind gelegentliche zufallsbedingte Fehlentscheidungen unvermeidbar. Die dabei entstehenden Kosten richten sich danach, wieviel bis zur nächsten Kontrolle produziert wird beziehungsweise wie teuer ein unnötiges Eingreifen in den Produktionsprozeß wird. Wie man diese Kosten mathematisch berücksichtigen kann, wurde für einen einfachen Fall schon bei der Anwendung der Entscheidungstheorie in 2.4.2.2 besprochen.

Die laufende Kontrolle benutzt die verschiedenartigsten statistischen Tests. Ihnen gemeinsam ist die aus organisatorischen Gründen gewählte äußere Form der K o n t r o l l k a r t e. In diese Kontrollkarte werden die Ergebnisse jeder Stichprobe eingetragen; sie enthält Angaben über den Stichprobenumfang, die Testgröße, die kritischen Werte, und sie sollte auch angeben, was im Fall der Ablehnung der Nullhypothese geschehen soll, wie also z. B. in den Produktionsprozeß eingegriffen werden soll oder welche übergeordnete Instanz zu benachrichtigen ist. Ähnlich wie die Aufstellung von Stichprobenplänen erfordert auch die Einrichtung der Kontrollkarten erhebliche Kenntnisse der mathematischen Statistik. Die Kontrollkarten sollen aber so klar und übersichtlich gestaltet werden, daß sie ohne Spezialkenntnisse an allen erforderlichen Arbeitsstellen benutzt werden können. Selbstverständlich soll aus der Kontrollkarte auch ersichtlich sein, wer die Prüfung durchgeführt hat, welche Artikel geprüft wurden, an welcher Maschine sie bearbeitet wurden, usw.

Die meisten Kontrollkarten arbeiten mit einer Sicherheitswahrscheinlichkeit zwischen 90% und 99%. Oft sind die 95%-Schranken als W a r n g r e n z e n und die 99%-Schranken als K o n t r o l l g r e n z e n eingezeichnet. Ein Überschreiten der Warngrenzen soll — gleichsam als erste Alarmstufe — etwa zu erhöhter Aufmerksamkeit veranlassen, während Werte außerhalb der Kontrollgrenzen in aller Regel ein Eingreifen in den Produktionsprozeß unvermeidbar machen. Wie schon bei der Besprechung der Fehler 1. und 2. Art in 2.3.2 ausgeführt wurde, lassen niedrige Kontrollgrenzen zwar jeden Fehler schnell erkennen, haben dafür aber den Nachteil, daß relativ oft falscher Alarm gegeben wird. Liegen die Stichprobenergebnisse noch innerhalb der Warngrenzen, so bedeutet das nicht, daß die Produktion noch einwandfrei ist, sondern daß lediglich kein Grund zum Eingreifen besteht. Im Grunde genommen werden also bei der laufenden Kontrolle Signifikanz-Tests benutzt (s. 2.3.2). Allerdings werden erhebliche Teile des Konzeptes der Alternativ-Tests verwendet, weil die Entscheidung „kein Grund zum Eingreifen" zur Folge hat, daß wirklich nicht in den Produktionsprozeß eingegriffen wird, also genau so gehandelt wird, wie bei der Entscheidung „Produktion ist einwandfrei". Da der Stichprobenumfang im allgemeinen durch betriebstechnische Gründe klein gehalten werden muß, kann man zwar — abgesehen von der Wahl eines möglichst guten Testes — keinen Einfluß auf die Wahrscheinlichkeit für den Fehler 2. Art nehmen, aber doch wenigstens die Gütefunktion berechnen.

Es kommt vor, daß kein Sollwert, z. B. für den Mittelwert oder die Streuung, vorgeschrieben ist, sondern daß man lediglich wünscht, die bisherige Produktion unverändert fortzusetzen. Die Kontrollkarten haben dann nicht die Abweichungen von einem vorgegebenen Wert, sondern von dem durch vorherige Beobachtungen festgestellten Wert zu testen (siehe z. B. 6.1.2).

Die Einführung von Kontrollkarten in einen Betrieb bringt erhebliche Organisationsprobleme mit sich, für die man Hinweise z. B. bei S c h a a f s m a und W i l l e m z e [1973] findet.

Für die Technik der Stichprobenentnahme gilt generell wieder das in 2.1.1 Gesagte. Meist ist es bei der laufenden Kontrolle schwieriger sicherzustellen als bei der Eingangs- und Endkontrolle, daß die einzelnen Stichprobenelemente zufällig, d. h. mit einem vom interessierenden Merkmal unabhängigen Auswahlverfahren, gezogen werden. Auf jeden

Fall aber muß erreicht werden, daß die Arbeiter keine Gelegenheit haben, „gute Stücke"
für die Kontrolle bereitzulegen. Praktiker geben als Faustregel an, daß etwa 5 bis 10%
der Produktion kontrolliert werden sollen. Im Rahmen einer solchen Regel bleiben noch
die Möglichkeiten offen, häufiger kleine oder etwas seltener größere Stichproben zu ziehen. Für häufige Kontrollen wird man sich entscheiden, wenn schnelle Veränderungen
bei der Fertigung möglich sind und wenn in kurzer Zeit bereits viel Ausschuß produziert
werden würde. Für Stichproben größeren Umfanges, die aber aus wirtschaftlichen Gründen dann nur in entsprechend größeren zeitlichen Abständen durchgeführt werden können, spricht die erhöhte Testschärfe, d. h. die geringere Wahrscheinlichkeit für den Fehler 2. Art (s. 2.3.2). Man beachte auch, daß neben den Kosten, die proportional zum
Stichprobenumfang sind, in vielen Fällen bei jeder Stichprobenentnahme noch feste
Kosten hinzukommen, die allzu häufige Stichprobenentnahmen unrentabel machen.

In den letzten Jahren würde begonnen, für die laufende Kontrolle Stichprobenverfahren
zu entwickeln, die versuchen, alle die oben genannten Kosten zu berücksichtigen. Die
Hauptschwierigkeit besteht dabei darin, mathematisch hinreichend einfache und doch
die Realität ausreichend erfassende Annahmen über die Verteilungsfunktion der Zeit-
spanne, in der die betreffende Maschine einwandfrei funktioniert, und über die Produk-
tionszustände bei nicht einwandfrei funktionierender Maschine zu machen. Die wichtigsten und voraussichtlich weiterführenden Ansätze zur Lösung dieser Probleme werden
an den jeweils passenden Stellen der Abschnitte 6 und 7 besprochen.

3.4 Qualitative und quantitative Merkmale

Stichprobenpläne und Kontrollkarten lassen sich einteilen in solche für qualitative und
solche für quantitative Merkmale. Die zugehörigen Kontrollen nennt man wohl auch
A t t r i b u t e n - K o n t r o l l e n beziehungsweise V a r i a b l e n - K o n t r o l l e n.
Achtet man bei jedem Element der Stichprobe darauf, welche von endlich vielen, vorher
definierten Eigenschaften es hat, so sagt man dafür abkürzend, daß man ein q u a l i t a -
t i v e s M e r k m a l beobachtet. Meistens ist in der Praxis lediglich festzustellen, ob ein
Element in einem gewissen Sinne gut oder schlecht ist, z. B. ob eine Zündkapsel funktioniert, ob eine Oberfläche den gestellten Forderungen entspricht oder ob das Gewicht in
vorgeschriebenen Grenzen liegt. Die Entscheidungen werden auf Grund eines Experimentes oder einer Sichtprüfung oder mit Hilfe von festen Lehren oder Kalibern getroffen.
Bei der Sichtprüfung kann es Schwierigkeiten bereiten, sicherzustellen, daß alle Kontrolleure die Elemente in derselben Weise beurteilen. Um hier möglichst objektive Maß-
stäbe zu gewährleisten, empfiehlt es sich, „Grenzmuster" anzugeben, also möglichst klar
und anschaulich die Mindestqualität festzulegen. Gegebenenfalls sind die Kontrolleure
ihrerseits zu testen, ob sie in ihren Ansichten untereinander und mit ihren verantwort-
lichen Vorgesetzten übereinstimmen und ob sie bei zweimaliger Prüfung derselben Gegenstände zu denselben Ergebnissen kommen.
Interessiert man sich dagegen für ein q u a n t i t a t i v e s M e r k m a l, so sind bei
jedem Element der Stichprobe eine oder mehrere reelle Zahlen, wie Länge oder Gewicht,

festzustellen; dazu benötigt man anzeigende Meßgeräte im Gegensatz zu den obigen
festen Lehren. Wie in 2.1.2 schon besprochen wurde, können die beobachteten quantitativen Merkmale als Realisationen von zufälligen Variablen aufgefaßt werden. Die Streuung dieser zufälligen Variablen setzt sich aus mehreren Komponenten zusammen, wobei
insbesondere zu nennen sind: Streuung durch Unterschiede im Rohmaterial, Streuung
durch verschiedene Maschinen, Streuung durch verschiedene Arbeiter, Streuung der einzelnen Produkte, die jeweils von einem Arbeiter an einer Maschine mit unverändertem
Rohmaterial hergestellt werden, und schließlich die Streuung durch Ungenauigkeiten bei
der Messung des quantitativen Merkmals. Addieren sich diese Einflüsse unabhängig voneinander, was meistens der Fall sein dürfte, so ist nach (1.30) die gesamte Varianz gleich
der Summe der einzelnen Varianzen.

3.4.1 Statistische Beurteilung von Toleranzen

Wir wollen nun den wichtigsten Spezialfall betrachten, daß das quantitative Merkmal
durch jeweils eine einzige reelle Zahl ξ wiedergegeben wird. Die Verteilungsfunktion
dieser zufälligen Variablen ξ sei $F(y)$. Ein Element sei gut oder brauchbar, wenn für das
zugehörige Merkmal ξ gilt, daß $a < \xi \leqslant b$, wobei die Grenzen a und b mit $a < b$ entsprechend den technischen Erfordernissen und den wirtschaftlichen Gegebenheiten vorgegeben werden. Der Ausschuß A besteht aus den Elementen mit $\xi \leqslant a$ oder $\xi > b$, und die
Wahrscheinlichkeit $W(A)$, daß ein zufällig aus der Grundgesamtheit herausgegriffenes
Element zum Ausschuß gehört, ist nach (1.8) also

$$W(A) = F(a) + 1 - F(b). \tag{3.1}$$

Ist F stetig, so gilt diese Gleichung auch dann, wenn A durch „$\xi \leqslant a$ oder $\xi \geqslant b$" oder
durch „$\xi < a$ oder $\xi > b$" definiert wird. Wenn die Grundgesamtheit nach $N(\mu, \sigma^2)$ normalverteilt ist, so ist nach (1.54)

$$W_\mu(A) = \Phi\left(\frac{a - \mu}{\sigma}\right) + 1 - \Phi\left(\frac{b - \mu}{\sigma}\right). \tag{3.2}$$

Dieser prozentuale Ausschußanteil $100\,W(A)\%$ der Grundgesamtheit nimmt als Funktion
von μ sein Minimum für $\mu = (a + b)/2$ an, wie man durch partielle Differentiation von (3.2)
nach μ erkennt. Sind a und b vorgegeben, so wird man sich also zur Vermeidung von Ausschuß bemühen, die Produktion so einzurichten, daß der Mittelwert $\mu = (a + b)/2$ ist. Der
dann noch unvermeidbare mittlere Ausschußanteil ist nach (3.2) gleich

$$W_{\frac{a+b}{2}}(A) = \Phi\left(\frac{a - b}{2\sigma}\right) + 1 - \Phi\left(\frac{b - a}{2\sigma}\right) = 2\Phi\left(\frac{a - b}{2\sigma}\right). \tag{3.3}$$

Ist $b - a \geqslant 6\sigma$, so ist $W_{\frac{a+b}{2}}(A) \leqslant 2\Phi(-3) = 0{,}0027$, d. h. der Ausschuß-Prozentsatz liegt
– falls $\mu = (a + b)/2$ ist – unterhalb von 0,3% und dürfte damit in den meisten Fällen
bedeutungslos sein, wenn nicht sogar eine solche Produktion vom wirtschaftlichen Standpunkt aus überflüssig genau und damit zu teuer ist. Für $b - a = 4{,}34\,\sigma$ ist $W_{\frac{a+b}{2}}(A)$
$= 2\Phi(-2{,}17) = 0{,}030$, und es sind bereits 3% durchschnittlicher Ausschuß unvermeidbar.

Verläuft der Produktionsvorgang mit einer Streuung σ und fordert man $b - a \leqslant 4\sigma$, so ist ein Ausschuß von sogar über 4,5% unvermeidbar, was in aller Regel ein nachträgliches Aussortieren erfordert und oft die Produktion über das wirtschaftlich vertretbare Maß hinaus verteuert.

Bei vorgegebenen Toleranzen, also bei gegebenem a und b, ergibt sich so mit Hilfe von Gl. (3.3) die Möglichkeit, wirtschaftlich vernünftige Forderungen an die Genauigkeit der Produktion, d. h. an die Streuung σ, zu stellen und diese etwa durch Auswahl geeigneter Maschinen zu erfüllen. Umgekehrt kann man mit Hilfe von (3.3) bei gegebenen Produktionsmitteln und damit gegebener Streuung σ berechnen, welche Toleranzen mit vertretbarem Kostenaufwand eingehalten werden können.

Aufgabe 3.1 Wie groß ist der mittlere Ausschußanteil bei einer nach $N(\mu, \sigma^2)$ normalverteilten Produktion mit $b - a = 6\sigma$, wenn $\mu = ((a + b)/2) + \sigma$ oder wenn $\mu = ((a + b)/2) - 2\sigma$ oder wenn $\mu = ((a + b)/2) + 3\sigma$ ist?

3.4.2 Ersetzen eines quantitativen durch ein qualitatives Merkmal

Oft, und zwar eher bei der Eingangs- und Endkontrolle als bei der laufenden Kontrolle, genügt es bei einem quantitativen Merkmal – statt es zu messen –, sich auf die Feststellung zu beschränken, ob es innerhalb der erforderlichen Grenzen liegt. Man ersetzt dann also das quantitative Merkmal durch ein qualitatives Merkmal und benutzt feste Lehren an Stelle der anzeigenden Meßinstrumente. Bei diesem Ersatz der Variablen-Kontrolle durch eine Attributen-Kontrolle ist nicht nur die Arbeit pro kontrolliertem Stück geringer, sondern sie ist auch einfacher und daher von weniger ausgebildeten Leuten zuverlässig durchführbar. Allerdings zeigt ein Vergleich der erforderlichen Stichprobenumfänge, daß diese für quantitative Merkmale nicht unbeträchtlich geringer sind als für qualitative Merkmale (s. 5.1.2 und 5.2.2), was bei einer teuren, weil z. B. zerstörenden, Kontrolle von Bedeutung ist. Überdies läßt sich mit einer Kaliber-Kontrolle zwar der Ausschußanteil der Stichprobe ermitteln, doch kann man mit Hilfe von Messungen leichter Schlüsse auf die Fehlerursachen bei der Produktion ziehen, z. B. ob und warum im Laufe der Zeit der Mittelwert oder die Streuung gewachsen sind.

Es gibt eine Möglichkeit, bei festen Stichprobenumfängen die statistische Sicherheit der Aussagen zu steigern, indem man nicht – wie bisher angenommen – die festen Lehren so einstellt, daß sie genau den vorgeschriebenen Toleranzen entsprechen, sondern indem man sogenannte verengte Lehren benutzt. Eine solche verengte Lehre gestattet es, bei jedem Element festzustellen, welche der folgenden drei Ungleichungen

$$\xi < a', \quad a' \leqslant \xi \leqslant b', \quad \xi > b' \tag{3.4}$$

von dem Meßwert ξ befriedigt wird, wobei die Zahlen a' und b' mit $a' \leqslant b'$ willkürlich vorgegeben sind. Interessiert man sich beispielsweise für den Durchmesser ξ von Kugeln, so kann man als verengte Lehre eine Platte mit zwei kreisförmigen Löchern, eines mit dem Durchmesser a' und eines mit dem Durchmesser b', verwenden.

Das Ergebnis einer derartigen Stichprobe vom Umfang n läßt sich durch die beiden Zahlen

$$K = \text{Anzahl der Stichprobenelemente mit } \xi < a' \\ G = \text{Anzahl der Stichprobenelemente mit } \xi > b' \qquad (3.5)$$

beschreiben.

Über den Fall $a' = a$ und $b' = b$ haben wir in 3.4.1 schon gesprochen. Es hat keinen Sinn, $a' < a$ und $b' > b$ zu wählen, weil dann praktisch immer $G = K = 0$ wäre.

Nimmt man $a' = b'$, so ist $K = n - G$ die Testgröße des in 2.3.3 erwähnten Zeichentestes für die Nullhypothese H_0, daß der Zentralwert der Grundgesamtheit gleich a' ist, und bei dem H_0 abgelehnt wird, wenn $|K|$ zu groß ausfällt.

Bei den in der Praxis benutzten verengten Lehren ist $a < a' < b' < b$, und man benutzt $G - K$ als Testgröße für die Lage des Mittelwertes und $G + K$ als Testgröße für die Streuung (s. 6.2.2).

Eine in jedem Sinne und für jeden Stichprobenumfang n optimale Lösung für die Wahl von a' und b' gibt es nicht, vielmehr kommt es darauf an, welche Verteilungsfunktion die Grundgesamtheit hat und ob man stärker am Mittelwert oder an der Streuung interessiert ist. Als Kompromiß wählt man in der Praxis a' und b' gern so, daß a' und b' symmetrisch zu $(a + b)/2$ sind und daß bei einwandfreier Produktion etwa 46% aller Werte zwischen a' und b' liegen. Ist eine Grundgesamtheit nach $N(\mu, \sigma^2)$ normalverteilt, mit $\mu = (a + b)/2$, so wäre also $a' = \mu - 0{,}61\sigma$ und $b' = \mu + 0{,}61\sigma$ zu setzen, denn es ist $\Phi(0{,}61) - \Phi(-0{,}61) = 0{,}46$.

4 Stichprobenpläne für ein qualitatives Merkmal

4.1 Testen einer Hypothese über eine Wahrscheinlichkeit

Eine Grundgesamtheit bestehe aus N Elementen, von denen M eine Eigenschaft A haben mögen. Es sei $0 \leqslant M \leqslant N$ und $N > 1$. Dann ist die Wahrscheinlichkeit $W(A) = p$ dafür, daß ein zufällig herausgegriffenes Element die Eigenschaft A hat:

$$W(A) = p = \frac{M}{N}. \qquad (4.1)$$

Wir wollen annehmen, daß M unbekannt ist. Dann haben wir die Ausgangssituation der Eingangs- und Endkontrolle für ein qualitatives Merkmal A (= Element ist schlecht) vorliegen. Es ist die Frage, ob $W(A)$ klein genug, also z. B. kleiner oder gleich einer vorgegebenen Zahl π_0 ist oder nicht. Um diese Frage zu entscheiden, ziehen wir eine Zufallsstichprobe vom Umfang $n \geqslant 1$ und ermitteln die Testgröße:

$$x = \text{Anzahl der schlechten Stücke in der Stichprobe.} \qquad (4.2)$$

Es ist anschaulich klar, daß man die Warenlieferung annehmen wird, wenn x nicht zu groß, sagen wir

$$x \leqslant c \tag{4.3}$$

ausfällt, und daß man die Warenlieferung ablehnen wird, falls $x > c$ ist. Die Bestimmung dieser natürlichen Zahl $c \geqslant 0$, der sogenannten A n n a h m e z a h l (= acceptance number), und auch des Stichprobenumfanges n und damit des Prüfplans (n, c) wollen wir später in 4.2 vornehmen. Damit die Warenlieferung nicht unabhängig vom Stichprobenergebnis stets angenommen wird, wollen wir voraussetzen, daß $c < n$ ist.

Nach 1.6.1, 1.6.2 und 2.2.1, 2.2.2 wissen wir, daß x nach der hypergeometrischen Verteilung $H(N, n; p)$ verteilt ist, wenn man die Stichprobe „ohne Zurücklegen" zieht, und daß x nach der Binomial-Verteilung $Bi(n, p)$ verteilt ist, wenn man die Stichprobe „mit Zurücklegen" zieht. Wegen der Endlichkeit der Grundgesamtheit kann p auch bei $Bi(n, p)$ nur die diskreten Werte $0, 1/N, 2/N, \ldots, 1$ annehmen, doch können wir formal trotzdem die Verteilungsfunktion von x (und die unten folgende Gütefunktion) für alle reellen p zwischen 0 und 1 betrachten.

Vom Standpunkt der in 2.3.2 skizzierten Testtheorie haben wir hier die Nullhypothese $p \leqslant \pi_0$ gegen die einseitige Alternative $p > \pi_0$ zu testen. Nach (2.49) ist $g(p) = W_p(x > c)$ die Gütefunktion dieses Testes. Wie schon in 3.2 angedeutet, wollen wir die Eigenschaften unseres Testes nicht durch $g(p)$ selbst, sondern durch die O p e r a t i o n s - C h a r a k t e r i s t i k $L(p)$, d. h. durch die Wahrscheinlichkeit für die Annahme der Warenlieferung in Abhängigkeit vom tatsächlichen Ausschußanteil p, beschreiben:

$$L(p) = 1 - g(p) = W_p(x \leqslant c). \tag{4.4}$$

Ist x nach $Bi(n, p)$ *verteilt, so lautet diese Operations-Charakteristik nach* (1.40):

$$L_{n,c}(p) = \sum_{m=0}^{c} \binom{n}{m} p^m (1 - p)^{n-m}; \tag{4.5}$$

es ist $L_{n,c}(0) = 1$, *und wegen* $c < n$ *ist* $L_{n,c}(1) = 0$.

Wenn x dagegen nach $H(N, n; M/N)$ *verteilt ist, so ist nach* (1.34) *die Operations-Charakteristik*

$$L_{N,n,c}\left(\frac{M}{N}\right) = \sum_{m=0}^{c} \frac{\binom{M}{m}\binom{N-M}{n-m}}{\binom{N}{n}}. \tag{4.6}$$

Beim Ziehen ohne Zurücklegen wird die Partie ersichtlich mit Sicherheit angenommen, wenn die Anzahl der vorhandenen schlechten Stücke $M \leqslant c$ ist, und sie wird mit Sicherheit abgelehnt, wenn die Anzahl der guten Stücke $N - M < n - c$ ist. Diese beiden Fälle sind in (4.6) mit erfaßt: Summiert man nämlich nicht bis c, sondern bis n, so hat die Summe den Wert 1; und da $\binom{M}{m} = 0$ für $m > M$ ist, folgt daraus

$$L_{N,n,c}\left(\frac{M}{N}\right) = 1 \quad \text{für} \quad M = 0, 1, \ldots, c. \tag{4.7}$$

Da $c < n$ und $\binom{N-M}{n-m} = 0$ für $m < n - N + M$ ist, folgt weiter, daß

$$L_{N,n,c}\left(\frac{M}{N}\right) = 0 \quad \text{für} \quad M = N - n + c + 1, \ldots, N. \tag{4.8}$$

Mit Hilfe der Gleichungen (1.34) und (1.42) können wir $L_{N,n,c}(M/N)$ auf eine Form bringen, die die Ähnlichkeit zu $L_{n,c}(p)$ deutlich macht:

$$L_{N,n,c}(p) = \sum_{m=0}^{c} \binom{n}{m} \times$$

$$\times \frac{\left[p\left(p - \frac{1}{N}\right) \cdot \ldots \cdot \left(p - \frac{m-1}{N}\right)\right]\left[(1-p)\left(1 - p - \frac{1}{N}\right) \cdot \ldots \cdot \left(1 - p - \frac{n-m-1}{N}\right)\right]}{\left(1 - \frac{1}{N}\right)\left(1 - \frac{2}{N}\right) \cdot \ldots \cdot \left(1 - \frac{n-1}{N}\right)} \tag{4.9}$$

für $p = \dfrac{M}{N} = 0, \dfrac{1}{N}, \ldots, \dfrac{N}{N}$. Bei einer graphischen Darstellung von $L_{N,n,c}(p)$ ist es bequemer, eine „glatte" Kurve statt der diskreten Punkte zu zeichnen. Mit Hilfe der Gleichungen (4.7), (4.8) und (4.9) kann man die Definition von $L_{N,n,c}(p)$ leicht auf alle reellen Zahlen p mit $0 \leqslant p \leqslant 1$ ausdehnen:

$$L_{N,n,c}(p) = \begin{cases} 1 & \text{für } 0 \leqslant p \leqslant \dfrac{c}{N} \\[2ex] \displaystyle\sum_{m=0}^{c} \binom{n}{m} \dfrac{\left[p \cdot \ldots \cdot \left(p - \frac{m-1}{N}\right)\right]\left[(1-p) \cdot \ldots \cdot \left(1 - p - \frac{n-m-1}{N}\right)\right]}{\left(1 - \frac{1}{N}\right)\left(1 - \frac{2}{N}\right) \cdot \ldots \cdot \left(1 - \frac{n-1}{N}\right)} \\[2ex] \qquad\qquad \text{für } \dfrac{c}{N} \leqslant p \leqslant 1 - \dfrac{n-c-1}{N} \\[2ex] 0 & \text{für } 1 - \dfrac{n-c-1}{N} \leqslant p \leqslant 1. \end{cases} \tag{4.10}$$

Es sei bemerkt, daß in der Praxis eigentlich nur Stichproben „ohne Zurücklegen" benutzt werden. Es genügte also, sich auf $L_{N,n,c}(p)$ zu beschränken. Daß wir hier trotzdem auch $L_{n,c}(p)$ ausführlich untersuchen, hat seinen Grund darin, daß $L_{n,c}(p)$ eine – für $n/N \leqslant 0{,}1$ praktisch hinreichend genaue – Approximation für $L_{N,n,c}(p)$ ist, wie wir in 4.1.5 noch besprechen werden.

Aufgabe 4.1 Man skizziere die Operations-Charakteristiken $L_{n,c}(p)$ und $L_{N,n,c}(p)$ für $n = 3$, $c = 1$ und $N = 3$, $N = 10$, $N = 30$, $N = 100$. Man prüfe nach, daß

$$L_{N,3,1}(p) - L_{3,1}(p) \begin{cases} > 0 & \text{für } 0 < p < 1/2 \\ = 0 & \text{für } p = 1/2 \\ < 0 & \text{für } 1/2 < p < 1 \end{cases}$$

ist und überlege sich die Bedeutung dieses Sachverhaltes für die Anwendung des Testes (vergleiche auch die Bemerkung zu (2.13)).

4.1.1 Monotonie der Operations-Charakteristiken

Unser Test (4.3) ist nur dann für die Anwendungen sinnvoll und brauchbar, wenn die Wahrscheinlichkeit für die Annahme der Partie um so kleiner ist, je größer der tatsächliche Ausschußprozentsatz 100p% ist, d. h. wenn die Operations-Charakteristiken (4.6) und (4.5) als Funktionen von p monoton fallend sind. Diese Eigenschaft wollen wir hier beweisen und damit zugleich einen Zusammenhang zwischen π_0, der Annahmezahl c und dem Testniveau herstellen.

Satz 4.1 *Die Operations-Charakteristik (4.6) ist als Funktion von* M *monoton fallend:*

$$L_{N,n,c}\left(\frac{M+1}{N}\right) - L_{N,n,c}\left(\frac{M}{N}\right)$$

$$= \frac{-\binom{M}{c}\cdot\binom{N-M-1}{n-c-1}}{\binom{N}{n}} \begin{cases} = 0 & \text{für } 0 \leqslant M < c \\ < 0 & \text{für } c \leqslant M \leqslant N-n+c \\ = 0 & \text{für } N-n+c < M < N. \end{cases}$$

B e w e i s. Wir führen den Beweis durch vollständige Induktion nach c. Für c = 0 ist

$$\binom{N}{n}\left[L_{N,n,0}\left(\frac{M+1}{N}\right) - L_{N,n,0}\left(\frac{M}{N}\right)\right] = \binom{M+1}{0}\binom{N-M-1}{n} - \binom{M}{0}\binom{N-M}{n}$$

$$= \binom{N-M-1}{n} - \binom{N-M}{n} = -\binom{N-M-1}{n-1} = -\binom{M}{0}\binom{N-M-1}{n-1}.$$

Wir nehmen nun an, daß $0 < c \leqslant n-1$ und daß die Behauptung für alle natürlichen Zahlen $\leqslant c-1$ richtig ist. Dann ist

$$\binom{N}{n}\left[L_{N,n,c}\left(\frac{M+1}{N}\right) - L_{N,n,c}\left(\frac{M}{N}\right)\right] = \binom{N}{n}\left[L_{N,n,c-1}\left(\frac{M+1}{N}\right) - \right.$$

$$\left. - L_{N,n,c-1}\left(\frac{M}{N}\right)\right] + \binom{M+1}{c}\binom{N-M-1}{n-c} - \binom{M}{c}\binom{N-M}{n-c}$$

$$= -\binom{M}{c-1}\binom{N-M-1}{n-c} + \binom{M+1}{c}\binom{N-M-1}{n-c} - \binom{M}{c}\binom{N-M}{n-c}$$

$$= +\binom{M}{c}\binom{N-M-1}{n-c} - \binom{M}{c}\binom{N-M}{n-c} = -\binom{M}{c}\binom{N-M-1}{n-c-1}. \qquad \blacksquare$$

Satz 4.2 *Die Operations-Charakteristik (4.5) ist als Funktion von* p *streng monoton fallend für* $0 \leqslant p \leqslant 1$; *es ist*

$$\frac{d}{dp}L_{n,c}(p) = \frac{-n!}{c!(n-c-1)!}p^c(1-p)^{n-c-1},$$

und diese Ableitung ist < 0 *für* $0 < p < 1$.

B e w e i s. Es ist

$$\frac{d}{dp} L_{n,c}(p) = \sum_{m=1}^{c} \frac{n!}{(m-1)!\,(n-m)!}\, p^{m-1}(1-p)^{n-m} - \sum_{m=0}^{c} \frac{n!}{m!\,(n-m-1)!}\, p^{m}(1-p)^{n-m-1}.$$

Setzen wir in der ersten Summe $m = \tilde{m} + 1$, so sehen wir, daß nur der letzte Summand der zweiten Summe übrig bleibt, womit der Satz bewiesen ist. ∎

Da in beiden Fällen die Operations-Charakteristik monoton fallend ist, ergibt sich für unseren Test für die Nullhypothese $W(A) \leqslant \pi_0$ gegen die Alternative $W(A) > \pi_0$ mit der Testgröße (4.2) und der kritischen Region $x > c$, daß

$$W_p(x > c) = 1 - L(p) \leqslant 1 - L(\pi_0) \tag{4.11}$$

für $p \leqslant \pi_0$ ist. Bei gegebenem π_0, c und n hat unser Test das Niveau $1 - L(\pi_0)$ und die Sicherheitswahrscheinlichkeit $L(\pi_0)$.

Aufgabe 4.2 Man forme die 1. Differenz von $L_{N,n,c}(M/N)$ in Satz 4.1 entsprechend (1.42) um und vergleiche mit der 1. Ableitung von $L_{n,c}(p)$.

4.1.2 Annahmezahl c = 0

Falls die Partie nur dann angenommen wird, wenn in der Stichprobe überhaupt kein schlechtes Stück vorhanden ist, haben die Operations-Charakteristiken (4.6) und (4.5) eine andere Form als für $c > 0$, wie ein Vergleich mit 4.1.3 und auch die Fig. 4 und 5 zeigen.

Für den Stichprobenumfang $n = 1$ stimmen beide Operations-Charakteristiken überein:

$$L_{N,1,0}(p) = L_{1,0}(p) = 1 - p. \tag{4.12}$$

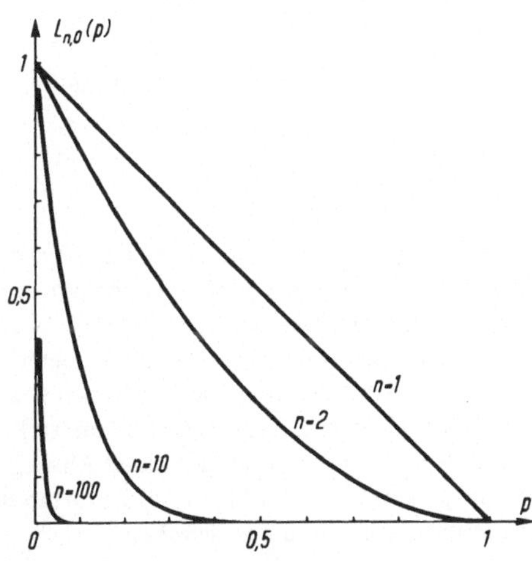

Fig. 4
Operations-Charakteristiken $L_{n,0}(p)$ für
Annahmezahl c = 0

Es sei nun $n > 1$. Ersichtlich ist $\left(1 - p - \dfrac{i}{N}\right)\Big/\left(1 - \dfrac{i}{N}\right) < 1 - p$ für $0 < p < 1$ und

$i = 1, 2, \ldots, n - 1$. Daraus folgt unter Benutzung von (4.10) für $0 < p \leqslant 1 - \dfrac{n-1}{N}$

$$L_{N,n,0}(p) = \frac{(1 - p)\left(1 - p - \dfrac{1}{N}\right) \cdot \ldots \cdot \left(1 - p - \dfrac{n-1}{N}\right)}{\left(1 - \dfrac{1}{N}\right)\left(1 - \dfrac{2}{N}\right) \cdot \ldots \cdot \left(1 - \dfrac{n-1}{N}\right)} < (1 - p)^n = L_{n,0}(p),$$

und für $1 - \dfrac{n-1}{N} \leqslant p < 1$ ist $L_{N,n,0}(p) = 0 < (1 - p)^n = L_{n,0}(p)$. Damit ist folgende Ungleichung bewiesen:

$$L_{N,n,0}(p) < L_{n,0}(p) \quad \text{für} \quad 0 < p < 1, 1 < n \leqslant N, \tag{4.13}$$

d. h. bei einem Stichprobenumfang $n > 1$ und der Annahmezahl $c = 0$ ist – wie auch anschaulich zu erwarten – die Wahrscheinlichkeit für die Annahme der Partie bei einer Stichprobe, die „ohne Zurücklegen" gezogen wird, stets kleiner als bei einer Stichprobe, die „mit Zurücklegen" gezogen wird.

Nach Satz 4.2 ist die 2. Ableitung von $L_{n,0}(p)$ für $n > 1$:

$$\frac{d^2}{dp^2} L_{n,0}(p) = n(n - 1)(1 - p)^{n-2} > 0 \quad \text{für} \quad 0 < p < 1. \tag{4.14}$$

Die 1. Ableitung von $L_{n,0}(p)$ ist also monoton wachsend in p und ihr Betrag monoton fallend.

Auch die 1. Differenzen von $L_{N,n,0}(M/N)$ werden mit größer werdendem M dem Betrage nach immer kleiner, denn nach Satz 4.1 ist

$$L_{N,n,0}\left(\frac{M + 1}{N}\right) - L_{N,n,0}\left(\frac{M}{N}\right) = -\left(\begin{array}{c} N - M - 1 \\ n - 1 \end{array}\right)\Big/\left(\begin{array}{c} N \\ n \end{array}\right). \tag{4.15}$$

Aufgabe 4.3 Man skizziere $L_{n,0}(p)$ und $L_{N,n,0}(p)$ für $n = 5$ und $N = 5$, $N = 10$ und $N = 100$.

4.1.3 Annahmezahl $c > 0$

Die in Fig. 5 dargestellten Operations-Charakteristiken $L_{20,10,1}(M/N)$ und $L_{10,1}(p)$ zeigen ein anderes Bild als die Operations-Charakteristiken mit $c = 0$ in Fig. 4. Mit Hilfe der 2. Differenzen beziehungsweise 2. Ableitungen wollen wir hier für $c > 0$ den „steilsten Abstieg" dieser Operations-Charakteristiken berechnen. Für die Praxis ist man an einem möglichst steilen Abstieg interessiert, weil sich ersichtlich mit Hilfe unseres Testes Warenlieferungen mit kleinerem Ausschußanteil um so leichter von denen mit größerem Ausschußanteil trennen lassen, je steiler dieser Abstieg ist. Bei den in 4.2.2 zu besprechenden Stichprobenplänen von P h i l i p s wird eine modifizierte Form dieses steilsten Abstiegs zur Bestimmung von n und c vorgegeben.

Wir setzen hier voraus, daß $0 < c < n - 1$ ist. Der Fall $c = n - 1$ müßte gesondert behandelt werden, doch können wir darauf verzichten, da man in der Praxis doch keine so relativ große Annahmezahl benutzt.

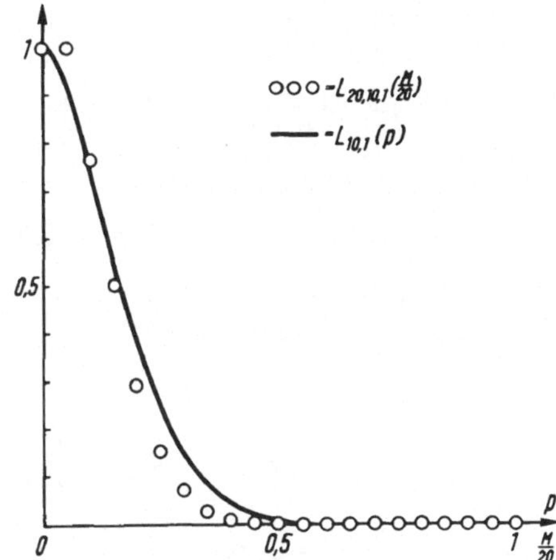

Fig. 5
Operations-Charakteristiken $L_{N,n,c}\left(\dfrac{M}{N}\right)$ und $L_{n,c}(p)$ für $N = 20$, $n = 10$, $c = 1$

Um die 2. Differenz von $L_{N,n,c}(M/N)$ zu berechnen, betrachten wir entsprechend Satz 4.1 die folgende Differenz für $0 < M < N$:

$$\binom{M-1}{c}\binom{N-M}{n-c-1} - \binom{M}{c}\binom{N-M-1}{n-c-1}$$

$$= \frac{(M-1)\cdot\ldots\cdot(M-c)}{c!} \cdot \frac{(N-M)\cdot\ldots\cdot(N-M-n+c+2)}{(n-c-1)!}$$

$$- \frac{M\cdot\ldots\cdot(M-c+1)}{c!} \cdot \frac{(N-M-1)\cdot\ldots\cdot(N-M-n+c+1)}{(n-c-1)!}$$

$$= \frac{(M-1)\cdot\ldots\cdot(M-c+1)}{c!} \cdot \frac{(N-M-1)\cdot\ldots\cdot(N-M-n+c+2)}{(n-c-1)!}$$

$$\times [(n-1)M - cN]$$

$$= \frac{1}{c(n-c-1)}\binom{M-1}{c-1}\binom{N-M-1}{n-c-2}[(n-1)M - cN].$$

Zusammen mit Satz 4.1 folgt daraus

Satz 4.3 *Für* $0 < c < n - 1$ *und* $M = 1, 2, \ldots, N - 1$ *gilt für die 2. Differenz der Operations-Charakteristik* $L_{N,n,c}(M/N)$:

$$\left(L_{N,n,c}\left(\frac{M+1}{N}\right) - L_{N,n,c}\left(\frac{M}{N}\right)\right) - \left(L_{N,n,c}\left(\frac{M}{N}\right) - L_{N,n,c}\left(\frac{M-1}{N}\right)\right)$$

$$= \binom{M-1}{c-1}\binom{N-M-1}{n-c-2}[(n-1)M - cN]/c(n-c-1)\binom{N}{n};$$

dies ist

$$= 0 \quad \textit{für} \quad M < c \quad \textit{und für} \quad M > N - n + c + 1$$

$$< 0 \quad \textit{für} \quad c \leqslant M < N \frac{c}{n-1}$$

$$> 0 \quad \textit{für} \quad N \frac{c}{n-1} < M \leqslant N - n + c + 1.$$

Aus Satz 4.2 ergibt sich unmittelbar

Satz 4.4 *Für* $0 < c < n - 1$ *und* $0 \leqslant p \leqslant 1$ *gilt für die Operations-Charakteristik* $L_{n,c}(p)$:

$$\frac{d^2}{dp^2} L_{n,c}(p) = \frac{n!}{c!(n-c-1)!} p^{c-1}(1-p)^{n-c-2}[(n-1)p - c],$$

und dies ist

$$< 0 \quad \textit{für} \quad 0 < p < \frac{c}{n-1}$$

$$= 0 \quad \textit{für} \quad p = \frac{c}{n-1}$$

$$> 0 \quad \textit{für} \quad \frac{c}{n-1} < p < 1.$$

Die 1. Ableitung $\dfrac{d}{dp} L_{n,c}(p)$ *hat im Intervall* $[0, 1]$ *genau ein Minimum, und zwar an der Stelle* $p = \dfrac{c}{n-1}$*, und es ist*

$$\operatorname*{Min}_{0 < p < 1} \frac{d}{dp} L_{n,c}(p) = \frac{-n!}{c!(n-c-1)!} \frac{c^c(n-c-1)^{n-c-1}}{(n-1)^{n-1}}.$$

Wir wollen nun untersuchen, wie der Wert dieses steilsten Abstieges von $L_{n,c}(p)$ von n abhängt. Dazu benutzen wir die Formel von S t i r l i n g in der folgenden Form (siehe z. B. A. R é n y i [1962]): Für jede natürliche Zahl $n \geqslant 1$ ist

$$n! = n^n e^{-n} \sqrt{n} \sqrt{2\pi}\, e^{\Theta_n/12n}, \tag{4.16}$$

wobei Θ_n eine von n abhängige reelle Zahl mit $0 < \Theta_n < 1$ ist. Also ist

$$\frac{n! c^c(n-c-1)^{n-c-1}}{c!(n-c-1)!(n-1)^{n-1}} = \frac{\sqrt{n}}{\sqrt{c}\sqrt{n-c-1}} \frac{n^n}{(n-1)^{n-1}} \frac{1}{e\sqrt{2\pi}} e^{\frac{\Theta_n}{12n} - \frac{\Theta_c}{12c} - \frac{\Theta_{n-c-1}}{12(n-c-1)}}$$

$$= \frac{n\sqrt{n}}{\sqrt{c}\sqrt{n-c-1}} \frac{\left(1 + \dfrac{1}{n-1}\right)^{n-1}}{e} \frac{1}{\sqrt{2\pi}} e^{\frac{\Theta_n}{12n} - \frac{\Theta_c}{12c} - \frac{\Theta_{n-c-1}}{12(n-c-1)}}.$$

Nach Satz 4.4 folgt daraus

$$\underset{0<p<1}{\text{Min}}\ \frac{d}{dp}\,L_{n,c}(p)$$

$$= \frac{-\sqrt{n}}{\sqrt{\dfrac{c}{n}}\,\sqrt{1 - \dfrac{c+1}{n}}}\ \frac{\left(1 + \dfrac{1}{n-1}\right)^{n-1}}{e}\ \frac{1}{\sqrt{2\pi}}\ e^{\frac{\Theta_n}{12n} - \frac{\Theta_c}{12c} - \frac{\Theta_{n-c-1}}{12(n-c-1)}}. \qquad (4.17)$$

Berücksichtigt man, daß bereits $e^{1/12} = 1{,}087$ und $\left(1 + \dfrac{1}{20}\right)^{20} = 2{,}65$ ist, so sieht man,

daß $\dfrac{d}{dp}\,L_{n,c}(p)$ für $p = \dfrac{c}{n-1}$ ungefähr gleich

$$\frac{-\sqrt{n}}{\sqrt{\dfrac{c}{n}\left(1 - \dfrac{c+1}{n}\right)}\ \sqrt{2\pi}} \qquad\qquad (4.18)$$

ist. Hält man bei wachsendem Stichprobenumfang n das Verhältnis c/n konstant, so wächst also der steilste Abstieg von $L_{n,c}(p)$ mit $\sqrt{n}$.

Auch hier wollen wir noch die Operations-Charakteristiken $L_{N,n,c}(p)$ und $L_{n,c}(p)$ miteinander vergleichen, wie wir dies für die Annahmezahl $c = 0$ bereits in (4.12) und (4.13) getan haben. Da das Ziehen der Stichprobe ohne Zurücklegen etwas mehr Information liefert als das Ziehen mit Zurücklegen, ist anschaulich zu erwarten, daß die Operations-Charakteristik $L_{N,n,c}(p)$ für kleine p oberhalb und für große p unterhalb von $L_{n,c}(p)$ verläuft. Nach (1.43) konvergiert $L_{N,n,c}(p)$ für $N \to \infty$ gegen $L_{n,c}(p)$. Eine genauere Untersuchung zeigt nun (siehe W. U h l m a n n [1966]), daß diese Konvergenz monoton ist außerhalb eines kleinen Intervalles um $c/(n-1)$ und daß folgender Satz gilt:

Satz 4.5 *Für* $0 < c < n - 1 < N$ gilt für die Operations-Charakteristiken (4.5) und (4.6):

$$L_{N,n,c}(p) - L_{n,c}(p)\ \begin{cases} = 0 & \textit{für } p = 0 \\[2mm] > 0 & \textit{für } 0 < p \leqslant \dfrac{c}{n-1} - \dfrac{c}{(n-1)(N+1)} \\[2mm] < 0 & \textit{für } \dfrac{c}{n-1} + \dfrac{n-c-1}{(n-1)(N+1)} \leqslant p < 1 \\[2mm] = 0 & \textit{für } p = 1 \end{cases}$$

Die Länge des Intervalls, für die dieser Satz keine Aussage macht, ist $1/(N+1)$; dieses Intervall enthält also höchstens einen Ausschußanteil der Form $p = M/N$ mit M ganzzahlig (siehe die Einleitung von 4.1). Weiter sei darauf hingewiesen, daß $L_{n,c}(p)$ an der Stelle $p = c/(n-1)$ nach Satz 4.4 seinen Wendepunkt hat. Außerdem läßt sich zeigen, daß $L_{n,c}(c/(n-1))$ ungefähr gleich $1/2$ ist (siehe Satz 4.12).

Aufgabe 4.4 Man berechne das Minimum von $\dfrac{d}{dp}\,L_{n,c}(p)$ für $n = 50$ und $c = 1$ und vergleiche den erhaltenen Wert mit (4.18).

4.1.4 Große Stichprobenumfänge

Wir wollen untersuchen, wie die Operations-Charakteristiken für sehr große Stichprobenumfänge n aussehen.

Zieht man die Stichprobe „ohne Zurücklegen", so ist n naturgemäß durch die Anzahl N der Elemente der Grundgesamtheit nach oben beschränkt. Fig. 5 zeigt die Operations-Charakteristik $L_{N,n,c}(M/N)$ für $n = N/2$, allerdings für sehr kleines N, nämlich N = 20. Im Extremfall n = N ergibt sich aus (4.7) und (4.8), daß

$$L_{N,N,c}\left(\frac{M}{N}\right) = \begin{cases} 1 & \text{für } M = 0, 1, \ldots, c \\ 0 & \text{für } M = c + 1, c + 2, \ldots, N \end{cases} \tag{4.19}$$

gilt. Hier wird die Partie stets angenommen, wenn $M \leq c$ ist, und sie wird mit Sicherheit abgelehnt, wenn $M > c$ ist. Vom rein mathematischen Standpunkt aus ist dies ein „idealer" Test für die Nullhypothese $W(A) \leq c/N$ gegen die Alternative $W(A) > c/N$, doch ist es im eigentlichen Sinne kein Stichprobenverfahren mehr, da ja eine Totalkontrolle durchgeführt wird, und vor allem stehen dieser Wahl des Stichprobenumfanges n die in 3.1 und 3.2 dargestellten wirtschaftlichen Argumente entgegen.

Auch die für Stichproben „mit Zurücklegen" zuständige Operations-Charakteristik $L_{n,c}(p)$ nähert sich mit zunehmendem n der „Idealgestalt" (4.19), wenn wir nur das Verhältnis c/n annähernd konstant halten.

Für die Annahmezahl c = 0 folgt sofort

$$\lim_{n \to \infty} L_{n,0}(p) = \lim_{n \to \infty} (1 - p)^n = 0 \quad \text{für } 0 < p \leq 1. \tag{4.20}$$

Für jede reelle Zahl x wollen wir unter [x] diejenige ganze Zahl verstehen, für die $x - 1 < [x] \leq x$ ist, d. h. [x] ist die größte ganze Zahl $\leq x$. Mit dieser Bezeichnung läßt sich folgender Satz formulieren, dessen Beweis ganz ähnlich wie der für das sogenannte schwache Gesetz der großen Zahlen verläuft.

Satz 4.6 *Für jede reelle Zahl y mit $0 < y < 1$ gilt für die Operations-Charakteristik (4.5) mit der Annahmezahl $c = [\gamma n]$*

$$\lim_{n \to \infty} L_{n,[\gamma n]}(p) = \begin{cases} 1 & \text{für } 0 \leq p < \gamma \\ 0 & \text{für } \gamma < p \leq 1. \end{cases}$$

B e w e i s . Es sei zunächst $0 \leq p < \gamma$. Für $m \geq [\gamma n] + 1$ ist $m - np \geq [\gamma n] + 1 - np > \gamma n - np > 0$, und nach (1.41) ist

$$np(1 - p) = \sum_{m=0}^{n} (m - np)^2 \binom{n}{m} p^m (1 - p)^{n-m} \geq \sum_{m=[\gamma n]+1}^{n} (m - np)^2 \binom{n}{m} p^m (1 - p)^{n-m}$$

$$\geq n^2 (\gamma - p)^2 \sum_{m=[\gamma n]+1}^{n} \binom{n}{m} p^m (1 - p)^{n-m} = n^2 (\gamma - p)^2 [1 - L_{n,[\gamma n]}(p)].$$

Also ist

$$0 \leqslant 1 - L_{n,[\gamma n]}(p) \leqslant \frac{p(1-p)}{n(\gamma - p)^2},$$

und da der rechts stehende Ausdruck für $n \to \infty$ gegen 0 konvergiert, folgt daraus der erste Teil der Behauptung.

Es sei nun $\gamma < p \leqslant 1$. Für $m \leqslant [\gamma n]$ ist dann $np - m \geqslant np - [\gamma n] \geqslant np - \gamma n > 0$ und

$$np(1-p) \geqslant \sum_{m=0}^{[\gamma n]} (m - np)^2 \binom{n}{m} p^m (1-p)^{n-m} \geqslant n^2 (p-\gamma)^2 \sum_{m=0}^{[\gamma n]} \binom{n}{m} p^m (1-p)^{n-m}.$$

Also ist

$$0 \leqslant L_{n,[\gamma n]}(p) \leqslant \frac{p(1-p)}{n(p - \gamma)^2},$$

und daraus folgt sofort der zweite Teil der Behauptung.   ∎

4.1.5 Approximationen und Rechenhilfsmittel

Wie schon bemerkt, benutzt man in der Praxis eigentlich nur – und durchaus zu Recht – Zufallsstichproben, die ohne Zurücklegen gezogen werden. Zur Beurteilung unseres Tests (4.2), (4.3) müßte also die Operations-Charakteristik (4.6) berechnet werden. Diese Berechnung läßt sich wesentlich vereinfachen, wenn man sich mit Näherungswerten begnügt, die unter gewissen Voraussetzungen für die Praxis ausreichend genau sind. Zur Approximation von $L_{N,n,c}(p)$ wollen wir die Binomial-Verteilung, also $L_{n,c}(p)$, die Poisson-Verteilung und die Normalverteilung benutzen.

Aus der Darstellung (4.10) von $L_{N,n,c}(p)$ folgt – ganz analog wie (1.43) aus (1.42) – auch hier, daß

$$\lim_{N \to \infty} L_{N,n,c}(p) = L_{n,c}(p) \tag{4.21}$$

für jedes p mit $0 \leqslant p \leqslant 1$ ist. $L_{n,c}(p)$ kann also als Näherung für $L_{N,n,c}(p)$ angesehen werden. Ein numerischer Vergleich mit Hilfe von Tabellen der hypergeometrischen Verteilung und der Binomial-Verteilung zeigt, daß diese Näherung hinreichend genau ist, wenn der Stichprobenumfang $n \leqslant N/10$ ist. Für die Praxis ergibt sich daraus eine sehr wichtige Folgerung:

Die Operations-Charakteristik $L_{N,n,c}(p)$ ist annähernd unabhängig vom Umfang N der Grundgesamtheit, falls nur $n \leqslant N/10$ ist.

Wenn man trotzdem in den Tabellen zur Qualitätskontrolle den Stichprobenumfang n in Abhängigkeit von der Partiegröße N vorgeschrieben findet, so hat das darin seinen Grund, daß man für größere N eine andere, nämlich „schärfere", Operations-Charakteristik wünscht als für kleinere N. Fehlentscheidungen bedingen eben im allgemeinen einen um so größeren Verlust, je größer N ist. Wir werden diese Fragen in 4.2 noch genau besprechen.

Die numerische Bestimmung von $L_{n,c}(p)$ läßt sich mit Hilfe der Umkehrfunktion (2.37) der F-Verteilung wesentlich vereinfachen. Satz 2.1 gestattet es nämlich, zu vorgegebenem α sofort die Stelle p zu bestimmen, für die $L_{n,c}(p) = \alpha$ ist. Lösen wir die dortigen Gleichungen zwischen ρ und F^* jeweils nach ρ auf, so erhalten wir mit unseren jetzigen Bezeichnungen:

Satz 4.7 *c und n seien natürliche, α und p reelle Zahlen mit $0 \leqslant c < n, 0 \leqslant \alpha \leqslant 1$, $0 \leqslant p \leqslant 1$. Dann ist $L_{n,c}(p) = \alpha$ genau dann, wenn*

$$p = \frac{(c+1)F^*(1-\alpha; 2(c+1), 2(n-c))}{n - c + (c+1)F^*(1-\alpha; 2(c+1), 2(n-c))}$$

ist; und dies ist gleichwertig mit

$$p = \frac{c+1}{c + 1 + (n-c)F^*(\alpha; 2(n-c), 2(c+1))}.$$

Wir brauchen beide Ausdrücke für p, weil $F^*(\alpha; m_1, m_2)$ im allgemeinen nur für $\alpha \geqslant 1/2$ tabelliert ist.

Wir wollen als Anwendungsbeispiel für die in Fig. 5 dargestellte Operations-Charakteristik $L_{10,1}(p)$ den zu $\alpha = 0,50$ gehörenden p-Wert bestimmen, den wir als 50%-Punkt mit $p_{50\%}$ bezeichnen wollen. Einer Tabelle der F-Verteilung (z. B. A. H a l d [1962]) entnehmen wir, daß $F^*(0,5; 4, 18) = 0,872$ ist. Also ist $p_{50\%} = 2 \cdot 0,872/(9 + 2 \cdot 0,872) = 0,162$.

Der 50%-Punkt $p_{50\%}$ als derjenige Punkt, für den die Wahrscheinlichkeit für die Annahme gleich der Wahrscheinlichkeit für die Ablehnung der Partie ist, zeigt an, welche Ausschuß-anteile p (nämlich $p < p_{50\%}$) mit größerer Wahrscheinlichkeit eine Annahme und welche Ausschußanteile p (nämlich $p > p_{50\%}$) mit größerer Wahrscheinlichkeit eine Ablehnung der Partie bewirken. Man kann daher auch sagen, daß unser Test zur Trennung der Partien mit $p < p_{50\%}$ von denen mit $p > p_{50\%}$ führt. $p_{50\%}$ wird übrigens bei der Festlegung von n und c in 4.2.2 noch eine besondere Rolle spielen.

Die Operations-Charakteristik $L_{n,c}(p)$ läßt sich ihrerseits mit Hilfe der Poisson-Verteilung approximieren, die man z. B. bei E. C. M o l i n a *[1947] recht ausführlich tabelliert findet. Setzen wir*

$$L_{n,c}^*(p) = \sum_{m=0}^{c} \frac{n^m p^m}{m!}\, e^{-np}, \tag{4.22}$$

so folgt aus dem Grenzwert (1.48), daß für große n und kleine p

$$L_{n,c}(p) \approx L_{n,c}^*(p) \tag{4.23}$$

ist.

Ein numerischer Vergleich zeigt, daß diese Annäherung schon recht genau ist, wenn $p < 0,1$ ist. Da man es in der Qualitätskontrolle selten mit mehr als 10% Ausschuß zu tun hat, ist diese Approximation besonders wichtig. Um einen Vergleich mit den in den vorigen Abschnitten zusammengestellten Eigenschaften von $L_{n,c}(p)$ zu erleichtern, wollen wir die ersten beiden Ableitungen und den steilsten Abstieg von $L_{n,c}(p)$ berechnen.

Man erkennt sofort, daß

$$\frac{d}{dp}\, L_{n,c}^{*}(p) = \frac{-\,n^{c+1}p^{c}}{c!}\, e^{-np} < 0 \quad \text{für}\quad 0 < p \leqslant 1 \tag{4.24}$$

ist. Für $c > 0$ ist

$$\frac{d^{2}}{dp^{2}}\, L_{n,c}^{*}(p) = (np - c)\, \frac{n^{c+1}p^{c-1}}{c!}\, e^{-np}. \tag{4.25}$$

Also hat $\dfrac{d}{dp}\, L_{n,c}^{*}(p)$ für $p \geqslant 0$ genau ein Minimum, und zwar an der Stelle $p = c/n$, und es ist

$$\operatorname*{Min}_{p \geqslant 0}\ \frac{d}{dp}\, L_{n,c}^{*}(p) = \frac{-\,nc^{c}}{c!}\, e^{-c}. \tag{4.26}$$

Um die Abhängigkeit dieses steilsten Abstiegs von n bei festem c/n besser zu erkennen, benutzen wir die Formel (4.16) von S t i r l i n g und erhalten

$$\operatorname*{Min}_{p \geqslant 0}\ \frac{d}{dp}\, L_{n,c}^{*}(p) = \frac{-\,n}{\sqrt{c}\,\sqrt{2\pi}}\, e^{-\frac{\Theta_{c}}{12c}} = \frac{-\,\sqrt{n}}{\sqrt{c/n}\,\sqrt{2\pi}}\, e^{-\frac{\Theta_{c}}{12c}}, \tag{4.27}$$

wobei $0 < \Theta_{c} < 1$ ist.

Für die Bestimmung des Prüfplanes (n, c) durch die Vorgabe zweier Punkte der Operations-Charakteristik ist der folgende Satz über die Approximation $L_{n,c}^{*}(p)$ für $L_{n,c}(p)$ wichtig, der hier ohne Beweis zitiert sei (siehe T. W. A n d e r s o n und S. M. S a m u e l s [1967], Seite 4 oder A. H a l d [1978], Seite 249–251):

Satz 4.8 *Für $0 \leqslant c < n - 1$ hat die Operations-Charakteristik (4.5) im Innern des Intervalls (0, 1) genau einen Schnittpunkt mit der zu ihrer Approximation benutzten Funktion (4.22), und es ist*

$$L_{n,c}(p) = L_{n,c}^{*}(p) = 1 \quad \textit{für } p = 0$$

$$L_{n,c}(p) > L_{n,c}^{*}(p) \qquad \textit{für } 0 < p < \frac{c}{n}$$

$$L_{n,c}(p) < L_{n,c}^{*}(p) \qquad \textit{für } \frac{c}{n}\left(1 + \frac{1}{n}\right) < p \leqslant 1.$$

Auch der Grenzwert-Satz 4.6 läßt sich auf $L_{n,c}^{*}(p)$ übertragen, wobei der Beweis ganz analog geführt wird.

Satz 4.9 *Für jede reelle Zahl γ mit $0 < \gamma < 1$ gilt für die Funktion (4.22) mit $c = [\gamma n]$*

$$\lim_{n \to \infty} L_{n,[\gamma n]}^{*}(p) = \begin{cases} 1 & \textit{für } 0 \leqslant p < \gamma \\ 0 & \textit{für } \gamma < p. \end{cases}$$

B e w e i s. Für $0 \leqslant p < \gamma$ ist nach (1.46)

$$np = \sum_{m=0}^{\infty} (m - np)^2 \frac{n^m p^m}{m!} e^{-np} \geqslant \sum_{m=[\gamma n]+1}^{\infty} (m - np)^2 \frac{n^m p^m}{m!} e^{-np}$$

$$\geqslant n^2(\gamma - p)^2 \sum_{m=[\gamma n]+1}^{\infty} \frac{n^m p^m}{m!} e^{-np} = n^2(\gamma - p)^2 (1 - L^*_{n,[\gamma n]}(p)).$$

Also ist $0 \leqslant 1 - L^*_{n,[\gamma n]}(p) \leqslant \dfrac{p}{n(\gamma - p)^2}$.

Analog ist für $\gamma < p$

$$np \geqslant \sum_{m=0}^{[\gamma n]} (m - np)^2 \frac{n^m p^m}{m!} e^{-np} \geqslant n^2(p - \gamma)^2 L^*_{n,[\gamma n]}(p),$$

also $0 \leqslant L^*_{n,[\gamma n]}(p) \leqslant \dfrac{p}{n(p - \gamma)^2}$, woraus sofort die Behauptung folgt. ∎

Im folgenden wird ein Zusammenhang zwischen $L^*_{n,c}(p)$ und der in Definition 1.12 eingeführten χ^2-Verteilung für uns von Nutzen sein. Wir beweisen zunächst

Satz 4.10 *Für* $c = 0, 1, 2, \ldots$ *und jedes reelle* $x \geqslant 0$ *ist*

$$\sum_{m=0}^{c} \frac{x^m}{m!} e^{-x} = 1 - \int_0^{2x} \frac{1}{2^{c+1} c!} y^c e^{-y/2} dy,$$

wobei der Integrand gleich der Dichte $g_{2(c+1)}(y)$ *der* χ^2*-Verteilung mit Freiheitsgrad* $2(c + 1)$ *ist.*

B e w e i s. Ersichtlich ist die Behauptung für $x = 0$ richtig. Da beide Seiten nach x differenziert dieselbe Ableitung, nämlich

$$- \frac{x^c}{c!} e^{-x}$$

haben, folgt daraus die Behauptung. ∎

Setzen wir $x = np$, so erhalten wir den gewünschten Zusammenhang:

$$L^*_{n,c}(p) = \sum_{m=0}^{c} \frac{n^m p^m}{m!} e^{-np} = 1 - \int_0^{2np} \frac{1}{2^{c+1} c!} y^c e^{-y/2} dy. \tag{4.28}$$

Wir wollen mit $G^*(\alpha; k)$ die Umkehrfunktion der Verteilungsfunktion der χ^2-Verteilung mit Freiheitsgrad k bezeichnen. Für jede natürliche Zahl $k \geqslant 1$ und jede reelle Zahl α mit $0 \leqslant \alpha \leqslant 1$ ist $G^*(\alpha; k) \geqslant 0$ entsprechend Definition 1.12 definiert durch

$$\int_0^{G^*(\alpha;k)} g_k(y) dy = \alpha. \tag{4.29}$$

Dann ist nach (4.28) $L_{n,c}^*(p) = \alpha$ gleichbedeutend mit $2np = G^*(1 - \alpha; 2(c + 1))$, und es gilt also

Satz 4.11 c *und* n *seien natürliche Zahlen,* α *und* p *reelle Zahlen, und es sei* $p \geqslant 0$, $0 \leqslant \alpha \leqslant 1$. *Dann ist* $L_{n,c}^*(p) = \alpha$ *genau dann, wenn*

$$p = \frac{1}{2n} G^*(1 - \alpha; 2(c + 1))$$

ist.

Als Anwendungsbeispiel nehmen wir wieder $n = 10$, $c = 1$ und $\alpha = 0,50$. Einer Tabelle der χ^2-Verteilung (z. B. A. H a l d [1962]) entnehmen wir $G^*(0,50; 4) = 3,36$, und also ist $p_{50\%} = 3,36/20 = 0,168$.

Nach (1.60) können wir auch die Normalverteilung zur Approximation von $L_{n,c}(p)$ *in der folgenden Form benutzen:*

$$L_{n,c}(p) \approx \Phi\left(\frac{c + \dfrac{1}{2} - np}{\sqrt{np(1 - p)}}\right). \tag{4.30}$$

Die in 1.6.4.2 angegebene Faustregel besagt, daß diese Annäherung ausreichend genau ist, wenn $np(1 - p) > 9$ ist. Für die in der Qualitätskontrolle interessanten kleineren Werte von p ist diese Approximation also nur für größere Stichprobenumfänge genau genug. Da aber die Berechnung der rechten Seite von (4.30) vergleichsweise nur sehr wenig Arbeit erfordert, kann man (4.30) gelegentlich auch für kleinere n als zwar grobe, aber bequeme Näherung benutzen.

Der 50%-Punkt von Φ läßt sich sofort allgemein angeben; es ist

$$\Phi\left(\frac{c + \dfrac{1}{2} - np}{\sqrt{np(1 - p)}}\right) = \frac{1}{2} \text{ genau für } p = \frac{c + \dfrac{1}{2}}{n}. \tag{4.31}$$

$\left(c + \dfrac{1}{2}\right)\!\Big/n$ ist eine gute Näherung für den 50%-Punkt der Operations-Charakteristik $L_{n,c}(p)$ und gestattet damit in besonders einfacher Weise zu erkennen, welche Ausschußanteile p bei unserem Test mit großer Wahrscheinlichkeit zur Annahme beziehungsweise Ablehnung der Partie führen.

Wir wollen noch die Größe der Ableitung von Φ an dieser Stelle berechnen, um auch aus dieser Näherung (4.30) einen Anhalt dafür zu gewinnen, wie rasch die Wahrscheinlichkeit für die Annahme beziehungsweise die Ablehnung wächst, wenn sich p von $\left(c + \dfrac{1}{2}\right)\!\Big/n$ entfernt. Nun ist

$$\frac{d}{dp}\left(\frac{c + \dfrac{1}{2} - np}{\sqrt{np(1 - p)}}\right) = -\frac{np - 2cp - p + c + \dfrac{1}{2}}{2\sqrt{n}\,(\sqrt{p(1 - p)})^3},$$

und also ist nach (1.53)

$$\frac{d}{dp} \Phi\left(\frac{c + \frac{1}{2} - np}{\sqrt{np(1-p)}}\right) = -\frac{np - 2cp - p + c + \frac{1}{2}}{2\sqrt{n}\,(\sqrt{p(1-p)})^3\,\sqrt{2\pi}}\, e^{-\frac{|c + \frac{1}{2} - np|^2}{2np(1-p)}}.$$

An der Stelle $p' = \left(c + \frac{1}{2}\right)\Big/ n$ ergibt sich daher

$$\left.\frac{d}{dp} \Phi\left(\frac{c + \frac{1}{2} - np}{\sqrt{np(1-p)}}\right)\right|_{p=p'} = -\frac{2c + 1 - (2c+1)p'}{2\sqrt{n}\,(\sqrt{p'(1-p')})^3\,\sqrt{2\pi}} = \frac{-\sqrt{n}\,p'(1-p')}{(\sqrt{p'(1-p')})^3\,\sqrt{2\pi}}.$$

Also ist
$$\left.\frac{d}{dp} \Phi\left(\frac{c + \frac{1}{2} - np}{\sqrt{np(1-p)}}\right)\right|_{p=p'} = \frac{-\sqrt{n}}{\sqrt{p'(1-p')}\,\sqrt{2\pi}}. \tag{4.32}$$

Aufgabe 4.5 Mit Hilfe der Sätze 4.7 und 4.11 skizziere man $L_{n,c}(p)$ und $L_{n,c}^{*}(p)$ für

$n = 100$, $c = 1$ und $0 \leqslant p \leqslant 1/10$. Außerdem skizziere man auch $\Phi\left(\dfrac{c + \frac{1}{2} - np}{\sqrt{np(1-p)}}\right)$ für $n = 100$ und $c = 1$.

4.2 Einfache Stichprobenpläne

In 4.1 haben wir besprochen, welche Eigenschaften der Test (4.2), (4.3) bei gegebenem Stichprobenumfang n und gegebener Annahmezahl c hat. Hier wollen wir umgekehrt n und c so bestimmen, daß der Test gewissen Bedingungen genügt. Dazu wollen wir einleitend noch einige Bezeichnungen kennenlernen.

Es sei $L(p)$ eine in p stetige Operations-Charakteristik, wie z. B. (4.5) oder (4.10). Wir definieren den $100a\%$-Punkt $p_a = p_{100a\%}$ von $L(p)$ durch

$$L(p_a) = a, \tag{4.33}$$

also als den Ausschußprozentsatz $100p_a\%$ der Partie, für den die Annahmewahrscheinlichkeit gerade $100a\%$ beträgt. Einige dieser Prozentpunkte haben wegen ihrer praktischen Bedeutung besondere Namen. So wurde bereits in 4.1.5 auf den 50%-Punkt $p_{50\%}$ hingewiesen, der I n d i f f e r e n z p u n k t (= indifference quality) oder P r ü f u n g s - p u n k t oder auch K o n t r o l l p u n k t (= point of control) genannt wird.

Für die auf der Poisson-Verteilung basierende Approximation (4.22) gestattet Satz 4.11 den 50%-Punkt auszurechnen. Benutzt man die Normalverteilung zur Approximation, so ist dafür der 50%-Punkt durch die Gleichung (4.31) explizit gegeben. Für die Operations-Charakteristik $L_{n,c}(p)$, die nach Satz 4.4 ihren Wendepunkt an der Stelle $c/(n-1)$ hat, läßt sich beweisen, daß der 50%-Punkt stets zwischen $c/(n-1)$ und $(c+1)/(n+1)$ liegt; es gilt nämlich folgender Satz (siehe W. U h l m a n n [1966]):

Satz 4.12 *Für die Operations-Charakteristik (4.5) gilt für* $n \geqslant 2$:

$$L_{n,c}\left(\frac{c}{n-1}\right) > \frac{1}{2} > L_{n,c}\left(\frac{c+1}{n+1}\right) \quad \textit{falls } 0 \leqslant c < \frac{n-1}{2}$$

$$L_{n,c}\left(\frac{c}{n-1}\right) = \frac{1}{2} = L_{n,c}\left(\frac{c+1}{n+1}\right) \quad \textit{falls } c = \frac{n-1}{2}$$

$$L_{n,c}\left(\frac{c+1}{n+1}\right) > \frac{1}{2} > L_{n,c}\left(\frac{c}{n-1}\right) \quad \textit{falls } \frac{n-1}{2} < c \leqslant n-1.$$

Der 90%-Punkt $p_{90\%}$ heißt in der deutschen Literatur A n n a h m e g r e n z e , und man nennt 100% − 90% = 10% das zugehörige P r o d u z e n t e n r i s i k o − es entspricht der Wahrscheinlichkeit für den Fehler 1. Art der Testtheorie −, weil bei einem tatsächlichen Ausschußanteil von $p_{90\%}$ im Durchschnitt noch 10% der Lieferungen wegen zufällig schlechten Ausfalls der Stichprobe an den Produzenten oder Lieferanten zurückgehen, obwohl die Partie ausreichend gut ist. In der anglo-amerikanischen Literatur bevorzugt man statt dessen $p_{95\%}$ und nennt diesen Ausschußanteil acceptable quality level oder abgekürzt AQL.

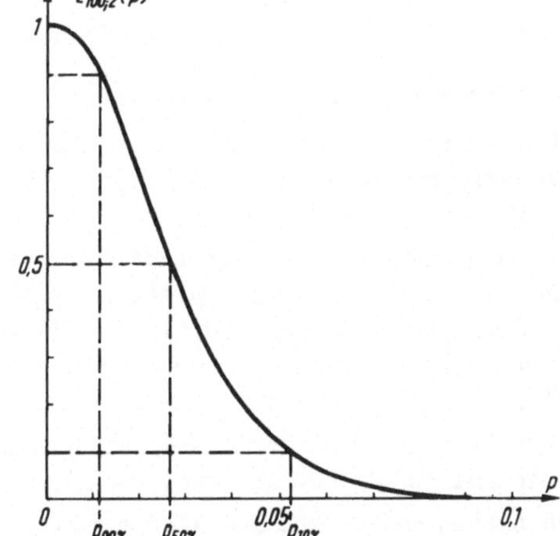

Fig. 6
Annahmegrenze $p_{90\%}$ = 0,011, Indifferenzpunkt $p_{50\%}$ = 0,027 und Ablehngrenze
$p_{10\%}$ = 0,052 beim Stichprobenumfang
n = 100 und Annahmezahl c = 2

Der Punkt $p_{10\%}$ heißt A b l e h n g r e n z e (= lot tolerance per cent defective = LTPD), und die zugehörige Annahmewahrscheinlichkeit von 10% für die Partie nennt man K o n - s u m e n t e n r i s i k o − es entspricht der Wahrscheinlichkeit für den Fehler 2. Art −, weil hier der Verbraucher noch mit 10% Wahrscheinlichkeit eine nicht mehr ausreichend gute Partie annimmt.

Um Mißverständnissen vorzubeugen, sei bemerkt, daß die Annahmegrenze und die Ablehngrenze keineswegs scharfe Grenzfälle für den Ausschußanteil darstellen. Ihre Bedeutung liegt nur darin, daß man Bezeichnungen für die beiden vorzugebenden Punkte (s. 4.2.1) der Operations-Charakteristik haben möchte.

4.2.1 Vorgabe zweier Punkte der Operations-Charakteristik

Wir wollen hier den Stichprobenumfang n und die Annahmezahl c also den Prüfplan (n, c) so bestimmen, daß die Operations-Charakteristik (ungefähr) durch zwei vorgegebene Punkte geht. Dazu gehört als Spezialfall, daß man die Annahmegrenze $p_{90\%}$ und die Ablehngrenze $p_{10\%}$ vorschreibt. Zum Beispiel sucht man einen möglichst kleinen Stichprobenumfang n und eine Annahmezahl c derart, daß Partien mit 1% Ausschuß mit ungefähr (aber nicht weniger als) 90% Wahrscheinlichkeit angenommen werden und daß Partien mit 3% Ausschuß mit ungefähr (aber nicht mehr als) 10% Wahrscheinlichkeit angenommen werden.

Wie in 4.1 bezeichnen wir die Partiegröße mit N. Wir geben vier reelle Zahlen $\alpha, \beta, p_\alpha, p_\beta$ vor, die folgenden Bedingungen genügen sollen:

$$1 > \alpha > 1/2 > \beta > 0, \qquad 0 < p_\alpha < p_\beta < 1, \qquad p_\beta - p_\alpha > 1/N. \tag{4.34}$$

Gesucht sind zwei natürliche Zahlen n und c mit $0 \leqslant c < n \leqslant N$, die die Eigenschaft haben, daß die Operations-Charakteristik $L_{N,n,c}(p)$ „ungefähr" durch die Punkte (p_α, α) und (p_β, β) geht. Man kann im allgemeinen das Wort „ungefähr" nicht durch das Wort „genau" ersetzen, da $L_{N,n,c}(p_\alpha)$ und $L_{N,n,c}(p_\beta)$ bei den endlich vielen verschiedenen möglichen n und c auch nur endlich viele Werte annehmen, unter denen natürlich nicht gerade α und β zu sein brauchen. Damit aber das Produzentenrisiko nicht größer als $(1 - \alpha)$ und das Konsumentenrisiko nicht größer als β wird, verlangen wir: n und c sind so zu bestimmen, daß

$$L_{N,n,c}(p_\alpha) \geqslant \alpha \quad \text{und} \quad L_{N,n,c}(p_\beta) \leqslant \beta \tag{4.35}$$

ist. Durch die Forderung (4.35) sind n und c im allgemeinen nicht eindeutig bestimmt. Um unnötige Prüfarbeit zu ersparen, fordern wir daher zusätzlich, daß n möglichst klein sein soll.

Die Existenz mindestens eines Zahlenpaares n und c, das (4.35) erfüllt, ist gesichert: Man nimmt n = N und wählt c so, daß $p_\alpha \leqslant c/N < p_\beta$ ist (dies ist nach (4.34) möglich); dann ist die Bedingung (4.35) wegen Gl. (4.19) erfüllt. Der weiteren Forderung entsprechend wählt man unter den endlich vielen Paaren von natürlichen Zahlen n und c, die (4.35) erfüllen und für die $0 \leqslant c < n \leqslant N$ ist, ein solches mit möglichst kleinem n aus.

Um n und c numerisch zu bestimmen, kann man das im folgenden geschilderte Verfahren benutzen, das auf P. P e a c h und S. B. L i t t a u e r [1946] zurückgeht.

Wenn p_α und p_β relativ groß sind, kann man sich eine Näherungslösung mit Hilfe der Approximation (4.30) durch die Normalverteilung verschaffen. Wir wollen darauf nicht eingehen, sondern uns mit dem praktisch wichtigeren Fall beschäftigen, daß $p_\alpha < p_\beta < 0{,}1$ ist. Weiter wollen wir zunächst annehmen, daß der Partieumfang N sehr groß ist. Dann kann man die Forderung (4.35) – näherungsweise – ersetzen durch

$$L_{n,c}(p_\alpha) \geqslant \alpha \quad \text{und} \quad L_{n,c}(p_\beta) \leqslant \beta, \tag{4.36}$$

und da $p_\beta < 0{,}1$ ist, versuchen wir zunächst die Forderung

$$L_{n,c}^*(p_\alpha) \geqslant \alpha \quad \text{und} \quad L_{n,c}^*(p_\beta) \leqslant \beta \tag{4.37}$$

zu erfüllen. Wählt man eine reelle Zahl γ so, daß $p_\alpha < \gamma < p_\beta$ ist, und nimmt man $c = [\gamma n]$, so folgt aus den Sätzen 4.6 und 4.9, daß für hinreichend großes n die Bedingungen (4.36) und (4.37) stets erfüllt sind.

Da die Existenz eines Zahlenpaares n, c somit gesichert ist, brauchen wir uns nur noch um ein solches Paar mit möglichst kleinem n zu bemühen. Nach (4.28) und (4.29) ist die Bedingung (4.37) gleichwertig mit

$$\int_0^{2np_\alpha} g_{2(c+1)}(y)dy \leqslant 1 - \alpha \quad \text{und} \quad \int_0^{2np_\beta} g_{2(c+1)}(y)dy \geqslant 1 - \beta,$$

also mit

$$\frac{1}{2n} G^*(1 - \alpha; 2(c+1)) \geqslant p_\alpha \quad \text{und} \quad \frac{1}{2n} G^*(1 - \beta; 2(c+1)) \leqslant p_\beta.$$

Beachten wir noch, daß $G^*(1 - \beta; 2(c+1))$ monoton wachsend vom Freiheitsgrad $2(c+1)$ abhängt, so haben wir den für unser Problem entscheidenden Satz bewiesen:

Satz 4.13 *Der Stichprobenumfang* n *und die Annahmezahl* c *erfüllen genau dann die Bedingung (4.37), wenn*

$$\frac{G^*(1 - \beta; 2(c+1))}{2p_\beta} \leqslant n \leqslant \frac{G^*(1 - \alpha; 2(c+1))}{2p_\alpha} \tag{4.38}$$

gilt. Man erhält ein möglichst kleines n, *das der Bedingung (4.37) genügt, wenn man ein möglichst kleines* c *so wählt, daß sich (4.38) gerade noch mit einer passenden natürlichen Zahl* n *erfüllen läßt.*

Mit Hilfe einer Tafel der χ^2-Verteilung und indem wir für c nacheinander die natürlichen Zahlen 0, 1, 2, . . . einsetzen, ermitteln wir dieses kleinste c, zu dem es eine natürliche Zahl $n > c$ gibt, die der Bedingung (4.38) genügt. Um nicht unnötig neue Bezeichnungen einzuführen, wollen wir diese Zahlen wieder n und c nennen. Mit Hilfe von Satz 4.8 überzeugen wir uns davon, daß dieser Prüfplan (n, c) auch der Bedingung (4.36) genügt. Anschließend prüfen wir mit Hilfe von Satz 4.5 nach, ob (n, c) auch die Forderung (4.35) erfüllt. Ist dies der Fall und ist $n \leqslant N/10$ ausgefallen, so können wir unsere Aufgabe als gelöst ansehen.

Bevor wir auf die Frage eingehen, ob man bei kleineren Partiegrößen N eventuell auch mit einem noch kleineren Stichprobenumfang n auskommt, wollen wir das eben beschriebene Verfahren an einem numerischen Beispiel erläutern:

Gesucht sei ein möglichst kleiner Stichprobenumfang n und eine Annahmezahl c derart, daß Partien mit 1% Ausschuß mit mindestens 90% Wahrscheinlichkeit angenommen werden und daß Partien mit 3% Ausschuß mit höchstens 10% Wahrscheinlichkeit angenommen werden. Die Partiegröße sei N = 5000. Hier ist also $\alpha = 0{,}9$, $\beta = 0{,}1$, $p_\alpha = 0{,}01$ und $p_\beta = 0{,}03$ vorgegeben, und die Bedingung (4.38) nimmt die Form

$$\frac{G^*(0{,}9; 2(c+1))}{0{,}06} \leqslant n \leqslant \frac{G^*(0{,}1; 2(c+1))}{0{,}02}$$

an. Für c = 0, 1, 2, 3, 4 ist – wie eine Tafel der χ^2-Verteilung zeigt –

$$G^*(0{,}9; 2(c+1)) > 3G^*(0{,}1; 2(c+1)).$$

Das kleinste in Frage kommende c ist also c = 5, und dafür ist G*(0,9; 12)/0,06 = 309,2 und G*(0,1; 12)/0,02 = 315,2. Wir wählen daher n = 310 und c = 5.

Nach Satz 4.13 wissen wir, daß der Prüfplan (310; 5) der Bedingung (4.37) genügt. Da hier weiter p_α = 0,01 < c/n = 5/310 und (c/n) (1 + 1/n) < 0,03 = p_β ist, folgt aus Satz 4.8, daß auch die Bedingung (4.36) erfüllt ist. Ganz ähnlich ergibt sich schließlich aus Satz 4.5, daß der Prüfplan (310; 5) auch die ursprüngliche Forderung erfüllt.

Nur in Ausnahmefällen wird es nicht möglich sein, mit Hilfe der Sätze 4.8 und 4.5 aus den Ungleichungen (4.37) die Ungleichungen (4.36) und (4.35) zu folgern. Dagegen ist es durchaus möglich, daß man die Bedingungen (4.36) und insbesondere (4.35) auch mit kleinerem Stichprobenumfang erfüllen kann, als er sich aus unserem eben geschilderten Verfahren ergibt.

Für (4.36) setzt dies natürlich voraus, daß (4.36) mit „echt >" beziehungsweise „echt <" erfüllt ist. Ob dies der Fall ist, kann man leicht nachprüfen, indem man mit Hilfe von Satz 4.7 die Bedingung (4.36) umformt in die damit gleichwertige Bedingung

$$\frac{c + 1}{c + 1 + (n - c)F^*(\alpha; 2(n - c), 2(c + 1))} \geq p_\alpha$$

$$\frac{(c + 1)F^*(1 - \beta; 2(c + 1), 2(n - c))}{n - c + (c + 1)F^*(1 - \beta; 2(c + 1), 2(n - c))} \leq p_\beta \tag{4.39}$$

und hier dann die jeweiligen numerischen Werte einsetzt. Für unser Beispiel rechnet man leicht nach, daß innerhalb einer Rechengenauigkeit von drei Stellen nach dem Komma das Gleichheitszeichen gilt.

Eine entsprechende Überprüfung der Ungleichungen (4.35) wäre nur sehr mühsam durchzuführen. Erst recht wäre es schwierig, durch Probieren einen Prüfplan finden zu wollen, der mit kleinerem Stichprobenumfang auch noch (4.35) genügt. Andererseits lohnt es sich aus Gründen der Kostenersparnis einen solchen Prüfplan zu bestimmen, der um so eher existiert je ungenauer die Annäherung von $L_{N,n,c}(p)$ durch $L_{n,c}(p)$ ist, das heißt je stärker die Faustregel n ≤ N/10 verletzt ist. In einem solchen Falle empfiehlt sich das folgende Näherungsverfahren.

Dem Buch von W. M o l e n a a r [1970] (Seite 139) entnehmen wir dazu, daß auch für n relativ groß zu N in guter Näherung

$$L_{N,n,c}(p) \approx L^*_{n,c}(\lambda(p)) \quad \text{mit } \lambda(p) = \frac{(2Np - c)(2n - c)}{2n(2N - Np - n + 1)} \tag{4.40}$$

ist.

Bei unserem oben geschilderten Verfahren haben wir (4.35) näherungsweise durch (4.37) ersetzt und (4.37) umformuliert zu (4.38). Entsprechend ersetzen wir hier nun (4.35) durch

$$L^*_{n,c}(\lambda(p_\alpha)) \geq \alpha \quad \text{und} \quad L^*_{n,c}(\lambda(p_\beta)) \leq \beta.$$

Diese Ungleichungen sind (siehe Satz 4.11) ersichtlich gleichwertig mit

$$2n \, \lambda(p_\alpha) \leq G^*(1 - \alpha; 2(c + 1)) \quad \text{und} \quad G^*(1 - \beta; 2(c + 1)) \leq 2n \, \lambda(p_\beta).$$

Setzt man $\lambda(p_\alpha)$ und $\lambda(p_\beta)$ nach (4.40) ein, so kann man mit einiger elementarer Rechnung diese Ungleichungen auf die Form bringen:

$$\frac{2cNp_\beta - c^2 + (2N - Np_\beta + 1)G^*(1 - \beta; 2(c + 1))}{4Np_\beta - 2c + G^*(1 - \beta; 2(c + 1))}$$

$$\leqslant n \leqslant \frac{2cNp_\alpha - c^2 + (2N - Np_\alpha + 1)G^*(1 - \alpha; 2(c + 1))}{4Np_\alpha - 2c + G^*(1 - \alpha; 2(c + 1))}. \tag{4.41}$$

Um mit diesem Verfahren näherungsweise einen Prüfplan (n, c) zu bestimmen, der der Forderung (4.35) genügt, geht man analog wie im Anschluß an (4.38) beschrieben vor: Man setzt für c nacheinander die Zahlen 0, 1, 2, . . . in (4.41) ein bis es zum ersten Mal eine natürliche Zahl n $>$ c gibt, die den Ungleichungen (4.41) genügt. Das kleinste solche n und das zugehörige c bilden den gesuchten Prüfplan (n, c).

Aufgabe 4.6 Man bestimme n und c so, daß Partien mit 0,8% Ausschuß mit mindestens 90% Wahrscheinlichkeit angenommen werden und daß Partien mit 4% Ausschuß mit höchstens 10% Wahrscheinlichkeit angenommen werden. Die Partiegröße sei N = 2000.

4.2.2 Vorgabe des Indifferenzpunktes und der Steilheit

Wir wollen hier ein bei P h i l i p s benutztes Stichprobensystem kennenlernen, das in dem Buch von S c h a a f s m a und W i l l e m z e [1973] dargestellt ist.

Es sei L(p) die stetig differenzierbare Operations-Charakteristik (4.5) oder (4.10), wobei es für (4.10) nicht auf die beiden Punkte

$$p = c/N \quad \text{und} \quad p = 1 - (n - c - 1)/N$$

ankommt. Nun gibt der steilste Abstieg von L(p), also der Minimalwert der 1. Ableitung von L(p) (s. die Sätze 4.3 und 4.4 und Gl. (4.17) und (4.18)), einen Anhalt für die Schärfe unseres Testes, während die Stelle des steilsten Abstieges etwas darüber aussagt, welche Ausschußprozentsätze zur Annahme und welche zur Ablehnung der Partie führen. Es ist daher naheliegend, n und c so zu wählen, daß diese beiden die Eigenschaften von L(p) kennzeichnenden Größen vorgegebene Werte annehmen. Die dafür erforderliche Rechnung läßt sich erheblich vereinfachen, wenn man den steilsten Abstieg durch den Wert der 1. Ableitung an der Stelle $p_{50\%}$ ersetzt und statt der Stelle des steilsten Abstiegs ebenfalls $p_{50\%}$ benutzt (s. H. C. H a m a k e r [1949/50]). Man beachte, daß sich sowohl bei der Deutung als auch bei den numerischen Werten kein großer Unterschied ergibt. Wenn man sich auf die Approximation (4.22) durch die Poisson-Verteilung beschränkt, kommt man zu einfacher nach n und c auflösbaren Gleichungen, wenn man die 1. Ableitung noch mit $-2p_{50\%}$ multipliziert. Den erhaltenen Wert nennen wir die S t e i l h e i t h der Operations-Charakteristik:

$$h = - \frac{p}{L(p)} \frac{dL(p)}{dp} \bigg|_{p=p_{50\%}} = -2p_{50\%} \frac{dL(p)}{dp} \bigg|_{p=p_{50\%}}. \tag{4.42}$$

Die Steilheit h ist also das Verhältnis des Betrages der Ableitung von L(p) zu L(p)/p, beide an der Stelle $p_{50\%}$ genommen. Es sei betont, daß es nicht auf die anschauliche

Deutbarkeit der Steilheit ankommt, sondern nur auf die gute Tabellierbarkeit der so aufgestellten Stichprobenpläne. Wenn $n \leqslant N/10$ und $p_{50\%} < 0,1$ ist, können wir (4.42) durch den entsprechenden Ausdruck für $L^*_{n,c}(p)$ annähern:

$$h_0 = -2p_{50\%} \left. \frac{dL^*_{n,c}(p)}{dp} \right|_{p=p_{50\%}}, \tag{4.43}$$

wobei hier mit ausreichender Genauigkeit der 50%-Punkt von $L^*_{n,c}(p)$ genommen werden kann. Der Ersatz von (4.42) durch (4.43) ist berechtigt, da h beziehungsweise h_0 ohnedies nur einen Anhalt für die Schärfe des Testes liefern sollen. Nach Gl. (4.24) ist

$$h_0 = \frac{2(np_{50\%})^{c+1}}{c!} \, e^{-np_{50\%}}. \tag{4.44}$$

Satz 4.11 entnehmen wir, daß für den Indifferenzpunkt $p_{50\%}$ gilt:

$$np_{50\%} = \frac{1}{2} \, G^*(0,5; \, 2(c+1)) \tag{4.45}$$

Also hängt h_0 nur von c, nicht aber von n und $p_{50\%}$ ab. Eine ähnliche Erscheinung liegt übrigens im vorigen Abschnitt vor. Aus der Bedingung (4.38) folgt, daß c nur von dem Verhältnis p_β/p_α, nicht aber von n und p_α und p_β selbst abhängt; auch p_β/p_α sagt ja in gewisser Weise etwas über die „Schärfe" des Testes aus. Daß h_0 nur von c abhängt, ist unter anderem von Vorteil, wenn man n und c zu vorgegebenen $p_{50\%}$ und h_0 bestimmen will.

Als numerisches Beispiel wollen wir die in Fig. 6 dargestellte Operations-Charakteristik $L_{100;2}(p)$ betrachten, für die $p_{50\%} = 0,0266$ ist. Nach Satz 4.2 ist $\left. \dfrac{d}{dp} L_{100;2}(p) \right|_{p=p_{50\%}}$ $= -25,1$ und damit $h = 1,34$. Für die obige Näherung $L^*_{100;2}(p)$ dagegen ist $p_{50\%} = 0,02674$, nach (4.24) ist $\left. \dfrac{d}{dp} L^*_{100;2}(p) \right|_{p=p_{50\%}} = -24,7$, und nach (4.44) beziehungsweise Tab. 4 ist $h_0 = 1,32$.

Damit wir (4.44) und (4.45) bei gegebenen $p_{50\%}$ und h_0 rasch nach n und c auflösen können, wollen wir für diese beiden Gleichungen einfache Näherungsformeln aufstellen. Eine Tafel von $G^*(0,5; k)$ (siehe z. B. P e a r s o n und H a r t l e y [1966]) zeigt, daß in guter Annäherung $G^*(0,5; k) \approx k - 0,66$ ist. Nach (4.45) ergibt sich damit näherungsweise

$$np_{50\%} \approx c + 0,67. \tag{4.46}$$

Um eine bequeme Näherung für (4.44) zu erhalten, benutzen wir für $(c+1)!$ die Formel (4.16) von S t i r l i n g und erhalten

$$h_0 \approx \frac{2(c+1)(c+0,67)^{c+1}}{(c+1)!} \, e^{-c-0,67} = \sqrt{\frac{2}{\pi}} \, \sqrt{c+1} \left(\frac{c+0,67}{c+1} \right)^{c+1} e^{0,33} e^{-\Theta_{c+1}/12(c+1)}$$

$$h_0 \approx \sqrt{\frac{2}{\pi}} \, \sqrt{c+1} \left(1 - \frac{0,33}{c+1} \right)^{c+1} e^{0,33} \approx \sqrt{\frac{2}{\pi}} \, \sqrt{c+1}.$$

Also ist

$$\frac{\pi}{2}\, h_0^2 \approx c + 1.$$

Ein numerischer Vergleich für $c = 0, 1, 2, \ldots, 30$ zeigt (s. H. C. H a m a k e r [1949/50]), daß die Näherungsformel

$$\frac{\pi}{2}\, h_0^2 \approx c + 0{,}73 \qquad\qquad (4.47)$$

noch etwas genauer ist.

Tab. 4 können wir entnehmen, daß die Näherung (4.46) für (4.45) und die Näherung (4.47) für (4.44) innerhalb der erforderlichen Rechengenauigkeit völlig ausreichen.

Tab. 4 Annahmezahl, Indifferenzpunkt und Steilheit

c	$np_{50\%}$ nach (4.45)	h_0 nach (4.44)	Näherung für h_0 nach (4.47)
0	0,693	0,693	0,682
1	1,678	1,052	1,049
2	2,674	1,319	1,318
3	3,672	1,541	1,541
4	4,671	1,735	1,735
5	5,670	1,909	1,910
6	6,670	2,069	2,070
7	7,669	2,218	2,218
8	8,669	2,357	2,357
9	9,669	2,488	2,489
10	10,669	2,613	2,614

Entsprechend dem Stichprobensystem von P h i l i p s geben wir nun umgekehrt den Indifferenzpunkt $p_{50\%}$ und die Steilheit $h_0 > 0$ vor und bestimmen dazu den Stichprobenumfang n und die Annahmezahl c. Wir wollen annehmen, daß $p_{50\%} < 0{,}1$ ist; andernfalls müßte man sich der Approximation durch die Normalverteilung bedienen.

Zunächst ergibt sich die natürliche Zahl $c \geqslant 0$ aus (4.47) oder auch aus Tab. 4; sieht man

h_0 *als eine Mindestforderung an die Steilheit an, so wird man $c \geqslant \dfrac{\pi}{2}\, h_0^2 - 0{,}73$ wählen.*

Anschließend bestimmt man n aus (4.46) oder wiederum aus Tab. 4.

Ist $n \leqslant N/10$, so kann man mit Hilfe von Satz 4.2 und (4.42), wobei $L(p) = L_{n,c}(p)$ zu setzen ist, und Satz 4.7 nachprüfen, ob die vorgeschriebenen Werte für $p_{50\%}$ und h_0 hinreichend genau angenommen werden. Ist dagegen n wesentlich größer als $N/10$, so dürfte es zweckmäßiger sein, etwa an Hand einiger Punkte der Operations-Charakteristik nachzusehen, ob $L_{N,n,c}(p)$ für den betreffenden Zweck befriedigend verläuft, als daß man wirklich (4.42) für $L(p) = L_{N,n,c}(p)$ nachprüft.

Als numerisches Beispiel wollen wir n und c so bestimmen, daß $p_{50\%} = 0,03$ und $h_0 \approx 1,5$ ist, wobei die Partiegröße N = 1500 sei. Dann ist $\frac{\pi}{2} h_0^2 - 0,73 = 2,80$, und wir wählen nach (4.47) oder direkt nach Tab. 4 also c = 3. Nach (4.46) ist damit n = 3,67/0,03 = 122 zu nehmen. Da n < N/10 ausgefallen ist, genügt es, an Hand von $L_{122;3}(p)$ nachzuprüfen, ob die gewünschten Bedingungen ausreichend genau erfüllt sind. Nach Satz 4.7 hat $L_{122;3}(p)$ den 50%-Punkt $4F^*(0,5; 8, 238)/(119 + 4F^*(0,5; 8, 238)) = 0,0300$. Weiter ist nach Satz 4.2

$$\left. \frac{d}{dp} L_{122;3}(p) \right|_{p=p_{50\%}} = -122 \cdot 121 \cdot 20 \cdot 119 \cdot 0,03^3 \cdot 0,97^{118} = -26,1,$$

und nach (4.42) ist h = 0,0600 · 26,1 = 1,57.

Auf der Vorgabe von $p_{50\%}$ und h_0 beruht das P h i l i p s - Standard-Stichprobensystem. Die erforderlichen Tafeln findet man in dem Buch von S c h a a f s m a und W i l l e m z e [1973] abgedruckt. Da die durch die Steilheit h_0 ausgedrückte Schärfe näherungsweise nur von c, aber nicht von $p_{50\%}$ abhängt, kann man die Stichprobenpläne mit demselben h_0 in einfacher Weise zu Klassen zusammenfassen und erhält so ein leicht überschaubares System von Stichprobenplänen.

Aufgabe 4.7 Ein Konsument erhält laufend Partien vom Umfang N = 5000. Wie groß muß er den Stichprobenumfang n und die Annahmezahl c wählen, wenn die Steilheit ungefähr 1,7 und der Indifferenzpunkt ungefähr 4% betragen soll? Wie lautet die Lösung, wenn der Indifferenzpunkt statt dessen bei 1% liegen soll?

4.2.3 Totalkontrolle bei Ablehnung

Gegenüber der bisher behandelten Kontrolle durch Stichproben wollen wir hier einige spezielle Voraussetzungen machen, und zwar wollen wir annehmen, daß eine infolge des Ergebnisses der Stichprobe zurückgewiesene Partie vollständig kontrolliert wird und daß alle schlechten Stücke durch gute ersetzt werden. Das setzt natürlich voraus, daß die einzelnen Stücke bei der Kontrolle nicht beschädigt oder gar zerstört werden.

Bezeichnen wir mit $\hat{p}$ den Ausschußanteil nach Durchführung dieses Kontrollverfahrens, so ist

$$\hat{p} = \begin{cases} p & \text{falls} \quad x \leqslant c \\ 0 & \text{falls} \quad x > c. \end{cases} \tag{4.48}$$

Werden laufend Partien — alle mit demselben Umfang N und mit demselben Ausschußanteil p — auf diese Weise behandelt, so hat es einen Sinn, nach dem d u r c h s c h n i t t l i c h e n A u s s c h u ß a n t e i l n a c h d e r P r ü f u n g , also nach dem Erwartungswert $E_p[\hat{p}]$ zu fragen. Nach Definition 1.8 und Gl. (1.21) ist

$$E_p[\hat{p}] = pL(p) + 0(1 - L(p)) = pL(p), \tag{4.49}$$

wobei $L(p) = W_p(x \leqslant c)$ die Operations-Charakteristik unseres Testes sei (s. (4.4)). $E_p[\hat{p}]$ wird auch m i t t l e r e r D u r c h s c h l u p f oder m i t t l e r e A u s l i e f e r u n g s q u a l i t ä t (= average outgoing quality = AOQ) genannt. Dieses Konzept läßt sich noch geringfügig modifizieren, indem man annimmt, daß im Falle $x \leqslant c$ die in der Stichprobe gefundenen schlechten Stücke ebenfalls durch gute ersetzt werden, doch wollen wir darauf nicht näher eingehen.

Für den Konsumenten ist das Maximum p_h *von* $E_p[\hat{p}]$, *genommen über alle p, von besonderer Bedeutung:*

$$p_h = \underset{0 \leqslant p \leqslant 1}{\text{Max}} E_p[\hat{p}] = \underset{0 \leqslant p \leqslant 1}{\text{Max}} pL(p). \tag{4.50}$$

p_h *gibt den* H ö c h s t w e r t d e s m i t t l e r e n D u r c h s c h l u p f e s (= *average outgoing quality limit = AOQL*) *an.*

Betrachten wir zunächst den praktisch stets vorliegenden Fall, daß die Stichprobe ohne Zurücklegen gezogen wird, so ist entsprechend (4.6)

$$p_h = \underset{M=0,1,\dots,N}{\text{Max}} \frac{M}{N} L_{N,n,c}\left(\frac{M}{N}\right). \tag{4.51}$$

Da der mittlere Durchschlupf $\dfrac{M}{N} L_{N,n,c}\left(\dfrac{M}{N}\right)$ für $M = 0, 1, \dots, N$ nur endlich viele Werte annimmt, ist die Existenz des Maximums p_h gesichert. Die numerische Berechnung ist mühsam, und man wird sich daher eine erste Näherung mit Hilfe der Binomial-Verteilung verschaffen, sofern diese nicht überhaupt genügt ($n \leqslant N/10$). Für $L(p) = L_{n,c}(p)$ ist nämlich die mittlere Auslieferungsqualität $pL_{n,c}(p)$ eine stetig differenzierbare Funktion von p, für die gilt:

$$E_p[\hat{p}] = pL_{n,c}(p) \begin{cases} = 0 & \text{für } p = 0 \\ > 0 & \text{für } 0 < p < 1 \\ = 0 & \text{für } p = 1. \end{cases} \tag{4.52}$$

$pL_{n,c}(p)$ nimmt sein Maximum also mindestens einmal an, und zwar im Inneren des Intervalls $(0,1)$, und dort muß die 1. Ableitung verschwinden.

Ist die Annahmezahl $c = 0$, so ist $E_p[\hat{p}] = p(1-p)^n$ und $\dfrac{d}{dp} E_p[\hat{p}] = (1-p)^{n-1}(1-p-np)$, und damit ergibt sich

$$p_h = \underset{0 \leqslant p \leqslant 1}{\text{Max}} pL_{n,0}(p) = pL_{n,0}(p)\Big|_{p=\frac{1}{n+1}} = \frac{n^n}{(n+1)^{n+1}}$$

$$= \frac{1}{n}\left(1 - \frac{1}{n+1}\right)^{n+1} \approx \frac{1}{n} e^{-1} \tag{4.53}$$

Für $c > 0$, aber $c < n - 1$, ist dagegen nach den Sätzen 4.2 und 4.4:

$$\frac{d}{dp} E_p[\hat{p}] = L_{n,c}(p) + p \frac{d}{dp} L_{n,c}(p)$$

$$= \sum_{m=0}^{c} \binom{n}{m} p^m (1-p)^{n-m} - \frac{n!}{c!(n-c-1)!} p^{c+1}(1-p)^{n-c-1}$$

$$= (1-p)^{n-c-1}\left[\sum_{m=0}^{c} \binom{n}{m} p^m (1-p)^{c+1-m} - \frac{n!}{c!(n-c-1)!} p^{c+1}\right]$$

und

$$\frac{d^2}{dp^2} E_p[\hat{p}] = 2 \frac{d}{dp} L_{n,c}(p) + p \frac{d^2}{dp^2} L_{n,c}(p)$$

$$= \frac{-2n!}{c!(n-c-1)!} p^c (1-p)^{n-c-1} + \frac{n!}{c!(n-c-1)!} p^c (1-p)^{n-c-2}[(n-1)p-c]$$

$$= \frac{n!}{c!(n-c-1)!} p^c (1-p)^{n-c-2}[(n+1)p-(c+2)] \begin{cases} <0 & \text{für } 0<p<\dfrac{c+2}{n+1} \\[2mm] =0 & \text{für } p=\dfrac{c+2}{n+1} \\[2mm] >0 & \text{für } \dfrac{c+2}{n+1}<p<1. \end{cases}$$

Zusammen mit (4.53) folgt daraus (für die Berechnung von p_h nutzt man aus, daß $L_{n,c}(p) = -p \frac{d}{dp} L_{n,c}(p)$ für diejenigen p ist, für die die 1. Ableitung von $E_p[\hat{p}]$ verschwindet):

Satz 4.14 *Für $0 \leqslant c < n-1$ gibt es genau eine reelle Zahl p_I mit $0 \leqslant p_I \leqslant 1$, für die*

$$p_h = \underset{0 \leqslant p \leqslant 1}{\text{Max}}\, p L_{n,c}(p) = p_I L_{n,c}(p_I)$$

ist. Diese Maximalstelle p_I ist eindeutig bestimmt durch $0 < p_I < 1$ und

$$\sum_{m=0}^{c} \binom{n}{m} p_I^m (1-p_I)^{c+1-m} = \frac{n!}{c!(n-c-1)!} p_I^{c+1}.$$

Es ist $0 < p_I < \dfrac{c+2}{n+1}$ und der Höchstwert des mittleren Durchschlupfs ist gleich

$$p_h = \frac{n!}{c!(n-c-1)!} p_I^{c+2}(1-p_I)^{n-c-1}.$$

Für $p_I < 0{,}1$ führt die Approximation durch die Poisson-Verteilung zu recht genauen Ergebnissen. Wir setzen (siehe (4.22))

$$p_h^* = \underset{p>0}{\text{Max}}\, p L_{n,c}^*(p). \tag{4.54}$$

Es ist

$$p L_{n,c}^*(p) \begin{cases} =0 & \text{für } p=0 \\ >0 & \text{für } p>0 \\ \to 0 & \text{für } p\to\infty. \end{cases}$$

Nach (4.24) ist

$$\frac{d}{dp} p L_{n,c}^*(p) = L_{n,c}^*(p) + p \frac{d}{dp} L_{n,c}^*(p) = \left[\sum_{m=0}^{c} \frac{(np)^m}{m!} - \frac{(np)^{c+1}}{c!} \right] e^{-np},$$

und nach (4.25) ist für $c > 0$

$$\frac{d^2}{dp^2} pL_{n,c}^*(p) = 2 \frac{d}{dp} L_{n,c}^*(p) + p \frac{d^2}{dp^2} L_{n,c}^*(p)$$

$$= \frac{-2n^{c+1}p^c}{c!} e^{-np} + (np - c) \frac{n^{c+1}p^c}{c!} e^{-np}$$

$$= \frac{n^{c+1}p^c}{c!} e^{-np}[np - (c+2)] \begin{cases} < 0 & \text{für } 0 < p < \dfrac{c+2}{n} \\[2ex] = 0 & \text{für } p = \dfrac{c+2}{n} \\[2ex] > 0 & \text{für } p > \dfrac{c+2}{n}. \end{cases}$$

Daraus folgt

Satz 4.15 *Es gibt genau eine positive reelle Zahl p_I^* mit*

$$p_h^* = \operatorname*{Max}_{p > 0} pL_{n,c}^*(p) = p_I^* L_{n,c}^*(p_I^*).$$

p_I^* ist eindeutig bestimmt durch $p_I^* > 0$ und

$$\sum_{m=0}^{c} \frac{(np_I^*)^m}{m!} = \frac{(np_I^*)^{c+1}}{c!}.$$

Es ist $0 < p_I^* < \dfrac{c+2}{n}$ und

$$p_h^* = -p^2 \frac{d}{dp} L_{n,c}^*(p) \Big|_{p=p_I^*} = \frac{(np_I^*)^{c+2}}{c!n} e^{-np_I^*}.$$

Die Berechnung des Höchstwertes p_h des mittleren Durchschlupfs läßt sich — einem Vorschlag von M. B e h l folgend — weitgehend ein für allemal erledigen; denn nach Satz 4.15 hängen np_I^* und np_h^* nur von c ab und sind daher leicht tabellierbar. Bei gegebenem Prüfplan (n, c) kann man Tab. 5 den Näherungswert p_h^* für p_h entnehmen. Will man sich nicht mit der Näherung p_h^* begnügen, so berechnet man anschließend den Höchstwert p_h des mittleren Durchschlupfs nach Satz 4.14, wobei man für die erforderliche iterative Berechnung von p_I als erste Näherung p_I^* aus der Tab. 5 entnimmt.

Als numerisches Beispiel betrachten wir den schon in den vorigen Abschnitten behandelten Fall, daß der Stichprobenumfang $n = 100$ und die Annahmezahl $c = 2$ ist. Tab. 5 entnehmen wir $p_h^* = 1{,}37/100 = 0{,}0137$ als Näherungswert für den Höchstwert des mittleren Durchschlupfs. Wir wollen diesen Wert mit dem exakten Wert nach Satz 4.14 vergleichen. p_I ist Lösung von

$$(1 - p_I)^3 + 100\, p_I(1 - p_I)^2 + 4950\, p_I^2(1 - p_I) = 485\,100\, p_I^3$$

oder also von

$$489\,951\, p_I^3 - 4753\, p_I^2 - 97\, p_I - 1 = 0$$

Aus Tab. 5 entnimmt man $p_I^* = 0,02270$ als erste Näherung für p_I und berechnet damit $p_I = 0,02252$ und weiter $p_h = 485\,100\,p_I^4(1 - p_I)^{97} = 0,0137$. Wenn die Benutzung der Binomial-Verteilung erlaubt, der Stichprobenumfang $n = 100$ und die Annahmezahl $c = 2$ ist, so ist also der Höchstwert des mittleren Durchschlupfs 1,37%.

Tab. 5 Zur näherungsweisen Berechnung des
Höchstwertes des mittleren Durchschlupfs

c	np_I^*	np_h^*
0	1,000	0,3679
1	1,618	0,8400
2	2,270	1,371
3	2,945	1,942
4	3,640	2,544
5	4,349	3,168
6	5,071	3,812
7	5,804	4,472
8	6,546	5,146
9	7,297	5,831
10	8,055	6,528

Natürlich ist es umgekehrt möglich, den Prüfplan (n, c) so zu bestimmen, daß der Höchstwert p_h des mittleren Durchschlupfs gleich einer vorgegebenen Zahl ist. Eindeutig festgelegt ist der Prüfplan dadurch allerdings noch nicht. Da die Vorgabe von p_h ersichtlich primär dem Interesse des Konsumenten dient, ist es naheliegend, bei der zweiten Forderung an (n, c) die Interessen des Produzenten zu berücksichtigen etwa durch Vorgabe der Annahmegrenze, die in der Einleitung von Abschnitt 4.2 eingeführt wurde. Für die numerische Bestimmung von (n, c) ist man dabei auf Tabellen angewiesen, wie sie bereits [1960] von der Deutschen Arbeitsgemeinschaft für statistische Qualitätskontrolle, jetzt: Deutsche Gesellschaft für Qualität e. V., Frankfurt, herausgegeben wurden.

Bei der in diesem Abschnitt besprochenen Kombination einer Stichprobenkontrolle mit einer eventuellen Totalkontrolle ist es wegen der Prüfkosten wichtig zu wissen, wie groß die durchschnittliche Anzahl der geprüften Stücke ist. Auch hier wollen wir annehmen, daß viele Partien desselben Umfangs N und mit stets gleichem Ausschußanteil p angeliefert werden. Die Anzahl der bei einer Partie zu prüfenden Stücke ist

$$\hat{n} = \begin{cases} n & \text{falls} \quad x \leqslant c \\ N & \text{falls} \quad x > c. \end{cases} \tag{4.55}$$

Die durchschnittliche Anzahl der zu prüfenden Stücke ist daher

$$E_p[\hat{n}] = nL(p) + N(1 - L(p)). \tag{4.56}$$

Zieht man die Stichprobe ohne Zurücklegen, so ist $L(p) = L_{N,n,c}(p)$ zu setzen. Ist $n \leqslant N/10$, kann man näherungsweise wieder $L(p) = L_{n,c}(p)$ setzen, und ist überdies $p < 0,1$, so liefert auch $L(p) = L_{n,c}^*(p)$ recht genaue Ergebnisse.

Nehmen wir in unserem eben behandelten Beispiel (n = 100, c = 2, Fig. 6) an, daß die Partien mit 1% Ausschuß angeliefert werden, so ist $L_{100;2}(0,01) = 0,9206$. Ist der Partieumfang N = 1000, so ist $E_{0,01}[\hat{n}] = 92,1 + 79,4 = 171,5$, während bei N = 10 000 durchschnittlich $E_{0,01}[\hat{n}] = 92 + 794 = 886$ Stück zu prüfen sind. Also sind hier bei N = 1000 durchschnittlich 17% und bei N = 10 000 durchschnittlich 8,9% der angelieferten Stücke zu prüfen.

Den durchschnittlich erforderlichen Prüfumfang, ausgedrückt durch $E_p[\hat{n}]$, kann man ebenfalls benutzen, um den Stichprobenumfang n und die Annahmezahl c geeignet zu bestimmen. Zwei Möglichkeiten haben sich dafür besonders durchgesetzt.

Die erste Möglichkeit besteht darin, daß man zunächst die Ablehngrenze $p_{10\%}$ vorgibt und damit eine erste Gleichung für n und c erhält, nämlich $L_{N,n,c}(p_{10\%}) \approx 0,1$. Außerdem nimmt man an, daß die Partien mit einem Ausschußanteil $\bar{p}$ angeliefert werden, wobei der Wert $\bar{p}$ z. B. vom Lieferanten angegeben wird. Für bekannte Partiegröße N benutzt man dann als zweite Bedingung für n und c, daß der durchschnittliche Prüfumfang

$$E_{\bar{p}}[\hat{n}] = nL_{N,n,c}(\bar{p}) + N(1 - L_{N,n,c}(\bar{p})) \tag{4.57}$$

minimal sein soll.

Eine zweite Möglichkeit ergibt sich dadurch, daß man statt $p_{10\%}$ den Höchstwert p_h des mittleren Durchschlupfes vorgibt. Wegen der starken Abhängigkeit von N, wie sie sich in (4.57) ausdrückt, sind sehr umfangreiche Tabellen für dieses Stichprobenplan-System erforderlich. Man findet sie zusammen mit graphischen Darstellungen aller erforderlichen Operations-Charakteristiken wiedergegeben bei D o d g e und R o m i g [1959] (s. auch F r e e m a n , F r i e d m a n , M o s t e l l e r , W a l l i s [1948]).

Ersichtlich sind diese letzten beiden Stichprobenplan-Systeme primär auf den Schutz des Konsumenten zugeschnitten. Natürlich bleibt stets die Möglichkeit offen, bei den auf diese Weise bestimmten n und c nachträglich noch $p_{90\%}$ und $p_{10\%}$ auszurechnen und damit festzustellen, wie sich diese Systeme für den Produzenten auswirken.

Umgekehrt lassen sich für die in 4.2.1 und 4.2.2 geschilderten Systeme, die die Standpunkte der Konsumenten und der Produzenten symmetrisch berücksichtigen, mit nur geringer Mühe der Höchstwert p_h des mittleren Durchschlupfes und der durchschnittliche Prüfumfang $E_p[\hat{n}]$ in der oben angegebenen Weise berechnen.

Aufgabe 4.8 Es sei n = 310 und c = 5 (s. Beispiel in 4.2.1). Man berechne p_h und $E_{\bar{p}}[\hat{n}]$ für folgende Fälle: 1. N = 5 000, Anlieferungsqualität $\bar{p} = 0,01$, 2. N = 5 000, $\bar{p} = 0,005$, 3. N = 20 000, $\bar{p} = 0,01$, 4. N = 20 000, $\bar{p} = 0,005$.

4.2.4 Abgebrochene Kontrolle

Wieder wollen wir unseren Test (4.2), (4.3) betrachten, wobei eine aus N Stück bestehende Partie von Waren abgelehnt wird, wenn in einer Zufallsstichprobe vom Umfang n mehr als c schlechte Stücke gefunden werden. Nun werden in aller Regel die Elemente der Stichprobe zeitlich nacheinander geprüft, und es ist naheliegend, die Kontrolle sofort abzubrechen, sobald man mehr als c schlechte Stücke festgestellt hat, denn dann wird die Partie ja unabhängig vom weiteren Ergebnis der Kontrolle doch auf jeden Fall abgelehnt. Es sei ausdrücklich betont, daß die Stichprobe vor Beginn der Kontrolle gezogen sein muß, daß es sich nach wie vor um eine Zufallsstichprobe im Sinne von Abschnitt 2.1.1 handeln muß und daß nicht etwa daran gedacht ist, in der gesamten Partie möglichst schnell $(c + 1)$ schlechte Stücke zu finden. Wir wollen hier für diese a b g e b r o c h e n e K o n t r o l l e (= curtailed sampling = truncated sampling) berechnen, wie groß die durchschnittliche Anzahl der zu prüfenden Stücke in Abhängigkeit vom angelieferten Ausschußprozentsatz $100p\%$ ist.

Natürlich könnte man noch in einem zweiten Fall die Kontrolle abbrechen, wenn nämlich feststeht, daß die Anzahl der schlechten Stücke in der Stichprobe sicher $\leqslant c$ ausfallen wird (s. S. V a j d a [1946]). Da dies aber frühestens nach der Überprüfung von $(n - c)$ Elementen (falls diese alle gut sind) der Fall ist, wollen wir diese Möglichkeit der Einsparung von Prüfarbeit nicht verfolgen.

Wir denken uns also die n Elemente der Stichprobe nacheinander in zufälliger Reihenfolge überprüft und setzen

$$x_i = \text{Anzahl der schlechten unter den ersten i Stücken der Stichprobe.} \quad (4.58)$$

Bei der abgebrochenen Kontrolle ist der tatsächliche Prüfumfang

$$n' = \begin{cases} i \text{ falls } x_{i-1} \leqslant c, x_i > c \text{ für } i = c + 1, c + 2, \ldots, n \\ n \text{ falls } x_n \leqslant c. \end{cases} \quad (4.59)$$

Nun tritt das Ereignis „$x_{i-1} \leqslant c$ und zugleich $x_i > c$" genau dann ein, wenn $x_{i-1} = c$ und $x_i - x_{i-1} = 1$ ist. Nach Definition 1.8 und Gl. (1.21) ist daher der durchschnittliche Prüfumfang bei der abgebrochenen Kontrolle

$$E_p[n'] = \sum_{i=c+1}^{n} iW_p(\{x_{i-1} = c\} \cap \{x_i - x_{i-1} = 1\}) + nW_p(x_n \leqslant c), \quad (4.60)$$

wobei der Index die Abhängigkeit vom angelieferten Ausschußanteil p andeutet. Wir nehmen hier also an, daß die Elemente der Stichprobe in zufälliger Reihenfolge geprüft werden. Man könnte und dürfte in der schon ausgewählten Stichprobe (nicht in der Grundgesamtheit!) versuchen — falls man viele schlechte Stücke vermutet — möglichst schnell $(c + 1)$ schlechte Stücke zu finden; dann läßt sich aber der durchschnittliche Prüfumfang nicht mehr berechnen.

Für $p = 0$ ist $x_i = 0$, und für $p = 1$ ist $x_i = i$ für $i = 1, 2, \ldots, n$, und damit ergibt sich

$$E_p[n'] = \begin{cases} n & \text{für } p = 0 \\ c + 1 & \text{für } p = 1. \end{cases} \quad (4.61)$$

Wir wollen nun $E_p[n']$ für den Fall berechnen, daß die Stichprobe „ohne Zurücklegen" gezogen wird. $W_p(x_n \leqslant c)$ ergibt sich aus Gl. (4.4) und (4.6). Zur Berechnung von $W_p(\{x_{i-1} = c\} \cap \{x_i - x_{i-1} = 1\})$ benutzen wir 1.1.4. Es gibt $\binom{N}{i-1}$ Möglichkeiten, $(i - 1)$ aus den vorhandenen N Elementen herauszugreifen, und jede dieser Möglichkeiten ist zu kombinieren mit den $(N - i + 1)$ Möglichkeiten, ein weiteres Element zu ziehen.

Damit ist also $\binom{N}{i-1}(N-i+1)$ die Anzahl der möglichen, gleichwahrscheinlichen Elementarereignisse. Nach 1.6.1 ist entsprechend die Anzahl der für $\{x_{i-1}=c\}\cap\{x_i-x_{i-1}=1\}$ günstigen Ereignisse gleich $\binom{M}{c}\binom{N-M}{i-1-c}(M-c)$. Also ist

$$W_p(\{x_{i-1}=c\}\cap\{x_i-x_{i-1}=1\}) = \frac{\binom{M}{c}\binom{N-M}{i-1-c}(M-c)}{\binom{N}{i-1}(N-i+1)},$$

und damit ergibt sich nach (4.60) für den durchschnittlichen Prüfumfang beim Ziehen „ohne Zurücklegen":

$$E_p[n'] = \sum_{i=c+1}^{n} \frac{\binom{M}{c}\binom{N-M}{i-1-c}(M-c)}{\binom{N}{i}} + nL_{N,n,c}(p). \tag{4.62}$$

Wenn $n \leqslant N/10$ ist, erhalten wir eine gute Näherung für (4.62), indem wir $E_p[n']$ für das Ziehen „mit Zurücklegen" berechnen. Dann sind die Ereignisse $\{x_{i-1}=c\}$ und $\{x_i-x_{i-1}=1\}$ unabhängig voneinander, und es ergibt sich

$$W_p(\{x_{i-1}=c\}\cap\{x_i-x_{i-1}=1\}) = W_p(x_{i-1}=c)W_p(x_i-x_{i-1}=1)$$

$$= \binom{i-1}{c} p^c(1-p)^{i-1-c}p.$$

Zusammen mit (4.4) und (4.5) erhalten wir damit

$$E_p[n'] = \sum_{i=c+1}^{n} i\binom{i-1}{c} p^{c+1}(1-p)^{i-1-c} + nL_{n,c}(p). \tag{4.63}$$

Für die numerische Berechnung von $E_p[n']$ wollen wir diesen Ausdruck vereinfachen. Dazu benutzen wir, daß ersichtlich

$$\bigcup_{i=c+1}^{n} \{\{x_{i-1}=c\}\cap\{x_i-x_{i-1}=1\}\} = \{x_n > c\},$$

also gleich dem Ereignis ist, das zur Ablehnung der Partie führt. Daher ist

$$\sum_{i=c+1}^{n} W_p(\{x_{i-1}=c\}\cap\{x_i-x_{i-1}=1\}) = W_p(x_n > c),$$

und also

$$\sum_{i=c+1}^{n} \binom{i-1}{c} p^{c+1}(1-p)^{i-1-c} = 1 - L_{n,c}(p). \tag{4.64}$$

Wegen (4.61) können wir uns auf den Fall $0 < p \leqslant 1$ beschränken. Dann ist

$$\sum_{i=c+1}^{n} i \binom{i-1}{c} p^{c+1}(1-p)^{i-1-c} = \sum_{i=c+1}^{n} \frac{i!}{c!(i-c-1)!} p^{c+1}(1-p)^{i-1-c}$$

$$= \frac{n!}{c!(n-c-1)!} p^{c+1}(1-p)^{n-c-1} + \sum_{i=c+1}^{n-1} \frac{i!}{c!(i-c-1)!} p^{c+1}(1-p)^{i-1-c}$$

$$= \frac{n!}{c!(n-c-1)!} p^{c+1}(1-p)^{n-c-1} +$$

$$+ \frac{c+1}{p} \sum_{j=c+2}^{n} \frac{(j-1)!}{(c+1)!\,(j-c-2)!} p^{c+2}(1-p)^{j-2-c}$$

$$= \frac{n!}{c!(n-c-1)!} p^{c+1}(1-p)^{n-c-1} + \frac{c+1}{p} \sum_{j=c+2}^{n} \binom{j-1}{c+1} p^{c+2}(1-p)^{j-2-c}$$

$$= \frac{n!}{c!(n-c-1)!} p^{c+1}(1-p)^{n-c-1} + \frac{c+1}{p} (1 - L_{n,c+1}(p)),$$

und nach (4.5) ist dies

$$= \frac{c+1}{p} - \frac{c+1}{p} L_{n,c}(p) - \frac{c+1}{p} \binom{n}{c+1} p^{c+1}(1-p)^{n-c-1} +$$

$$+ \frac{n!}{c!(n-c-1)!} p^{c+1}(1-p)^{n-c-1}$$

$$= \frac{c+1}{p} - \frac{c+1}{p} L_{n,c}(p) - \frac{n!}{c!(n-c-1)!} p^{c}(1-p)^{n-c}.$$

Aus (4.61) und (4.63) folgt damit für den durchschnittlichen Prüfumfang beim Ziehen der Stichprobe „mit Zurücklegen" und damit zugleich als Näherung für (4.62)

$$E_p[n'] = \begin{cases} n & \textit{für } p = 0 \\[2ex] \dfrac{c+1}{p} + \left(n - \dfrac{c+1}{p}\right) L_{n,c}(p) - \\[2ex] \quad - \dfrac{n!}{c!(n-c-1!} p^{c}(1-p)^{n-c} & \textit{für } 0 < p \leqslant 1. \end{cases} \qquad (4.65)$$

Als numerisches Beispiel nehmen wir wieder $n = 100$ und $c = 2$. Für $N \geqslant 1000$ genügt es, Gl. (4.65) zu benutzen. Für $p = 0,05$ ist $L_{100;2}(0,05) = 0,118$ und damit

$$E_{0,05}[n'] = 60 + 4,7 - 8,0 = 56,7.$$

Dagegen ist $L_{100;2}(0,10) = 0,002$ und

$$E_{0,10}[n'] = 30 + 0,14 - 0,16 = 30,0.$$

Aufgabe 4.9 Man skizziere den durchschnittlichen Prüfumfang $E_p[n']$ als Funktion von p für $N \geqslant 1000$, $n = 100$, $c = 2$.

4.2.5 Kostenoptimale Prüfpläne

Bei den bisher besprochenen Konzepten zur Festlegung des Prüfplanes (n, c) spielten die
auftretenden Kosten keine Rolle (Vorgabe zweier Punkte der Operations-Charakteristik,
Vorgabe von Indifferenzpunkt und Steilheit) oder nur eine untergeordnete Rolle, nämlich bei der Vorgabe des Prüfumfangs (siehe (4.57) im Abschnitt „Totalkontrolle bei
Ablehnung"). Hier wollen wir nun den Prüfplan (n, c) ausschließlich unter Kostengesichtspunkten bestimmen. Naturgemäß muß man dazu gewisse Annahmen über die Kosten
machen, die bei der Annahme einer Partie, bei der Ablehnung einer Partie und bei der
Kontrolle auftreten. Bevor wir diese Annahmen in Abschnitt 4.2.5.1 genau formulieren,
sei angemerkt, daß wir die Bezeichnungen Gewinn, Verlust, Erlös und Kosten wie üblich
so benutzen wollen, daß folgende Beziehungen gelten:

$$\text{Gewinn} \quad = \quad \text{Erlös} \quad - \quad \text{Kosten}$$

$$\text{Verlust} \quad = \quad \text{Kosten} \quad - \quad \text{Erlös}$$

Fällt der Verlust negativ aus, so stellt er also den – dann positiven – Gewinn dar. Wir
können daher auf die Benutzung des Begriffes „Gewinn" verzichten und dementsprechend
unser Bemühen darauf richten, den Verlust zu minimieren.

4.2.5.1 Modell-Annahmen Wie bisher schon benutzen wir die folgenden Bezeichnungen:

N = Umfang der Partie
M = Anzahl der schlechten Stücke in der Partie
p = M/N = Ausschußanteil in der Partie
n = Stichprobenumfang
x = Anzahl der schlechten Stücke in der Stichprobe
c = Annahmezahl (c natürliche Zahl, $0 \leqslant c < n$)
(n, c) = Prüfplan

Wir wollen annehmen, daß $n \leqslant N/10$ ist und beschränken uns daher auf die Operations-
Charakteristik (4.5)

$$L_{n,c}(p) = \sum_{m=0}^{c} \binom{n}{m} p^{m} (1-p)^{n-m} . \tag{4.66}$$

Über die möglichen Verluste wollen wir nun die folgenden Annahmen machen: Würde
man die Partie ohne Kontrolle annehmen (was stets auch bedeuten kann: zur Auslieferung
freigeben), so sei der entstehende Verlust V_1 eine lineare Funktion des Ausschußanteils p,
also von der Form

$$V_1(p) = a_1 + b_1 p . \tag{4.67}$$

Diese Voraussetzung ist insbesondere erfüllt, wenn jedes angenommene gute Stück einen
Verlust α_1 (in der Regel < 0) und jedes angenommene schlechte Stück einen Verlust β_1
ergibt; dann ist nämlich $V_1 = (N - M)\alpha_1 + M\beta_1 = N\alpha_1 + M(\beta_1 - \alpha_1) = N\alpha_1 + (\beta_1 - \alpha_1)Np$.

Weiter setzen wir voraus, daß der Verlust V_2 bei Ablehnung der Partie ohne Kontrolle ebenfalls eine lineare Funktion von p ist:

$$V_2(p) = a_2 + b_2 p. \qquad (4.68)$$

In allen praktisch interessanten Fällen wird der Verlust bei einer Partie, die nur aus guten Stücken besteht, bei Annahme der Partie geringer sein als bei Ablehnung der Partie; wir dürfen also voraussetzen

$$V_1(0) = a_1 < a_2 = V_2(0). \qquad (4.69)$$

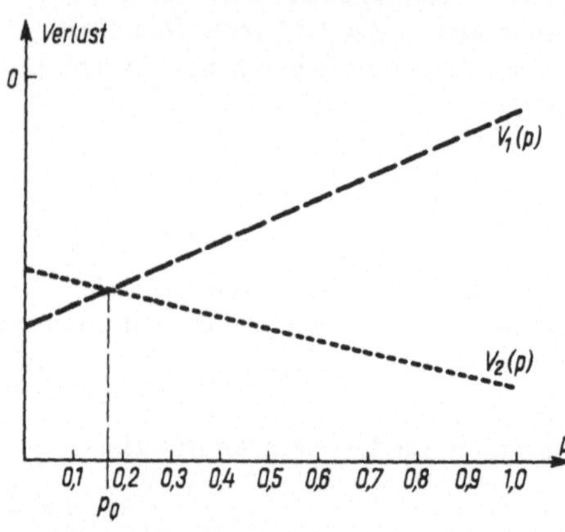

Fig. 7
Der Verlust $V_1(p)$ bei Annahme und der Verlust $V_2(p)$ bei Ablehnung der Partie ohne Kontrolle

Entsprechend dürfen wir voraussetzen, daß der Verlust bei einer Partie, die nur aus schlechten Stücken besteht, bei Annahme der Partie größer als bei Ablehnung der Partie ist:

$$V_1(1) = a_1 + b_1 > a_2 + b_2 = V_2(1). \qquad (4.70)$$

Daher existiert genau ein Ausschußanteil p_0, genannt Trennqualität, für den der Verlust bei Annahme der Partie genauso groß ist wie bei Ablehnung:

$$V_1(p_0) = V_2(p_0). \qquad (4.71)$$

Ersichtlich ist

$$p_0 = \frac{a_2 - a_1}{b_1 - b_2} \quad \text{und} \quad 0 < p_0 < 1, \qquad (4.72)$$

wobei angemerkt sei, daß aus (4.69) und (4.70) folgt, daß

$$0 < a_2 - a_1 < b_1 - b_2 \ \text{ist}.$$

Würde man – was in der Regel natürlich nicht der Fall ist – den Ausschußanteil p der Partie kennen, so würde man – um einen möglichst kleinen Verlust zu erleiden, also einen möglichst großen Gewinn zu erzielen – die Partie annehmen, falls $p < p_0$ ist, und die Partie ablehnen, falls $p > p_0$ ist. Selbst bei Kenntnis von p bliebe also der Verlust

$$V_u(p) = \begin{cases} V_1(p) = a_1 + b_1 p, & \text{falls } p \leq p_0 \\ V_2(p) = a_2 + b_2 p, & \text{falls } p \geq p_0 \end{cases} \qquad (4.73)$$

unvermeidbar. Wir nennen daher $V_u(p)$ den unvermeidbaren Verlust, der in der Praxis durchaus negativ sein kann und sein wird.

Da wir aber in der Regel den tatsächlich vorliegenden Ausschußanteil p nicht kennen, wird man eine Zufallsstichprobe vom Umfang n ziehen. Die Prüfkosten seien eine lineare Funktion von n:

$$\text{Prüfkosten} = d_1 n + d_2 \quad \text{mit } d_1 > 0, d_2 \geqslant 0. \tag{4.74}$$

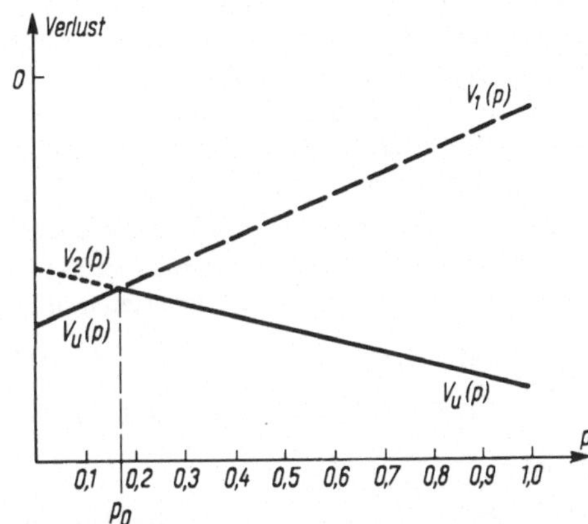

Fig. 8 Der unvermeidbare Verlust $V_u(p)$

Die Voraussetzung $d_1 > 0$ ist gerechtfertigt, denn wäre $d_1 = 0$, so würde man die ganze Partie prüfen und damit p exakt bestimmen.

Nimmt man die Partie genau dann an, wenn $x \leqslant c$ ausfällt (siehe die eingangs eingeführten Bezeichnungen und die Einleitung von 4.1), so ist der Erwartungswert unseres Verlustes insgesamt, wir sprechen vom durchschnittlichen Gesamtverlust $V_g(p)$, gleich

$$V_g(p) = (V_1(p) + d_1 n + d_2)L_{n,c}(p) + (V_2(p) + d_1 n + d_2)(1 - L_{n,c}(p))$$

und also nach (4.67) und (4.68) gleich

$$V_g(p) = (a_1 + b_1 p)L_{n,c}(p) + (a_2 + b_2 p)(1 - L_{n,c}(p)) + d_1 n + d_2. \tag{4.75}$$

4.2.5.2 Minimax-Regret-Prinzip

4.2.5.2 Minimax-Regret-Prinzip Die im vorigen Abschnitt geschilderte Gegebenheit ist ersichtlich ein Spezialfall der in Abschnitt 2.4.3 dargestellten Situation, die zum Minimax-Regret-Prinzip geführt hat. Die dortige Risikofunktion ist hier gleich dem durchschnittlichen Gesamtverlust (4.75), wobei der frühere Parameter Θ hier der unbekannte Ausschußanteil p in der Partie ist. Der unvermeidbare Verlust ist hier bereits in (4.73) als solcher eingeführt. Entsprechend der Argumentation in Abschnitt 2.4.3 ist es sinnvoll, die Güte oder Brauchbarkeit eines Prüfplanes an Hand des durchschnittlichen vermeidbaren Verlustes $V_v(p)$ zu beurteilen, der definiert ist als Differenz zwischen dem durchschnittlichen Gesamtverlust $V_g(p)$ und dem unvermeidbaren Verlust $V_u(p)$:

$$V_v(p) = V_g(p) - V_u(p). \tag{4.76}$$

Genauer gesagt: Wir sehen einen Prüfplan als um so besser an, je kleiner das über p genommene Maximum von $V_v(p)$ ausfällt. Anders ausgedrückt: Wir wollen den Prüfplan (n, c) nach dem Minimax-Regret-Prinzip bestimmen.

Es sei noch einmal betont, daß der durchschnittliche vermeidbare Verlust zwar nicht vollständig vermieden, wohl aber durch geschickte Wahl von (n, c) klein gehalten werden kann. Es ist in dieser Situation nicht angemessen, die Entscheidung statt von (4.76) vom durchschnittlichen Gesamtverlust (4.75) direkt abhängig zu machen; es steht ja nicht die Frage zur Diskussion, ob man überhaupt ein Geschäft mit einer bestimmten Ware und einem bestimmten Geschäftspartner machen will, sondern ob man nach grundsätzlicher Bejahung dieser Frage nunmehr eine bestimmte angelieferte Partie annehmen soll oder nicht. Im übrigen werden wir am Ende dieses Abschnittes zeigen, zu welchem unangemessenen Ergebnis das Minimax-Prinzip unmittelbar auf den durchschnittlichen Gesamtverlust angewendet führen würde.

Beurteilt man einen Prüfplan an Hand der Größe des Maximums von (4.76), so ändert sich an diesem Urteil nichts, wenn man zu $V_v(p)$ eine beliebige Konstante addiert und mit einer beliebigen positiven Konstanten multipliziert. Da nach (4.75) und (4.73)

$$V_v(p) = \begin{cases} (a_1 + b_1 p)(L_{n,c}(p) - 1) + (a_2 + b_2 p)(1 - L_{n,c}(p)) + d_1 n + d_2 & \text{für } 0 \leqslant p \leqslant p_0 \\ (a_1 + b_1 p)L_{n,c}(p) - (a_2 + b_2 p)L_{n,c}(p) + d_1 n + d_2 & \text{für } p_0 \leqslant p \leqslant 1 \end{cases}$$

und also

$$V_v(p) = \begin{cases} (a_2 - a_1 + b_2 p - b_1 p)(1 - L_{n,c}(p)) + d_1 n + d_2 & \text{für } 0 \leqslant p \leqslant p_0 \\ (a_1 - a_2 + b_1 p - b_2 p)L_{n,c}(p) + d_1 n + d_2 & \text{für } p_0 \leqslant p \leqslant 1 \end{cases}$$

ist, ist es naheliegend, $V_v(p)$ durch Addition von $-d_2$ und Multiplikation mit $1/(b_1 - b_2)$ zu normieren zur Regretfunktion $R_{n,c}(p)$. Diese ist also definiert durch

$$R_{n,c}(p) = \frac{V_v(p) - d_2}{b_1 - b_2}. \tag{4.77}$$

Benutzen wir die Trennqualität p_0 (siehe (4.71), (4.72)) und nennen wir

$$d = d_1/(b_1 - b_2) > 0 \tag{4.78}$$

die relativen Prüfkosten, so ergibt sich für die Regretfunktion

$$R_{n,c}(p) = \begin{cases} (p_0 - p)(1 - L_{n,c}(p)) + dn & \text{für } 0 \leqslant p \leqslant p_0 \\ (p - p_0)L_{n,c}(p) + dn & \text{für } p_0 \leqslant p \leqslant 1 \end{cases} \tag{4.79}$$

Abgesehen vom Prüfplan (n, c) hängt die Regretfunktion also nur von zwei Parametern, der Trennqualität p_0 und den relativen Prüfkosten d ab und nicht einzeln von den sechs Parametern $a_1, b_1, a_2, b_2, d_1, d_2$.

Ersichtlich ist $R_{n,c}(p) \geqslant dn$ für jedes p und $R_{n,c}(p) = dn$ genau für $p = 0$, $p = p_0$ und $p = 1$. Da $R_{n,c}(p)$ eine stetige Funktion ist, muß $R_{n,c}(p)$ in den beiden Teilintervallen $(0, p_0)$ und $(p_0, 1)$ jeweils mindestens ein absolutes Maximum haben. Eine genauere Untersuchung zeigt nun (siehe H. B a s l e r [1967/68] oder auch W. U h l m a n n [1970] (Seite 15)):

Satz 4.16 *Die Regretfunktion* $R_{n,c}(p)$ *besitzt als Funktion von* p *sowohl in* $(0, p_0)$ *als auch in* $(p_0, 1)$ *jeweils genau ein relatives Maximum, das jeweils auch das absolute Maximum in dem betreffenden Teilintervall ist.*

Untersucht man noch die Ableitung $\dfrac{dR_{n,c}(p)}{dp}$ an den Stellen 0 und 1 und – getrennt von

links beziehungsweise rechts – an der Stelle p_0, so erkennt man, daß $R_{n,c}(p)$ die in Fig. 9 (sie ist ebenso wie Fig. 7 und 8 dem Buch von W. U h l m a n n [1970] entnommen) wiedergegebene Gestalt hat, wobei nur anzumerken ist, daß das linke Maximum auch größer oder gleich dem rechten Maximum ausfallen kann.

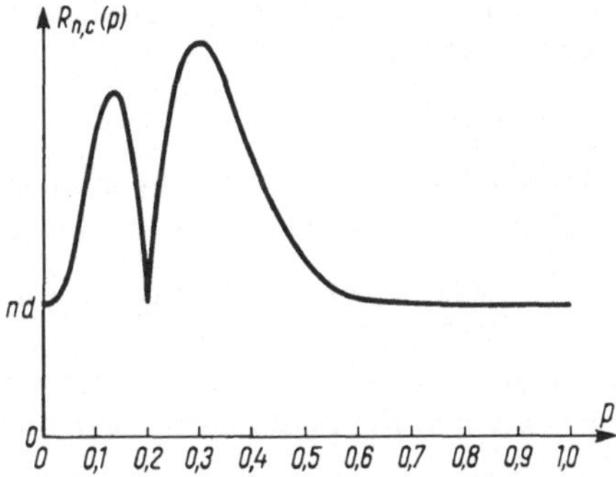

Fig. 9
Die Regretfunktion $R_{n,c}(p)$ und zwar für
$n = 13$, $c = 2$, $p_0 = 0,20$

Wie dargelegt sehen wir das Maximum $M(n, c)$ der Regretfunktion

$$M(n, c) = \operatorname*{Max}_{0 \leqslant p \leqslant 1} R_{n,c}(p) \tag{4.80}$$

als entscheidend für die Güte des Prüfplanes (n, c) an. Für im Sinne des Minimax-Regret-Prinzips optimale Prüfpläne wollen wir die Bezeichnung „kostenoptimal" einführen:

Definition 4.1 *Ein Prüfplan* (n^*, c^*) *heißt* k o s t e n o p t i m a l *– genauer: kostenoptimal bezüglich der Regretfunktion* (4.79) *–, wenn das Maximum* $M(n, c)$ *der Regretfunktion* $R_{n,c}(p)$ *für* (n^*, c^*) *minimal ausfällt:*

$$M(n^*, c^*) \leqslant M(n, c) \quad \textit{für jeden Prüfplan } (n, c).$$

Es ist anzumerken, daß hier nur Prüfpläne (n, c) zur Konkurrenz zugelassen wurden, für die – wie am Beginn von Abschnitt 4.1 besprochen – $0 \leqslant c \leqslant n$ gilt. Daher sollte jeder kostenoptimale Prüfplan (n^*, c^*) noch verglichen werden mit der Möglichkeit, ohne Kontrolle eine Entscheidung über die Partie zu treffen. Aus (4.79) ergibt sich für $n = 0$ für das Maximum der Regretfunktion der Wert p_0 bei Ablehnung ohne Kontrolle und $1 - p_0$ bei Annahme ohne Kontrolle. Bei sehr hohen relativen Prüfkosten d kann es vorkommen, daß p_0 oder $1 - p_0$ kleiner als $M(n^*, c^*)$ ausfällt; dann wäre also eine Entscheidung ohne Kontrolle kostengünstiger als die Benutzung des Prüfplanes (n^*, c^*). Welche der beiden Entscheidungen „Ablehnung der Partie ohne Kontrolle" oder „Annahme der Partie ohne Kontrolle" zu treffen ist oder ob man erneut überdenkt, ob der Handel mit der betreffenden Ware oder mit dem betreffenden Partner überhaupt lohnend ist, ist kein statistisches Problem mehr. Für den Fall, daß die fixen Prüfkosten d_2 in (4.74) bei der Entscheidung ohne Kontrolle entfallen, ist übrigens der Vergleich nicht mit den Maxima der Regretfunktion (4.79), sondern mit den Maxima des durchschnittlichen vermeidbaren Verlustes $V_v(p)$ vorzunehmen, was durch einfache Umrechnung nach (4.77) leicht durchführbar ist.

Bevor wir uns im folgenden Abschnitt mit der Bestimmung von kostenoptimalen Prüfplänen (n^*, c^*) beschäftigen, wollen wir hier noch diskutieren, welche Konsequenz (siehe W. U h l m a n n [1981]) das unmittelbar auf den durchschnittlichen Gesamtverlust (4.75) angewendete Minimax-Prinzip hat, bei dem man also den Prüfplan zu bestimmen sucht, für den das über p genommene Maximum von $V_g(p)$ möglichst klein ausfällt.

Dabei können und wollen wir entsprechend der Bedeutung des Wortes „Ausschuß" voraussetzen, daß

$$b_1 > 0$$

ist. Da es auf das Vorzeichen von b_2 ankommt, machen wir eine Fallunterscheidung.

1. Fall: Es sei $b_2 \geqslant 0$. Für jeden Prüfplan (n, c) mit $n \geqslant 1$ ist

$$\mathop{\text{Max}}_{0 \leqslant p \leqslant 1} V_g(p) \geqslant V_g(1) = a_2 + b_2 + d_1 n + d_2 > a_2 + b_2 = V_2(1).$$

Die untere Schranke $V_2(1)$ aber ist erreichbar, und zwar genau dadurch, daß man die Partie stets ohne Kontrolle ablehnt, denn dann ist $V_g(p) = V_2(p)$ und also

$$\mathop{\text{Max}}_{0 \leqslant p \leqslant 1} V_g(p) = \mathop{\text{Max}}_{0 \leqslant p \leqslant 1} V_2(p) = V_2(1).$$

Auf diese Konsequenz hat schon v. d. W a e r d e n [1960] hingewiesen.

2. Fall: Es sei $b_2 < 0$. Für jeden Prüfplan (n, c) mit $n \geqslant 1$ ist wegen (4.71)

$$\mathop{\text{Max}}_{0 \leqslant p \leqslant 1} V_g(p) \geqslant V_g(p_0) = V_1(p_0) + d_1 n + d_2 > V_1(p_0).$$

Die untere Schranke $V_1(p_0)$ aber ist erreichbar, und zwar genau dadurch, daß man die Partie ohne Kontrolle mit der festen Wahrscheinlichkeit $-b_2/(b_1 - b_2)$ annimmt, denn dann ist nach (4.75)

$$V_g(p) = (a_1 + b_1 p)\,\frac{-b_2}{b_1 - b_2} + (a_2 + b_2 p)\,\frac{b_1}{b_1 - b_2} = a_1 + \frac{a_2 - a_1}{b_1 - b_2}\,b_1 = V_1(p_0).$$

Auch in diesem zweiten Fall ist die Konsequenz, daß die Entscheidung (hier eine sogenannte randomisierte Entscheidung) ohne Kontrolle stets besser ist als jede Entscheidung auf Grund einer Stichprobenkontrolle. Wir ziehen daraus die Folgerung:

Bei dem hier betrachteten Modell für die Eingangs-Endkontrolle ist die unmittelbare Anwendung des Minimax-Prinzips auf den durchschnittlichen Gesamtverlust für die Anwendungen unangemessen.

4.2.5.3 Berechnung kostenoptimaler Prüfpläne Die Existenz eines kostenoptimalen Prüfplanes (n^*, c^*) ist leicht zu beweisen. Dazu zeigen wir zunächst, daß sehr große

Stichprobenumfänge n sicher nicht kostenoptimal sind; für $n \geq 1 + 1/d$ ist nämlich nach (4.79) und (4.80)

$$M(n, c) > nd \geq (1 + 1/d)d = d + 1$$

und andererseits ist

$$M(1; 0) < 1 + d.$$

Daher ist der Prüfplan $(1; 0)$ günstiger als jeder Prüfplan (n, c) mit $n \geq 1 + 1/d$. Es bleiben also nur die endlich vielen Prüfpläne (n, c) mit $0 \leq c < n < 1 + 1/d$ nach, unter denen sicher einer (oder eventuell mehrere) sind, für den oder für die $M(n, c)$ minimal ausfällt.

Sicher wäre es zu mühsam, wollte man einen kostenoptimalen Prüfplan (n^*, c^*) dadurch bestimmen, daß man $M(n, c)$ nun tatsächlich für sämtliche Prüfpläne (n, c) mit $0 \leq c < n < 1 + 1/d$ berechnet. Mit Hilfe geeigneter Lehrsätze (siehe W. U h l m a n n [1968]) und Tabellen läßt sich die Berechnung von (n^*, c^*) jedoch soweit reduzieren, daß sie in wenigen Minuten am Schreibtisch ausgeführt werden kann. Diese Bestimmung der exakten Lösung unseres Problems kann hier aus Platzmangel nicht gebracht werden, man findet eine ausführliche Darstellung und die erforderlichen Tabellen bei W. U h l m a n n [1970]. Wir wollen uns mit der Herleitung einer – guten – Näherungslösung begnügen, die man in etwas anderer Form bereits bei v. d. W a e r d e n [1960] findet.

Zur Rechtfertigung der Näherungslösung ist es wichtig zu wissen, daß die in Satz 4.16 erwähnten beiden Maximalstellen der Regretfunktion (siehe auch Fig. 9) relativ dicht bei p_0 liegen, und zwar für alle Prüfpläne (n, c), die – ausgedrückt durch gewisse Ungleichungen in n und c – als kostenoptimal in Frage kommen (siehe Satz 2.24 und Satz 2.25 in W. U h l m a n n [1970]). Dies ist zugleich eine Rechtfertigung dafür, daß man das Mini-max-Prinzip (angewendet auf die Regretfunktion) benutzt: Da die Maximalstellen der Regretfunktion dicht bei p_0 liegen, stellt man sich nicht auf Ausschußanteile p ein, die „doch nicht vorkommen", sondern eben auf die besonders „kritischen" und zu erwartenden Ausschußanteile nahe der Trennqualität p_0.·

Zur Herleitung unserer Näherungslösung approximieren wir die Operations-Charakteristik $L_{n,c}(p)$ mit Hilfe der Normalverteilung, wie wir dies im Abschnitt 4.1.5 besprochen haben (siehe (4.30)):

$$L_{n,c}(p) \approx \Phi\left(\frac{c + \frac{1}{2} - np}{\sqrt{np(1 - p)}}\right).$$

Beachtet man, daß $1 - \Phi(y) = \Phi(-y)$ für jedes y ist, so erhält man für die Regretfunktion (4.79) näherungsweise

$$R_{n,c}(p) \approx \begin{cases} (p_0 - p)\, \Phi\left(\dfrac{-c - \frac{1}{2} + np}{\sqrt{np(1 - p)}}\right) + nd & \text{für } 0 \leq p \leq p_0 \\[4mm] (p - p_0)\, \Phi\left(\dfrac{c + \frac{1}{2} - np}{\sqrt{np(1 - p)}}\right) + nd & \text{für } p_0 \leq p \leq 1. \end{cases}$$

Da es nur auf die Maxima von $R_{n,c}(p)$ ankommt und diese nahe bei p_0 angenommen werden, vergröbert das Ersetzen von $p(1-p)$ durch $p_0(1-p_0)$ diese Näherung nicht zu sehr:

$$R_{n,c}(p) \approx \begin{cases} (p_0 - p)\, \Phi\left(\dfrac{-c - \dfrac{1}{2} + np}{\sqrt{np_0(1-p_0)}}\right) + nd & \text{für } 0 \leqslant p \leqslant p_0 \\[4ex] (p - p_0)\, \Phi\left(\dfrac{c + \dfrac{1}{2} - np}{\sqrt{np_0(1-p_0)}}\right) + nd & \text{für } p_0 \leqslant p \leqslant 1. \end{cases}$$

Wir setzen nun

$$x = \frac{(p - p_0)\sqrt{n}}{\sqrt{p_0(1-p_0)}}.$$

Dann ist

$$p = p_0 + x\sqrt{p_0(1-p_0)/n}$$

und also

$$R_{n,c}(p_0 + x\sqrt{p_0(1-p)/n})$$

$$\approx \begin{cases} -x\sqrt{p_0(1-p_0)/n}\; \Phi\left(\dfrac{-c - \dfrac{1}{2} + np_0 + x\sqrt{np_0(1-p_0)}}{\sqrt{np_0(1-p_0)}}\right) + nd & \text{für } x \leqslant 0 \\[4ex] +x\sqrt{p_0(1-p_0)/n}\; \Phi\left(\dfrac{c + \dfrac{1}{2} - np_0 - x\sqrt{np_0(1-p_0)}}{\sqrt{np_0(1-p_0)}}\right) + nd & \text{für } x \geqslant 0. \end{cases}$$

Wäre $c + \dfrac{1}{2} - np_0 > 0$, so wäre bei dieser Näherung das Maximum über die $x \geqslant 0$ unnötig groß, nämlich größer als das Maximum über die $x \leqslant 0$, und umgekehrt für $c + \dfrac{1}{2} - np_0 < 0$. Man kann also jeden Prüfplan (n, c) mit $c + \dfrac{1}{2} - np_0 \neq 0$ dadurch verbessern — nämlich in Richtung auf einen kostenoptimalen Prüfplan —, daß man c so abändert, daß

$$c = np_0 - \frac{1}{2} \tag{4.81}$$

ist, wobei wir hier zunächst davon absehen wollen, daß n und c ganzzahlig sein müssen. Wir suchen den kostenoptimalen Prüfplan jetzt also nur unter denen, die (4.81) erfüllen. Dann ist unsere Näherung für die Regretfunktion als Funktion von x symmetrisch zu 0. Das Maximum über die $x \leqslant 0$ ist gleich dem Maximum über die $x \geqslant 0$ und nach (4.80) ist

$$M\left(n, np_0 - \frac{1}{2}\right) \approx \tilde{M}\left(n, np_0 - \frac{1}{2}\right),$$

wobei

$$\widetilde{M}\left(n, np_0 - \frac{1}{2}\right) = \underset{x \geqslant 0}{\text{Max}}\ x\ \sqrt{p_0(1 - p_0)/n}\ \Phi(-x) + nd$$

ist.

Die Funktion $x\Phi(-x)$ hat für $x \geqslant 0$ genau eine Maximalstelle $\bar{x}$, die man durch Null-setzen der 1. Ableitung $\Phi(-x) - x\Phi'(x)$ erhält. Mit Hilfe einer Tabelle der Normalverteilung berechnet man, daß

$$\underset{x \geqslant 0}{\text{Max}}\ x\Phi(-x) = \bar{x}\Phi(-\bar{x}) = 0{,}1700$$

ist. Damit ergibt sich für alle Prüfpläne (n, c), die (4.81) erfüllen:

$$M(n, c) \approx \widetilde{M}(n, c) = 0{,}1700\ \sqrt{p_0(1 - p_0)/n} + nd. \tag{4.82}$$

Wir brauchen nun nur noch n so zu bestimmen, daß die rechte Seite von (4.82) möglichst klein ausfällt. Die Minimalstelle $\tilde{n}$ erhalten wir durch Nullsetzen der 1. Ableitung nach n:

$$-\frac{1}{2} \cdot 0{,}1700\ \sqrt{p_0(1 - p_0)}\ \tilde{n}^{-3/2} + d = 0,$$

also

$$\tilde{n} = 0{,}0850^{2/3}(p_0(1 - p_0))^{1/3}d^{-2/3} = 0{,}193(p_0(1 - p_0))^{1/3}d^{-2/3}. \tag{4.83}$$

Weiter ist mit $\tilde{c} = \tilde{n}p_0 - \dfrac{1}{2}$

$$\widetilde{M}(\tilde{n}, \tilde{c}) = 0{,}1700 \cdot 0{,}0850^{-1/3}(p_0(1 - p_0))^{1/3}d^{1/3} + 0{,}193(p_0(1 - p_0))^{1/3}d^{1/3}$$

also

$$\widetilde{M}(\tilde{n}, \tilde{c}) = 0{,}580 \cdot (p_0(1 - p_0))^{1/3}d^{1/3}. \tag{4.84}$$

Eine genauere Untersuchung zeigt, daß es zweckmäßig ist, zunächst die Annahmezahl zu bestimmen (dazu setzt man (4.83) in (4.81) ein) und dann erst den Stichprobenumfang (dazu benutzt man (4.81) aufgelöst nach n). Damit ergibt sich folgende

Näherungslösung *Es sei $\hat{c}^*$ die zu $\bar{c}$ nächstgelegene ganze Zahl $\geqslant 0$, wobei*

$$\bar{c} = 0{,}193p_0(p_0(1 - p_0))^{1/3}d^{-2/3} - \frac{1}{2}. \tag{4.85}$$

Weiter sei $\hat{n}^*$ die zu $\bar{n}$ nächstgelegene ganze Zahl, wobei

$$\bar{n} = \left(\hat{c}^* + \frac{1}{2}\right)/p_0. \tag{4.86}$$

Dann ist $(\hat{n}^*, \hat{c}^*)$ eine Näherung für den bezüglich der Regretfunktion (4.79) kostenoptimalen Prüfplan (n^*, c^*). Für das Maximum (4.80) der Regretfunktion gilt:

$$M(n^*, c^*) \approx \hat{M} = 0{,}580(p_0(1 - p_0))^{1/3}d^{1/3}. \tag{4.87}$$

Zur Erläuterung wollen wir das folgende Beispiel betrachten: Eine Firma erhält laufend Lieferungen vom Umfang N = 1000. Die Weiterverarbeitung eines guten Stückes bringt einen Gewinn von 10,– DM. Falls jedoch ein schlechtes Stück verwendet wird, entstehen Folgekosten in Höhe von 50,– DM. Für Reklamationen wurde vereinbart: Für jedes reklamierte und zurückgesandte, aber gute Stück trägt die Firma die Versandkosten in Höhe von 1,20 DM selbst. Für jedes reklamierte und zurückgesandte schlechte Stück erstattet der Lieferant die Versandkosten und zahlt zusätzlich eine Vertragsstrafe in Höhe von 78,80 DM. Die Überprüfung eines Stückes kostet 4,06 DM. Hier ist dann nach (4.67) und (4.68)

$$V_1(p) = (N - M)(-10) + M \cdot 50 = -10000 + 60000\,p$$

$$V_2(p) = (N - M) \cdot 1,20 + M(-78,80) = 1200 - 80000\,p.$$

Also ist $a_1 = -10000$, $b_1 = 60000$, $a_2 = 1200$, $b_2 = -80000$ und $d_1 = 4,06$ und $d_2 = 0$. Damit ergibt sich nach (4.72) die Trennqualität $p_0 = 11\,200/140000 = 0,080$. Nach (4.78) betragen die relativen Prüfkosten $d = 4,06/140000 = 0,000029$. Für die Näherungslösung berechnen wir nach (4.85)

$$\bar{c} = 0,193 \cdot 0,08(0,08 \cdot 0,92/0,000029^2)^{1/3} - \frac{1}{2} = 6,355.$$

Damit ergibt sich $\hat{c}^* = 6$ und $\bar{n} = 6,5/0,08 = 81,25$ und $\hat{n}^* = 81$. Als Näherung für den kostenoptimalen Prüfplan (n^*, c^*) haben wir damit den Prüfplan $(\hat{n}^*, \hat{c}^*) = (81; 6)$ erhalten.

Für unsere Näherungslösung $(\hat{n}^*, \hat{c}^*)$ und das zugehörige Maximum $\hat{M}$ wollen wir die Abhängigkeit vom Umfang N der Partie untersuchen. Dazu setzen wir voraus, daß die Koeffizienten a_1, b_1, a_2, b_2 der Verlustfunktionen (4.67) und (4.68) direkt proportional zu N sind; weiter setzen wir voraus, daß die fixen Prüfkosten $d_2 = 0$ sind (siehe (4.74)). Dann ist nach (4.72) die Trennqualität p_0 unabhängig von N, und die relativen Prüfkosten d sind nach (4.78) proportional zu $1/N$. Für die Näherung $(\hat{n}^*, \hat{c}^*)$ gilt: Der Stichprobenumfang $\hat{n}^*$ ist proportional zu $N^{2/3}$, und das Maximum $\hat{M}$ ist proportional zu $N^{-1/3}$. Damit ist auch das Maximum $M(n^*, c^*)$ der Regretfunktion für den kostenoptimalen Prüfplan in guter Näherung proportional zu $N^{-1/3}$. Nach (4.77) ist für (n^*, c^*) daher das Maximum des durchschnittlichen vermeidbaren Verlustes (auf ihn kommt es für die Anwendungen an, die Normierung zur Regretfunktion dient ja nur der Vereinfachung der Berechnungen) proportional zu $N^{2/3}$. Rechnet man diese Kosten auf die einzelnen Stücke um, über die durch das Prüfverfahren entschieden wird, so sind diese Kosten proportional zu $1/N^{1/3}$; sie werden also mit zunehmendem Partieumfang N kleiner.

Vergleiche mit der exakten Lösung (n^*, c^*) zeigen, daß die Näherungslösung $(\hat{n}^*, \hat{c}^*)$ recht genau ist für größere c^*. Für kleinere Annahmezahlen c^*, etwa für $c^* \leqslant 4$, ist noch eine deutliche Verbesserung möglich. Für den Vergleich zwischen exakter Lösung (n^*, c^*) und der Näherung $(\hat{n}^*, \hat{c}^*)$ ist hier konsequenterweise das Maximum (4.80) der Regretfunktion entscheidend. Zahlenbeispiele zeigen, daß $M(n^*, c^*)$ um 20 Prozent kleiner als $M(\hat{n}^*, \hat{c}^*)$ ausfallen kann. Kostenersparnisse in dieser Größenordnung rechtfertigen es wohl, im Falle kleinerer $\hat{c}^*$ die exakte Lösung zu berechnen, was mit Hilfe der mehrfach erwähnten Tabellen leicht möglich ist.

4.2.5.4 Mehrere qualitative Merkmale Zum Abschluß sei noch auf eine Verallgemeinerung hingewiesen: Bei den Stücken werde nicht nur zwischen „schlecht" und „gut" unterschieden, sondern bei jedem Stück liege genau eines von sich gegenseitig ausschließenden Merkmalen $A_1, A_2, \ldots, A_{k+1}$ vor. Die Merkmale seien nach zunehmender Qualität der Stücke sortiert, so daß also das Merkmal A_{k+1} für die relativ beste Qualität steht. In der Partie sei p_i der unbekannte Anteil der Elemente mit dem Merkmal A_i, $i = 1, 2, \ldots, k+1$. Es wird vorausgesetzt, daß der Verlust bei Annahme der Partie ohne Kontrolle eine lineare Funktion in $p_1, p_2, \ldots, p_{k+1}$ ist; das gleiche gilt bei Ablehnung der Partie ohne Kontrolle. Benutzt man als Testgröße eine geeignete lineare Funktion von $x_1, x_2, \ldots, x_{k+1}$, wobei x_i gleich der Anzahl der Stücke in der Stichprobe mit dem Merkmal A_i ist, so läßt sich das auf dem Minimax-Regret-Prinzip basierende Konzept der kostenoptimalen Prüfpläne auf diesen Fall übertragen, wie G. R i c h t e r [1974] gezeigt hat.

Aufgabe 4.10 Eine Lieferung von 2 000 Stück verursacht bei Ablehnung ohne Kontrolle einen Verlust von 4 000,– DM, wenn sie keinen Ausschuß enthält. Der Verlust verringert sich um 1,– DM für jedes schlechte Stück, das sich in der Lieferung befindet. Bei Annahme ohne Kontrolle bringt jedes gute Stück einen Gewinn von 5,– DM, während jedes schlechte Stück einen Verlust von 45,– DM verursacht. Die Kontrolle eines einzelnen Stückes kostet 20,40 DM. Man bestimme näherungsweise einen kostenoptimalen Prüfplan (Hinweis zur Kontrolle: Es ergibt sich $p_0 = 0,137$ und $d = 0,0002$).

4.3 Zweifache Stichprobenpläne

4.3.1 Zweistufiger Test

Von den äußeren Umständen her gesehen handelt es sich wieder um das in 4.1 behandelte Problem: Auf Grund einer – hier allerdings in zwei Schritten oder Stufen gezogenen – Stichprobe soll über Annahme oder Ablehnung einer Warenpartie entschieden werden, wobei bei jedem Element nur darauf geachtet wird, ob es gut oder schlecht ist.

Im Abschnitt 4.2.4 haben wir uns bereits überlegt, wie man mit Hilfe der abgebrochenen Kontrolle den Prüfaufwand verringern kann. Diese Idee wollen wir mit Hilfe eines zweistufigen Tests (s. 2.3.4) verallgemeinern: Man zieht zunächst eine kleinere Stichprobe und nimmt die Partie an oder lehnt sie ab, je nachdem, ob die Stichprobe besonders gut oder besonders schlecht ausfällt. Andernfalls trifft man die endgültige Entscheidung erst auf Grund einer zweiten Stichprobe. Das Ziel ist auch hier eine Verringerung der Prüfarbeit, die allerdings durch größere Kompliziertheit des Stichprobenplanes erkauft wird.

Wir wollen folgende Bezeichnungen benutzen. Es sei

N = Umfang der Warenpartie,

M = Anzahl der schlechten Stücke in der Partie,

n_1 = Umfang der 1. Stichprobe, wobei $n_1 \geqslant 1$,

n_2 = Umfang der 2. Stichprobe, wobei $n_2 \geqslant 1$,

x_i = Anzahl der schlechten unter den ersten i geprüften Stücken.

Dann ist also

x_{n_1} = Anzahl der schlechten Stücke in der 1. Stichprobe,

$x_{n_1+n_2}$ = Anzahl der schlechten Stücke in beiden Stichproben zusammen,

$x_{n_1+n_2} - x_{n_1}$ = Anzahl der schlechten Stücke in der 2. Stichprobe.

Weiter benötigen wir drei natürliche Zahlen c_1, c_2, c_3, die $\geqslant 0$ seien und die wir Entscheidungskriterien nennen wollen. c_1 und c_3 können auch als Annahmezahlen bezeichnet werden. Mit diesen Bezeichnungen läßt sich der zweistufige Test so beschreiben: Man zieht (selbstverständlich als Zufallsstichprobe im Sinne von 2.1.1) eine 1. Stichprobe vom Umfang n_1 und ermittelt die Anzahl x_{n_1} ihrer schlechten Stücke. Wenn $x_{n_1} \leqslant c_1$ ausfällt, wird die Partie angenommen. Wenn $x_{n_1} > c_2$ ist, wird die Partie abgelehnt. Wenn sich $c_1 < x_{n_1} \leqslant c_2$ ergibt, wird eine 2. Stichprobe vom Umfang n_2 gezogen. Ist dann $x_{n_1 + n_2} \leqslant c_3$, wird die Partie angenommen, und ist $x_{n_1 + n_2} > c_3$, wird die Partie abgelehnt.

Zur besseren Übersicht sind die für diese Testvorschrift entscheidenden Daten in Fig. 10 in Form eines sogenannten Schirm-Diagrammes aufgezeichnet.

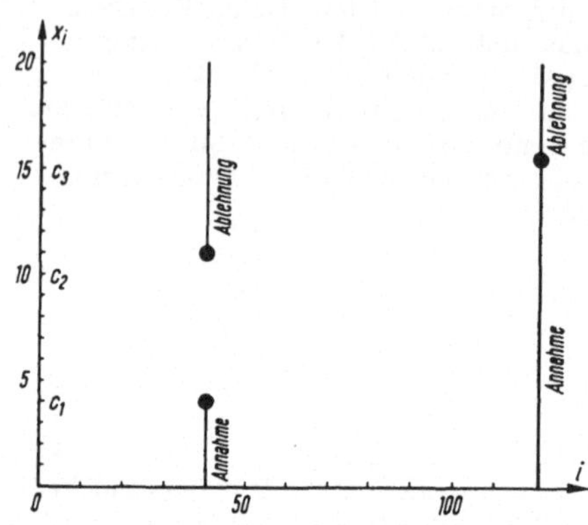

Fig. 10
Schirm-Diagramm für den zweistufigen Test mit $n_1 = 40$, $n_2 = 80$, $c_1 = 4$, $c_2 = 10$, $c_3 = 15$; dabei ist x_i die Anzahl der schlechten Stücke bei i geprüften Stücken

Der eben besprochene zweistufige Test ist eindeutig bestimmt durch die Vorgabe der fünf natürlichen Zahlen n_1, n_2, c_1, c_2, c_3. Entsprechend ihrer Bedeutung setzen wir voraus, daß

$$0 \leqslant c_1 \leqslant c_2 \leqslant n_1 \quad \text{und} \quad 0 \leqslant c_3 \leqslant n_1 + n_2 \tag{4.88}$$

ist. Damit der Test nicht nur einstufig, sondern wirklich zweistufig ist, verlangen wir

$$c_1 < c_2, \tag{4.89}$$

und damit die Entscheidung nach der 2. Stichprobe tatsächlich vom Ergebnis dieser Stichprobe abhängt, sei

$$c_2 \leqslant c_3 < n_1 + n_2. \tag{4.90}$$

Die ursprüngliche Idee des zweistufigen Testes ist es, für besonders gute und besonders schlechte Partien schnell zu einer Entscheidung zu kommen. Daher ist es plausibel, nur solche zweistufigen Tests zu benutzen, für die der für die Annahme erlaubte Ausschußanteil c_1/n_1 der 1. Stichprobe kleiner als der erlaubte Ausschußanteil $c_3/(n_1 + n_2)$ der 2. Stichprobe ist und für die der zur Ablehnung führende Mindest-Ausschußanteil $(c_2 + 1)/n_1$ der 1. Stichprobe größer als der entsprechende Anteil $(c_3 + 1)/(n_1 + n_2)$ der 2. Stichprobe ist. Man wird daher noch zusätzlich fordern, daß

$$\frac{c_1}{n_1} < \frac{c_3}{n_1 + n_2}, \qquad \frac{c_3 + 1}{n_1 + n_2} < \frac{c_2 + 1}{n_1} \tag{4.91}$$

sein soll. H a m a k e r und v. S t r i k [1955] haben darauf hingewiesen, daß ein zwei-
stufiger Test, der einer geringfügig modifizierten Form der Bedingung (4.91) nicht genügt,
ungünstig im Vergleich zu einem passenden einstufigen Test ist. Doch sei bemerkt, daß
diese Bedingung nicht von allen in der Praxis benutzten Stichprobenplänen erfüllt wird.
Zum Abschluß dieses einführenden Abschnitts sei auf einen gelegentlich anzutreffenden
Irrtum aufmerksam gemacht: Zweistufige Tests werden für „gerechter" als einstufige
Tests angesehen, weil den Partien in Zweifelsfällen „noch eine Chance" gegeben wird.
Natürlich ist die Frage, ob eine Partie bei gegebenem Ausschußanteil bei dem einen oder
bei dem anderen Test größere Chancen hat, angenommen (beziehungsweise abgelehnt)
zu werden, nur an Hand der zugehörigen Operations-Charakteristik zu beurteilen, und
wenn man einen einstufigen durch einen zweistufigen Test ersetzt, dann selbstverständlich so, daß beide — wenigstens in guter Näherung — dieselbe Operations-Charakteristik
haben.

4.3.2 Operations-Charakteristiken

Für unseren in 4.3.1 eingeführten zweistufigen Test, der den Bedingungen (4.88), (4.89)
und (4.90) genügen möge, wird die Operations-Charakteristik $L(p)$ genau wie in 4.1 als
die Wahrscheinlichkeit für die Annahme der Partie in Abhängigkeit vom angelieferten Ausschußanteil $p = M/N$ definiert. Genau die folgenden, einander ausschließenden Ereignisse
führen zur Annahme der Partie, wie man auch an Fig. 10 ablesen kann:

$$\{x_{n_1} \le c_1\}, \quad \{x_{n_1} = c_1 + 1\} \cap \{x_{n_1 + n_2} - x_{n_1} \le c_3 - c_1 - 1\},$$

$$\{x_{n_1} = c_1 + 2\} \cap \{x_{n_1 + n_2} - x_{n_1} \le c_3 - c_1 - 2\}, \ldots$$

$$\ldots, \quad \{x_{n_1} = c_2\} \cap \{x_{n_1 + n_2} - x_{n_1} \le c_3 - c_2\}.$$

Nach der Summenregel (1.1) für Wahrscheinlichkeiten ist daher

$$L(p) = W_p(x_{n_1} \le c_1) + \sum_{m_1 = c_1 + 1}^{c_2} W_p(\{x_{n_1} = m_1\} \cap \{x_{n_1 + n_2} - x_{n_1} \le c_3 - m_1\})$$

und also

$$L(p) = \sum_{m_1 = 0}^{c_1} W_p(x_{n_1} = m_1) +$$

$$+ \sum_{m_1 = c_1 + 1}^{c_2} \sum_{m_2 = 0}^{c_3 - m_1} W_p(\{x_{n_1} = m_1\} \cap \{x_{n_1 + n_2} - x_{n_1} = m_2\}). \tag{4.92}$$

Für $p = 0$ ist $x_{n_1} = 0$ und für $p = 1$ ist $x_{n_1} = n_1 > c_1$, $x_{n_1 + n_2} = n_1 + n_2 > c_3$, und daher ist

$$L(p) = \begin{cases} 1 & \text{für} \quad p = 0 \\ 0 & \text{für} \quad p = 1. \end{cases} \tag{4.93}$$

Wir wollen nun annehmen – wie es in der Praxis tatsächlich geschieht –, daß die Stichprobe ohne Zurücklegen gezogen wird. Die zugehörige Operations-Charakteristik bezeichnen wir mit $L_0(M/N)$, wobei wir der Kürze halber auf die explizite Angabe der Parameter $N, n_1, n_2, c_1, c_2, c_3$ verzichten wollen. Nach Gl. (1.34) ist

$$W_p(x_{n_1} = m_1) = \binom{M}{m_1}\binom{N-M}{n_1-m_1}\bigg/\binom{N}{n_1}.$$

Um die in der Doppelsumme bei (4.92) auftretenden Wahrscheinlichkeiten zu berechnen, benutzen wir ebenfalls (1.34), dazu aber 1.1.4. Für das Ereignis $\{x_{n_1} = m_1\}$ gibt es $\binom{N}{n_1}$ mögliche und $\binom{M}{m_1}\binom{N-M}{n_1-m_1}$ günstige Elementarereignisse. Um diese Größen auch für das Ereignis $\{x_{n_1+n_2} - x_{n_1} = m_2\}$ zu bestimmen, müssen wir berücksichtigen, daß der Partie, also der Grundgesamtheit, bereits n_1 Elemente, und zwar m_1 schlechte und $n_1 - m_1$ gute, entnommen sind. Es bleiben also für $\{x_{n_1+n_2} - x_{n_1} = m_2\}$ noch $\binom{N-n_1}{n_2}$ mögliche und $\binom{M-m_1}{m_2}\binom{N-M-n_1+m_1}{n_2-m_2}$ günstige Elementarereignisse nach. Zur Berechnung der Wahrscheinlichkeit von $\{x_{n_1} = m_1\} \cap \{x_{n_1+n_2} - x_{n_1} = m_2\}$ sind die eben angegebenen möglichen und entsprechend auch die günstigen Elementarereignisse miteinander zu kombinieren, und man erhält also

$$W_p(\{x_{n_1} = m_1\} \cap \{x_{n_1+n_2} - x_{n_1} = m_2\})$$
$$= \frac{\binom{M}{m_1}\binom{N-M}{n_1-m_1}\binom{M-m_1}{m_2}\binom{N-M-n_1+m_1}{n_2-m_2}}{\binom{N}{n_1}\binom{N-n_1}{n_2}}.$$

Damit ergibt sich für die Operations-Charakteristik

$$L_0\left(\frac{M}{N}\right) = \sum_{m_1=0}^{c_1} \frac{\binom{M}{m_1}\binom{N-M}{n_1-m_1}}{\binom{N}{n_1}} \tag{4.94}$$

$$+ \sum_{m_1=c_1+1}^{c_2} \sum_{m_2=0}^{c_3-m_1} \frac{\binom{M}{m_1}\binom{M-m_1}{m_2}\binom{N-M}{n_1-m_1}\binom{N-M-n_1+m_1}{n_2-m_2}}{\binom{N}{n_1}\binom{N-n_1}{n_2}}.$$

Wenn $n_1 + n_2 \leqslant N/10$ ist, erhält man für $L_0(M/N)$ eine gute Näherung, indem man die Operations-Charakteristik (4.92) für ein Ziehen der Stichprobe mit Zurücklegen berechnet, wobei wir diese Operations-Charakteristik mit $L_m(p)$ bezeichnen wollen. Hier sind nun die Ereignisse $\{x_{n_1} = m_1\}$ und $\{x_{n_1+n_2} - x_{n_1} = m_2\}$ unabhängig, und damit folgt aus Gl. (1.40), daß

$$L_m(p) = \sum_{m_1=0}^{c_1} \binom{n_1}{m_1} p^{m_1}(1-p)^{n_1-m_1}$$

$$+ \sum_{m_1=c_1+1}^{c_2} \sum_{m_2=0}^{c_3-m_1} \binom{n_1}{m_1}\binom{n_2}{m_2} p^{m_1+m_2}(1-p)^{n_1+n_2-m_1-m_2}. \qquad (4.95)$$

Eine solche Operations-Charakteristik ist für $n_1 = n_2 = 50$, $c_1 = 0$, $c_2 = c_3 = 2$ in Fig. 11 dargestellt.

Für kleine Werte von p kann man $L_m(p)$ mit Hilfe der Poisson-Verteilung approximieren, wobei man, wie schon in 4.1.5, benutzt, daß

$$\binom{n}{m} p^m(1-p)^{n-m} \approx \frac{(np)^m}{m!}\, e^{-np}$$

ist. Damit ergibt sich als Näherung für $L_m(p)$:

$$L_m(p) \approx \sum_{m_1=0}^{c_1} \frac{(n_1 p)^{m_1}}{m_1!}\, e^{-n_1 p} + \sum_{m_1=c_1+1}^{c_2} \sum_{m_2=0}^{c_3-m_1} \frac{n_1^{m_1} n_2^{m_2}}{m_1! m_2!}\, p^{m_1+m_2} e^{-(n_1+n_2)p}. \qquad (4.96)$$

Mit Hilfe von gewissen Eigenschaften der Operations-Charakteristik läßt sich ein zwei-stufiger Test genauso kennzeichnen wie ein einstufiger Test. So kann man wörtlich die Definitionen des Indifferenzpunktes, der Annahmegrenze, der Ablehngrenze (s. 4.2), der Steilheit (s. 4.2.2) und des Höchstwertes des mittleren Durchschlupfes (s. (4.50)) über-nehmen. Auch das am Ende von 4.2.3 geschilderte Prinzip des minimalen Prüfaufwandes läßt sich auf zweistufige Tests anwenden. Dementsprechend gibt es zweifache oder dop-pelte Stichprobenpläne, in denen n_1, n_2, c_1, c_2, c_3 in Abhängigkeit von der Partiegröße N und der Annahme- und Ablehngrenze (s. G. W a g n e r [1959]) beziehungsweise des Indifferenzpunktes und der Steilheit (s. S c h a a f s m a und W i l l e m z e [1973]) tabelliert sind. Für eine Kombination der Stichprobenkontrolle unter Benutzung eines zweistufigen Testes mit einer Totalkontrolle bei Ablehnung sei wieder auf das Buch von D o d g e und R o m i g [1959] aufmerksam gemacht. Auf die Berechnung solcher Pläne können wir hier nicht eingehen, sondern wir wollen uns darauf beschränken, die Eigenschaften solcher Pläne beziehungsweise ihrer Tests bei gegebenen n_1, n_2, c_1, c_2, c_3 kennenzulernen.

Wie nicht anders zu erwarten, sind die fünf wählbaren Größen n_1, n_2, c_1, c_2, c_3 nicht durch die Vorgabe zweier Punkte beziehungsweise eines Punktes und der Steilheit der Operations-Charakteristik eindeutig bestimmt. Die verbleibende Freiheit kann dazu benutzt werden, möglichst einfache Stichprobenpläne aufzustellen, um ihre Anwendung durch nur angelernte Kräfte zu ermöglichen. So ist es vielfach üblich, $n_2 = n_1$ oder $n_2 = 2n_1$ zu wählen und $c_2 = c_3$ zu setzen.

Bei der Wahl von $c_2 = c_3$ ist es in sehr einfacher Weise möglich, die Operations-Charak-teristik (4.92) nach unten abzuschätzen. Bei einem einstufigen Test mit dem Stichpro-benumfang $n = n_1 + n_2$ und der Annahmezahl $c = c_2$ wird eine Partie genau dann ange-nommen, wenn $x_{n_1+n_2} \leqslant c_2$ ist. Bei einem zweistufigen Test mit $c_2 = c_3$ wird die Partie darüber hinaus noch angenommen, wenn $x_{n_1+n_2} > c_2$, aber $x_{n_1} \leqslant c_1$ ist. Daher gilt für die Operations-Charakteristik (4.92), daß sie größer oder gleich der Operations-Charakteristik des einstufigen Testes mit $n = n_1 + n_2$ und $c = c_2$ ist. Nach (4.94) und (4.6) folgt daher für das Ziehen der Stichprobe ohne Zurücklegen:

$$L_0\left(\frac{M}{N}\right) = \sum_{m_1=0}^{c_1} \frac{\binom{M}{m_1}\binom{N-M}{n_1-m_1}}{\binom{N}{n_1}}$$

$$+ \sum_{m_1=c_1+1}^{c_2} \sum_{m_2=0}^{c_2-m_1} \frac{\binom{M}{m_1}\binom{M-m_1}{m_2}\binom{N-M}{n_1-m_1}\binom{N-M-n_1+m_1}{n_2-m_2}}{\binom{N}{n_1}\binom{N-n_1}{n_2}}$$

$$\geqslant \sum_{m=0}^{c_2} \frac{\binom{M}{m}\binom{N-M}{n_1+n_2-m}}{\binom{N}{n_1+n_2}} = L_{N,n_1+n_2,c_2}\left(\frac{M}{N}\right). \qquad (4.97)$$

Entsprechend gilt für die Operations-Charakteristik beim Ziehen mit Zurücklegen:

$$L_m(p) = \sum_{m_1=0}^{c_1} \binom{n_1}{m_1} p^{m_1}(1-p)^{n_1-m_1}$$

$$+ \sum_{m_1=c_1+1}^{c_2} \sum_{m_2=0}^{c_2-m_1} \binom{n_1}{m_1}\binom{n_2}{m_2} p^{m_1+m_2}(1-p)^{n_1+n_2-m_1-m_2}$$

$$\geqslant \sum_{m=0}^{c_2} \binom{n_1+n_2}{m} p^m (1-p)^{n_1+n_2-m} = L_{n_1+n_2,c_2}(p). \qquad (4.98)$$

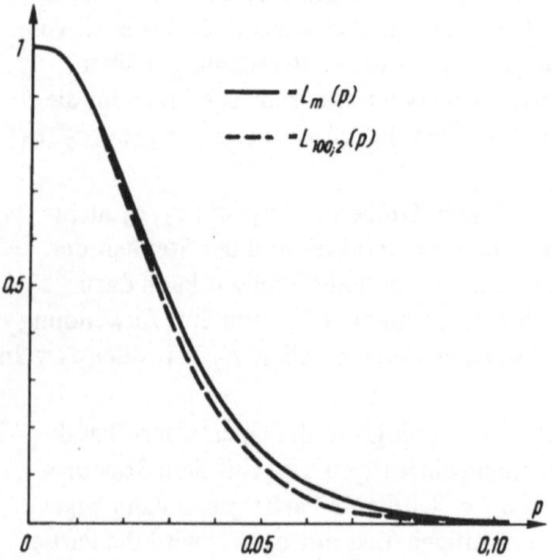

Fig. 11
Die Operations-Charakteristik $L_m(p)$ für den zweistufigen Test mit $n_1 = n_2 = 50$, $c_1 = 0$, $c_2 = c_3 = 2$ und die Operations-Charakteristik $L_{100;2}(p)$ für den einstufigen Test mit $n = 100$, $c = 2$

Diese beiden Ungleichungen sind auch deswegen noch für die Praxis von Bedeutung, weil bei den üblicherweise benutzten Werten für n_1, n_2, c_1 und c_2 die rechten Seiten der Ungleichungen jeweils eine erste Näherung für die linken Seiten darstellen. Um dies deutlich zu machen, zeigt Fig. 11 die Operations-Charakteristik $L_m(p)$ für den zweistufigen Test mit $n_1 = n_2 = 50$, $c_1 = 0$, $c_2 = c_3 = 2$ und die Operations-Charakteristik $L_{100;2}(p)$ für den einstufigen Test mit $n = 100$ und $c = 2$.

Aufgabe 4.11 Man skizziere die Operations-Charakteristik (4.95) für $n_1 = n_2 = 40$, $c_1 = 1$, $c_2 = c_3 = 4$. Weiter skizziere man in Abhängigkeit vom angelieferten Ausschußanteil p I. die Wahrscheinlichkeit der Annahme der Partie nach der 1. Stichprobe, II. die Wahrscheinlichkeit der Ablehnung der Partie nach der 1. Stichprobe, III. die Wahrscheinlichkeit dafür, daß $x_{40} \leqslant 1$, aber $x_{80} > 4$ ausfällt.

4.3.3 Durchschnittlicher Stichprobenumfang

Bei unserem in 4.3.1 eingeführten zweistufigen Test hängt der tatsächliche Stichprobenumfang $\tilde{n}$ vom Zufall ab, und zwar ist

$$\tilde{n} = \begin{cases} n_1 & \text{falls} \quad x_{n_1} \leqslant c_1 \quad \text{oder} \quad x_{n_1} > c_2 \\ n_1 + n_2 & \text{falls} \quad c_1 < x_{n_1} \leqslant c_2. \end{cases} \tag{4.99}$$

Der d u r c h s c h n i t t l i c h e S t i c h p r o b e n u m f a n g (= average sample number = ASN) ist der Erwartungswert von $\tilde{n}$:

$$E_p[\tilde{n}] = n_1 + n_2 W_p(c_1 < x_{n_1} \leqslant c_2), \tag{4.100}$$

der vom angelieferten Ausschußanteil p abhängt.

Wenn (4.88) gilt und $c_2 < n_1$ ist, so ist — wegen $x_{n_1} = 0$ für $p = 0$ und $x_{n_1} = n_1$ für $p = 1$ — offenbar

$$E_p[\tilde{n}] = n_1 \quad \text{für} \quad p = 0 \quad \text{und für} \quad p = 1. \tag{4.101}$$

Ziehen wir die Stichprobe ohne Zurücklegen, so ist nach (1.34):

$$E_p[\tilde{n}] = n_1 + n_2 \sum_{m=c_1+1}^{c_2} \binom{M}{m} \binom{N-M}{n_1-m} \Big/ \binom{N}{n_1}. \tag{4.102}$$

Für das Ziehen mit Zurücklegen erhalten wir nach (1.40):

$$E_p[\tilde{n}] = n_1 + n_2 \sum_{m=c_1+1}^{c_2} \binom{n_1}{m} p^m (1-p)^{n_1-m}. \tag{4.103}$$

Wenn $n_1 \leqslant N/10$ ist, ist (4.103) eine ausreichend genaue Näherung für (4.102).

Als numerisches Beispiel wollen wir den schon in Fig. 11 dargestellten Fall $n_1 = n_2 = 50$, $c_1 = 0$, $c_2 = c_3 = 2$ betrachten, wobei wir annehmen wollen, daß $N \geqslant 1000$ ist. Dann können wir Gleichung (4.103) benutzen, die hier

$$E_p[\tilde{n}] = 50 + 50(50 + 1175p)p(1-p)^{48}$$

lautet. Es ist $E_p[\tilde{n}] = 50$ für $p = 0$ und $E_p[\tilde{n}] \approx 50$ für $p \geqslant 0{,}20$. $E_p[\tilde{n}]$ nimmt als Funktion von p sein Maximum für $p = 0{,}0283$ an, und es ist Max $E_p[\tilde{n}] = 79{,}696$ (s. Fig. 12).

Um festzustellen, ob es sich lohnt, einen zweistufigen an Stelle eines einstufigen Testes zu benutzen, vergleicht man den durchschnittlichen Stichprobenumfang $E_p[\tilde{n}]$ mit dem Stichprobenumfang n eines einstufigen Testes, wobei man voraussetzt, daß die Operations-Charakteristiken beider Tests „innerhalb der praktisch erforderlichen Genauigkeit" übereinstimmen. Man findet gelegentlich

$$E_p[\tilde{n}]/n \tag{4.104}$$

als i n v e r s e Z w e c k d i e n l i c h k e i t bezeichnet. $100 E_p[\tilde{n}]/n$ gibt in Prozent an, wieviel Prüfarbeit durchschnittlich für den zweistufigen Test relativ zu einem passenden einstufigen Test erforderlich ist. Vom Standpunkt der Anwendungen aus hat es nicht viel Sinn zu präzisieren, wann zwei Operations-Charakteristiken hinreichend genau übereinstimmen. Daher ist der Stichprobenumfang n – im mathematischen Sinne – nicht eindeutig bestimmt. Dementsprechend ist auch die inverse Zweckdienlichkeit (4.104) erst dann eindeutig definiert, wenn nicht nur der zweistufige, sondern auch der – zum Vergleich für passend gehaltene – einstufige Test vorgegeben ist.

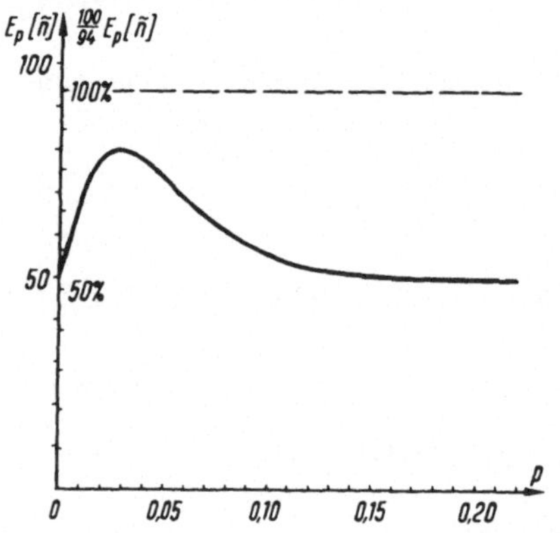

Fig. 12
Durchschnittlicher Stichprobenumfang $E_p[\tilde{n}]$ beim zweistufigen Test mit $n_1 = n_2 = 50$, $c_1 = 0$, $c_2 = c_3 = 2$ und inverse Zweckdienlichkeit $\frac{100}{94} E_p[\tilde{n}]$ im Vergleich zum einstufigen Test mit $n = 94$, $c = 2$

Zur Erläuterung wollen wir wieder den zweistufigen Test $n_1 = n_2 = 50$, $c_1 = 0$, $c_2 = c_3 = 2$ betrachten (s. Fig. 11). Seine Annahmegrenze ist $p_{90\%} = 0{,}0116$, sein Indifferenzpunkt ist $p_{50\%} = 0{,}0283$ und seine Ablehngrenze ist $p_{10\%} = 0{,}0570$, die man dadurch berechnet, daß man die Operations-Charakteristik für den interessierenden Bereich tabelliert. Wie in 4.2.1 beschrieben, konstruieren wir uns einen einstufigen Test mit derselben Annahmegrenze und derselben Ablehngrenze. Die kleinste Annahmezahl c, für die die Ungleichungen (4.38) erfüllbar sind, ist $c = 2$, und dafür lautet (4.38): $10{,}6446/0{,}114 \leqslant n \leqslant 2{,}20413/0{,}0232$. Das kleinstmögliche n ist daher $n = 94$. Mit Hilfe von Satz 4.7 können wir berechnen, daß der einstufige Test mit $n = 94$ und $c = 2$ den 90%-Punkt $0{,}0118$, den 50%-Punkt $0{,}0283$ und den 10%-Punkt $0{,}0554$ hat. Unser obiger zweistufiger Test kann daher durch den einstufigen Test mit Stichprobenumfang $n = 94$ und Annahmezahl $c = 2$ ersetzt werden. Die inverse Zweckdienlichkeit ist $E_p[\tilde{n}]/94$; sie ist $= 0{,}532$ für $p = 0$ und $\approx 0{,}532$ für $p \geqslant 0{,}2$, und ihr Maximum beträgt $79{,}696/94 = 0{,}848$ (s. Fig. 12).

Aufgabe 4.12 Man bestimme einen einstufigen Test zu dem in Aufgabe 4.11 angegebenen zweistufigen Test mit ungefähr gleicher Operations-Charakteristik. Man skizziere den durchschnittlichen Stichprobenumfang $E_p[\tilde{n}]$ und die inverse Zweckdienlichkeit.

4.3.4 Abgebrochene Kontrolle

Genau wie beim einstufigen Test (s. 4.2.4) kann man auch beim zweistufigen Test die Kontrolle abbrechen, sobald die endgültige Entscheidung feststeht. Da die Einsparung an Prüfarbeit nur sehr geringfügig ist, wenn man die Kontrolle abbricht, falls man sicher ist, daß die Anzahl der schlechten Stücke die jeweilige Annahmezahl nicht überschreiten wird, wollen wir ein Abbrechen der Kontrolle nur im Fall der Ablehnung der Partie untersuchen.

Zunächst wollen wir annehmen, daß bei unserem zweistufigen Test in 4.3.1, der den Bedingungen (4.88), (4.89) und (4.90) genügen möge, die Kontrolle der 1. Stichprobe auf jeden Fall vollständig durchgeführt wird, z. B. um neben dem Kontrollergebnis zugleich auch den Schätzwert x_{n_1}/n_1 für den Ausschußanteil p der Partie festzustellen. Wenn $x_{n_1} \leqslant c_1$ oder $> c_2$ ausfällt, ist die Kontrolle ohnedies beendet. Wenn sich dagegen $c_1 < x_{n_1} \leqslant c_2$ ergeben hat, so wird eine 2. Stichprobe (im Sinne von 2.1.1) vom Umfang n_2 gezogen. Wir wollen annehmen, daß die Elemente dieser 2. Stichprobe in zufälliger Reihenfolge geprüft werden, also nicht etwa — was an sich erlaubt ist — innerhalb der 2. Stichprobe nach schlechten Stücken gesucht wird (s. die Bemerkung nach Gl. (4.60)). Die Kontrolle wird abgebrochen, sobald zum erstenmal $x_i > c_3$ ausfällt. Dann ist der vom Zufall abhängende tatsächliche Prüfumfang

$$
n' = \begin{cases}
n_1 & \text{falls } x_{n_1} \leqslant c_1 \text{ oder } x_{n_1} > c_2 \\[1ex]
n_1 + n_2 & \text{falls } c_1 < x_{n_1} \leqslant c_2 \text{ und } x_{n_1 + n_2} \leqslant c_3 \\[1ex]
n_1 + i & \text{falls } x_{n_1} = m \text{ und } x_{n_1 + i - 1} - x_{n_1} = c_3 - m \text{ und} \\[1ex]
& \quad x_{n_1 + i} - x_{n_1 + i - 1} = 1 \text{ für } m = c_1 + 1, c_1 + 2, \ldots, c_2 \\[1ex]
& \quad \text{und } i = c_3 - m + 1, c_3 - m + 2, \ldots, n_2,
\end{cases}
\tag{4.105}
$$

wobei man beachte, daß nach (4.90) $c_2 \leqslant c_3$ ist.

Für den durchschnittlichen Prüfumfang $E_p[n']$ beim Abbrechen der Kontrolle in der 2. Stichprobe ergibt sich damit in Abhängigkeit vom angelieferten Ausschußanteil p:

$$
\begin{aligned}
E_p[n'] = \; & n_1 + n_2 W_p(\{c_1 < x_{n_1} \leqslant c_2\} \cap \{x_{n_1 + n_2} \leqslant c_3\}) \\[1ex]
& + \sum_{m = c_1 + 1}^{c_2} \; \sum_{i = c_3 - m + 1}^{n_2} i W_p(\{x_{n_1} = m\} \cap \{x_{n_1 + i - 1} - x_{n_1} = c_3 - m\} \\[1ex]
& \qquad\qquad\qquad\qquad \cap \{x_{n_1 + i} - x_{n_1 + i - 1} = 1\}).
\end{aligned}
\tag{4.106}
$$

Um die numerische Rechnung zu erleichtern, können wir ausnutzen, daß nach Definition von $L(p)$

$$
W_p(\{c_1 < x_{n_1} \leqslant c_2\} \cap \{x_{n_1 + n_2} \leqslant c_3\}) = L(p) - \sum_{m = 0}^{c_1} W_p(x_{n_1} = m)
$$

ist.

Ganz analog wie Gl. (4.62) und (4.94) erhalten wir durch Abzählen der möglichen beziehungsweise der günstigen Elementarereignisse, daß beim Ziehen der Stichprobe ohne Zurücklegen für den durchschnittlichen Prüfumfang (4.106) gilt:

$$E_p[n'] = n_1 + n_2 L_0(p) - n_2 \sum_{m=0}^{c_1} \binom{M}{m} \binom{N-M}{n_1-m} \bigg/ \binom{N}{n_1}$$

$$+ \sum_{m=c_1+1}^{c_2} \sum_{i=c_3-m+1}^{n_2} \frac{i \binom{M}{m} \binom{N-M}{n_1-m} \binom{M-m}{c_3-m} \binom{N-M-n_1+m}{i-1-c_3+m} (M-c_3)}{\binom{N}{n_1} \binom{N-n_1}{i-1} (N-n_1-i+1)}. \quad (4.107)$$

Für $n_1 + n_2 \leqslant N/10$ erhalten wir wieder eine gute Näherung für (4.107), indem wir $E_p[n']$ für das Ziehen der Stichprobe mit Zurücklegen berechnen. Hier sind die Ereignisse $\{x_{n_1} = m\}$, $\{x_{n_1+i-1} - x_{n_1} = c_3 - m\}$ und $\{x_{n_1+i} - x_{n_1+i-1} = 1\}$ unabhängig, und nach (1.40) ergibt sich damit für (4.106)

$$E_p[n'] = n_1 + n_2 L_m(p) - n_2 \sum_{m=0}^{c_1} \binom{n_1}{m} p^m (1-p)^{n_1-m}$$

$$+ \sum_{m=c_1+1}^{c_2} \sum_{i=c_3-m+1}^{n_2} i \binom{n_1}{m} p^m (1-p)^{n_1-m} \binom{i-1}{c_3-m} p^{c_3-m} (1-p)^{i-1-c_3+m} p,$$

also

$$E_p[n'] = n_1 + n_2 L_m(p) - n_2 \sum_{m=0}^{c_1} \binom{n_1}{m} p^m (1-p)^{n_1-m}$$

$$+ \sum_{m=c_1+1}^{c_2} \binom{n_1}{m} p^{m-1} (1-p)^{n_1-m} \sum_{i=c_3-m+1}^{n_2} i \binom{i-1}{c_3-m} p^{c_3-m+2} (1-p)^{i-1-c_3+m}.$$

Die numerische Berechnung dieser verhältnismäßig vielen Summanden in der Doppelsumme läßt sich erheblich vereinfachen. Dazu benutzen wir Gl. (4.64), die sich mit Hilfe von (4.5) in der Form

$$\sum_{i=c+1}^{n} \frac{(i-1)!}{c!(i-1-c)!} p^{c+1} (1-p)^{i-1-c} = 1 - \sum_{j=0}^{c} \binom{n}{j} p^j (1-p)^{n-j}$$

schreiben läßt. Daher ist (wir setzen $k = i + 1$)

$$\sum_{i=c_2-m+1}^{n_2} i \binom{i-1}{c_3-m} p^{c_3-m+2} (1-p)^{i-1-c_3+m}$$

$$= (c_3 - m + 1) \sum_{k=c_3-m+2}^{n_2+1} \frac{(k-1)!}{(c_3-m+1)!(k-2-c_3+m)!} p^{c_3-m+2} (1-p)^{k-2-c_3+m}$$

$$= (c_3 - m + 1) \left\{ 1 - \sum_{j=0}^{c_3-m+1} \binom{n_2+1}{j} p^j (1-p)^{n_2+1-j} \right\}. \quad (4.108)$$

Damit ergibt sich für den durchschnittlichen Prüfumfang $E_p[n']$ beim Abbrechen der Kontrolle bei der 2. Stichprobe und beim Ziehen mit Zurücklegen:

$$E_p[n'] = n_1 + n_2 L_m(p) - n_2 \sum_{m=0}^{c_1} \binom{n_1}{m} p^m (1-p)^{n_1-m} \tag{4.109}$$

$$+ \sum_{m=c_1+1}^{c_2} (c_3 - m + 1) \binom{n_1}{m} p^{m-1}(1-p)^{n_1-m} \left\{ 1 - \sum_{j=0}^{c_3-m+1} \binom{n_2+1}{j} p^j (1-p)^{n_2+1-j} \right\}.$$

Als numerisches Beispiel wollen wir wieder $n_1 = n_2 = 50$, $c_1 = 0$, $c_2 = c_3 = 2$ nehmen (s. Fig. 11). Nach (4.95) ist

$$L_m(p) = (1-p)^{50} + (50 + 3675p)p(1-p)^{98}.$$

Also ist (s. auch Fig. 13)

$$\begin{aligned}
E_p[n'] &= 50 + 50(50 + 3675p)p(1-p)^{98} \\
&\quad + 100(1-p)^{49}\{1 - (1-p)^{51} - 51p(1-p)^{50} - 1275p^2(1-p)^{49}\} \\
&\quad + 1225p(1-p)^{48}\{1 - (1-p)^{51} - 51p(1-p)^{50}\} \\
&= 50 + 25(4 + 45p)(1-p)^{48} - 25(4 + 145p)(1-p)^{98}.
\end{aligned}$$

Wir wollen nun noch den durchschnittlichen Prüfumfang berechnen, falls die Kontrolle stets — also auch schon bei der 1. Stichprobe — abgebrochen wird, sobald man sicher ist, daß die Partie abzulehnen ist. Der Einfachheit halber wollen wir uns auf den in den gängigen Stichprobenplänen meistens vorliegenden Fall $c_2 = c_3$ beschränken. Dann ist der tatsächliche Prüfumfang

$$n'' = \begin{cases}
n_1 & \text{falls } x_{n_1} \leq c_1 \\
n_1 + n_2 & \text{falls } c_1 < x_{n_1} \leq c_2 \text{ und } x_{n_1+n_2} \leq c_2 \\
k & \text{falls } x_{k-1} = c_2 \text{ und } x_k - x_{k-1} = 1 \text{ für } k = c_2 + 1, \\
& \hspace{6cm} c_2 + 2, \ldots, n_1 \\
n_1 + i & \text{falls } x_{n_1} = m \text{ und } x_{n_1+i-1} - x_{n_1} = c_2 - m \text{ und} \\
& x_{n_1+i} - x_{n_1+i-1} = 1 \text{ für } m = c_1 + 1, c_1 + 2, \ldots, c_2 \\
& \text{und } i = c_2 - m + 1, c_2 - m + 2, \ldots, n_2.
\end{cases} \tag{4.110}$$

Entsprechend den einleitenden Bemerkungen zu diesem Abschnitt setzen wir wieder voraus, daß die Elemente innerhalb der einzelnen Stichproben in zufälliger Reihenfolge geprüft werden. Dann ergibt sich für den durchschnittlichen Prüfumfang

$$E_p[n''] = n_1 W_p(x_{n_1} \leq c_2) + n_2 W_p(\{c_1 < x_{n_1} \leq c_2\} \cap \{x_{n_1+n_2} \leq c_2\})$$

$$+ \sum_{k=c_2+1}^{n_1} k W_p(\{x_{k-1} = c_2\} \cap \{x_k - x_{k-1} = 1\})$$

$$+ \sum_{m=c_1+1}^{c_2} \sum_{i=c_2-m+1}^{n_2} i W_p(\{x_{n_1} = m\} \cap \{x_{n_1+i-1} - x_{n_1} = c_2 - m\}$$

$$\cap \{x_{n_1+i} - x_{n_1+i-1} = 1\}). \tag{4.111}$$

Ein Vergleich mit (4.106) zeigt unter Beachtung von $c_2 = c_3$:

$$E_p[n''] = E_p[n'] - n_1 + n_1 W_p(x_{n_1} \leqslant c_2)$$

$$+ \sum_{k=c_2+1}^{n_1} k W_p(\{x_{k-1} = c_2\} \cap \{x_k - x_{k-1} = 1\}). \qquad (4.112)$$

Es sei dem Leser überlassen, $E_p[n'']$ analog zu (4.107) für das Ziehen der Stichprobe ohne Zurücklegen zu berechnen. Für das Ziehen der Stichprobe mit Zurücklegen ergibt sich

$$E_p[n''] = E_p[n'] - n_1 + n_1 \sum_{m=0}^{c_2} \binom{n_1}{m} p^m (1-p)^{n_1-m}$$

$$+ \sum_{k=c_2+1}^{n_1} k \binom{k-1}{c_2} p^{c_2+1} (1-p)^{k-1-c_2}.$$

Für $p = 0$ ist ersichtlich $E_0[n'] = n_1$ und also

$$E_0[n''] = n_1. \qquad (4.113)$$

Nach (4.108) ist

$$\sum_{k=c_2+1}^{n_1} k \binom{k-1}{c_2} p^{c_2+2} (1-p)^{k-1-c_2} = (c_2+1) \left\{ 1 - \sum_{j=0}^{c_2+1} \binom{n_1+1}{j} p^j (1-p)^{n_1+1-j} \right\}.$$

Damit erhalten wir für den durchschnittlichen Prüfumfang $E_p[n'']$ *für* $c_2 = c_3$ *und* $p > 0$:

$$E_p[n''] = E_p[n'] - n_1 + n_1 \sum_{m=0}^{c_2} \binom{n_1}{m} p^m (1-p)^{n_1-m}$$

$$+ \frac{c_2+1}{p} \left\{ 1 - \sum_{j=0}^{c_2+1} \binom{n_1+1}{j} p^j (1-p)^{n_1+1-j} \right\}. \qquad (4.114)$$

Für unser obiges numerisches Beispiel mit $n_1 = n_2 = 50$, $c_1 = 0$, $c_2 = c_3 = 2$ erhalten wir für $p > 0$ (s. Fig. 13):

$$E_p[n''] = E_p[n'] - 50 + 50(1-p)^{48}[1 + 48p + 1176p^2]$$

$$+ \frac{3}{p} - \frac{3}{p}(1-p)^{48}[1 + 48p + 1176p^2 + 19600p^3]$$

$$= E_p[n'] - 50 + \frac{3}{p} - (1-p)^{48}\left[\frac{3}{p} + 94 + 1128p\right].$$

Am Ende von 4.3.3 haben wir berechnet, daß der einstufige Test mit Stichprobenumfang $n = 94$ und Annahmezahl $c = 2$ fast dieselbe Operations-Charakteristik wie der in den letzten beiden Beispielen untersuchte zweistufige Test hat. Zum Vergleich (s. Fig. 13) wollen wir daher auch für diesen einstufigen Test den durchschnittlichen Prüfumfang $E_p[n']$ beim Abbrechen der Kontrolle berechnen. Nach Gleichung (4.65) ist $E_0[n'] = 94$, und für $p > 0$ ergibt sich:

$$E_p[n'] = \frac{3}{p} + \left(94 - \frac{3}{p}\right)\left[(1-p)^{94} + 94p(1-p)^{93} + 4371p^2(1-p)^{92}\right]$$

$$-402132p^2(1-p)^{92} = \frac{3}{p} - (1-p)^{92}\left[\frac{3}{p} + 182 + 4186p\right].$$

Aufgabe 4.13 Mit Hilfe der Gleichungen (4.109) und (4.114) berechne man die durchschnittlichen Prüfumfänge für den zweistufigen Test mit $n_1 = n_2 = 40, c_1 = 1, c_2 = c_3 = 4$ (vergleiche auch Aufgabe 4.11 und 4.12).

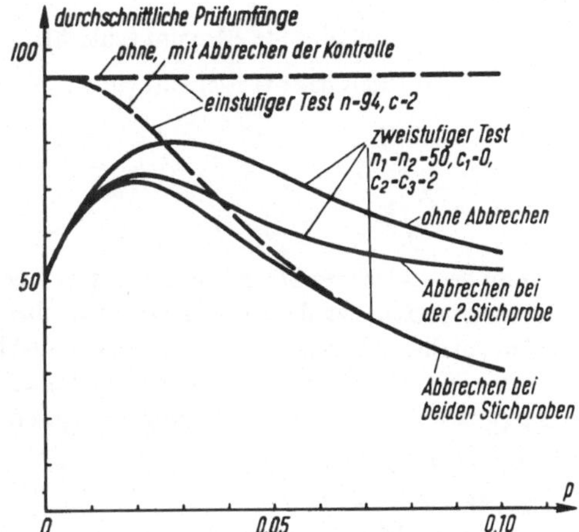

Fig. 13
Durchschnittliche Prüfumfänge bei zwei Tests mit etwa gleicher Operations-Charakteristik (s. Gl. (4.65), (4.103), (4.109) und (4.114)

4.4 Sequentieller Test

Noch einmal soll die Ausgangssituation von 4.1 betrachtet werden: Eine Warenlieferung wird mit einem als unbekannt anzusehenden Ausschußanteil von 100p% angeliefert. Kommt man auf Grund einer Stichprobenkontrolle zu dem Schluß, daß der Ausschußanteil p klein genug ist, so wird die Partie angenommen, andernfalls wird sie abgelehnt. Wir wollen hier von vornherein von zwei dem jeweiligen konkreten Anwendungsfall entsprechend vorgegebenen Punkten der Operations-Charakteristik ausgehen, und zwar soll die Annahmewahrscheinlichkeit ungefähr α für den angelieferten Ausschußanteil p_α sein und sie soll ungefähr β für den Ausschußanteil p_β sein. Es sei vorausgesetzt, daß

$$0 < p_\alpha < p_\beta < 1 \quad \text{und} \quad 1 > \alpha > 1/2 > \beta > 0 \tag{4.115}$$

ist. Wählt man wie in 4.2 $\alpha = 0{,}9$ und $\beta = 0{,}1$, so spricht man von p_α als Annahmegrenze und von p_β als Ablehngrenze.

Faßt man als mögliche Ausschußanteile zunächst nur p_α und p_β ins Auge, so läßt sich unsere Aufgabe wie folgt formulieren: Gesucht ist ein Alternativ-Test für die Nullhypothese, daß die unbekannte Wahrscheinlichkeit $p = p_\alpha$ ist, gegen die Alternative, daß $p = p_\beta$ ist. Dabei soll die Wahrscheinlichkeit für den Fehler 1. Art (= richtige Nullhypothese ablehnen) ungefähr $1 - \alpha$ sein, während die Wahrscheinlichkeit für den Fehler 2. Art (= falsche Nullhypothese annehmen) ungefähr β sein soll. Weiter soll unser gesuchter Test sequentiell sein, d. h. nach Prüfung jedes einzelnen Stichprobenelementes soll eine der folgenden drei Entscheidungen getroffen werden: „Nullhypothese annehmen" (= Partie annehmen) oder „Alternative annehmen" (= Partie ablehnen) oder „ein weiteres Element prüfen", das selbstverständlich zufällig im Sinne von 2.1.1 zu ziehen ist. Der aufzustellende Test ist auch dann brauchbar, wenn der angelieferte Ausschußanteil p von p_α und p_β verschieden ist, wie unter anderem Satz 4.19 zeigt.

Wir beschreiben das Kontrollergebnis des i-ten Stichprobenelementes (i = 1, 2, 3, . . .) durch

$$\xi_i = \begin{cases} 1, & \text{falls das i-te Element schlecht,} \\ 0, & \text{falls das i-te Element gut ist.} \end{cases} \qquad (4.116)$$

Dann ist für k = 1, 2, 3, . . .

$$x_k = \sum_{i=1}^{k} \xi_i \qquad (4.117)$$

die Anzahl der schlechten Stücke bei den ersten k geprüften Stichprobenelementen. Wir wollen voraussetzen, daß die Grundgesamtheit, also die Partie, so groß ist, daß die auftretenden zufälligen Variablen ξ_i als statistisch unabhängig voneinander angesehen werden können, was natürlich auch wieder beim Ziehen „mit Zurücklegen" der Fall ist. Dann sind die ξ_i nach der Binomial-Verteilung $Bi(1, p)$ und die x_k nach $Bi(k, p)$ verteilt.

Als Testgröße wollen wir

$$\frac{p_\beta^{x_k}(1 - p_\beta)^{k - x_k}}{p_\alpha^{x_k}(1 - p_\alpha)^{k - x_k}} \qquad (4.118)$$

benutzen. Der Logarithmus (es kommt auf seine Basis nicht an, wir können z. B. die dekadischen Logarithmen benutzen) dieser Testgröße

$$x_k \log \frac{p_\beta(1 - p_\alpha)}{p_\alpha(1 - p_\beta)} - k \log \frac{1 - p_\alpha}{1 - p_\beta} \qquad (4.119)$$

zeigt, daß (4.118) gleichwertig mit der in den vorhergehenden Abschnitten benutzten Testgröße x_k ist, sofern man nur die Schranken entsprechend umrechnet. Daß wir hier die etwas kompliziertere Testgröße (4.118) benutzen, bringt folgende Vorteile mit sich:

1. Der auf (4.118) basierende Test – ein sogenannter s e q u e n t i e l l e r   Q u o t i e n - t e n t e s t (= sequential probability ratio test) – läßt sich weitgehend verallgemeinern; der Quotient zweier Wahrscheinlichkeiten oder gegebenenfalls Wahrscheinlichkeitsdichten ergibt für eine weitere Klasse von Testaufgaben brauchbare Testgrößen (siehe z. B. A. W a l d [1947], E. L. L e h m a n n [1959], S. 97 oder auch M. F i s z [1980]).

2. Für sequentielle Quotiententests läßt sich unter sehr geringen Voraussetzungen zeigen, daß die zugehörigen durchschnittlichen Stichprobenumfänge im Vergleich auch zu nichtsequentiellen Tests (hier speziell für $p = p_\alpha$ und $p = p_\beta$) minimal sind (siehe z. B. E. L. L e h m a n n [1959], S. 98, 104–110).

3. Die theoretischen Untersuchungen, insbesondere die Bestimmung der Testschranken und die Berechnung der Operations-Charakteristik, sind für (4.118) relativ einfach; für

die praktische Anwendung des Testes kann man mit Hilfe von (4.119) mühelos zur Testgröße x_k übergehen.

Bei unserem Test geht man nun so vor: Man prüft nacheinander für $k = 1, 2, 3, \ldots$, welche der folgenden Ungleichungen, die im darauffolgenden Absatz auf eine für die Anwendung bequemere und anschaulich besser durchschaubare Form gebracht werden, erfüllt ist:

$$\frac{p_\beta^{x_k}(1 - p_\beta)^{k - x_k}}{p_\alpha^{x_k}(1 - p_\alpha)^{k - x_k}} \leqslant A \tag{4.120}$$

$$\frac{p_\beta^{x_k}(1 - p_\beta)^{k - x_k}}{p_\alpha^{x_k}(1 - p_\alpha)^{k - x_k}} \geqslant B \tag{4.121}$$

$$A < \frac{p_\beta^{x_k}(1 - p_\beta)^{k - x_k}}{p_\alpha^{x_k}(1 - p_\alpha)^{k - x_k}} < B. \tag{4.122}$$

Wenn (4.120) gilt, wird die Partie angenommen, und wenn (4.121) gilt, wird die Partie abgelehnt. Ist dagegen (4.122) richtig, so prüft man ein weiteres, das $(k + 1)$-te, Stichprobenelement. Die kritischen Werte A und B werden wir in 4.4.2 in Abhängigkeit von α und β bestimmen. Damit es überhaupt zur Annahme kommen kann und damit der Test wirklich sequentiell ist, muß

$$0 < A < B \tag{4.123}$$

sein.

Wie oben erwähnt, können wir diese Testvorschrift durch Logarithmieren auf eine für die Anwendungen bequemere Form bringen. Dabei dividieren wir noch durch $\log \frac{p_\beta(1 - p_\alpha)}{p_\alpha(1 - p_\beta)}$, wobei wir beachten, daß wegen (4.115) dieser Logarithmus > 0 ist. Wir setzen

$$a = \frac{-\log A}{\log \dfrac{p_\beta(1 - p_\alpha)}{p_\alpha(1 - p_\beta)}}, \qquad b = \frac{\log B}{\log \dfrac{p_\beta(1 - p_\alpha)}{p_\alpha(1 - p_\beta)}}, \qquad c = \frac{\log \dfrac{1 - p_\alpha}{1 - p_\beta}}{\log \dfrac{p_\beta(1 - p_\alpha)}{p_\alpha(1 - p_\beta)}}. \tag{4.124}$$

Nach (4.115) und (4.123) ist

$$0 < c < 1 \quad \text{und} \quad -a < b. \tag{4.125}$$

Dann läßt sich unser Test auch so beschreiben:

Wenn für ein $k = 1, 2, 3, \ldots$ zum erstenmal

$$x_k - ck \leqslant -a \tag{4.126}$$

ausfällt, wird die Partie angenommen. Wenn zum erstenmal

$$x_k - ck \geqslant b \tag{4.127}$$

ist, wird die Partie abgelehnt. Solange

$$-a < x_k - ck < b \qquad (4.128)$$

ist, wird ein weiteres Stichprobenelement geprüft.

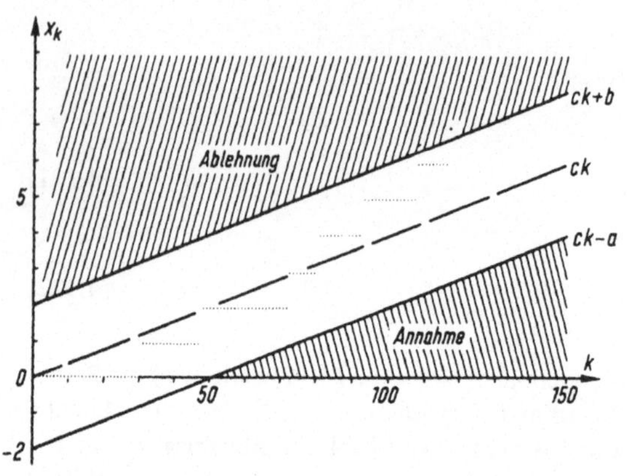

Fig. 14
Ein Stichprobenergebnis bei dem
sequentiellen Test mit c = 0,04 und
a = b = 2; x_k ist die Anzahl der
schlechten bei k geprüften Stücken

Fig. 14 zeigt die graphische Darstellung einer Stichprobenkontrolle mit einem solchen sequentiellen Test mit c = 0,04 und a = b = 2; als Beispiel ist ein Stichprobenergebnis eingezeichnet, bei dem die Partie nach Prüfung von k = 117 Stück abgelehnt wird. Da x_k ganzzahlig und $0 \leqslant x_k \leqslant k$ ist, kann man die Testvorschrift etwas einfacher schreiben. Die Ungleichung (4.126) ist in diesem Beispiel gleichwertig mit

$$x_k < 0 \quad \text{für} \quad k = 1, 2, \ldots, 49$$

$$x_k \leqslant 0 \quad \text{für} \quad k = 50, 51, \ldots, 74$$

$$x_k \leqslant 1 \quad \text{für} \quad k = 75, 76, \ldots, 99$$

$$\vdots$$

und die Ungleichung (4.127) ist gleichwertig mit

$$x_k \geqslant 3 \quad \text{für} \quad k = 1, 2, \ldots, 25$$

$$x_k \geqslant 4 \quad \text{für} \quad k = 26, 27, \ldots, 50$$

$$x_k \geqslant 5 \quad \text{für} \quad k = 51, 52, \ldots, 75$$

$$\vdots$$

Bei dieser Darstellung wird deutlich, daß man durch Modifizieren der Testvorschrift für ein bestimmtes k zu einem endlich-stufigen Test übergehen kann. Endlich-stufige Tests werden in der Qualitätskontrolle gelegentlich benutzt, doch kann hier aus Platzmangel nicht darauf eingegangen werden.

4.4.1 Endlichkeit der Stichprobenumfänge

Wir haben im vorigen Abschnitt vorausgesetzt, daß die zufälligen Variablen $\xi_1, \xi_2, \xi_3, \ldots$ unabhängig sind. Diese Voraussetzung ist exakt nur dann erfüllt, wenn die Grundgesamtheit unendlich ist oder wenn die Stichprobenelemente „mit Zurücklegen" gezogen werden. In beiden Fällen ist aber von vornherein nicht gesagt, daß ein sequentieller Test in endlich vielen Schritten zu einer der beiden abschließenden Entscheidungen „Partie annehmen" oder „Partie ablehnen" führt. Für den hier benutzten sequentiellen Test wollen wir daher beweisen, daß mit Wahrscheinlichkeit 1 der erforderliche, vom Zufall abhängende Stichprobenumfang endlich ist, oder anders ausgedrückt, daß die Wahrscheinlichkeit 0 ist, daß es zu keiner der beiden obigen Entscheidungen kommt. Damit ist dann auch sichergestellt, daß

$$W_p(\text{Annahme}) + W_p(\text{Ablehnung}) = 1$$

ist für jeden angelieferten Ausschußanteil p mit $0 \leqslant p \leqslant 1$.

Offenbar kommt es bei unserem Test genau dann nicht in endlich vielen Schritten zu einer

abschließenden Entscheidung, wenn das Ereignis $E = \bigcap\limits_{k=1}^{\infty} \{-a < x_k - ck < b\}$ eintritt.

Um nachzuweisen, daß die Wahrscheinlichkeit $W_p(E) = 0$ ist, schätzen wir $W_p(E)$ nach oben ab.

Es sei r eine natürliche Zahl mit $r > (a + b)/c$, wobei man Fig. 14 entnehmen kann, daß $(a + b)/c$ der parallel zur Abszissenachse gemessene Abstand der beiden die verschiedenen Gebiete begrenzenden Geraden ist. Nach (4.117) ist

$$x_{jr} - x_{(j-1)r} = \sum_{i=1}^{r} \xi_{(j-1)r+i} \geqslant 0$$

für $j = 1, 2, 3, \ldots$ Wenn E eintritt, so muß

$$\sum_{i=1}^{r} \xi_{(j-1)r+i} > 0$$

sein für $j = 1, 2, 3, \ldots$; denn wäre diese Summe $= 0$ für ein j, so wäre wegen $x_{(j-1)r} - c(j-1)r < b$ und der Definition von r

$$x_{jr} = x_{(j-1)r} < c(j-1)r + b < cjr - a$$

im Widerspruch zu $x_{jr} - cjr > -a$. Also ist für jede natürliche Zahl m

$$E \subset \bigcap_{j=1}^{\infty} \left\{ \sum_{i=1}^{r} \xi_{(j-1)r+i} > 0 \right\} \subset \bigcap_{j=1}^{m} \left\{ \sum_{i=1}^{r} \xi_{(j-1)r+i} > 0 \right\}.$$

Wegen der Monotonie (1.5) der Wahrscheinlichkeit und da die zufälligen Variablen $\sum\limits_{i=1}^{r} \xi_{(j-1)r+i}$ unabhängig voneinander und nach $Bi(r, p)$ verteilt sind, folgt daraus

$$W_p(E) \leqslant W_p\left(\bigcap_{j=1}^{m} \left\{ \sum_{i=1}^{r} \xi_{(j-1)r+i} > 0 \right\} \right) = (1 - (1 - p)^r)^m.$$

Da für $p < 1$ die rechte Seite für $m \to \infty$ gegen 0 konvergiert, folgt daraus $W_p(E) = 0$ für $0 \leqslant p < 1$. Für $p = 1$ dagegen ist mit Wahrscheinlichkeit 1 die Ungleichung $x_k - ck = k - ck \geqslant b$ für $k \geqslant b/(1-c)$ erfüllt. Damit haben wir bewiesen:

Satz 4.17 *Mit Wahrscheinlichkeit 1 sind die bei dem Test aus 4.4 erforderlichen, vom Zufall abhängenden Stichprobenumfänge endlich, d. h. es ist*

$$W_p\left(\bigcap_{k=1}^{\infty} \{-a < x_k - ck < b\} \right) = 0 \tag{4.129}$$

für $0 \leqslant p \leqslant 1$.

4.4.2 Bestimmung der kritischen Werte

In 4.4 haben wir uns vorgenommen, unseren sequentiellen Test (4.120), (4.121), (4.122), der zunächst als Alternativ-Test für die Nullhypothese $p = p_\alpha$ gegen die Alternative $p = p_\beta$ gedacht ist, so einzurichten, daß die Wahrscheinlichkeit für den Fehler 1. Art ungefähr $(1 - \alpha)$ und die Wahrscheinlichkeit für den Fehler 2. Art ungefähr β ist. Wir wollen daher nun die kritischen Werte A und B so bestimmen, daß

$$L(p_\alpha) \approx \alpha \quad \text{und} \quad L(p_\beta) \approx \beta \tag{4.130}$$

ist, wobei die Bedingung (4.115) erfüllt sei und $L(p)$ die Operations-Charakteristik, also die Wahrscheinlichkeit für die Annahme der Partie, bezeichnet.

Wir betrachten dazu die in (4.116) eingeführten, nach $Bi(1, p)$ verteilten, unabhängigen zufälligen Variablen $\xi_1, \xi_2, \xi_3, \ldots$. Für jede natürliche Zahl n hat die n-dimensionale zufällige Variable $(\xi_1, \xi_2, \ldots, \xi_n)$ genau 2^n verschiedene Realisationen, die wir mit $j = 1, 2, \ldots, 2^n$ numerieren und denen 2^n verschiedene Stichprobenergebnisse beim Prüfen von n Elementen entsprechen, wenn man auf die Reihenfolge achtet, in der die einzelnen Stücke geprüft werden. Dem j-ten Stichprobenergebnis mit m_j schlechten Stücken kommt dabei die Wahrscheinlichkeit $p^{m_j}(1-p)^{n-m_j}$ zu, wenn man — wie gesagt — auf die Reihenfolge achtet. Es kommt nach Prüfung von genau n Elementen dann und nur dann zur Ablehnung der Partie, wenn $x_k = \sum_{i=1}^{k} \xi_i$ für $k = 1, 2, \ldots, n - 1$ der Ungleichung (4.122) und für $k = n$ der Ungleichung (4.121) genügt. Die Menge der Nummern j der Stichprobenergebnisse, die diesen Bedingungen genügen, bezeichnen wir mit $S(n)$. Dann ist die Wahrscheinlichkeit $W_p(\text{Abl. bei } n)$ für die Ablehnung der Partie nach Prüfung von genau n Elementen gleich

$$W_p(\text{Abl. bei } n) = \sum_{j \in S(n)} p^{m_j}(1-p)^{n-m_j}.$$

Nach Definition von $S(n)$ ist dabei

$$\frac{p_\beta^{m_j}(1-p_\beta)^{n-m_j}}{p_\alpha^{m_j}(1-p_\alpha)^{n-m_j}} \geqslant B$$

für alle $j \in S(n)$. Nun ist für $p = p_\alpha$ die Wahrscheinlichkeit für die Ablehnung der Partie insgesamt gleich

$$1 - L(p_\alpha) = \sum_{n=1}^{\infty} W_{p_\alpha}(\text{Abl. bei n}) = \sum_{n=1}^{\infty} \sum_{j \in S(n)} p_\alpha^{m_j}(1 - p_\alpha)^{n - m_j}$$

$$\leqslant \frac{1}{B} \sum_{n=1}^{\infty} \sum_{j \in S(n)} p_\beta^{m_j}(1 - p_\beta)^{n - m_j} = \frac{1}{B} \sum_{n=1}^{\infty} W_{p_\beta}(\text{Abl. bei n}) = \frac{1 - L(p_\beta)}{B}.$$

Es ist also

$$B \leqslant \frac{1 - L(p_\beta)}{1 - L(p_\alpha)}. \tag{4.131}$$

Da für $(n - 1)$ noch die Ungleichung (4.122) gilt, ist überdies gezeigt, daß in guter Näherung

$$B \approx \frac{1 - L(p_\beta)}{1 - L(p_\alpha)} \tag{4.132}$$

ist. Entsprechend (4.130) wählen wir daher

$$B = \frac{1 - \beta}{1 - \alpha}. \tag{4.133}$$

Ganz analog bezeichnen wir mit $G(n)$ die Menge der Nummern j der Stichprobenergebnisse, für die x_k für $k = 1, 2, \ldots, n - 1$ der Ungleichung (4.122) und für $k = n$ der Ungleichung (4.120) genügt. $W_p(\text{Ann. bei n})$ sei die Wahrscheinlichkeit für die Annahme der Partie nach Prüfung von genau n Elementen. Dann ist

$$L(p_\alpha) = \sum_{n=1}^{\infty} W_{p_\alpha}(\text{Ann. bei n}) = \sum_{n=1}^{\infty} \sum_{j \in G(n)} p_\alpha^{m_j}(1 - p_\alpha)^{n - m_j}$$

$$\geqslant \frac{1}{A} \sum_{n=1}^{\infty} \sum_{j \in G(n)} p_\beta^{m_j}(1 - p_\beta)^{n - m_j} = \frac{L(p_\beta)}{A}.$$

Hier ergibt sich

$$A \geqslant \frac{L(p_\beta)}{L(p_\alpha)} \tag{4.134}$$

und in guter Näherung

$$A \approx \frac{L(p_\beta)}{L(p_\alpha)}. \tag{4.135}$$

Wir wählen daher

$$A = \frac{\beta}{\alpha}. \tag{4.136}$$

Nach (4.115) gilt

$$0 < A = \frac{\beta}{\alpha} < 1 < \frac{1-\beta}{1-\alpha} = B, \tag{4.137}$$

und aus (4.124) folgt damit

$$-a < 0 < b. \tag{4.138}$$

Diese Festsetzung von A und B beziehungsweise a und b ist also mit den Bedingungen (4.123) und (4.125) verträglich. Für den wichtigen Spezialfall $\alpha = 1 - \beta$ ist $A = 1/B$ und $a = b$.

Da es sich bei der durch diese A und B erfüllten Forderung (4.130) nur um eine näherungsweise Gleichheit handelt, wollen wir noch $1 - L(p_\alpha)$ und $L(p_\beta)$ nach oben abschätzen. Nach (4.131) ist

$$1 - L(p_\alpha) \leqslant \frac{1-\alpha}{1-\beta}(1 - L(p_\beta)) \leqslant \frac{1-\alpha}{1-\beta}, \tag{4.139}$$

und nach (4.134) ist

$$L(p_\beta) \leqslant \frac{\beta}{\alpha} L(p_\alpha) \leqslant \frac{\beta}{\alpha}. \tag{4.140}$$

Bei den üblicherweise benutzten Werten für α und β, nämlich $\alpha \geqslant 0{,}9$ und $\beta \leqslant 0{,}1$, werden also die für $1 - L(p_\alpha)$ beziehungsweise $L(p_\beta)$ gewünschten Werte $1 - \alpha$ beziehungsweise β höchstens geringfügig überschritten. Überdies werden $(1 - \alpha)$ und β nicht beide gleichzeitig überschritten, denn aus den obigen beiden Ungleichungen folgt $(1 - \beta)(1 - L(p_\alpha)) \leqslant (1 - \alpha)(1 - L(p_\beta))$ und $\alpha L(p_\beta) \leqslant \beta L(p_\alpha)$, und durch Addition dieser Ungleichungen erhält man

$$1 - L(p_\alpha) + L(p_\beta) \leqslant 1 - \alpha + \beta. \tag{4.141}$$

Das Ergebnis dieses Abschnittes läßt sich zusammenfassen zu

Satz 4.18 *Die Forderung* (4.130), *daß für die Operations-Charakteristik* L *des sequentiellen Testes* (4.120), (4.121), (4.122) *näherungsweise*

$$L(p_\alpha) \approx \alpha \quad und \quad L(p_\beta) \approx \beta$$

mit $0 < p_\alpha < p_\beta < 1$ *und* $1 > \alpha > 1/2 > \beta > 0$ *gilt, ist erfüllt, wenn man als kritische Werte*

$$A = \frac{\beta}{\alpha} \quad und \quad B = \frac{1-\beta}{1-\alpha}$$

wählt. a, b *und* c *für die Formulierung des Testes in der Form* (4.126), (4.127), (4.128) *sind durch Gl.* (4.124) *bestimmt.*

Zur Erläuterung wollen wir das am Ende von 4.2.1 behandelte Beispiel aufgreifen. Es ist $\alpha = 0{,}9$, $\beta = 0{,}1$, $p_\alpha = 0{,}01$ und $p_\beta = 0{,}03$. Nach Satz 4.18 ist $A = 1/9$ und $B = 9$. Weiter ist nach (4.124)

$$a = b = \frac{\log 9}{\log 297 - \log 97} = 1{,}964 \quad \text{und} \quad c = \frac{\log 99 - \log 97}{\log 297 - \log 97} = 0{,}01824.$$

Aufgabe 4.14 Man bestimme A, B, a, b, c für $\alpha = 0{,}9$, $\beta = 0{,}1$, $p_\alpha = 0{,}0116$ und $p_\beta = 0{,}0570$ (s. Beispiel in 4.3.3).

4.4.3 Hilfsfunktionen

Wir wollen hier einen Hilfssatz beweisen, der für die näherungsweise Berechnung der Operations-Charakteristik L(p) gebraucht wird.

Hilfssatz 4.1 *Für die reelle Funktion*

$$\tilde{\varphi}(t) = \begin{cases} \dfrac{v^t - 1}{w^t - 1} & \text{für} \quad t \neq 0 \\[2mm] \dfrac{\ln v}{\ln w} & \text{für} \quad t = 0 \end{cases} \tag{4.142}$$

mit den reellen Parametern v und w mit $0 < w < v < 1$ oder $1 < v < w$ gilt:

$$\lim_{t \to -\infty} \tilde{\varphi}(t) = \begin{cases} 0 & \text{falls} \quad 0 < w < v < 1 \\ 1 & \text{falls} \quad 1 < v < w \end{cases}$$
$$\lim_{t \to \infty} \tilde{\varphi}(t) = \begin{cases} 1 & \text{falls} \quad 0 < w < v < 1 \\ 0 & \text{falls} \quad 1 < v < w. \end{cases} \tag{4.143}$$

$\tilde{\varphi}(t)$ ist stetig differenzierbar und streng monoton. Ist speziell $v = \dfrac{1 - p_\alpha}{1 - p_\beta}$ und

$w = \dfrac{p_\beta(1 - p_\alpha)}{p_\alpha(1 - p_\beta)}$, so ist $1 < v < w$, und nach (4.124) ist $c = \dfrac{\log v}{\log w} = \dfrac{\ln v}{\ln w}$. In diesem

Fall werde $\tilde{\varphi}(t)$ als $\varphi(t)$ bezeichnet:

$$\varphi(t) = \begin{cases} \dfrac{\left(\dfrac{1 - p_\alpha}{1 - p_\beta}\right)^t - 1}{\left(\dfrac{p_\beta(1 - p_\alpha)}{p_\alpha(1 - p_\beta)}\right)^t - 1} & \text{für} \quad t \neq 0 \\[4mm] c & \text{für} \quad t = 0. \end{cases} \tag{4.144}$$

Es gilt: Zu jeder reellen Zahl p mit $0 < p < 1$ existiert genau ein t mit $p = \varphi(t)$.

B e w e i s. (4.143) ergibt sich sofort aus der Definition von $\tilde{\varphi}$ und den Ungleichungen für v und w. Um die Differenzierbarkeit und Monotonie von $\tilde{\varphi}$ zu beweisen, setzen wir zur Abkürzung $u = (\ln w)/(\ln v) > 1$ und betrachten zunächst für $y > 0$ die Funktion

$$\varphi_1(y) = y^u - 1 - uy^u + uy^{u-1}.$$

Es ist $\varphi_1(1) = 0$, und die 1. Ableitung ist

$$\varphi_1'(y) = u(u - 1)y^{u-2}(1 - y).$$

Beachtet man das Vorzeichen von $\varphi_1'(y)$, so erkennt man, daß

$$\varphi_1(y) < 0 \quad \text{für} \quad y > 0, y \neq 1$$

ist. Weiter betrachten wir die Funktion

$$\varphi_2(y) = \begin{cases} \dfrac{y - 1}{y^u - 1} & \text{für} \quad y > 0, y \neq 1 \\[2ex] \dfrac{1}{u} & \text{für} \quad y = 1, \end{cases}$$

Benutzt man die Regel von de l'Hospital, so ergibt sich, daß $\varphi_2(y)$ auch für $y = 1$ stetig ist. Die 1. Ableitung lautet

$$\varphi_2'(y) = \begin{cases} \dfrac{y^u - 1 - uy^u + uy^{u-1}}{(y^u - 1)^2} & \text{für} \quad y > 0, y \neq 1 \\[2ex] \dfrac{1 - u}{2u} & \text{für} \quad y = 1, \end{cases}$$

wobei man $\varphi_2'(y)$ an der Stelle $y = 1$ wiederum mit der Regel von de l'Hospital berechnet. Mit demselben Hilfsmittel beweist man, daß $\varphi_2'(y)$ auch für $y = 1$ stetig ist. Aus $\varphi_1(y) < 0$ für $y \neq 1$ folgt

$$\varphi_2'(y) < 0 \quad \text{für} \quad y > 0.$$

Unsere Funktion $\tilde{\varphi}(t)$ läßt sich nun darstellen in der Form

$$\tilde{\varphi}(t) = \varphi_2(v^t).$$

Die Ableitung $\tilde{\varphi}'(t) = \varphi_2'(v^t)v^t \ln v$ ist stetig, und wegen $\varphi_2'(y) < 0$ ist für jedes t

$$\tilde{\varphi}'(t) \begin{cases} > 0 \quad \text{falls} \quad 0 < w < v < 1 \\ < 0 \quad \text{falls} \quad 1 < v < w. \end{cases} \tag{4.145}$$

Weiter folgt

$$\tilde{\varphi}'(0) = \frac{1 - u}{2u} \ln v = \frac{\ln v - \ln w}{2 \dfrac{\ln w}{\ln v}}. \tag{4.146}$$

$\blacksquare$

4.4.4 Operations-Charakteristik

Bisher haben wir den sequentiellen Test (4.120), (4.121), (4.122) als Alternativ-Test für die Nullhypothese $p = p_\alpha$ gegen die Alternative $p = p_\beta$ angesehen. Wir haben diesen Test so konstruiert (s. Satz 4.18), d. h. seine kritischen Werte A und B so bestimmt, daß $L(p_\alpha) \approx \alpha$ und $L(p_\beta) \approx \beta$ ist. Wir wollen nun dieses durch p_α, p_β, A und B festgelegte

Testverfahren auch dann benutzen, wenn der tatsächliche Ausschußanteil p der Partie von p_α und von p_β verschieden ist. In Satz 4.17 haben wir bereits festgestellt, daß der erforderliche, vom Zufall abhängende Stichprobenumfang mit Wahrscheinlichkeit 1 endlich ist für jedes p mit $0 \leqslant p \leqslant 1$. Um die Benutzung des Testverfahrens für beliebige p zu rechtfertigen, wollen wir die Operations-Charakteristik L(p) – wenigstens näherungsweise – für alle p berechnen.

Zunächst können wir feststellen, daß

$$L(p) = \begin{cases} 1 & \text{für } p = 0 \\ 0 & \text{für } p = 1 \end{cases} \tag{4.147}$$

ist, da $x_k = 0$ für $p = 0$ und $x_k = k$ für $p = 1$ mit Wahrscheinlichkeit 1 ist (s. auch (4.126) und (4.127)).

Um L(p) näherungsweise an der Stelle p_I (mit $0 < p_I < 1$) zu berechnen, gehen wir wie folgt vor: Nach Hilfssatz 4.1 existiert ein reelles t mit $\varphi(t) = p_I$, wobei wir uns zunächst auf $0 < p_I < c$ und also $t > 0$ beschränken wollen. Wir setzen

$$p_{II} = \left(\frac{p_\beta}{p_\alpha}\right)^t p_I > p_I.$$

Bildet man nun eine Testgröße der Form (4.118) für die Nullhypothese p_I gegen die Alternative p_{II} (wie früher für p_α gegen p_β), so zeigt sich – wie wir im folgenden sehen werden –, daß man gerade die t-te Potenz der früheren Testgröße (4.118) erhält. Benutzt man jetzt als Schranken für die neue Testgröße A^t und B^t, so gilt für den neuen Test für p_I gegen p_{II} wieder die alte Testvorschrift (4.120) bis (4.122) des Testes für p_α gegen p_β. Nach (4.132) und (4.135) läßt sich für den neuen Test, besser gesagt für die neue Deutung des alten Testes, die Operations-Charakteristik L an der Stelle p_I näherungsweise berechnen. Dabei zeigt sich, daß dieser Näherungswert für $L(p_I)$ als Funktion von t eine Funktion der Gestalt $\tilde{\varphi}(t)$ des Hilfssatzes 4.1 ist.

Um diese Idee auszuführen, stellen wir fest, daß nach (4.144)

$$p_I \left(\frac{p_\beta}{p_\alpha}\right)^t + (1 - p_I) \left(\frac{1 - p_\beta}{1 - p_\alpha}\right)^t = 1$$

und also $p_{II} < 1$ ist. Weiter folgt

$$1 - p_{II} = (1 - p_I) \left(\frac{1 - p_\beta}{1 - p_\alpha}\right)^t.$$

Wir wollen nun die Nullhypothese p_I gegen die Alternative p_{II} sequentiell testen. Nach (4.118) ist als Testgröße

$$\left(\frac{p_{II}}{p_I}\right)^{x_k} \left(\frac{1 - p_{II}}{1 - p_I}\right)^{k - x_k} = \left\{ \left(\frac{p_\beta}{p_\alpha}\right)^{x_k} \left(\frac{1 - p_\beta}{1 - p_\alpha}\right)^{k - x_k} \right\}^t$$

zu benutzen, wobei wir als kritische Werte A^t und B^t verwenden wollen (man beachte, daß nach (4.137) $0 < A^t < 1 < B^t$ ist). Ersichtlich haben wir damit wieder die ursprüngliche Testvorschrift von 4.4 vor uns. Nach (4.132) und (4.135) können wir aber nun feststellen, daß

$$B^t \approx \frac{1 - L(p_{II})}{1 - L(p_I)} \quad \text{und} \quad A^t \approx \frac{L(p_{II})}{L(p_I)}$$

ist. Mit Hilfe von (4.133) und (4.136) folgt daraus:

$$L(p_I) \approx \frac{1 - B^t}{A^t - B^t} = \frac{B^{-t} - 1}{(A/B)^t - 1} = \frac{\left(\dfrac{1 - \alpha}{1 - \beta}\right)^t - 1}{\left(\dfrac{\beta(1 - \alpha)}{\alpha(1 - \beta)}\right)^t - 1}. \tag{4.148}$$

Ganz ähnlich läßt sich (4.148) für $t < 0$ beweisen.

Die rechte Seite von (4.148), die wir gleich L*(t) setzen, ist eine Funktion der Form (4.14?)

mit $0 < w = \dfrac{\beta(1 - \alpha)}{\alpha(1 - \beta)} < v = \dfrac{1 - \alpha}{1 - \beta} < 1$. L*(t) läßt sich nach Hilfssatz 4.1 stetig fortsetzen

auf $t = 0$. Bezeichnen wir mit $t(p)$ die nach Hilfssatz 4.1 existierende Umkehrfunktion von $\varphi(t)$, so folgt aus (4.148):

$$L(p) \approx L^*(t(p)) = \begin{cases} \dfrac{\left(\dfrac{1 - \alpha}{1 - \beta}\right)^{t(p)} - 1}{\left(\dfrac{\beta(1 - \alpha)}{\alpha(1 - \beta)}\right)^{t(p)} - 1} & \text{für} \quad p \neq c \\[3em] \dfrac{\ln \dfrac{1 - \alpha}{1 - \beta}}{\ln \dfrac{\beta(1 - \alpha)}{\alpha(1 - \beta)}} & \text{für} \quad p = c. \end{cases} \tag{4.149}$$

Dabei ist es für die Berechnung von L*(t(p)) bequemer, von t statt von p auszugehen und mit Hilfe von (4.144) und (4.149) jeweils zwei zusammengehörige Werte p(t) und L*(t)

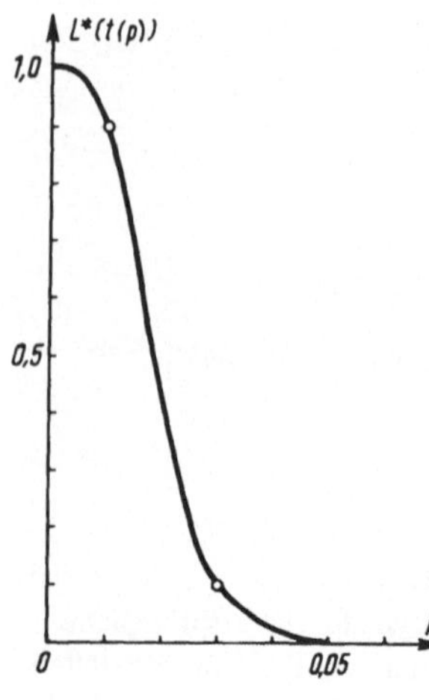

Fig. 15
Näherungswerte L*(t(p)) für die Operations-Charakteristik L(p
des sequentiellen Testes mit a = b = 1,964 und c = 0,01824

zu ermitteln. So ist zum Beispiel für $t = 1$ nach (4.144) $\varphi(1) = p_\alpha$, und nach (4.149) ist $L^*(1) = L^*(t(p_\alpha)) = \alpha$. Für $t = -1$ ist entsprechend $\varphi(-1) = p_\beta$ und $L^*(-1) = L^*(t(p_\beta)) = \beta$. Zusammen mit (4.143) folgt daraus:

$$L^*(t(p)) = \begin{cases} 1 & \text{für} \quad p \to 0 \\ \alpha & \text{für} \quad p = p_\alpha \\ \beta & \text{für} \quad p = p_\beta \\ 0 & \text{für} \quad p \to 1. \end{cases} \tag{4.150}$$

Unter Berücksichtigung des Hilfssatzes 4.1 haben wir damit bewiesen:

Satz 4.19 *Die Operations-Charakteristik* $L(p)$ *des sequentiellen Testes von 4.4 ist näherungsweise gleich* $L^*(t(p))$. $L^*(t(p))$ *ist stetig differenzierbar und streng monoton abnehmend.*

Für den Spezialfall $\alpha = 1 - \beta$ ergeben sich sehr einfache Zusammenhänge zwischen den Konstanten a, b, c (s. (4.124) bis (4.128)) und dem 50%-Punkt und der Steilheit (s. (4.42)) von $L^*(t(p))$. Nach (4.144) ist $\varphi(0) = c$, also $t(c) = 0$, und nach (4.149) ist $L^*(t(c)) = 1/2$, wie es auch anschaulich zu erwarten ist. Bezeichnen wir den 50%-Punkt von $L^*(t(p))$ mit $p_{50\%}^*$, so gilt also für $\alpha = 1 - \beta$:

$$p_{50\%}^* = c. \tag{4.151}$$

Entsprechend (4.42) definieren wir die Steilheit h^* von $L^*(t(p))$ durch

$$h^* = -2p_{50\%} \left. \frac{dL^*(t(p))}{dp} \right|_{p=p_{50\%}^*}. \tag{4.152}$$

Nach (4.149) und (4.146) ist für $\alpha = 1 - \beta$

$$\left. \frac{dL^*(t)}{dt} \right|_{t=0} = \frac{\ln \dfrac{1-\alpha}{1-\beta} - \ln \dfrac{\beta(1-\alpha)}{\alpha(1-\beta)}}{2\left(\ln \dfrac{\beta(1-\alpha)}{\alpha(1-\beta)} \right) \Big/ \left(\ln \dfrac{1-\alpha}{1-\beta} \right)} = \frac{1}{4} \ln \frac{\alpha}{1-\alpha},$$

und nach (4.142), (4.144) und (4.146) ist

$$\left. \frac{d\varphi(t)}{dt} \right|_{t=0} = \frac{\ln \dfrac{1-p_\alpha}{1-p_\beta} - \ln \dfrac{p_\beta(1-p_\alpha)}{p_\alpha(1-p_\beta)}}{2\left(\ln \dfrac{p_\beta(1-p_\alpha)}{p_\alpha(1-p_\beta)} \right) \Big/ \left(\ln \dfrac{1-p_\alpha}{1-p_\beta} \right)}$$

$$= \frac{1 - \dfrac{1}{c}}{\dfrac{2}{c}} \ln \frac{1-p_\alpha}{1-p_\beta} = \frac{c-1}{2} \ln \frac{1-p_\alpha}{1-p_\beta}.$$

Also ist
$$\left.\frac{dL^*(t(p))}{dp}\right|_{p=p^*_{50\%}} = \frac{\ln\dfrac{\alpha}{1-\alpha}}{2(c-1)\ln\dfrac{1-p_\alpha}{1-p_\beta}}.$$

Nach (4.133) und (4.136) ist $1/A = B = \alpha/(1-\alpha)$, und damit folgt aus (4.124), (4.151) und (4.152):

Für die Steilheit h^* von $L^*(t(p))$ gilt für $\alpha = 1 - \beta$

$$h^* = \frac{b}{1-c} = \frac{a}{1-c}. \tag{4.153}$$

Zur Erläuterung greifen wir das Beispiel am Ende von 4.4.2 mit $\alpha = 0{,}9$, $\beta = 0{,}1$, $p_\alpha = 0{,}01$ und $p_\beta = 0{,}03$ wieder auf. Hier ist

$$p = \varphi(t) = \begin{cases} \dfrac{(99/97)^t - 1}{(297/97)^t - 1} & \text{für } \ t \neq 0 \\[2ex] c = 0{,}01824 & \text{für } \ t = 0 \end{cases}$$

und

$$L^*(t) = \begin{cases} \dfrac{9^{-t} - 1}{9^{-2t} - 1} & \text{für } \ t \neq 0 \\[2ex] 1/2 & \text{für } \ t = 0. \end{cases}$$

$L^*(t(p))$ ist in Fig. 15 dargestellt. Außerdem ergibt sich $p^*_{50\%} = c = 0{,}01824$ und

$$h^* = \frac{1{,}964}{0{,}9818} = 2{,}000.$$

Aufgabe 4.15 Man skizziere $L^*(t(p))$ und berechne $p^*_{50\%}$ und h^* für den Test von Aufgabe 4.14.

4.4.5 Durchschnittlicher Stichprobenumfang

Bei dem sequentiellen Test in 4.4 hängt die Anzahl n der Stücke, die man untersuchen muß, bis man die Partie annehmen oder ablehnen kann, vom Zufall ab. In Satz 4.17 wurde bereits gezeigt, daß dieser tatsächliche Stichprobenumfang n mit Wahrscheinlichkeit 1 endlich ist. Wir wollen nun den durchschnittlichen Stichprobenumfang $E_p[n]$ in Abhängigkeit vom angelieferten Ausschußanteil p näherungsweise berechnen.

Dazu betrachten wir den wegen der Beschränktheit von $x_n - cn$ sicher existierenden Erwartungswert $E_p[x_n - cn]$. Nach (4.126) und (4.127) ist

$$x_n - cn \approx \begin{cases} -a, & \text{falls die Partie angenommen wird,} \\ b, & \text{falls die Partie abgelehnt wird.} \end{cases}$$

Nach Satz 4.19 ist daher

$$E_p[x_n - cn] \approx -aL^*(t(p)) + b(1 - L^*(t(p))). \tag{4.154}$$

Nach (4.117) ist $x_n - cn = \sum\limits_{i=1}^{n} (\xi_i - c)$. Wir setzen $y_1 = 1$ und

$$y_i(\xi_1, \ldots, \xi_{i-1}) = \begin{cases} 1 & \text{falls } i \leqslant n \\ 0 & \text{falls } i > n \end{cases}$$

für $i = 2, 3, 4, \ldots$. y_i ist also genau dann 1, wenn mindestens noch das i-te Element geprüft werden muß, was ja nur von $\xi_1, \ldots, \xi_{i-1}$ abhängt. Daher sind die zufälligen Variablen $(\xi_i - c)$ und y_i unabhängig, und es ist

$$E_p[(\xi_i - c)] = p - c, \qquad E_p[y_i] = W_p(n \geqslant i), \qquad E_p[(\xi_i - c)y_i] = (p - c)W_p(n \geqslant i).$$

Daraus folgt

$$E_p[x_n - cn] = E_p\left[\sum_{i=1}^{\infty} (\xi_i - c)y_i \right] = (p - c) \sum_{i=1}^{\infty} W_p(n \geqslant i)$$

$$= (p - c) \sum_{i=1}^{\infty} \sum_{j=i}^{\infty} W_p(n = j) = (p - c) \sum_{j=1}^{\infty} \sum_{i=1}^{j} W_p(n = j)$$

$$= (p - c) \sum_{j=1}^{\infty} j W_p(n = j) = (p - c)E_p[n].$$

Also ist

$$E_p[x_n - cn] = (p - c)E_p[n]. \tag{4.155}$$

Zusammen mit (4.154) ist damit gezeigt:

Satz 4.20 *Für den durchschnittlichen Stichprobenumfang $E_p[n]$ des sequentiellen Testes von 4.4 gilt für $p \neq c$*

$$E_p[n] \approx \frac{b - (a + b)L^*(t(p))}{p - c}, \tag{4.156}$$

wobei $L^*(t(p))$ nach Satz 4.19 näherungsweise gleich der Operations-Charakteristik ist.

Im Spezialfall $\alpha = 1 - \beta$ (s. (4.151), (4.133), (4.136)) ist $a = b$, und mit Hilfe der Regel von de l'H o s p i t a l und (4.151) bis (4.153) berechnet man

$$\lim_{p \to c} a\, \frac{1 - 2L^*(t(p))}{p - c} = -2a\, \frac{dL^*(t(p))}{dp}\bigg|_{p=c} = \frac{a^2}{c(1 - c)}.$$

Wegen der Stetigkeit von $E_p[n]$ als Funktion von p ist also für $\alpha = 1 - \beta$ und $p = c$

$$E_c[n] \approx \frac{a^2}{c(1 - c)}. \tag{4.157}$$

Auch hier wollen wir als numerisches Beispiel den Test mit $\alpha = 0{,}9$, $\beta = 0{,}1$, $p_\alpha = 0{,}01$ und $p_\beta = 0{,}03$ nehmen (s. Ende von 4.4.2 und 4.4.4). Dann ist

$$E_p[n] \approx \begin{cases} 1{,}964 \, \dfrac{1 - 2L^*(t(p))}{p - 0{,}01824} & \text{für } \ p \neq c \\[2ex] 215{,}4 \quad \text{für } \ p = c = 0{,}01824. \end{cases}$$

Die Werte der rechten Seite sind in Fig. 16 dargestellt. Zum Vergleich sei daran erinnert, daß nach dem in 4.2.1 behandelten Beispiel ein einstufiger Test mit etwa der gleichen Operations-Charakteristik einen Stichprobenumfang von 310 erfordert.

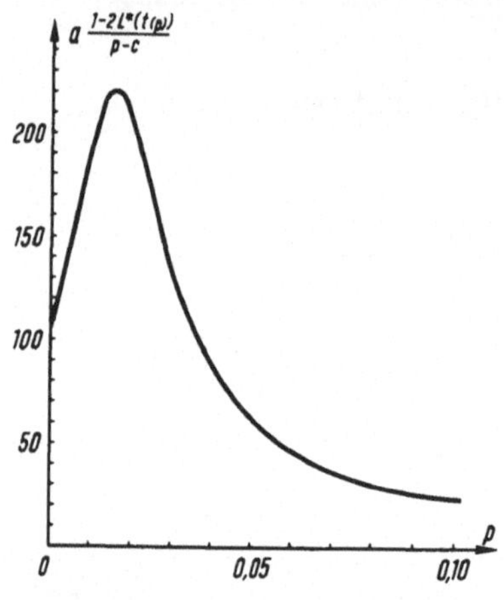

Fig. 16
Näherungswerte für den durchschnittlichen Stichprobenumfang $E_p[n]$ des sequentiellen Testes mit a = b = 1,964 und c = 0,01824

Aufgabe 4.16 Man skizziere die rechte Seite von (4.156) für den Test der Aufgaben 4.14 und 4.15. Man vergleiche das Ergebnis mit dem Beispiel in 4.3.3 und 4.3.4 und Fig. 12 und 13.

4.4.6 Erfassung der Kosten

Unser sequentieller Test, beschrieben durch (4.120) bis (4.122) oder damit gleichwertig durch (4.126) bis (4.128), ist eindeutig festgelegt durch die drei Zahlen a, b, c, die den Bedingungen (4.125) genügen müssen. In Abschnitt 4.4.2 haben wir diese kritischen Werte a, b, c mit Hilfe von Satz 4.18 so berechnet, daß die Operations-Charakteristik (4.149) unseres Testes annähernd durch zwei vorgegebene Punkte (p_α, α) und (p_β, β) geht.

Nach demselben Konzept „Vorgabe zweier Punkte" sind wir im Abschnitt 4.2.1 vorgegangen, um den Prüfplan für den einfachen Test festzulegen. Im Abschnitt 4.2.5 haben wir dann eine Möglichkeit besprochen, die auftretenden Kosten zu erfassen, und gelernt, wie man unter Berücksichtigung dieser Kosten den — als kostenoptimal bezeichneten — Prüfplan gemäß dem Minimax-Regret-Prinzip bestimmt.

Entsprechendes ist nach B. L. v. d. W a e r d e n [1965] auch für unseren sequentiellen Test möglich, und zwar bei ungeänderten Annahmen über den Verlust (4.67) bei Annahme der Partie ohne Kontrolle und über den Verlust (4.68) bei Ablehnung der Partie ohne Kontrolle. Damit ist der unvermeidbare Verlust $V_u(p)$ ungeändert durch (4.73) gegeben.

Für die Prüfkosten machen wir wieder die Annahme (4.74), müssen aber berücksichtigen, daß jetzt der Stichprobenumfang n vom Zufall abhängt. Bei der Berechnung des durchschnittlichen Gesamtverlustes $V_g(p)$ ist daher in Abänderung von (4.75) der Stichprobenumfang n durch seinen Erwartungswert $E_p[n]$ zu ersetzen:

$$V_g(p) = (a_1 + b_1 p)L(p) + (a_2 + b_2 p)(1 - L(p)) + d_1 E_p[n] + d_2, \qquad (4.158)$$

wobei $L(p)$ die Operations-Charakteristik unseres sequentiellen Testes ist, für die in (4.149) eine Näherung gegeben ist.

Der durchschnittliche vermeidbare Verlust $V_v(p) = V_g(p) - V_u(p)$ ergibt sich wie in Abschnitt 4.2.5.2. Auch die Normierung zur Regretfunktion (4.77) kann wörtlich übernommen werden. Damit lautet also die Regretfunktion bei Benutzung des sequentiellen Testes:

$$R(p) = \begin{cases} (p_0 - p)(1 - L(p)) + dE_p[n] & \text{für } 0 \leqslant p \leqslant p_0 \\ (p - p_0)L(p) + dE_p[n] & \text{für } p_0 \leqslant p \leqslant 1. \end{cases} \qquad (4.159)$$

Die Trennqualität p_0 und die relativen Prüfkosten d sind nach wie vor durch (4.72) und (4.78) gegeben. Für die Operations-Charakteristik $L(p)$ und den durchschnittlichen Stichprobenumfang $E_p[n]$ benutzen wir die Näherungen (4.149) und (4.156); beide sind Funktionen des angelieferten Ausschußanteils p, hängen aber außerdem von $\alpha, \beta, p_\alpha, p_\beta$ und von a, b, c ab, die ihrerseits wieder nach Satz 4.18 und den Gleichungen (4.133), (4.136) und (4.124) durch $\alpha, \beta, p_\alpha, p_\beta$ eindeutig bestimmt sind.

Gemäß dem Minimax-Regret-Prinzip ist es das Ziel, die kritischen Werte a, b, c und damit den sequentiellen Test (4.126) bis (4.128) so zu bestimmen, daß das über p genommene Maximum der Regretfunktion $R(p)$ minimal ausfällt. Da aber $R(p)$ und a, b und c von den (beim Konzept „Vorgabe zweier Punkte" naturgemäß vorgegebenen) Größen $\alpha, \beta, p_\alpha, p_\beta$ abhängen, läuft die Forderung,

$$\underset{0 \leqslant p \leqslant 1}{\text{Max}}\ R(p) \qquad (4.160)$$

möglichst klein zu machen, auf eine Forderung an $\alpha, \beta, p_\alpha, p_\beta$ hinaus. In Anbetracht der recht komplizierten Abhängigkeit des Maximums (4.160) von $\alpha, \beta, p_\alpha, p_\beta$ ist die Berechnung der Minimalstelle so schwierig, daß man auf Näherungslösungen angewiesen ist. Man findet Näherungslösungen bei B. L. v. d. W a e r d e n [1965] und M. O r u c [1965].

5 Stichprobenpläne für ein quantitatives Merkmal

Wegen des beschränkten Umfanges dieses Buches müssen wir uns bei quantitativen Merkmalen auf die Besprechung einstufiger Tests beschränken.

Der Verzicht auf die Behandlung mehrstufiger Tests wird dadurch erleichtert, daß die erforderlichen Stichprobenumfänge im Vergleich zu denen in 4.2 relativ klein sind (siehe z. B. 5.1.2). Für sequentielle Verfahren, die grundsätzlich in derselben Weise wie die in

4.4 aufgebaut sind, sei auf die dort angegebene Literatur verwiesen. Außerdem müssen wir uns – siehe aber Abschnitt 5.3.1 – auf den Fall beschränken, daß das quantitative Merkmal normalverteilt ist. Für den auch wichtigen Fall, daß eine Lebensdauer-Verteilung vorliegt (siehe Abschnitt 1.6.5) sei auf B. E p s t e i n [1960] und R. E. B a r - l o w. und F. P r o s c h a n [1967] verwiesen.

5.1 Normalverteilung mit bekannter Streuung

Bei der zu kontrollierenden Partie von Waren interessiert man sich bei jedem Stück für einen Meßwert x, wie z. B. Gewicht, Länge, Durchmesser oder ähnliches. Wir setzen voraus, daß x – hinreichend genau – normalverteilt ist mit Mittelwert a + μ und Streuung σ (s. 1.6.4 und 2.3.3).

Für das weitere Vorgehen ist der „einseitige" Fall vom „zweiseitigen" Fall zu unterscheiden. Beim einseitigen Fall ist ein Stück genau dann gut, wenn x einen vorgegebenen Wert a nicht überschreitet, also x $\leqslant$ a ist. Der andere einseitige Fall, daß das Stück gut ist, wenn x einen vorgegebenen Wert nicht unterschreitet, läßt sich natürlich ganz analog behandeln; er kann übrigens formal auf den ersten Fall zurückgeführt werden durch den Übergang von x zu – x. Beim zweiseitigen Fall dagegen ist ein Stück genau dann gut, wenn x in einem vorgegebenen Intervall liegt; hier können also die schlechten Stücke auf „beiden Seiten" von den guten Stücken vorkommen.

Wir werden hier – nämlich unter der Voraussetzung, daß die Streuung σ bekannt ist – nur den zweiseitigen Fall behandeln. Den einseitigen Fall wollen wir später im Abschnitt 5.3 in anderem Zusammenhang besprechen. Dagegen werden wir in Abschnitt 5.2 bei unbekannter Streuung beide Fälle explizit diskutieren.

Ein Stück heiße hier also „gut", wenn sein Meßwert x, der nach N(a + μ, σ^2) normalverteilt sei, die vorgeschriebenen Toleranzen einhält, d. h. der Ungleichung

$$a - d \leqslant x \leqslant a + d \tag{5.1}$$

genügt, andernfalls heiße es „schlecht"; dabei sei d $>$ 0.

Wir wollen annehmen, daß a gegeben und σ bekannt ist, aber μ unbekannt ist. a wird sich (s. (5.4)) als der erwünschte Mittelwert herausstellen, für den der Ausschußanteil am kleinsten ausfällt. μ ist die Abweichung des tatsächlichen Mittelwertes von dem gewünschten a. Die Streuung σ sehen wir zunächst als bekannt an („σ unbekannt" wird in 5.2 behandelt), weil man in diesem Fall die Konstruktion und die Eigenschaften des folgenden Testes leicht vollständig überblicken kann. Im übrigen kann auch in manchen Anwendungsfällen die Streuung σ aus vorhergehenden Untersuchungen bekannt sein.

Zwischen dem Ausschußanteil p der Grundgesamtheit und der Abweichung μ vom erwünschten Mittelwert a besteht der folgende Zusammenhang, den wir etwas genauer untersuchen wollen. Es ist

$$p(\mu) = 1 - W_\mu(a - d \leqslant x \leqslant a + d) = 1 - W_\mu(x \leqslant a + d) + W_\mu(x \leqslant a - d).$$

Da x nach $N(a + \mu, \sigma^2)$ verteilt ist, folgt aus (1.54)

$$p(\mu) = 1 - \Phi\left(\frac{d - \mu}{\sigma}\right) + \Phi\left(\frac{-d - \mu}{\sigma}\right),$$

also $\qquad p(\mu) = \Phi\left(\frac{\mu - d}{\sigma}\right) + \Phi\left(\frac{-\mu - d}{\sigma}\right),$ $\hfill$ (5.2)

wobei Φ die Verteilungsfunktion der Normalverteilung $N(0, 1)$ ist. Es ist $p(-\mu) = p(\mu)$ und $\lim\limits_{\mu \to \infty} p(\mu) = 1$. Weiter ist nach (1.53)

$$\frac{dp(\mu)}{d\mu} = \frac{1}{\sigma\sqrt{2\pi}}\, e^{-\frac{(\mu - d)^2}{2\sigma^2}} - \frac{1}{\sigma\sqrt{2\pi}}\, e^{-\frac{(\mu + d)^2}{2\sigma^2}}$$

$$= \frac{1}{\sigma\sqrt{2\pi}}\, e^{-\frac{(\mu + d)^2}{2\sigma^2}} \left\{ e^{\frac{2\mu d}{\sigma^2}} - 1 \right\} \begin{cases} < 0 & \text{für } \mu < 0 \\ = 0 & \text{für } \mu = 0 \\ > 0 & \text{für } \mu > 0. \end{cases} \qquad (5.3)$$

Daher ist der Ausschußanteil $p(\mu)$ für $\mu = 0$ minimal:

$$\operatorname*{Min}_{\mu} p(\mu) = p(0) = 2\Phi\left(\frac{-d}{\sigma}\right). \qquad (5.4)$$

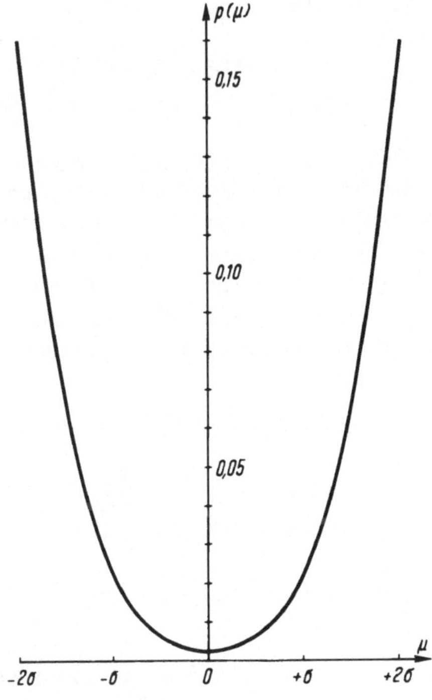

Fig. 17
Ausschußanteil p in Abhängigkeit von der
Mittelwert-Abweichung μ für $d = 3\sigma$

Zu jedem p mit $p(0) < p < 1$ gibt es genau zwei μ, für die $p(\mu) = p$ ist; diese beiden μ haben verschiedene Vorzeichen, aber denselben Betrag, und wir wollen sie mit

$$\mu(p) > 0 \quad \text{und} \quad -\mu(p) \tag{5.5}$$

bezeichnen.

5.1.1 Zweiseitiger Test und seine Operations-Charakteristiken

Um zu entscheiden, ob die angelieferte Partie angenommen werden soll oder nicht, prüft man eine Stichprobe vom Umfang n, wobei $n \geqslant 1$ in 5.1.2 (beziehungsweise durch (5.18)) geeignet bestimmt wird. Die im Sinne von 2.1.1 gezogene Zufallsstichprobe möge die Meßwerte $x_1, x_2, \ldots, x_n$ ergeben haben. Wir wollen annehmen, daß der Partieumfang so groß ist, daß $x_1, x_2, \ldots, x_n$ als unabhängige zufällige Variable angesehen werden können, wobei jedes x_i nach $N(a + \mu, \sigma^2)$ verteilt ist. Da wir die Partie ablehnen werden, wenn $|\mu|$ und damit der Ausschußanteil $p(\mu)$ zu groß ausfällt, und da $\overline{x} = \dfrac{1}{n} \sum\limits_{i=1}^{n} x_i$ ein Schätzwert für den wahren Mittelwert $a + \mu$ ist, benutzen wir $|\overline{x} - a|$ als Testgröße. Den zugehörigen kritischen Wert $c > 0$ werden wir in 5.1.2 (beziehungsweise durch (5.17)) bestimmen. Die Testvorschrift lautet:

$$\begin{aligned} &\textit{Wenn } |\overline{x} - a| > c \textit{ ist, so ist die Partie abzulehnen,}\\ &\textit{wenn } |\overline{x} - a| \leqslant c \textit{ ist, so ist die Partie anzunehmen.} \end{aligned} \tag{5.6}$$

Dieser Test stimmt mit dem in 2.3.1 besprochenen Test überein, von dem in 2.3.3 bemerkt wurde, daß er — mit den jetzigen Bezeichnungen — für die Nullhypothese $\mu = 0$ gegen die Alternative $\mu \neq 0$ ein gleichmäßig mächtigster unverfälschter Test ist.

Wir wollen nun die Eigenschaften dieses Testes bei gegebenem Stichprobenumfang $n \geqslant 1$ und gegebenem kritischen Wert $c > 0$ untersuchen.

Die Wahrscheinlichkeit für die Annahme der Partie in Abhängigkeit von der Mittelwertabweichung μ wollen wir als (erste) Operations-Charakteristik $L_1(\mu)$ bezeichnen. Es ist

$$L_1(\mu) = W_\mu(-c \leqslant \overline{x} - a \leqslant c) = W_\mu\left(\frac{-c-\mu}{\sigma}\sqrt{n} \leqslant \frac{\overline{x}-a-\mu}{\sigma}\sqrt{n} \leqslant \frac{c-\mu}{\sigma}\sqrt{n}\right)$$

Nach den Sätzen 1.11 und 1.8 läßt sich $L_1(\mu)$ durch die Verteilungsfunktion Φ der Normalverteilung $N(0,1)$ ausdrücken:

$$L_1(\mu) = \Phi\left(\frac{c-\mu}{\sigma}\sqrt{n}\right) - \Phi\left(\frac{-c-\mu}{\sigma}\sqrt{n}\right). \tag{5.7}$$

Es ist $L_1(\mu) = L_1(-\mu)$ und $\lim\limits_{\mu \to \infty} L_1(\mu) = 0$. Weiter ist

$$\frac{dL_1(\mu)}{d\mu} = -\frac{\sqrt{n}}{\sigma\sqrt{2\pi}}\, e^{-\frac{(c-\mu)^2 n}{2\sigma^2}} + \frac{\sqrt{n}}{\sigma\sqrt{2\pi}}\, e^{-\frac{(c+\mu)^2 n}{2\sigma^2}}$$

$$= \frac{\sqrt{n}}{\sigma\sqrt{2\pi}}\, e^{-\frac{(c+\mu)^2 n}{2\sigma^2}} \left\{ 1 - e^{\frac{2c\mu n}{\sigma^2}} \right\} \begin{cases} > 0 & \text{für} \quad \mu < 0 \\ = 0 & \text{für} \quad \mu = 0 \\ < 0 & \text{für} \quad \mu > 0. \end{cases} \qquad (5.8)$$

Daher ist die Annahme-Wahrscheinlichkeit maximal für $\mu = 0$:

$$\underset{\mu}{\text{Max}}\; L_1(\mu) = L_1(0) = 1 - 2\Phi\left(\frac{-c}{\sigma}\sqrt{n}\right). \qquad (5.9)$$

Wegen (5.5) und $L_1(\mu) = L_1(-\mu)$ ist zu jedem Ausschußanteil p der Grundgesamtheit die Wahrscheinlichkeit $L_1(\mu(p))$ für die Annahme der Partie eindeutig bestimmt. Wir wollen sie als (zweite) Operations-Charakteristik $L_2(p)$ bezeichnen:

$$L_2(p) = L_1(\mu(p)). \qquad (5.10)$$

$L_2(p)$ ist definiert für jede reelle Zahl p mit $p(0) < p < 1$ (s. (5.4)). Nach (5.3) und (5.8) ist

$$\frac{dL_2(p)}{dp} < 0 \qquad (5.11)$$

für $p(0) < p < 1$, und also ist $L_2(p)$ streng monoton abnehmend.

Wie schon bei den Operations-Charakteristiken in Abschnitt 4 interessiert man sich auch hier für den 50%-Punkt. $L_1(\mu)$ hat zwei 50%-Punkte $\mu_{50\%} > 0$ und $-\mu_{50\%}$, die nach (5.7)

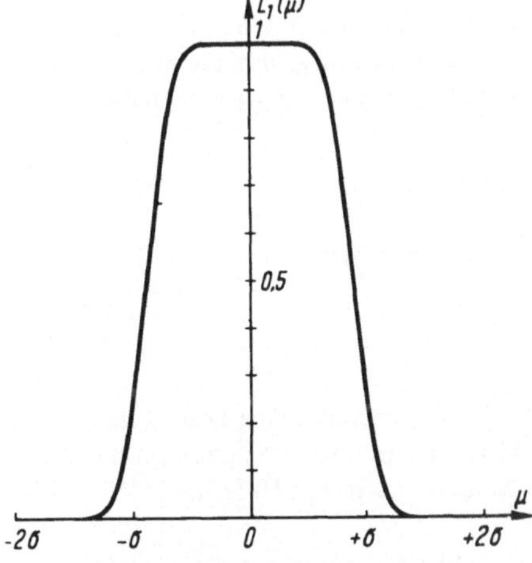

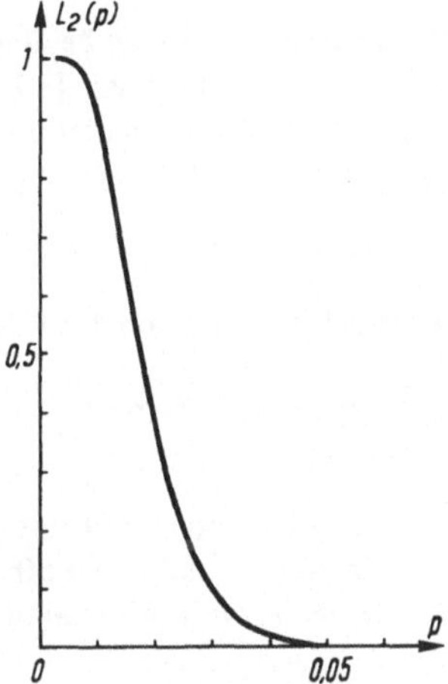

Fig. 18 Die Operations-Charakteristik $L_1(\mu)$ in Abhängigkeit von der Mittelwert-Abweichung μ für n = 34 und c = 0,896 σ

Fig. 19 Die Operations-Charakteristik $L_2(p)$ in Abhängigkeit vom Ausschußanteil p für n = 34, c = 0,896σ und d = 3σ

bestimmt sind durch

$$\Phi\left(\frac{c-\mu_{50\%}}{\sigma}\sqrt{n}\right) - \Phi\left(\frac{-c-\mu_{50\%}}{\sigma}\sqrt{n}\right) = \frac{1}{2}. \tag{5.12}$$

In der Praxis ist der zweite Summand meistens sehr klein, so daß also

$$\mu_{50\%} \approx c \tag{5.13}$$

ist. Ganz analog ist der 50%-Punkt $p_{50\%}$ durch $L_2(p_{50\%}) = 1/2$ definiert, und (5.13) und (5.2) entnimmt man:

$$p_{50\%} = p(\mu_{50\%}) \approx \Phi\left(\frac{c-d}{\sigma}\right). \tag{5.14}$$

Entsprechend (4.42) definiert man die Steilheit h von $L_2(p)$ durch

$$h = -2p_{50\%}\left.\frac{dL_2(p)}{dp}\right|_{p=p_{50\%}}. \tag{5.15}$$

Vernachlässigt man in (5.3) und (5.8) die dem Betrag nach kleinen Summanden, so ergibt sich unter Benutzung von (5.13):

$$\left.\frac{dp(\mu)}{d\mu}\right|_{\mu=\mu_{50\%}} \approx \frac{1}{\sigma\sqrt{2\pi}}\, e^{-\frac{(c-d)^2}{2\sigma^2}} \quad \text{und} \quad \left.\frac{dL_1(\mu)}{d\mu}\right|_{\mu=\mu_{50\%}} \approx -\frac{\sqrt{n}}{\sigma\sqrt{2\pi}}\,,$$

also $$h \approx 2p_{50\%}\sqrt{n}\, e^{\frac{(c-d)^2}{2\sigma^2}}. \tag{5.16}$$

Wie in 4.2.2 besprochen, gibt man bei den Stichprobenplänen von P h i l i p s (s. auch S c h a a f s m a und W i l l e m z e [1973]) den 50%-Punkt $p_{50\%}$ und die Steilheit h vor. Dementsprechend kann man hier nach (5.14) bei gegebenem $p_{50\%}$ (und natürlich d und σ) den kritischen Wert c berechnen:

$$c \approx d + \sigma\Psi(p_{50\%}), \tag{5.17}$$

wobei Ψ die Umkehrfunkton von Φ ist. Nach (5.16) ergibt sich

$$n \approx \left(\frac{h}{2p_{50\%}}\right)^2 e^{-(\Psi(p_{50\%}))^2}. \tag{5.18}$$

Um zu prüfen, ob (5.17) und (5.18) eine praktisch ausreichend genaue Lösung liefern, berechnet man für dieses c und n den 50%-Punkt von $L_2(p)$ unter Benutzung von (5.12) und (5.2). Anschließend ermittelt man die Steilheit von $L_2(p)$ mit Hilfe von (5.10), (5.3) und (5.8).

Auch die in 4.2.3 besprochene Totalkontrolle bei Ablehnung der Partie läßt sich hier durchführen, wobei nach (4.50) der Höchstwert des mittleren Durchschlupfes $\max_p pL_2(p)$ ist.

Aufgabe 5.1 Man skizziere $p(\mu)$ für $\sigma = 1$ und $d = 1$, $d = 2$ und $d = 4$.

Aufgabe 5.2 Es sei $d = 4\sigma$. Man bestimme den kritischen Wert c und den Stichprobenumfang n so, daß $p_{50\%} \approx 0{,}03$ und $h \approx 1{,}5$ ist, und vergleiche dieses n mit dem Stichprobenumfang des Beispiels am Ende von 4.2.2. Man prüfe, ob die Vernachlässigung der Summanden bei der Ableitung von (5.17) und (5.18) in diesem Fall berechtigt ist.

5.1.2 Vorgabe zweier Punkte der Operations-Charakteristiken

Wir wollen zunächst den Stichprobenumfang n und den kritischen Wert c des Testes (5.6) so bestimmen, daß für die Operations-Charakteristik (5.7) gilt:

$$L_1(\mu_\alpha) \approx \alpha \quad \text{und} \quad L_1(\mu_\beta) \approx \beta. \tag{5.19}$$

Dabei seien μ_α, α, μ_β und β entsprechend dem konkreten Anwendungsfall so vorgegeben, daß

$$1 > \alpha > \beta > 0 \quad \text{und} \quad 0 < \mu_\alpha < \mu_\beta \tag{5.20}$$

ist. Für die Forderung (5.19) beachte man, daß $L_1(-\mu) = L_1(\mu)$ ist für alle μ und daß man keine Gleichheit in (5.19) verlangen kann, weil n ganzzahlig sein muß.

Vernachlässigt man in (5.7) den zweiten — für $\mu > 0$ meist sehr kleinen — Summanden, so läßt sich (5.19) näherungsweise umformen zu:

$$\Phi\left(\frac{c - \mu_\alpha}{\sigma} \sqrt{n}\right) \approx \alpha \quad \text{und} \quad \Phi\left(\frac{c - \mu_\beta}{\sigma} \sqrt{n}\right) \approx \beta.$$

Mit Hilfe der Umkehrfunktion Ψ von Φ kann man dies auch in der Form

$$c - \mu_\alpha \approx \frac{\sigma}{\sqrt{n}} \Psi(\alpha) \quad \text{und} \quad c - \mu_\beta \approx \frac{\sigma}{\sqrt{n}} \Psi(\beta)$$

schreiben.

Also wählen wir

$$\sqrt{n} \approx \sigma \frac{\Psi(\alpha) - \Psi(\beta)}{\mu_\beta - \mu_\alpha} \quad \text{und} \quad c \approx \frac{\mu_\beta \Psi(\alpha) - \mu_\alpha \Psi(\beta)}{\Psi(\alpha) - \Psi(\beta)}, \tag{5.21}$$

wobei n ganzzahlig sein muß.

Falls für diese n und c die Forderung (5.19) nicht mit ausreichender Genauigkeit erfüllt sein sollte, kann man n und c noch mit Hilfe der Gleichung (5.7) unter Berücksichtigung auch des zweiten Summanden verbessern. Die erforderlichen Tafeln der Normalverteilung $N(0,1)$ findet man z. B. in den Tabellenwerken wiedergegeben, die in der Einleitung zu Abschnitt 2 zitiert sind.

Statt zwei Punkte von $L_1(\mu)$ vorzugeben, ist es für die Praxis oft zweckmäßiger, zwei Punkte von $L_2(p)$ vorzuschreiben, denn letzten Endes kommt es ja auf den Ausschußanteil p der Grundgesamtheit an. Es sei also (s. (5.4))

$$1 > \alpha > \beta > 0 \quad \text{und} \quad 2\Phi\left(\frac{-d}{\sigma}\right) = p(0) < p_\alpha < p_\beta < 1 \tag{5.22}$$

vorgegeben, und wir suchen n und c so zu bestimmen, daß

$$L_2(p_\alpha) \approx \alpha \quad \text{und} \quad L_2(p_\beta) \approx \beta \tag{5.23}$$

ist. Mit Hilfe von (5.2), (5.5) beziehungsweise (5.10) können wir dieses Problem auf das obige zurückführen. Wir setzen $\mu(p_\alpha) = \mu_\alpha$ und $\mu(p_\beta) = \mu_\beta$ und erhalten nach (5.2)

$$p_\alpha = \Phi\left(\frac{\mu_\alpha - d}{\sigma}\right) + \Phi\left(\frac{-\mu_\alpha - d}{\sigma}\right) \approx \Phi\left(\frac{\mu_\alpha - d}{\sigma}\right)$$

$$p_\beta = \Phi\left(\frac{\mu_\beta - d}{\sigma}\right) + \Phi\left(\frac{-\mu_\beta - d}{\sigma}\right) \approx \Phi\left(\frac{\mu_\beta - d}{\sigma}\right).$$

Also ist

$$\mu_\alpha \approx d + \sigma\Psi(p_\alpha) \quad \text{und} \quad \mu_\beta \approx d + \sigma\Psi(p_\beta). \tag{5.24}$$

Nach (5.21) wählen wir daher

$$\sqrt{n} \approx \frac{\Psi(\alpha) - \Psi(\beta)}{\Psi(p_\beta) - \Psi(p_\alpha)} \quad \text{und} \quad c \approx d + \sigma\frac{\Psi(p_\beta)\Psi(\alpha) - \Psi(p_\alpha)\Psi(\beta)}{\Psi(\alpha) - \Psi(\beta)}. \tag{5.25}$$

Gegebenenfalls sind diese n und c noch mit Hilfe von (5.2), (5.7) und (5.10) zu verbessern.

Zur Erläuterung wollen wir folgendes Beispiel betrachten. Vorgegeben sei $d = 3\sigma > 0$, $\alpha = 0{,}9$, $\beta = 0{,}1$, $p_\alpha = 0{,}01$ und $p_\beta = 0{,}03$. Dann ist $\Psi(\alpha) = -\Psi(\beta) = 1{,}282$, $\Psi(p_\alpha) = -2{,}326$, $\Psi(p_\beta) = -1{,}881$, und damit ist nach (5.25) $\sqrt{n} \approx 2{,}564/0{,}445 = 5{,}76$, also $n \approx 33{,}2$, und $c \approx 3\sigma - 2{,}104\sigma = 0{,}896\sigma$ zu wählen. Wir setzen daher $n = 34$ und $c = 0{,}896\sigma$. Wir müssen nun nachprüfen, wieweit die Forderung (5.23) erfüllt ist. Nach (5.24) ist $\mu_\alpha \approx d + \sigma\Psi(p_\alpha) = 0{,}674\sigma$ und $\mu_\beta \approx d + \sigma\Psi(p_\beta) = 1{,}119\sigma$, und nach (5.2) ist

$$p(0{,}674\sigma) = \Phi(-2{,}326) + \Phi(-3{,}674) = 0{,}01001 + 0{,}00012 = 0{,}01013$$

$$p(1{,}119\sigma) = \Phi(-1{,}881) + \Phi(-4{,}119) = 0{,}02999 + 0{,}00002 = 0{,}03001.$$

Weiter ist nach (5.7), da der zweite Summand $< 10^{-6}$ ist, $L_1(0{,}674\sigma) = \Phi(1{,}2945) = 0{,}90225$ und $L_1(1{,}119\sigma) = \Phi(-1{,}3003) = 0{,}09675$.

Damit ist nach (5.10) $L_2(0{,}01013) = 0{,}90225$ und $L_2(0{,}03001) = 0{,}09675$, und wir können also unsere ursprüngliche Forderung $L_2(0{,}01) \approx 0{,}9$ und $L_2(0{,}03) \approx 0{,}1$ als praktisch hinreichend genau erfüllt ansehen. Die Funktionen $p(\mu)$, $L_1(\mu)$, $L_2(p)$ sind in den Fig. 17, 18 und 19 dargestellt. Würde man statt dieses Testes in der Stichprobe nur die Anzahl der schlechten Stücke, für die nach (5.1) hier $|x - a| > 3\sigma$ ist, ermitteln und also einen Test der Form (4.2), (4.3) benutzen, so müßte nach dem Beispiel in 4.2.1 der Stichprobenumfang nicht 34, sondern 310 betragen, um etwa dieselbe Operations-Charakteristik zu erhalten (s. auch das Beispiel in 4.4.5). Man beachte aber, daß bei unserem jetzigen Test die Prüfarbeit bei jedem Stück größer ist, daß vorausgesetzt wurde, daß die Grundgesamtheit normalverteilt ist und daß man die Streuung σ kennen muß.

Aufgabe 5.3 Es sei $d = 4\sigma > 0$, $\alpha = 1 - \beta = 0{,}9$, $p_\alpha = 0{,}008$ und $p_\beta = 0{,}04$. Man bestimme n und c entsprechend der Forderung (5.23). Man vergleiche dieses n mit dem Stichprobenumfang in Aufgabe 4.6.

5.2 Normalverteilung mit unbekannter Streuung

Wie auch in 5.1 wollen wir voraussetzen, daß man sich bei der zu kontrollierenden Partie von Waren bei jedem Stück für einen Meßwert x interessiert, der normalverteilt sei mit Mittelwert $a + \mu$ und Streuung σ. Anders als in 5.1 wollen wir hier aber nicht nur μ, sondern auch σ als unbekannt ansehen.

5.2.1 Einseitiger Test

Wir wollen zunächst den einseitigen Fall behandeln, bei dem ein Stück genau dann „schlecht" ist, wenn sein Meßwert x der Ungleichung

$$x > a \tag{5.26}$$

genügt. a ist hier also die obere Toleranzgrenze für x.

Da x nach $N(a + \mu, \sigma^2)$ normalverteilt ist, ist der tatsächliche Ausschußanteil in der Partie

$$p = W(x > a) = W\left(\frac{x - a - \mu}{\sigma} > -\frac{\mu}{\sigma}\right) = \Phi\left(\frac{\mu}{\sigma}\right). \tag{5.27}$$

Umgekehrt läßt sich μ/σ durch den vorhandenen Ausschußanteil p mit Hilfe der Umkehrfunktion Ψ der Verteilungsfunktion Φ der Normalverteilung $N(0,1)$ ausdrücken:

$$\mu/\sigma = \Psi(p). \tag{5.28}$$

Eine unabhängige Zufallsstichprobe vom Umfang n möge die Meßwerte $x_1, x_2, \ldots, x_n$ ergeben haben, und es sei $\bar{x} = \frac{1}{n} \sum_{i=1}^{n} x_i$. Nach dem am Ende von 2.3.1 behandelten Test ist es naheliegend, $\frac{\bar{x} - a}{\sigma} \sqrt{n}$ als Testgröße zu verwenden und die Partie abzulehnen, wenn diese zu groß ausfällt. Da aber σ unbekannt ist, ersetzt man σ durch den Schätzwert

$$s = \sqrt{\frac{1}{n-1} \sum_{i=1}^{n} (x_i - \bar{x})^2} > 0 \tag{5.29}$$

und benutzt also als Testgröße

$$\frac{\bar{x} - a}{s} \sqrt{n}. \tag{5.30}$$

Die Partie wird angenommen, wenn

$$\frac{\bar{x} - a}{s} \sqrt{n} \leqslant t_0 \tag{5.31}$$

ausfällt; andernfalls wird sie abgelehnt.

Den kritischen Wert t_0 werden wir ebenso wie den Stichprobenumfang n im folgenden Abschnitt bestimmen. Bei L e h m a n n [1959], S. 224 kann man nachlesen, daß dieser Test in gewisser Weise der beste für unser Problem ist.

Die Wahrscheinlichkeit für die Annahme der Partie ist

$$W\left(\frac{\bar{x}-a}{s}\sqrt{n} \leqslant t_0\right) = W\left(\frac{\bar{x}-a}{\sigma}\sqrt{n} \leqslant t_0\,\frac{s}{\sigma}\right)$$

$$= W\left(\frac{\bar{x}-a-\mu}{\sigma}\sqrt{n} - t_0\,\frac{s}{\sigma} \leqslant -\frac{\mu}{\sigma}\sqrt{n}\right).$$

Nun ist $\dfrac{\bar{x}-a-\mu}{\sigma}\sqrt{n}$ nach $N(0,1)$ normalverteilt, und nach Satz 1.13 hängt die Verteilungsfunktion von s/σ nur von n, nicht aber von a, μ oder σ ab. Daher hängt auch die obige Wahrscheinlichkeit nur vom kritischen Wert t_0, dem Stichprobenumfang n und dem Verhältnis μ/σ ab, wobei man beachte, daß $\mu/\sigma = \Psi(p)$ eine Funktion des Ausschußanteils p ist. Bei gegebenem t_0 und n ist also die Wahrscheinlichkeit für die Annahme der Partie nur eine Funktion von p, die wir wieder als Operations-Charakteristik

$$L_{n,t_0}(p) = W\left(\frac{\bar{x}-a}{s}\sqrt{n} \leqslant t_0\right) = W\left(\frac{\bar{x}-a-\mu}{\sigma}\sqrt{n} - t_0\,\frac{s}{\sigma} \leqslant -\Psi(p)\sqrt{n}\right) \quad (5.32)$$

bezeichnen. Um diese Operations-Charakteristik durch eine bekannte Verteilungsfunktion ausdrücken zu können, führen wir den Nicht-Zentralitäts-Parameter

$$\delta = \frac{\mu}{\sigma}\sqrt{n} = \Psi(p)\sqrt{n} \tag{5.33}$$

ein. Dann läßt sich unsere Testgröße (5.30) in der Form

$$T_{n-1,\delta} = \frac{\bar{x}-a}{s}\sqrt{n} = \frac{(\bar{x}-a-\mu)\sqrt{n}+\delta\sigma}{s} \tag{5.34}$$

schreiben. Ihre Verteilungsfunktion entnehmen wir dem folgenden Satz (siehe z. B. E. L. Lehmann [1959] oder L. Schmetterer [1966], Seite 268):

Satz 5.1 *Die zufällige Variable* $T_{n-1,\delta}$ *ist nach der* nicht-zentralen t-Verteilung *mit Freiheitsgrad* $f = n - 1$ *und Nicht-Zentralitäts-Parameter* δ *verteilt. Die Dichte* $h_{f,\delta}(t)$ *dieser Verteilung ist für alle reellen* t *definiert durch*

$$h_{f,\delta}(t) = \frac{1}{2^{\frac{f+1}{2}}\,\Gamma\left(\frac{f}{2}\right)\sqrt{\pi f}} \int_0^\infty y^{\frac{f-1}{2}}\, e^{-\frac{y}{2}-\frac{1}{2}\left(t\sqrt{\frac{y}{f}}-\delta\right)^2}\, dy.$$

Für $\delta = 0$ *geht die Verteilung über in die* t-Verteilung *oder* Verteilung von Student *mit* $f = n - 1$ *Freiheitsgraden, deren Dichte*

$$h_{f,0}(t) = h_f(t) = \frac{\Gamma\left(\frac{f+1}{2}\right)}{\Gamma\left(\frac{1}{2}\right)\Gamma\left(\frac{f}{2}\right)\sqrt{f}}\left(1+\frac{t^2}{f}\right)^{-\frac{f+1}{2}}$$

lautet.

B e w e i s - S k i z z e. Einerseits ist die nicht-zentrale t-Verteilung für die statistische Qualitätskontrolle von großer Bedeutung, andererseits geht kaum eines der gebräuchlichen Lehrbücher der Statistik auf die Herleitung dieser Verteilungsfunktion ein. Daher sei hier der Beweis für Satz 5.1 wenigstens für diejenigen Leser skizziert, die etwas mehr Vorkenntnisse haben.

Nach Voraussetzung ist $\xi = ((\overline{x} - a - \mu)\sqrt{n}/\sigma) + \delta$ nach $N(\delta, 1)$ normalverteilt, also mit der Dichte

$$\varphi(x - \delta) = \frac{1}{\sqrt{2\pi}}\, e^{-\frac{(x-\delta)^2}{2}}.$$

Weiter ist nach Satz 1.13 $\eta = f\, s^2/\sigma^2$ nach der χ^2-Verteilung mit Freiheitsgrad $f = n - 1$ verteilt, also mit der Dichte $g_f(y)$. Nach einem Satz von Fisher, den man in fast allen einschlägigen Lehrbüchern findet (Stichwort: t-Verteilung), sind $\overline{x}$ und s und damit auch ξ und η unabhängige zufällige Variable. Daher ist, siehe Satz 1.6, die gemeinsame Dichte von ξ und η gleich $\varphi(x - \delta)g_f(y)$. Also ist die Verteilungsfunktion von $T_{f,\delta} = \xi/\sqrt{\eta/f}$ gleich

$$W(T_{f,\delta} \leqslant t) = W(\xi\sqrt{f/\eta} \leqslant t) = \iint\limits_{\substack{y > 0 \\ x\sqrt{\frac{f}{y}} \leqslant t}} \varphi(x - \delta)g_f(y)\, dx\, dy$$

Wir setzen $x\sqrt{f}/\sqrt{y} = z$ und erhalten

$$W(T_{f,\delta} \leqslant t) = \iint\limits_{\substack{y > 0 \\ z \leqslant t}} \varphi\left(z\sqrt{\frac{y}{f}} - \delta\right) g_f(y)\sqrt{\frac{y}{f}}\, dz\, dy.$$

Die Differentiation nach t ergibt die gesuchte Dichte

$$h_{f,\delta}(t) = \frac{d}{dt}\, W(T_{f,\delta} \leqslant t) = \int_0^\infty \varphi\left(t\sqrt{\frac{y}{f}} - \delta\right) g_f(y)\sqrt{\frac{y}{f}}\, dy.$$

Setzen wir für φ und g_f die expliziten Ausdrücke für diese Funktionen ein, so erhalten wir

$$h_{f,\delta}(t) = \int_0^\infty \frac{1}{\sqrt{2\pi}}\, e^{-\frac{1}{2}\left(t\sqrt{\frac{y}{f}} - \delta\right)^2} \frac{1}{2^{f/2}\Gamma\left(\frac{f}{2}\right)}\, y^{\frac{f}{2}-1}\, e^{-\frac{y}{2}}\, y^{\frac{1}{2}}\, \frac{1}{\sqrt{f}}\, dy,$$

was ersichtlich gleich dem in Satz 5.1 angegebenen Ausdruck ist. Für $\delta = 0$ ergibt sich $h_{f,0}(t)$ durch Ausführung der Integration über y, wobei man von der im Anschluß an Definition 1.12 angegebenen Gamma-Funktion Gebrauch macht. Die Gleichheit mit $h_f(t)$ folgt sofort aus Gleichung (2.31). ∎

Mit den Bezeichnungen des Satzes 5.1 ergibt sich für die Operations-Charakteristik (5.32):

$$L_{n,t_0}(p) = W(T_{n-1,\delta} \leqslant t_0) = \int_{-\infty}^{t_0} h_{n-1,\delta}(t)dt. \tag{5.35}$$

Bei der Tabellierung der nicht-zentralen t-Verteilung macht man von der folgenden Beziehung Gebrauch: Da $(\overline{x} - a - \mu)\sqrt{n}/s$ ersichtlich symmetrisch zu 0 verteilt ist, ist

$$W(T_{n-1,\delta} \leqslant t_0) = 1 - W(T_{n-1,-\delta} \leqslant -t_0). \tag{5.36}$$

Da $\Psi(1 - p) = - \Psi(p)$ ist, folgt daraus nach (5.33):

$$L_{n,t_0}(p) = 1 - L_{n,-t_0}(1 - p). \tag{5.37}$$

Eine Tabelle von O w e n [1962], S. 113–116 gestattet es, zu gegebenem kritischen Wert t_0 und gegebenem Stichprobenumfang n und damit Freiheitsgrad $f = n - 1$ den Nicht-Zentralitäts-Parameter δ abzulesen, für den $W(T_{n-1,\delta} \leqslant t_0) = 0,90, = 0,95$ und $= 0,99$ ist. Nach (5.33) kann man damit den 90%-Punkt, den 95%-Punkt und den 99%-Punkt der Operations-Charakteristik $L_{n,t_0}(p)$ bestimmen. (5.37) ermöglicht darüber hinaus auch den 10%-, den 5%- und den 1%-Punkt von $L_{n,t_0}(p)$ zu ermitteln. Zwei weitere Tabellen bei O w e n [1962], S. 108–112, 117–126 ermöglichen es, zu vorgegebenem p und n den kritischen Wert t_0 so zu berechnen, daß $L_{n,t_0}(p)$ gewisse vorgegebene Werte annimmt. Sehr ausführliche Tafeln der Dichte und Verteilungsfunktion der nicht-zentralen t-Verteilung, allerdings nur für Freiheitsgrade $\leqslant 49$, wurden von R e s n i k o f f und L i e b e r m a n [1957] herausgegeben. Weitere Tafeln wurden von J o h n s o n und W e l c h [1939] veröffentlicht. In diesem Zusammenhang sind auch die Tafeln von D. B. O w e n [1965] von Bedeutung.

5.2.2 Vorgabe zweier Punkte der Operations-Charakteristik

Wie wir es bisher schon immer getan haben, wollen wir auch hier den Stichprobenumfang n und den kritischen Wert t_0 so bestimmen, daß die im vorigen Abschnitt behandelte Operations-Charakteristik durch zwei vorgegebene Punkte geht, daß also

$$L_{n,t_0}(p_\alpha) \approx \alpha \quad \text{und} \quad L_{n,t_0}(p_\beta) \approx \beta \tag{5.38}$$

ist mit vorgegebenem $1 > \alpha > \beta > 0, 0 < p_\alpha < p_\beta < 1$, wobei wir uns auf den Fall $\alpha = 1 - \beta$ beschränken wollen.

Die erwähnten Tabellen von O w e n [1962] sind für die Lösung dieser Aufgabe nicht unmittelbar zu verwenden. Man braucht zunächst eine Näherung für $L_{n,t_0}(p)$, die es gestattet, (5.38) nach n und t_0 aufzulösen. Anschließend muß man sich dann mit Hilfe einer Tafel der nicht-zentralen t-Verteilung davon überzeugen, daß (5.38) hinreichend genau erfüllt ist, und gegebenenfalls die erhaltene Näherung für n und t_0 noch verbessern.

Wir wollen nun also die Operations-Charakteristik (5.32) mit Hilfe der Normalverteilung approximieren. Dazu bestimmen wir den Erwartungswert und die Streuung der zufälligen Variablen $\dfrac{\overline{x} - a - \mu}{\sigma} \sqrt{n} - t_0 \dfrac{s}{\sigma}$. Da $\overline{x}$ nach $N\left(a + \mu, \dfrac{\sigma^2}{n}\right)$ verteilt ist, ist

$$E\left[\frac{\overline{x} - a - \mu}{\sigma} \sqrt{n}\right] = 0 \quad \text{und} \quad E\left[\left(\frac{\overline{x} - a - \mu}{\sigma} \sqrt{n}\right)^2\right] = 1.$$

Nach (2.20) ist

$$E\left[\frac{s}{\sigma}\right] = \gamma_n \quad \text{mit} \quad \gamma_n = \sqrt{\frac{2}{n-1}} \, \frac{\Gamma\left(\dfrac{n}{2}\right)}{\Gamma\left(\dfrac{n-1}{2}\right)},$$

und nach (1.23) und (2.19) ist

$$E\left[\left(\frac{s}{\sigma} - \gamma_n\right)^2\right] = E\left[\frac{s^2}{\sigma^2}\right] - \gamma_n^2 = 1 - \gamma_n^2.$$

Da $\left(\frac{\overline{x} - a - \mu}{\sigma}\sqrt{n}\right)\left(t_0\frac{s}{\sigma}\right)$ ersichtlich symmetrisch zu 0 verteilt ist und also den Erwartungswert 0 hat, ergibt sich insgesamt:

$$E\left[\frac{\overline{x} - a - \mu}{\sigma}\sqrt{n} - t_0\frac{s}{\sigma}\right] = - t_0\gamma_n$$

$$E\left[\left(\frac{\overline{x} - a - \mu}{\sigma}\sqrt{n} - t_0\frac{s}{\sigma} + t_0\gamma_n\right)^2\right] = 1 + t_0^2(1 - \gamma_n^2).$$

Damit ergibt sich also näherungsweise für die Operations-Charakteristik (5.32):

$$L_{n,t_0}(p) \approx \Phi\left(\frac{-\Psi(p)\sqrt{n} + t_0\gamma_n}{\sqrt{1 + t_0^2(1 - \gamma_n^2)}}\right). \tag{5.39}$$

Für unsere Zwecke wollen wir die rechte Seite noch etwas vereinfachen, müssen dabei allerdings einen weiteren Verlust an Genauigkeit in Kauf nehmen. Im Zusammenhang mit Gleichung (2.20) haben wir bereits festgestellt, daß $\gamma_n \approx 1$ ist. In Anbetracht der Größenordnung von $\Psi(p)\sqrt{n}$ können wir daher $- \Psi(p)\sqrt{n} + t_0\gamma_n$ durch $- \Psi(p)\sqrt{n} + t_0$ ersetzen. Dagegen würde die Näherung (5.39) zu ungenau werden, wenn man im Radikanden $(1 - \gamma_n^2)$ ganz vernachlässigen würde. Nach (2.27) ist nun in guter Näherung $1 - \gamma_n^2 \approx 1/2n$. Eingesetzt in (5.39) ergibt sich folgende Näherung für unsere Operations-Charakteristik (5.32):

$$L_{n,t_0}(p) \approx \Phi\left(\frac{-\Psi(p)\sqrt{n} + t_0}{\sqrt{1 + t_0^2/2n}}\right). \tag{5.40}$$

Hiermit kann man den Stichprobenumfang n und den kritischen Wert t_0 so bestimmen, daß die Forderung (5.38) annähernd — oft sogar schon ausreichend genau — erfüllt ist. Nach (5.40) ist (5.38) gleichwertig mit

$$- \Psi(p_\alpha)\sqrt{n} + t_0 \approx \Psi(\alpha)\sqrt{1 + t_0^2/2n}$$

und $\quad - \Psi(p_\beta)\sqrt{n} + t_0 \approx - \Psi(\alpha)\sqrt{1 + t_0^2/2n}.$

Daraus ergibt sich

$$t_0 \approx \{\Psi(p_\alpha) + \Psi(p_\beta)\}\sqrt{n}/2 \tag{5.41}$$

und $\quad n \approx \dfrac{(2\Psi(\alpha))^2\,\{1 + (\Psi(p_\alpha) + \Psi(p_\beta))^2/8\}}{(\Psi(p_\beta) - \Psi(p_\alpha))^2}. \tag{5.42}$

An Hand von (5.35) prüft man mit Hilfe einer Tafel der nicht-zentralen t-Verteilung nach, ob die Bedingung (5.38) hinreichend genau erfüllt ist, und verbessert gegebenenfalls noch n und t_0.

Als Beispiel wollen wir den Stichprobenumfang n und den kritischen Wert t_0 so bestimmen, daß bei unserem Test (5.31) Partien mit 1% Ausschuß mit etwa 90% Wahrscheinlichkeit angenommen und daß Partien mit 3% Auschuß mit etwa 90% Wahrscheinlichkeit abgelehnt werden. Dann ist also $\alpha = 1 - \beta = 0{,}90$, $p_\alpha = 0{,}01$ und $p_\beta = 0{,}03$. Damit ist $\Psi(\alpha) = 1{,}282$, $\Psi(p_\alpha) = -2{,}326$, $\Psi(p_\beta) = -1{,}881$, und nach (5.42) ist $n \approx 106{,}6$. Wir wählen daher $n = 107$ und bestimmen nach (5.41) $t_0 = -21{,}8$. Um sicherzugehen, daß die Forderung (5.38) hinreichend genau erfüllt ist, berechnen wir mit Hilfe der Tafel von O w e n [1962], S. 113, 114) den 90%-Punkt und den 10%-Punkt. Es ergibt sich $p_{90\%} = 0{,}010$ und $p_{10\%} = 0{,}030$. Zum Vergleich sei daran erinnert, daß ein Test für das qualitative Merkmal gut-schlecht nach dem Beispiel in 4.2.1 bei etwa gleicher Operations-Charakteristik einen Stichprobenumfang von 310 erfordert. Die Einsparung am Prüfumfang (nicht an Prüfarbeit) ist also immer noch erheblich, aber nicht so groß wie im Beispiel am Ende von 5.1.2, wo die Streuung σ als bekannt vorausgesetzt wurde.

Aufgabe 5.4 Man bestimme den Stichprobenumfang n und den kritischen Wert t_0 des Testes (5.31) so, daß Partien mit 2% Ausschuß mit etwa 90% Wahrscheinlichkeit angenommen und daß Partien mit 6% Ausschuß mit etwa 90% Wahrscheinlichkeit abgelehnt werden.

5.2.3 Zweiseitiger Test

Wir wollen hier den Test des vorigen Abschnitts für den Fall modifizieren, daß für den Meßwert x nicht nur eine obere Toleranzgrenze, die wir hier mit a + d bezeichnen wollen, sondern auch eine untere Toleranzgrenze a − d vorgeschrieben ist. Dann gelten die einleitenden Bemerkungen zu 5.1 bis einschließlich (5.5), nur daß wir σ als unbekannt anzusehen haben. Wir wollen uns auf den im Hinblick auf den unvermeidbaren Ausschuß-anteil praktisch sehr wichtigen Fall beschränken, daß

$$d \geqslant 3\sigma \tag{5.43}$$

ist (s. (5.4) oder auch (3.3)).

Eine unabhängige Zufallsstichprobe habe die Werte $x_1, x_2, \ldots, x_n$ ergeben, wobei jedes x_i Realisation einer nach $N(a + \mu, \sigma^2)$ verteilten zufälligen Variablen ist. Wir berechnen den Mittelwert $\bar{x}$ und die Streuung s der Stichprobe (s. (5.29)). Zunächst denken wir uns den Stichprobenumfang n und den kritischen Wert t_1 vorgegeben und lehnen in Übertragung des Testes (5.31) die Partie ab, wenn

$$\frac{\bar{x} - a - d}{s}\sqrt{n} > t_1 \quad \text{oder} \quad \frac{\bar{x} - a + d}{s}\sqrt{n} < -t_1 \tag{5.44}$$

ausfällt.

Die Partie wird also genau dann angenommen, wenn

$$\frac{-t_1 s}{\sqrt{n}} - d \leqslant \bar{x} - a \leqslant \frac{t_1 s}{\sqrt{n}} + d \tag{5.45}$$

ist.

Die Wahrscheinlichkeit L für die Annahme der Partie ist daher

$$L = W\left(\frac{-t_1 s}{\sqrt{n}} - d \leqslant \bar{x} - a \leqslant \frac{t_1 s}{\sqrt{n}} + d\right), \tag{5.46}$$

wobei L von μ, σ, d, t_1 und n abhängt.

Ersichtlich ist L als Funktion von μ symmetrisch: $L(\mu) = L(-\mu)$. Wir können uns daher darauf beschränken, L für $\mu \geqslant 0$ zu untersuchen. Da wir $d \geqslant 3\sigma$ vorausgesetzt haben, ist nach (5.2) in sehr guter Näherung $p \approx \Phi\left(\dfrac{\mu - d}{\sigma}\right)$, also ist

$$\frac{\mu - d}{\sigma} \approx \Psi(p) \quad \text{für} \quad \mu \geqslant 0. \tag{5.47}$$

Weiter ist für $\mu \geqslant 0$ die Wahrscheinlichkeit dafür, daß die Partie wegen $\dfrac{\bar{x} - a + d}{s}\sqrt{n} < - t_1$ abgelehnt wird, gleich

$$W\left(\frac{\bar{x} - a + d}{s}\sqrt{n} < - t_1\right) = W\left(\frac{(\bar{x} - a - \mu)\sqrt{n} + \dfrac{\mu + d}{\sigma}\sqrt{n}\,\sigma}{s} < - t_1\right).$$

Nach (5.34) und Satz 5.1 ist diese Wahrscheinlichkeit

$$W\left(\frac{\bar{x} - a + d}{s}\sqrt{n} < - t_1\right) = \int\limits_{-\infty}^{-t_1} h_{n-1,\delta'}(t)dt, \tag{5.48}$$

wobei der Nicht-Zentralitäts-Parameter $\delta' = \dfrac{\mu + d}{\sigma}\sqrt{n}$ ist. Nach (5.35) und (5.40) ist daher in guter Näherung

$$W\left(\frac{\bar{x} - a + d}{s}\sqrt{n} < - t_1\right) \approx \Phi\left(\frac{-\dfrac{\mu + d}{\sigma}\sqrt{n} - t_1}{\sqrt{1 + t_1^2/2n}}\right) \leqslant \Phi\left(\frac{-3\sqrt{n} - t_1}{\sqrt{1 + t_1^2/2n}}\right). \tag{5.49}$$

Bei den in der Qualitätskontrolle benutzten Tests ist die rechte Seite im allgemeinen so klein (wovon wir uns in jedem Einzelfall überzeugen müssen!), daß man bei der Berechnung von (5.46) diese Wahrscheinlichkeit vernachlässigen kann. Dann ist für $\mu \geqslant 0$

$$L \approx W\left(\bar{x} - a \leqslant \frac{t_1 s}{\sqrt{n}} + d\right) = W\left(\frac{(\bar{x} - a - \mu)\sqrt{n} + \dfrac{\mu - d}{\sigma}\sqrt{n}\,\sigma}{s} \leqslant t_1\right).$$

Nach (5.47) und Satz 5.1 folgt daraus:

Wenn $d \geqslant 3\sigma$ *ist und die Wahrscheinlichkeit* (5.48) *so klein ist, daß man sie vernachlässigen kann, so ist die Operations-Charakteristik* L *des Testes* (5.44) *praktisch ausreichend genau gleich*

$$L^*_{n,t_1}(p) = W\left(\frac{(\bar{x} - a - \mu)\sqrt{n} + \Psi(p)\sqrt{n}\,\sigma}{s} \leqslant t_1\right) = \int\limits_{-\infty}^{t_1} h_{n-1,\delta}(t)dt, \tag{5.50}$$

wobei $h_{n-1,\delta}(t)$ *die Dichte der nicht-zentralen* t-*Verteilung mit Freiheitsgrad* n − 1 *und Nicht-Zentralitäts-Parameter* $\delta = \Psi(p)\sqrt{n}$ *ist.*

Es sei bemerkt, daß (5.50) ersichtlich auch für $\mu < 0$ gilt, sofern natürlich $\Phi\left(\dfrac{-3\sqrt{n}-t_1}{\sqrt{1+t_1^2/2n}}\right)$ hinreichend klein ist.

Wir wollen nun wieder den Stichprobenumfang n und den kritischen Wert t_1 so bestimmen, daß $L_{n,t_1}^*(p)$, und damit auch L, hinreichend genau durch zwei vorgegebene Punkte geht. Da $L_{n,t_1}^*(p) = L_{n,t_0}(p)$ für $t_1 = t_0$ ist (s. (5.35)), brauchen wir nur die wichtigsten Punkte von 5.2.2 zu wiederholen. Vorgegeben sei α, β, p_α und p_β so, daß $1 > \alpha > \beta$ $= 1 - \alpha > 0$ und $2\Phi\left(\dfrac{-d}{\sigma}\right) < p_\alpha < p_\beta < 1$ ist (s. (5.4)). Man beachte, daß nach (5.43)

$2\Phi\left(\dfrac{-d}{\sigma}\right) \leqslant 0,0027$ ist. Damit

$$L_{n,t_1}^*(p_\alpha) \approx \alpha \quad \text{und} \quad L_{n,t_1}^*(p_\beta) \approx \beta \tag{5.51}$$

ist, bestimmt man den Stichprobenumfang n durch (5.42), während nach (5.41)

$$t_1 \approx \{\Psi(p_\alpha) + \Psi(p_\beta)\}\sqrt{n}/2 \tag{5.52}$$

zu wählen ist. Wir müssen mit Hilfe einer Tafel der nicht-zentralen t-Verteilung prüfen, ob (5.51) durch diese Näherungslösung für n und t_1 hinreichend genau erfüllt ist, und gegebenenfalls n und t_1 noch verbessern. Darüber hinaus müssen wir uns davon überzeugen, daß für diese n und t_1 die Wahrscheinlichkeit (5.48) so klein ist, daß es berechtigt ist, sie zu vernachlässigen.

Als numerisches Beispiel nehmen wir $\alpha = 1 - \beta = 0,90$, $p_\alpha = 0,01$, $p_\beta = 0,03$. Wie im Beispiel am Ende des vorigen Abschnitts erhalten wir n = 107 und $t_1 = -21,8$. Hier ist

$$\Phi\left(\frac{-3\sqrt{n}-t_1}{\sqrt{1+t_1^2/2n}}\right) = \Phi(-5,14) = 0,000\,000\,14,$$

so daß es also (nach (5.49)) berechtigt war, die Wahrscheinlichkeit (5.48) zu vernachlässigen.

Aufgabe 5.5 Es sei $d \geqslant 3\sigma$. Man bestimme den Stichprobenumfang n und den kritischen Wert t_1 des Testes (5.45) so, daß Partien mit 1% Ausschuß mit etwa 90% Wahrscheinlichkeit angenommen und daß Partien mit 6% Ausschuß mit etwa 90% Wahrscheinlichkeit abgelehnt werden.

5.3 Abweichungen von der Normalverteilungs-Annahme

In den letzten beiden Abschnitten haben wir vorausgesetzt, daß der beobachtete Meßwert x normalverteilt ist. Daß in vielen Anwendungsfällen diese Voraussetzung gerechtfertigt ist, wurde im Abschnitt 1.6.4.2 mit Hilfe des zentralen Grenzwertsatzes begründet. Man muß sich jedoch fragen, ob es zu nennenswerten Abweichungen von den gewünschten Eigenschaften eines statistischen Tests kommt, falls ein Test benutzt wird, obwohl seine Voraussetzungen nicht (vollständig) erfüllt sind. In den letzten Jahren sind zu dieser Frage unter dem Stichwort „Robustheit" viele Untersuchungen durchgeführt worden. Anschaulich nennt man ein statistisches Verfahren robust, wenn es unempfindlich gegenüber Abweichungen von den Voraussetzungen oder den Modellannahmen ist.

Zwei mögliche Abweichungen von den Modellannahmen sind zu unterscheiden: 1. Bei der Stichprobenerhebung treten grobe Fehler auf, so daß ein Teil der erhaltenen Werte mit der als Modell angenommenen Verteilung nichts mehr zu tun hat; man spricht von Kontamination oder Verunreinigung. 2. Die Modellannahme über die Verteilungsfunktion ist nur approximativ richtig, so daß tatsächlich eine von der Modellverteilung etwas abweichende Verteilungsfunktion vorliegt (Abstandsmodell).

Wir wollen uns hier nur mit der zweiten Art von möglichen Abweichungen beschäftigen, also mit dem Fall, daß die Voraussetzung „x normalverteilt" unzutreffend ist. Würde nur das arithmetische Mittel $\bar{x}$ in unsere Testgröße eingehen, wären etwa für die Operations-Charakteristik keine großen Abweichungen zu befürchten, denn nach Satz 1.10 konvergiert die Verteilungsfunktion von $\bar{x}$ gegen eine Normalverteilung, und zwar — wie die Erfahrung zeigt — in der Regel sehr rasch. Nun wurde aber bei unserem Testverfahren der Abschnitte 5.1 und 5.2 noch ein weiteres Mal von der Normalverteilungs-Annahme Gebrauch gemacht, nämlich bei der Berechnung des Ausschußanteils p in (5.2) und (5.27). Daher sind größere Abweichungen zwischen der tatsächlichen und der von uns berechneten Operations-Charakteristik mindestens denkbar, falls eben die gemachte Voraussetzung „x normalverteilt" nicht erfüllt ist.

Wie man die Größe dieser Abweichungen erfassen kann, soll im Folgenden für das Beispiel des einseitigen Testes bei bekannter Streuung dargelegt werden. Wir werden dafür das Testverfahren für eine sehr allgemeine Klasse von Verteilungsfunktionen besprechen und anschließend untersuchen, mit welchen Abweichungen man zu rechnen hat, wenn man — irrtümlich — unterstellt, daß es sich um die Klasse der Normalverteilungen handelt. Wir folgen dabei den Untersuchungen von M. B e h l [1981].

5.3.1 Einseitiger Test bei bekannter Streuung

Ein Stück sei genau dann schlecht, wenn sein zugehöriger Meßwert x der Ungleichung

$$x > a \qquad\qquad (5.53)$$

genügt, wobei a die als bekannt anzusehende obere Toleranzgrenze ist. Der Mittelwert von x sei gleich $a + \mu$ und die Varianz sei σ^2. Wir bezeichnen μ als Mittelwertabweichung; μ sei numerisch nicht bekannt. Dagegen werde angenommen, daß die Streuung σ bekannt ist. Dann hat $\xi = (x - a - \mu)/\sigma$ den Mittelwert 0 und die Streuung 1. Wir setzen weiter voraus, daß uns die Verteilungsfunktion „vom Typ her" bekannt ist, was nichts anderes besagen soll, als daß wir die Verteilungsfunktion F der normierten Variablen ξ kennen:

$$W(\xi \leqslant z) = F(z). \qquad\qquad (5.54)$$

Daraus ergibt sich die Verteilungsfunktion von x selbst zu

$$W(x \leqslant y) = W\left(\frac{x - a - \mu}{\sigma} \leqslant \frac{y - a - \mu}{\sigma}\right) = F\left(\frac{y - a - \mu}{\sigma}\right). \qquad\qquad (5.55)$$

Wir setzen weiter voraus, daß $F(z)$ vom stetigen Typ ist mit Dichte $f(z)$ und daß

$$\left.\begin{array}{l} F(z) = 0 \quad \text{für} \quad z \leqslant u \\[2mm] F(z) = 1 \quad \text{für} \quad z \geqslant v \\[2mm] F(z) \text{ streng monoton wachsend im Intervall } (u, v) \text{ mit } u < v \end{array}\right\} \qquad (5.56)$$

ist; dabei sei $u = -\infty$ und/oder $v = +\infty$ erlaubt. Man nennt das Intervall (u, v) wohl auch den Träger T_F von F. Da F die Verteilungsfunktion von ξ ist, hat auch F den Mittelwert 0 und die Streuung 1.

Um später die Operations-Charakteristik bequem schreiben zu können, brauchen wir noch eine weitere Bezeichnung. Es seien $\xi_1, \xi_2, \ldots, \xi_n$ unabhängige zufällige Variable, jedes ξ_i verteilt nach $F(z)$. Wir wollen die Verteilungsfunktion von $\zeta = (\xi_1 + \xi_2 + \ldots + \xi_n)/\sqrt{n}$ mit $\overline{F}_n$ bezeichnen:

$$W((\xi_1 + \xi_2 + \ldots + \xi_n)/\sqrt{n} \leqslant y) = \overline{F}_n(y). \qquad (5.57)$$

Es ist klar, daß man $\overline{F}_n$ berechnen kann; wie man das macht, nämlich durch n-fache Faltung von F und eine Transformation wegen des Faktors $1/\sqrt{n}$, braucht uns hier nicht zu interessieren. Es genügt festzustellen (siehe 1.5.1), daß ζ und damit $\overline{F}_n$ den Mittelwert 0 und die Streuung 1 hat.

Analog zu (5.27) läßt sich hier der Ausschußanteil p in der Partie berechnen mit Hilfe von (5.55):

$$p = W(x > a) = 1 - W(x \leqslant a) = 1 - F(-\mu/\sigma). \qquad (5.58)$$

Bezeichnet man mit F^{-1} die Umkehrfunktion von F (mit $F^{-1}(0) = u$ und $F^{-1}(1) = v$), so läßt sich zu jedem Ausschußanteil p mit $0 \leqslant p \leqslant 1$ die zugehörige Mittelwertabweichung μ angeben:

$$\mu = \mu(p) = -\sigma F^{-1}(1 - p). \qquad (5.59)$$

Um nun zu testen, ob der Ausschußanteil nicht zu groß ist, ziehen wir eine unabhängige Zufallsstichprobe vom Umfang n. Sie möge $x_1, x_2, \ldots, x_n$ ergeben haben. Wir setzen $\overline{x} = (x_1 + x_2 + \ldots + x_n)/n$ und benutzen entsprechend dem früheren Vorgehen

$$\frac{\overline{x} - a}{\sigma} \sqrt{n} \qquad (5.60)$$

als Testgröße. Die Partie wird angenommen, falls

$$\frac{\overline{x} - a}{\sigma} \sqrt{n} \leqslant c \qquad (5.61)$$

ausfällt; andernfalls wird sie abgelehnt.

Zunächst soll bei gegebenem Stichprobenumfang n und gegebener Testschranke c die Operations-Charakteristik in Abhängigkeit vom angelieferten Ausschußanteil p berechnet werden:

$$L_{n,c}^{(F)}(p) = W\left(\frac{\overline{x} - a}{\sigma} \sqrt{n} \leqslant c\right). \qquad (5.62)$$

Es ist

$$W\left(\frac{\overline{x} - a}{\sigma}\sqrt{n} \leqslant c\right) = W\left(\frac{\overline{x} - a - \mu(p)}{\sigma}\sqrt{n} \leqslant c - \frac{\mu(p)}{\sigma}\sqrt{n}\right)$$

und die zufällige Variable

$$\frac{\overline{x} - a - \mu}{\sigma}\sqrt{n} = \frac{1}{\sqrt{n}} \sum_{i=1}^{n} \frac{x_i - a - \mu}{\sigma}$$

hat ersichtlich dieselbe Verteilungsfunktion wie ζ und daher ist nach (5.57)

$$L_{n,c}^{(F)}(p) = \overline{F}_n\left(c - \frac{\mu(p)}{\sigma}\sqrt{n}\right).$$

Nach (5.59) ergibt sich damit für unsere Operations-Charakteristik

$$L_{n,c}^{(F)}(p) = \overline{F}_n(c + \sqrt{n}\, F^{-1}(1 - p)). \tag{5.63}$$

Da F stetig ist, sind es auch F^{-1} und $\overline{F}_n$ und damit auch $L_{n,c}^{(F)}(p)$. Überdies ist $L_{n,c}^{(F)}(p)$ monoton fallend. Da wir F als bekannt vorausgesetzt haben, ist bei gegebenem n und c der Wert von $L_{n,c}^{(F)}(p)$ für jedes p zu berechnen. Es ist daher auch möglich, n und c so zu bestimmen, daß die Operations-Charakteristik ungefähr (man beachte die erforderliche Ganzzahligkeit von n) durch zwei vorgegebene Punkte geht. Dafür und für die Untersuchungen der Auswirkung von unzutreffenden Annahmen über F wollen wir (5.63) durch eine geeignete Näherung vereinfachen.

$\overline{F}_n$ ist die Verteilungsfunktion einer Summe von n unabhängigen zufälligen Variablen $\xi_i/\sqrt{n}$, alle mit der gleichen Verteilungsfunktion. U n a b h ä n g i g   d a v o n ,   w e l c h e s p e z i e l l e   V e r t e i l u n g s f u n k t i o n   F   v o r l i e g t , ist daher nach Satz 1.10 $\overline{F}_n$ in sehr guter Näherung durch eine Normalverteilung zu approximieren, und zwar durch Φ selbst, da $\overline{F}_n$ den Mittelwert 0 und die Streuung 1 hat. Daher ist in sehr guter Näherung

$$L_{n,c}^{(F)}(p) \approx \widetilde{L}_{n,c}^{(F)}(p) = \Phi(c + \sqrt{n}\, F^{-1}(1 - p)). \tag{5.64}$$

Geben wir wie gewohnt $\alpha, p_\alpha, \beta, p_\beta$ vor mit $1 > \alpha > \beta > 0$ und $0 < p_\alpha < p_\beta < 1$, so können wir den Wunsch, n und c so zu bestimmen, daß

$$L_{n,c}^{(F)}(p_\alpha) \approx \alpha \quad \text{und} \quad L_{n,c}^{(F)}(p_\beta) \approx \beta \tag{5.65}$$

ist, ohne nennenswerten Verlust an Genauigkeit ersetzen durch

$$\widetilde{L}_{n,c}^{(F)}(p_\alpha) \approx \alpha \quad \text{und} \quad \widetilde{L}_{n,c}^{(F)}(p_\beta) \approx \beta. \tag{5.66}$$

Bezeichnen wir mit Ψ wieder die Umkehrfunktion der Verteilungsfunktion Φ der Normalverteilung $N(0, 1)$, so ist (5.66) gleichwertig mit

$$c + \sqrt{n}\, F^{-1}(1 - p_\alpha) \approx \Psi(\alpha)$$
$$c + \sqrt{n}\, F^{-1}(1 - p_\beta) \approx \Psi(\beta).$$

Damit ergibt sich für den Prüfplan (n, c), der (5.65) in guter Näherung erfüllt:

$$\left.\begin{aligned} n &\approx \left(\frac{\Psi(\alpha) - \Psi(\beta)}{F^{-1}(1 - p_\alpha) - F^{-1}(1 - p_\beta)} \right)^2 \\[2mm] c &\approx \frac{\Psi(\beta)F^{-1}(1 - p_\alpha) - \Psi(\alpha)F^{-1}(1 - p_\beta)}{F^{-1}(1 - p_\alpha) - F^{-1}(1 - p_\beta)} \end{aligned}\right\} \tag{5.67}$$

5.3.2 Der Spezialfall der Normalverteilung

Wir wollen hier voraussetzen, daß das Merkmal x normalverteilt ist nach $N(a + \mu, \sigma^2)$. Dies ist ersichtlich ein Spezialfall des im vorigen Abschnitt behandelten Modells, und zwar mit $F(z) = \Phi(z)$, wobei Φ wie immer die Verteilungsfunktion der Normalverteilung $N(0, 1)$ ist.

Damit ergibt sich nach (5.58) und (5.59) für den Zusammenhang zwischen Mittelwertabweichung μ und dem Ausschußanteil p:

$$p = 1 - \Phi\left(-\frac{\mu}{\sigma} \right) = \Phi\left(\frac{\mu}{\sigma} \right) \quad \text{und} \quad \mu = \sigma\, \Psi(p). \tag{5.68}$$

Sind $\xi_1, \xi_2, \ldots, \xi_n$ unabhängig voneinander nach $N(0, 1)$ verteilt, so ist nach Satz 1.11 und Satz 1.8 $(\xi_1 + \xi_2 + \ldots + \xi_n)/\sqrt{n}$ auch nach $N(0, 1)$ verteilt, d. h. die Verteilungsfunktion $\overline{F}_n$ (siehe (5.57)) ist ebenfalls gleich Φ.

Daher ist die Operations-Charakteristik $L_{n,c}^{(\Phi)}(p)$ unseres Testes (5.61) nach (5.63) und wegen $\Psi(1 - p) = -\Psi(p)$ in diesem Spezialfall gleich

$$L_{n,c}^{(\Phi)}(p) = \Phi(c - \sqrt{n}\, \Psi(p)). \tag{5.69}$$

Der Übergang zur Näherung (5.64) erübrigt sich hier, weil $\widetilde{L}_{n,c}^{(\Phi)}(p)$ identisch mit $L_{n,c}^{(\Phi)}(p)$ ist. Die Forderung, daß die Operations-Charakteristik ungefähr durch zwei vorgegebene Punkte geht, also

$$L_{n,c}^{(\Phi)}(p_\alpha) \approx \alpha \quad \text{und} \quad L_{n,c}^{(\Phi)}(p_\beta) \approx \beta \tag{5.70}$$

ist, ist nach (5.67) hier gleichwertig mit

$$\left.\begin{aligned} n &\approx \left(\frac{\Psi(\alpha) - \Psi(\beta)}{\Psi(p_\beta) - \Psi(p_\alpha)} \right)^2 \\[2mm] c &\approx \frac{\Psi(\alpha)\Psi(p_\beta) - \Psi(\beta)\Psi(p_\alpha)}{\Psi(p_\beta) - \Psi(p_\alpha)} \end{aligned}\right\} \tag{5.71}$$

5.3.3 Folgen irrtümlicher Annahmen über die Verteilung

Nehmen wir an, daß ein Anwender – irrtümlich – der Meinung ist, daß das Merkmal x (ausreichend genau) normalverteilt ist, also nach 5.3.2 die Verteilungsfunktion $\Phi((y - a - \mu)/\sigma)$ hat. Nehmen wir weiter an, daß tatsächlich aber die Verteilungsfunktion F vorliegt, also nach (5.55) x die Verteilungsfunktion $F((y - a - \mu)/\sigma)$ hat. Würde dieser Anwender zwei Punkte der Operations-Charakteristik vorgeben wollen, so würde er den Stichprobenumfang n und die Testschranke c nach den Gleichungen (5.71) bestimmen, obwohl er eigentlich die Gleichungen (5.67) benutzen müßte. Es ist dann zu fragen, wie weit die Werte der für ihn eigentlich zutreffenden Operations-Charakteristik (5.63) an den Stellen p_α und p_β von den gewünschten Werten α und β abweichen.

Wir wollen diese Frage nach dem Unterschied zwischen $L_{n,c}^{(F)}(p)$ und $L_{n,c}^{(\Phi)}(p)$ gleich für alle Ausschußanteile p beantworten, und zwar für beliebige Prüfpläne (n, c) unabhängig davon, nach welchem Prinzip (n, c) bestimmt wurde. Es erscheint kaum möglich, den Unterschied zwischen den Operations-Charakteristiken in der Ordinaten-Richtung geeignet zu erfassen. Dagegen ist es, wie M. B e h l [1981] gezeigt hat, überraschend einfach, diesen Unterschied in der Abszissen-Richtung zu erfassen, wobei von der ausreichend genauen Näherung (5.64) Gebrauch gemacht wird. Im folgenden Satz 5.2 bestimmen wir dazu zunächst den Zusammenhang zwischen den beiden Ausschußanteilen, für die die beiden Operations-Charakteristiken jeweils gleiche Werte annehmen. Man beachte dabei (5.56) und die Bemerkung vor (5.59).

Satz 5.2 *Zu jedem Ausschußanteil p_Φ mit $\Phi(-v) \leqslant p_\Phi \leqslant \Phi(-u)$ gibt es genau ein p_F mit*

$$\widetilde{L}_{n,c}^{(F)}(p_F) = L_{n,c}^{(\Phi)}(p_\Phi) \tag{5.72}$$

nämlich

$$p_F = 1 - F(-\Psi(p_\Phi)). \tag{5.73}$$

Dagegen gibt es für $p_\Phi < \Phi(-v)$ oder $p_\Phi > \Phi(-u)$ kein p_F, das der Gleichung (5.72) genügt.

B e w e i s. Nach (5.69) ist $L_{n,c}^{(\Phi)}(p)$ eine stetige, streng monoton fallende Funktion mit $L_{n,c}^{(\Phi)}(0) = 1$ und $L_{n,c}^{(\Phi)}(1) = 0$. Daher gibt es zu jedem γ mit $0 \leqslant \gamma \leqslant 1$ genau ein p_Φ mit

$$L_{n,c}^{(\Phi)}(p_\Phi) = \gamma. \tag{5.74}$$

Nach (5.69) ist (5.74) gleichwertig mit

$$c - \sqrt{n}\, \Psi(p_\Phi) = \Psi(\gamma). \tag{5.75}$$

Nehmen wir an, daß es ein p_F gibt mit

$$\widetilde{L}_{n,c}^{(F)}(p_F) = \gamma. \tag{5.76}$$

Dann ist nach (5.64) und (5.75)

$$\widetilde{L}_{n,c}^{(F)}(p_F) = \gamma \Leftrightarrow c + \sqrt{n}\, F^{-1}(1 - p_F) = \Psi(\gamma)$$

$$\Leftrightarrow F^{-1}(1 - p_F) = -\Psi(p_\Phi). \tag{5.77}$$

Wenn $\Phi(-v) \leqslant p_\Phi \leqslant \Phi(-u)$ und damit $u \leqslant -\Psi(p_\Phi) \leqslant v$ ist, so hat (5.77) und damit (5.76) tatsächlich genau eine Lösung, nämlich $p_F = 1 - F(-\Psi(p_\Phi))$. Ist dagegen $p_\Phi < \Phi(-v)$ und also $-\Psi(p_\Phi) > v$ oder ist $p_\Phi > \Phi(-u)$ und also $-\Psi(p_\Phi) < u$, so hat (5.77) und damit (5.76) keine Lösung. ∎

Übrigens kann man sich leicht überlegen, daß für endliche u und v deswegen kein p_F für die kleinen und die großen Werte von γ existiert, weil $\widetilde{L}_{n,c}^{(F)}(p_F)$ nur Werte zwischen $\Phi(c + \sqrt{n}\,v)$ und $\Phi(c + \sqrt{n}\,u)$ annimmt.

Da nach (5.64) auch $\widetilde{L}_{n,c}^{(F)}(p)$ eine monoton fallende Funktion ist, gilt ersichtlich für alle p_Φ mit $\Phi(-v) \leqslant p_\Phi \leqslant \Phi(-u)$

$$\widetilde{L}_{n,c}^{(F)}(p_\Phi) \begin{Bmatrix} > \\ = \\ < \end{Bmatrix} L_{n,c}^{(\Phi)}(p_\Phi) \Leftrightarrow p_F \begin{Bmatrix} > \\ = \\ < \end{Bmatrix} p_\Phi \Leftrightarrow \widetilde{L}_{n,c}^{(F)}(p_F) \begin{Bmatrix} > \\ = \\ < \end{Bmatrix} L_{n,c}^{(\Phi)}(p_F). \qquad (5.78)$$

Wir wollen nun die Differenz

$$d_F = p_F - p_\Phi \qquad (5.79)$$

untersuchen. Nach Satz 5.2 ist sie definiert für $\Phi(-v) \leqslant p_\Phi \leqslant \Phi(-u)$, und nach (5.73) können wir sie als Funktion nur von p_Φ auffassen:

$$d_F(p_\Phi) = 1 - F(-\Psi(p_\Phi)) - p_\Phi. \qquad (5.80)$$

Es ist interessant und wichtig festzustellen, daß diese Differenz $d_F(p_\Phi)$ nur von der Verteilungsfunktion F und natürlich von p_Φ abhängt, nicht aber vom Prüfplan (n, c) und auch nicht von a, μ und σ.

Die oben angegebenen Formeln sind etwas einfacher noch für den Spezialfall, daß die Verteilungsfunktion F symmetrisch zu 0 ist. Wir setzen also für das Folgende voraus, daß

$$F(-y) = 1 - F(y) \quad \text{für jedes } y \qquad (5.81)$$

ist. Dann ist nach (5.56)

$$u = -v \quad \text{und} \quad v > 0.$$

Weiter ist nach (5.73) für $\Phi(-v) \leqslant p_\Phi \leqslant \Phi(v)$

$$p_F = F(\Psi(p_\Phi)) \qquad (5.82)$$

und nach (5.80) die Differenz zwischen p_F und p_Φ:

$$d_F(p_\Phi) = F(\Psi(p_\Phi)) - p_\Phi. \qquad (5.83)$$

Da $\Phi(-v) \leqslant p_\Phi \leqslant \Phi(v)$ äquivalent mit $1 - \Phi(v) \leqslant p_\Phi \leqslant 1 - \Phi(-v)$ ist, folgt sofort $\Phi(-v) \leqslant 1 - p_\Phi \leqslant \Phi(v)$, und damit ergibt sich aus (5.83) und (5.81):

$$d_F(1 - p_\Phi) = F(\Psi(1 - p_\Phi)) - 1 + p_\Phi = F(-\Psi(p_\Phi)) - 1 + p_\Phi = -F(\Psi(p_\Phi)) + p_\Phi$$

und also

$$d_F(1 - p_\Phi) = -d_F(p_\Phi) \qquad (5.84)$$

und daher insbesondere

$$d_F\left(\frac{1}{2}\right) = 0. \qquad (5.85)$$

Eine relativ starke Abweichung von der Normalverteilungs-Annahme liegt vor, wenn F eine Rechteck-Verteilung ist. Dabei versteht man unter einer Rechteck-Verteilung eine Verteilung vom stetigen Typ, deren Dichte in einem Intervall der Länge L konstant ist, und zwar wegen (1.16) gleich 1/L, und deren Dichte außerhalb des Intervalls gleich 0 ist. Da F hier nach Voraussetzung den Mittelwert 0 und die Varianz 1 hat, ist F also von der Form

$$F(z) = \begin{cases} 0 & \text{für } z \leqslant -\sqrt{3} \\ (1 + z/\sqrt{3})/2 & \text{für } -\sqrt{3} \leqslant z \leqslant +\sqrt{3} \\ 1 & \text{für } z \geqslant \sqrt{3} \end{cases} \qquad (5.86)$$

Hier ist $-u = v = \sqrt{3}$. F ist symmetrisch zu 0 und ersichtlich ist

$$F^{-1}(y) = (2y - 1)\sqrt{3} \quad \text{für } 0 \leqslant y \leqslant 1.$$

Die Approximation (5.64) der Operations-Charakteristik $L_{n,c}^{(F)}(p)$ durch $\tilde{L}_{n,c}^{(F)}(p)$ ist außerordentlich gut. Bereits für n = 5 ist die Differenz zwischen beiden dem Betrage nach kleiner als 0,006, und für größere n ist die Differenz noch kleiner. Zur Untersuchung des Verhaltens der Differenz (5.83) gibt M. B e h l [1981] einen Satz über die Eigenschaften der Ableitung dieser Differenz nach p_Φ an. Wir wollen uns hier darauf beschränken, ohne Beweis das Ergebnis für den Fall der Rechteck-Verteilung zu schildern (siehe Fig. 20). Nach (5.83) und (5.86) ist für $\Phi(-\sqrt{3}) \leqslant p_\Phi \leqslant \Phi(+\sqrt{3})$

$$d_F(p_\Phi) = (1 + \Psi(p_\Phi)/\sqrt{3})/2 - p_\Phi.$$

Es ist $d_F(\Phi(-\sqrt{3})) = -\Phi(-\sqrt{3}) = -0{,}0416$, und $d_F(p_\Phi)$ wächst streng monoton bis zu seiner Maximalstelle $\overline{p}_\Phi = \Phi(-\sqrt{2 \ln \sqrt{6/\pi}}) = 0{,}2106$ mit dem Wert des Maximums gleich 0,0572 und fällt anschließend streng monoton bis zur Stelle $p_\Phi = 1/2$ mit

$$d_F\left(\frac{1}{2}\right) = 0.$$ Der weitere Verlauf ergibt sich aus der Symmetrie nach (5.84).

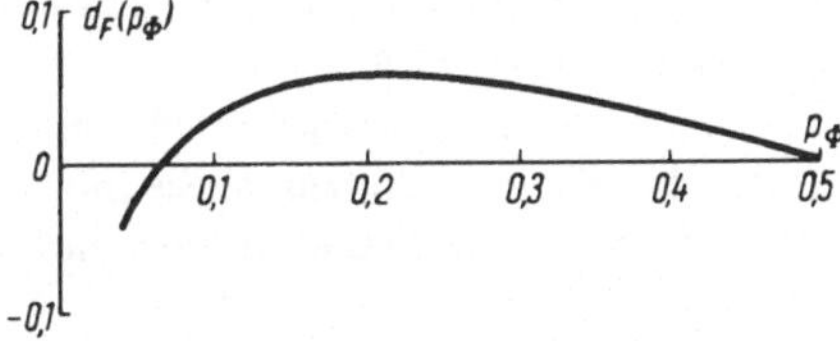

Fig. 20
Die Differenz $d_F(p_\Phi)$ im Falle der Rechteck-Verteilung

Ein weiterer, für die Anwendungen besonders wichtiger Spezialfall, daß F eine sogenannte gestutzte Normalverteilung ist, findet sich ebenfalls bei M. B e h l [1981]. Es zeigt sich, daß der Betrag der Differenz $d_F(p_\Phi)$ von derselben Größenordnung wie oben oder sogar – je nach Grad der Stutzung – beträchtlich kleiner ist.

5.4 Kostenoptimale Prüfpläne

Genau wie bei der Gut-Schlecht-Prüfung im Abschnitt 4.2.5 läßt sich auch hier bei der messenden Prüfung der Prüfplan nach Kostengesichtspunkten bestimmen, und zwar wiederum nach dem Minimax-Regret-Prinzip. Wir können dabei die im Abschnitt 4.2.5.1 gemachten Annahmen über die Kosten und die im Abschnitt 4.2.5.2 geschilderte Herleitung der Regretfunktion (4.79) wörtlich übernehmen mit der einzigen Ausnahme, daß die Operations-Charakteristik (4.66) zu ersetzen ist durch die jeweils zutreffende Operations-Charakteristik der Abschnitte 5.1 bis 5.2.

Wie in den Abschnitten 5.1, 5.2 und 5.3.2 setzen wir voraus, daß das bei jedem kontrollierten Stück beobachtete quantitative Merkmal x normalverteilt ist. Entsprechend dem ersten Absatz in 5.1 ist auch hier der einseitige und der zweiseitige Fall zu unterscheiden. Wir wollen dabei voraussetzen, daß die Streuung σ der zufälligen Variablen x bekannt ist. Zwar schränkt diese Voraussetzung „σ bekannt" die Anwendungsmöglichkeiten ein, doch ist naturgemäß die mathematische Behandlung erheblich einfacher und damit das Wesentliche dieser Verfahren besser durchschaubar. Überdies sind bisher die Untersuchungen für den Fall „σ unbekannt" noch nicht ausreichend weit durchgeführt. Eine Näherung für den einseitigen Fall und unbekannte Streuung findet man bei K. S t a n g e [1964].

5.4.1 Einseitiger Fall

Ein Stück sei genau dann schlecht, wenn sein zugehöriger Meßwert x der Ungleichung

$$x > a \tag{5.87}$$

genügt, wobei a die als bekannt anzusehende obere Toleranzgrenze ist. Wir setzen voraus, daß x normalverteilt nach $N(a + \mu, \sigma^2)$ ist mit unbekannter Mittelwertabweichung μ, aber bekannter Streuung σ.

Um zu testen, ob der Ausschußanteil nicht zu groß ist, ziehen wir eine unabhängige Zufallsstichprobe vom Umfang n. Sie möge $x_1, x_2, \ldots, x_n$ ergeben haben. Wir setzen $\bar{x} = (x_1 + x_2 + \ldots + x_n)/n$ und nehmen die Partie genau dann an, wenn

$$\frac{\bar{x} - a}{\sigma} \sqrt{n} \leqslant c \tag{5.88}$$

ausfällt. Bei Benutzung des Prüfplanes (n, c) ist daher nach (5.69) die Operations-Charakteristik, also die Wahrscheinlichkeit für die Annahme der Partie, hier zunächst in Abhängigkeit vom Ausschußanteil $p = \Phi(\mu/\sigma)$ (siehe (5.68)) gleich

$$L_{n,c}^{(\Phi)}(p) = \Phi(c - \sqrt{n}\,\Psi(p)).$$

Nach Abschnitt 4.2.5.2 ergibt sich daher hier die Regretfunktion

$$\left.\begin{array}{ll}(p_0 - p)\,(1 - \Phi(c - \sqrt{n}\,\Psi(p)) + dn & \text{für } 0 \leqslant p \leqslant p_0 \\[2mm] (p - p_0)\,\Phi(c - \sqrt{n}\,\Psi(p)) + dn & \text{für } p_0 \leqslant p \leqslant 1;\end{array}\right\} \tag{5.89}$$

dabei ist Φ wie immer die Verteilungsfunktion der Normalverteilung $N(0, 1)$ und Ψ die Umkehrfunktion von Φ.

Entsprechend dem Minimax-Regret-Prinzip sucht man den Prüfplan (n, c) so zu bestimmen, daß das über p genommene Maximum der Regretfunktion so klein wie möglich ausfällt. Es erweist sich als zweckmäßig, den Ausschußanteil p durch die sogenannte Qualitätszahl

$$u = -\mu/\sigma \tag{5.90}$$

auszudrücken und dann das Maximum der Regretfunktion statt über p jetzt über u zu nehmen. Nach (5.68) ist

$$p = 1 - \Phi(u) \quad \text{und} \quad u = -\Psi(p). \tag{5.91}$$

Die Regretfunktion als Funktion von u ist daher gleich

$$R(u; n, c) = \begin{cases} (\Phi(u_0) - \Phi(u))\Phi(c + u \sqrt{n}) + dn & \text{für } u \leqslant u_0 \\ (\Phi(u) - \Phi(u_0)) (1 - \Phi(c + u \sqrt{n})) + dn & \text{für } u \geqslant u_0, \end{cases} \tag{5.92}$$

wobei

$$u_0 = -\Psi(p_0) \tag{5.93}$$

und p_0 die in (4.71) eingeführte Trennqualität ist. Nach (4.78) sind die relativen Prüfkosten $d > 0$.

Die Bezeichnung „kostenoptimal" benutzen wir analog zu Definition 4.1:

Definition 5.1 *Ein Prüfplan* (n^*, c^*) *heißt* k o s t e n o p t i m a l *bezüglich der Regretfunktion* (5.92), *falls das über* u *genommene Maximum der Regretfunktion für* (n^*, c^*) *minimal ausfällt:*

$$\underset{-\infty < u < +\infty}{\text{Max}} R(u; n^*, c^*) \leqslant \underset{-\infty < u < +\infty}{\text{Max}} R(u; n, c) \quad \textit{für jeden Prüfplan } (n, c).$$

Natürlich ist n als Stichprobenumfang eine natürliche Zahl $\geqslant 1$; dagegen ist im Unterschied zu Abschnitt 4.2.5 hier die Testschranke c eine beliebige reelle Zahl. Nach wie vor sind die im Anschluß an Definition 4.1 gemachten Bemerkungen über den erforderlichen Vergleich des kostenoptimalen Prüfplans mit der Entscheidung ohne Kontrolle gültig.

Für die Berechnung des Maximums der Regretfunktion ist folgender Satz wichtig (siehe auch Satz 4.16), dessen Beweis man bei H. B a s l e r [1967/68] findet und zu dessen Verständnis man beachte, daß aus (5.92) folgt:

$$\left. \begin{array}{ll} R(u; n, c) > nd \quad \text{für jedes } u \neq u_0, & R(u_0; n, c) = nd \\ \underset{u \to -\infty}{\lim} R(u; n, c) = nd, & \underset{u \to +\infty}{\lim} R(u; n, c) = nd. \end{array} \right\} \tag{5.94}$$

Satz 5.3 *Die Regretfunktion* $R(u; n, c)$ *besitzt als Funktion von u sowohl im Intervall* $(-\infty, u_0)$ *als auch im Intervall* $(u_0, +\infty)$ *jeweils genau ein relatives Maximum, das jeweils auch das absolute Maximum ist.*

Die Abhängigkeit der Regretfunktion und damit die ihrer Maxima in den Intervallen $(-\infty, u_0)$ und $(u_0, +\infty)$ von der Testschranke c ergibt sich unmittelbar aus (5.92):

Für $c_1 < c_2$ ist

$$R(u; n, c_1) < R(u; n, c_2) \quad \text{für jedes } u < u_0 \atop R(u; n, c_1) > R(u; n, c_2) \quad \text{für jedes } u > u_0. \Biggr\} \qquad (5.95)$$

Da $R(u; n, c)$ stetig von c abhängt, kann man daraus folgern, daß es zu jedem Stichproben-umfang n jeweils eine „günstigste" Testschranke gibt, sagen wir $c(n)$, für die also gilt:

$$\underset{u}{\text{Max}}\, R(u; n, c(n)) \leqslant \underset{u}{\text{Max}}\, R(u; n, c) \quad \text{für jedes } c. \qquad (5.96)$$

Man überlegt sich, daß das eindeutig bestimmte $c(n)$ dadurch charakterisiert ist, daß die Maxima der Regretfunktion in $(-\infty, u_0)$ und in $(u_0, +\infty)$ übereinstimmen:

$$\underset{u<u_0}{\text{Max}}\, R(u; n, c(n)) = \underset{u>u_0}{\text{Max}}\, R(u; n, c(n)) \qquad (5.97)$$

Nur Prüfpläne der Form $(n, c(n))$ kommen also als kostenoptimal in Frage.

Wir wollen diese wichtige notwendige, aber natürlich nicht hinreichende Bedingung für die Kostenoptimalität zusammen mit der bisher nicht erwähnten Existenzaussage als Satz formulieren, für dessen ausführlichen Beweis wiederum auf H. B a s l e r [1967/68] verwiesen sei:

Satz 5.4 *Es existiert stets mindestens ein bezüglich der Regretfunktion (5.92) kosten-optimaler Prüfplan. Für jeden kostenoptimalen Prüfplan* (n^*, c^*) *ist*

$$\underset{u<u_0}{\text{Max}}\, R(u; n^*, c^*) = \underset{u>u_0}{\text{Max}}\, R(u; n^*, c^*).$$

Bezeichnet man mit $u_l(n, c(n))$ die Maximalstelle der Regretfunktion in $(-\infty, u_0)$ und mit $u_r(n, c(n))$ die Maximalstelle in $(u_0, +\infty)$, so läßt sich beweisen (siehe H. B a s l e r [1967/68]):

$$\underset{n\to\infty}{\lim}\, u_l(n, c(n)) = \underset{n\to\infty}{\lim}\, u_r(n, c(n)) = u_0. \qquad (5.98)$$

Da schon für kleinere Stichprobenumfänge n die Maximalstellen dicht bei u_0 liegen, ist – analog wie im 3. Absatz von Abschnitt 4.2.5.3 – damit die erforderliche Rechtferti-gung für die Benutzung des Minimax-Prinzips (angewendet auf die Regretfunktion) erbracht.

Wir wollen nun eine erste Näherungslösung für einen kostenoptimalen Prüfplan (n^*, c^*) herleiten (siehe K. S t a n g e [1964]). In Abschnitt 4.2.5.3 haben wir gesehen (siehe insbesondere (4.81)), daß bei den dortigen Näherungen für kostenoptimale Prüfpläne die Operations-Charakteristik an der Stelle $p = p_0$ ungefähr gleich $1/2$ ist. Wir gehen dement-sprechend hier von Prüfplänen (n, c) aus, für die die Testschranke $c = -u_0\sqrt{n}$ ist. Für solche Prüfpläne $(n, -u_0\sqrt{n})$ lautet die Regretfunktion (5.92)

$$R(u; n, -u_0\sqrt{n}) = \begin{cases} (\Phi(u_0) - \Phi(u))\Phi((u - u_0)\sqrt{n}) + dn & \text{für } u \leqslant u_0 \\ (\Phi(u) - \Phi(u_0))\Phi((u_0 - u)\sqrt{n}) + dn & \text{für } u \geqslant u_0. \end{cases} \qquad (5.99)$$

Um das Maximum im Intervall $(-\infty, u_0)$ zu bestimmen, differenzieren wir die obere Zeile in (5.99) nach u und erhalten durch Nullsetzen der Ableitung die Bestimmungsgleichung für die Maximalstelle $u_l < u_0$:

$$\Phi'(u_l)\Phi((u_l - u_0)\sqrt{n}) = \sqrt{n}(\Phi(u_0) - \Phi(u_l))\Phi'((u_l - u_0)\sqrt{n})$$

und also

$$\frac{\Phi((u_l - u_0)\sqrt{n})}{\Phi'((u_l - u_0)\sqrt{n})} = \frac{\Phi(u_0) - \Phi(u_l)}{\Phi'(u_l)}\sqrt{n}.$$

Da nach (5.98) u_l dicht bei u_0 liegt, ist in guter Näherung $\Phi(u_0) - \Phi(u_l) \approx (u_0 - u_l)\Phi'(u_l)$ und also

$$\frac{\Phi((u_l - u_0)\sqrt{n})}{\Phi'((u_l - u_0)\sqrt{n})} \approx (u_0 - u_l)\sqrt{n}.$$

Mit Hilfe einer Tabelle der Normalverteilung (bei O w e n [1962] ist die linke Seite unmittelbar tabelliert) ergibt sich daraus, daß

$$(u_0 - u_l)\sqrt{n} \approx 3/4$$

ist. Da $\Phi(u_0) - \Phi(u_l)$ auch ungefähr gleich $(u_0 - u_l)\Phi'(u_0)$ ist, läßt sich der Wert des Maximums leicht näherungsweise berechnen:

$$\operatorname*{Max}_{u < u_0} R(u; n, -u_0\sqrt{n}) \approx \frac{3}{4\sqrt{n}} \Phi'(u_0)\Phi(-3/4) + nd = \frac{0,1700}{\sqrt{n}} \Phi'(u_0) + nd$$

$$(5.100)$$

Ganz analog berechnet man für die Maximalstelle u_r im Intervall $(u_0, +\infty)$, daß $(u_r - u_0)\sqrt{n} \approx 3/4$ und

$$\operatorname*{Max}_{u > u_0} R(u; n, -u_0\sqrt{n}) \approx \frac{3}{4\sqrt{n}} \Phi'(u_0)\Phi(-3/4) + nd = \frac{0,1700}{\sqrt{n}} \Phi'(u_0) + nd$$

$$(5.101)$$

ist. Die beiden Maxima sind also ungefähr gleich groß, womit wir wegen der notwendigen Bedingung (5.97) für die Kostenoptimalität eine nachträgliche Rechtfertigung für die Wahl der Testschranke $c = -u_0\sqrt{n}$ erhalten haben. Allerdings sei gleich angemerkt, daß die beiden Maxima für Prüfpläne der Form $(n, -u_0\sqrt{n})$ nur im Spezialfall $u_0 = 0$ exakt übereinstimmen und daß daher unsere erste Näherungslösung noch verbesserungsfähig und verbesserungsbedürftig ist. Zunächst aber wollen wir mit der Ableitung der ersten Näherungslösung fortfahren; nach (5.100) und (5.101) ist

$$\operatorname*{Max}_{u} R(u; n, -u_0\sqrt{n}) \approx \frac{0,1700}{\sqrt{n}} \Phi'(u_0) + nd, \qquad (5.102)$$

wobei nach (1.53)

$$\Phi'(u_0) = \frac{1}{\sqrt{2\pi}} e^{-u_0^2/2}$$

ist.

Um nun das Minimum der rechten Seite von (5.102) über n zu bestimmen, nutzen wir aus, daß die rechte Seite als Funktion von n dieselbe Form wie (4.82) hat. Nach (4.83) erhalten wir daher als

1. Näherungslösung $(\tilde{n}, \tilde{c})$ *für den bezüglich der Regretfunktion* (5.92) *kostenoptimalen Prüfplan* (n*, c*).

$$\tilde{n} = zu\ 0{,}193\ (\Phi'(u_0))^{2/3} d^{-2/3}\ \text{nächstgelegene ganze Zahl}$$
$$\tilde{c} = -u_0\sqrt{\tilde{n}}.$$

(5.103)

Wie oben schon angedeutet, bietet es sich nach der notwendigen Bedingung (5.97) für die Kostenoptimalität an, die 1. Näherungslösung dadurch zu verbessern, daß man zu dem Stichprobenumfang $\tilde{n}$ nach (5.103) die Testschranke so bestimmt, daß die Maxima der Regretfunktion in $(-\infty, u_0)$ und $(u_0, +\infty)$ übereinstimmen. Benutzen wir die in (5.96) eingeführte Bezeichnung, so haben wir also $(\tilde{n}, c(\tilde{n}))$ als 2. Näherungslösung für (n*, c*).

Für weitere Verbesserungen der Näherungslösungen bis hin zur Berechnung der exakten Lösung (n*, c*) muß aus Platzmangel auf H. B a s l e r [1967/68] verwiesen werden. Dort findet man auch ein Beispiel dafür, daß der kostenoptimale Prüfplan (n*, c*) gegenüber der 1. Näherung $(\tilde{n}, \tilde{c})$ bei manchen Parameterwerten eine Ersparnis von etwa 15% bezogen auf das Maximum der Regretfunktion und damit auf das Maximum des durchschnittlichen vermeidbaren Verlustes erbringen kann.

5.4.2 Zweiseitiger Fall

Naturgemäß orientieren wir uns bei der Behandlung des zweiseitigen Falles an den Abschnitten 5.1, 5.1.1 und 5.4.1, nur werden wir die Bezeichnungen entsprechend unserem Ziel der Bestimmung des Prüfplans nach dem Minimax-Regret-Prinzip geeignet abändern.

Das zu beobachtende quantitative Merkmal x sei normalverteilt nach $N(a + \mu, \sigma^2)$ mit bekannter Streuung σ. Ein Stück sei genau dann gut, wenn sein Merkmal x der Ungleichung

$$a - b\sigma \leqslant x \leqslant a + b\sigma \tag{5.104}$$

genügt, wobei wir also hier die Toleranzgrenzen als Vielfaches von σ ausdrücken mit $b > 0$. Wir führen die Qualitätszahl

$$v = \mu/\sigma \tag{5.105}$$

ein und können damit den Ausschußanteil p statt als Funktion der Mittelwertabweichung μ (siehe (5.2)) jetzt als Funktion von v schreiben:

$$p(v) = \Phi(v - b) + \Phi(-v - b). \tag{5.106}$$

Ersichtlich ist (siehe (5.4)) für jedes reelle v

$$p(v) = p(-v) \quad \text{und} \quad p(v) \geqslant p(0) = 2\Phi(-b). \tag{5.107}$$

Wir benutzen dieselbe Testvorschrift wie in Abschnitt 5.1.1, schreiben sie aber − äquivalent zu (5.6) − hier in der Form, daß die Partie genau dann angenommen wird, wenn

$$|\bar{x} - a|/\sigma \leqslant \bar{c} \qquad (5.108)$$

ausfällt, wobei $\bar{x}$ der Mittelwert einer unabhängigen Zufallsstichprobe vom Umfang n ist. Wir wollen die Operations-Charakteristik als Funktion der Qualitätszahl v schreiben:

$$\bar{L}(v; n, \bar{c}) = W(|\bar{x} - a|/\sigma \leqslant \bar{c}) = \Phi((\bar{c} - v)\sqrt{n}) - \Phi((-\bar{c} - v)\sqrt{n}). \qquad (5.109)$$

Entsprechend (5.7) ist

$$\bar{L}(-v; n, \bar{c}) = \bar{L}(v; n, \bar{c}) \quad \text{und} \quad \lim_{v \to \infty} \bar{L}(v; n, \bar{c}) = 0. \qquad (5.110)$$

Wie einleitend in 5.4 erwähnt, übernehmen wir die Voraussetzungen des Abschnittes 4.2.5 über die Kosten unverändert.

Wäre nun die in (4.72) eingeführte Trennqualität p_0 kleiner oder höchstens gleich dem hier nur möglichen minimalen Ausschußanteil $p(0) = 2\Phi(-b)$, so wäre nach den Ausführungen zu (4.72) die Partie stets ohne Kontrolle abzulehnen; die Qualität wäre also bei dieser Kostensituation von vornherein zu schlecht.

Wir brauchen uns daher nur noch mit dem Fall zu beschäftigen, daß die Trennqualität

$$p_0 > p(0) = 2\Phi(-b) \qquad (5.111)$$

ist. Wie in (5.5) gezeigt, gibt es auch hier zu jedem Ausschußanteil p mit $p(0) < p < 1$ genau eine Qualitätszahl $v > 0$, für die $p(v) = p$ ist. Daher gibt es auch genau eine Qualitätszahl $v_0 > 0$ mit

$$p(v_0) = p(-v_0) = p_0. \qquad (5.112)$$

Analog wie sich im einseitigen Fall die Regretfunktion (5.92) durch Abänderung von (4.79) ergibt, erhalten wir hier im zweiseitigen Fall die Regretfunktion als Funktion der Qualitätszahl v:

$$\bar{R}(v; n, \bar{c}) = \begin{cases} (p(v_0) - p(v))(1 - \bar{L}(v; n, \bar{c})) + dn & \text{für } |v| \leqslant v_0 \\ (p(v) - p(v_0))\bar{L}(v; n, \bar{c}) + dn & \text{für } |v| \geqslant v_0, \end{cases} \qquad (5.113)$$

wobei d die in (4.78) eingeführten relativen Prüfkosten sind. Wegen (5.107) und (5.110) ist

$$\bar{R}(-v; n, \bar{c}) = \bar{R}(v; n, \bar{c}) \qquad (5.114)$$

für jedes v. Wir können uns daher bei der Untersuchung des über v genommenen Maximums von $\bar{R}(v; n, \bar{c})$ auf $v \geqslant 0$ beschränken.

Für eine ausführliche Darstellung, einschließlich der erforderlichen Beweise, der im Folgenden aus Platzgründen nur in den wichtigsten Punkten wiedergegebenen Ergebnisse sei auf A. S ö d e r [1978] verwiesen.

Die Existenz eines kostenoptimalen Prüfplans $(n^*, \bar{c}^*)$, für den das Maximum der Regretfunktion minimal wird, der also durch

$$\mathop{\text{Max}}_{v} \bar{R}(v; n^*, \bar{c}^*) = \mathop{\text{Min}}_{n, \bar{c}} \mathop{\text{Max}}_{v} \bar{R}(v; n, \bar{c}) \qquad (5.115)$$

definiert ist, ist leicht zu beweisen (vergleiche: 1. Absatz von 4.2.5.3 und Satz 5.4). Es läßt sich zeigen, daß für jeden kostenoptimalen Prüfplan $(n^*, \overline{c}^*)$ die Maxima in den Intervallen $[0, v_0]$ und $[v_0, +\infty)$ übereinstimmen:

$$\underset{0 \leqslant v \leqslant v_0}{\text{Max}}\ \overline{R}(v; n^*, \overline{c}^*) = \underset{v \geqslant v_0}{\text{Max}}\ \overline{R}(v; n^*, \overline{c}^*). \tag{5.116}$$

$\overline{R}(v; n, \overline{c})$ hat im Intervall $[v_0, +\infty)$ genau ein relatives Maximum, das zugleich dort das absolute Maximum ist. Dagegen kommt es für das Verhalten von $\overline{R}(v; n, \overline{c})$ im Intervall $[0, v_0]$ insbesondere auf die in (5.104) eingeführte Größe b an.

Wir wollen nun eine erste Näherung $(n_1, \overline{c}_1)$ für einen kostenoptimalen Prüfplan $(n^*, \overline{c}^*)$ herleiten, wobei wir uns weitgehend an der im vorigen Abschnitt dargestellten Methode orientieren. Da wir uns auf $v \geqslant 0$ beschränken können und da $\overline{c}$ nach (5.108) stets > 0 sein muß, dürfen wir bei der Operations-Charakteristik (5.109) den zweiten Summanden vernachlässigen. Als Näherung für (5.113) haben wir dann

$$\overline{R}_1(v; n, \overline{c}) = \begin{cases} (p(v_0) - p(v))\,(1 - \Phi((\overline{c} - v)\sqrt{n})) + dn & \text{für } 0 \leqslant v \leqslant v_0 \\ (p(v) - p(v_0))\Phi((\overline{c} - v)\sqrt{n}) + dn & \text{für } v \geqslant v_0. \end{cases} \tag{5.117}$$

Wie im vorigen Abschnitt betrachten wir nur Prüfpläne $(n, \overline{c})$ mit $\overline{c} = v_0$, für die also die Näherung $\Phi((\overline{c} - v)\sqrt{n})$ für die Operations-Charakteristik (5.109) an der Stelle $v = v_0$ gleich $1/2$ ist. Für solche Prüfpläne ist

$$\overline{R}_1(v; n, v_0) = \begin{cases} (p(v_0) - p(v))\,(1 - \Phi((v_0 - v)\sqrt{n}) + dn & \text{für } 0 \leqslant v \leqslant v_0 \\ (p(v) - p(v_0))\Phi((v_0 - v)\sqrt{n}) + dn & \text{für } v \geqslant v_0. \end{cases} \tag{5.118}$$

Wir bestimmen zunächst die Maximalstelle v_r im Intervall $[v_0, +\infty)$; durch Nullsetzen der Ableitung von $\overline{R}_1(v; n, v_0)$ erhalten wir die Bestimmungsgleichung für $v_r > v_0$:

$$p'(v_r)\Phi((v_0 - v_r)\sqrt{n}) = \sqrt{n}(p(v_r) - p(v_0))\Phi'((v_0 - v_r)\sqrt{n}),$$

also

$$\frac{\Phi((v_0 - v_r)\sqrt{n})}{\Phi'((v_0 - v_r)\sqrt{n})} = \frac{p(v_r) - p(v_0)}{p'(v_r)}\sqrt{n}.$$

Näherungsweise ist $p(v_r) - p(v_0) \approx (v_r - v_0)p'(v_r)$, also

$$\frac{\Phi((v_0 - v_r)\sqrt{n})}{\Phi'((v_0 - v_r)\sqrt{n})} \approx (v_r - v_0)\sqrt{n}.$$

Wie im vorigen Abschnitt folgt daraus (siehe (5.100))

$$(v_r - v_0)\sqrt{n} \approx 3/4$$

und

$$\underset{v > v_0}{\text{Max}}\ \overline{R}_1(v; n, v_0) \approx \frac{0{,}1700}{\sqrt{n}}\, p'(v_0) + nd. \tag{5.119}$$

Für die Bestimmung des Maximums im Intervall $[0, v_0]$ sehen wir zunächst $\overline{R}_1(v; n, v_0)$ für alle $v \leqslant v_0$ durch die obere Zeile von (5.118) als definiert an. Wie eben erhalten wir dann als Maximalstelle $v_1 = v_0 - 3/4 \sqrt{n}$, und zwar wieder mit dem Wert des Maximums gleich der rechten Seite von (5.119). Ist $v_1 \geq 0$, so haben wir auch hier im Rahmen unserer Näherung die wegen (5.116) erwünschte Gleichheit der Maxima erreicht. Ist dagegen $v_1 < 0$, so ist im Rahmen unserer Näherung das Maximum im nur zu betrachtenden Intervall $[0, v_0]$ kleiner als die rechte Seite von (5.119). In beiden Fällen aber ist

$$\underset{v \geq 0}{\text{Max}}\ \overline{R}_1(v; n, v_0) \approx \frac{0{,}1700}{\sqrt{n}}\, p'(v_0) + nd. \tag{5.120}$$

Genau wie im vorigen Abschnitt (siehe (5.102) und (5.103)) folgt daraus für den bezüglich der Regretfunktion (5.113) kostenoptimalen Prüfplan $(n^*, \overline{c}^*)$ als

1. Näherungslösung $(n_1, \overline{c}_1)$:

$$\left. \begin{aligned} n_1 &= \text{zu } 0{,}193\ (p'(v_0))^{2/3} d^{-2/3} \text{ nächstgelegene ganze Zahl} \\ \overline{c}_1 &= v_0, \cdot \end{aligned} \right\} \tag{5.121}$$

wobei nach (5.106)

$$p'(v_0) = \Phi'(v_0 - b) - \Phi'(-v_0 - b)$$

ist. Nach (1.53) ist weiter

$$p'(v_0) = \Phi'(v_0 - b) - \Phi'(v_0 + b).$$

Auch hier ist eine Verbesserung dieser 1. Näherungslösung dadurch möglich, daß man den Stichprobenumfang n_1 nach (5.121) benutzt, aber die Testschranke $\overline{c}$ so bestimmt, daß die Maxima der Regretfunktion (5.113) in den Intervallen $[0, v_0]$ und $[v_0, +\infty)$ exakt übereinstimmen.

Für weitere Näherungslösungen und für Untersuchungen der exakten Lösung sei noch einmal auf A. S ö d e r [1978] hingewiesen.

6 Kontrollkarten

In 3.3 wurden die Ziele einer laufenden Kontrolle der Produktion mit Hilfe statistischer Tests geschildert. Es wurde darauf hingewiesen, daß aus organisatorischen Gründen die jeweilige Testvorschrift zusammen mit den laufend ermittelten Stichprobenergebnissen auf einer Kontrollkarte festgehalten wird. Wenn wir im folgenden Kontrollkarten z. B. für den Mittelwert behandeln, beschränken wir uns darauf, die Testvorschrift anzugeben und die statistischen Eigenschaften des Testes zu untersuchen, dagegen erübrigt es sich, im Rahmen dieses Buches näher auf die äußere Gestaltung der Kontrollkarten einzugehen (siehe z. B. W. M a s i n g [1980]).

6.1 Kontrollkarten für normalverteilte Grundgesamtheiten

Wir wollen annehmen, daß man sich bei jedem produzierten Werkstück für einen Meßwert x interessiert. Der Produktion werden laufend kleine Zufallsstichproben im Sinne
von 2.1.1 vom Umfang m entnommen, wobei in der Praxis m = 5 bevorzugt wird, aber
auch m = 4 oder etwas größere Werte für m vorkommen. Vorauszusetzen brauchen wir
allerdings nur, daß $m \geqslant 2$ ist und daß m relativ zur gesamten Produktion so klein ist, daß
wir die Meßwerte $x_1, x_2, \ldots, x_m$ der Stichprobenelemente als Realisationen von m unabhängigen zufälligen Variablen ansehen können. In diesem Abschnitt setzen wir außerdem
voraus, daß die x_i normalverteilt sind. Zur Beschreibung der Stichprobe und für die Bildung der Testgrößen werden je nach Art der Kontrollkarte eine oder mehrere der folgenden Größen benutzt:

$$\left.\begin{array}{ll}
\textit{Stichprobenergebnis:} & x_1, x_2, \ldots, x_m \\[2ex]
\textit{Mittelwert der Stichprobe:} & \bar{x} = \dfrac{1}{m} \sum_{i=1}^{m} x_i \\[3ex]
\textit{Streuung der Stichprobe:} & s = \sqrt{\dfrac{1}{m-1} \sum_{i=1}^{m} (x_i - \bar{x})^2} \geqslant 0 \\[3ex]
\textit{Ranggrößen (s. (2.1), (2.2)):} & \xi_m(1) \leqslant \xi_m(2) \leqslant \cdots \leqslant \xi_m(m) \\[1ex]
\textit{Spannweite:} & R = \xi_m(m) - \xi_m(1).
\end{array}\right\} \qquad (6.1)$$

Dabei seien die x_i unabhängige, nach $N(\mu, \sigma^2)$ verteilte zufällige Variable.

Wenn für den Mittelwert μ kein Sollwert vorgeschrieben ist oder wenn man die Streuung σ
der Grundgesamtheit nicht kennt und man nur die bisherige Produktion ungeändert fortzusetzen wünscht, so werden zur Schätzung von μ und σ weitere, mit Hilfe von Stichproben ermittelte Größen für die Kontrollkarte benötigt. Dazu wollen wir annehmen, daß vor
der im Augenblick auszuführenden Kontrolle bereits der vorhergehenden Produktion n
Stichproben jeweils vom Umfang m entnommen wurden, und zwar soll es sich dabei um
solche Stichproben handeln, die keinen Anlaß zum Eingreifen in die Produktion gegeben
haben. Um statistisch ausreichend gesicherte Aussagen machen zu können, sei vorausgesetzt, daß auf diese Weise bereits mindestens 200 Meßwerte vorliegen, also $nm \geqslant 200$
ist. Das Ergebnis der j-ten Stichprobe sei $x_{j,1}, x_{j,2}, \ldots, x_{j,m}$, wobei die $x_{j,i}$ unabhängig
und nach $N(\mu_0, \sigma_0^2)$ verteilt seien (j = 1, 2, \ldots, n). Es sei analog zu (6.1) $\bar{x}_j$ der Mittelwert,
s_j die Streuung und R_j die Spannweite der j-ten Stichprobe.

Mit Hilfe dieser n Stichproben vom Umfang m wollen wir uns nun Schätzwerte für μ_0 und
σ_0 verschaffen. Dazu definieren wir das g r o ß e M i t t e l $\bar{\bar{x}}$ als Mittelwert der $\bar{x}_j$:

$$\bar{\bar{x}} = \frac{1}{n} \sum_{j=1}^{n} \bar{x}_j = \frac{1}{nm} \sum_{j=1}^{n} \sum_{i=1}^{m} x_{j,i}. \qquad (6.2)$$

In 2.2.3 haben wir festgestellt, daß $\bar{\bar{x}}$ eine erwartungstreue Schätzfunktion für μ_0 ist und
daß es, da Normalverteilung vorliegt, keine erwartungstreue Schätzfunktion gibt, die eine
kleinere Varianz als die Schätzfunktion $\bar{\bar{x}}$ hat.

Für die Schätzung der Streuung σ_0 benutzt man im allgemeinen eine der folgenden Möglichkeiten:

Man setzt $\bar{s}$ gleich dem arithmetischen Mittel der n Stichproben-Streuungen s_j:

$$\bar{s} = \frac{1}{n} \sum_{j=1}^{n} s_j. \tag{6.3}$$

Nach (2.21) ist s_j/γ_m und damit auch $\bar{s}/\gamma_m$ eine erwartungstreue Schätzfunktion für σ_0. Die Varianz von $\bar{s}/\gamma_m$ ist (s. (1.30) (dort alle $c_i = 1/n$) und (2.19)):

$$E\left[\left(\frac{\bar{s}}{\gamma_m} - \sigma_0\right)^2\right] = \frac{1}{n} E\left[\left(\frac{s_j}{\gamma_m} - \sigma_0\right)^2\right] = \frac{1}{n}\left\{E\left[\frac{s_j^2}{\gamma_m^2}\right] - \sigma_0^2\right\}$$

$$= \frac{1}{n} \sigma_0^2 \left(\frac{1}{\gamma_m^2} - 1\right). \tag{6.4}$$

Insbesondere ist für m = 5

$$E\left[\left(\frac{\bar{s}}{\gamma_5} - \sigma_0\right)^2\right] = \frac{1}{n} \sigma_0^2 \left(\frac{1}{\gamma_5^2} - 1\right) = \frac{0{,}132}{n} \sigma_0^2. \tag{6.5}$$

Nach (2.27) ist $1 - \gamma_m^2 \approx 1/2(m-1)$ und $\gamma_m^2 \approx 1$ und also

$$E\left[\left(\frac{\bar{s}}{\gamma_m} - \sigma_0\right)^2\right] \approx \frac{\sigma_0^2}{2n(m-1)}. \tag{6.6}$$

Es wäre natürlich auch möglich, σ_0 mit Hilfe von

$$\frac{1}{\gamma_{mn}} \sqrt{\frac{1}{nm-1} \sum_{i,j} (x_{i,j} - \bar{\bar{x}})^2}$$

erwartungstreu zu schätzen, und zwar mit der Varianz $\sigma_0^2 \left(\dfrac{1}{\gamma_{nm}^2} - 1\right) \approx \dfrac{\sigma_0^2}{2(nm-1)}$. Diese Varianz ist zwar geringfügig kleiner als die von $\bar{s}/\gamma_m$, aber $\bar{s}/\gamma_m$ läßt sich, wenn die s_j numerisch vorliegen, sehr einfach berechnen. Außerdem hat $\bar{s}/\gamma_m$ den weiteren Vorteil, daß $\bar{s}/\gamma_m$ auch dann eine gute Schätzung für σ_0 ist, wenn, entgegen der Voraussetzung, der Mittelwert μ_0 nicht für alle n Stichproben derselbe ist.

Um mit noch weniger Rechenarbeit als bei $\bar{s}$ die Streuung σ_0 zu schätzen, kann man die Spannweite benutzen. Wir setzen

$$\bar{R} = \frac{1}{n} \sum_{j=1}^{n} R_j; \tag{6.7}$$

dann ist nach (2.22) $\bar{R}d_m$ eine erwartungstreue Schätzfunktion für σ_0. Für die Varianz gilt (s. (1.30))

$$E[(\bar{R}d_m - \sigma_0)^2] = \frac{1}{n} E[(R_j d_m - \sigma_0)^2]. \tag{6.8}$$

Die Varianzen von R_j sind z. B. bei H a l d [1962], O w e n [1962], P e a r s o n und H a r t l e y [1966] tabelliert (vgl. (6.34)). Insbesondere ist für m = 5

$$E\left[\left(R_j - \frac{\sigma_0}{d_m}\right)^2\right] = 0{,}747\, \sigma_0^2,$$

und also

$$E[(\bar{R}d_5 - \sigma_0)^2] = \frac{0{,}138}{n}\, \sigma_0^2. \tag{6.9}$$

Für m = 5 ist also die Varianz von $\bar{R}d_5$ nur geringfügig größer als die von $\bar{s}/\gamma_5$. Eine weitere Möglichkeit die Streuung σ zu schätzen, nämlich durch eine Linearkombination der Ranggrößen, findet man bei F. C. B a r n e t t, K. M u l l e n und J. G. S a w [1967].

Im folgenden wollen wir nun Kontrollkarten kennenlernen, mit deren Hilfe man sicherstellen möchte, daß der Mittelwert nicht von einem vorgeschriebenen Wert oder dem bisherigen Mittelwert abweicht und daß die Streuung ungeändert bleibt.

6.1.1 Mittelwertkarten für vorgeschriebenen Mittelwert

Wir wollen annehmen, daß für den Mittelwert ein Sollwert vorgeschrieben ist, den wir genauso wie den Mittelwert der bisherigen Produktion mit μ_0 bezeichnen wollen. Dann ist also mit Hilfe eines auf der Stichprobe (6.1) basierenden Signifikanz-Testes zu entscheiden, ob die Nullhypothese $\mu = \mu_0$ zugunsten der Alternative $\mu \neq \mu_0$ abzulehnen ist oder ob das von uns jeweils benutzte statistische Verfahren keinen Grund zur Ablehnung der Nullhypothese liefert. Nach 2.3.1 benutzen wir $\bar{x}$ als Testgröße und lehnen die Nullhypothese $\mu = \mu_0$ ab, falls

$$\bar{x} \leqslant \mu_0 - \lambda\, \frac{\sigma}{\sqrt{m}} \quad \text{oder} \quad \bar{x} \geqslant \mu_0 + \lambda\, \frac{\sigma}{\sqrt{m}}$$

ausfällt, wobei λ eine noch zu bestimmende Konstante ist. Wir nehmen zunächst an, daß die bisherige Streuung σ_0 bekannt ist oder daß ein Sollwert σ_0 für die Streuung vorgeschrieben ist und daß die jetzige Streuung $\sigma = \sigma_0$ ist, was mit Hilfe passender Kontrollkarten (s. 6.1.3) zu überprüfen ist.

Wie wir in 3.3 besprochen haben, benutzt man die Testschranken $\mu_0 - \lambda\, \dfrac{\sigma}{\sqrt{m}}$ und

$\mu_0 + \lambda\, \dfrac{\sigma}{\sqrt{m}}$ nicht nur mit einem, sondern mit zwei verschiedenen λ, wobei $\lambda = \lambda_{95\%}$

beziehungsweise $\lambda = \lambda_{99\%}$ so bestimmt wird, daß die Sicherheitswahrscheinlichkeit des Testes 95% beziehungsweise 99% beträgt. Die zugehörigen Testschranken nennt man W a r n g r e n z e n beziehungsweise K o n t r o l l g r e n z e n.

Selbstverständlich bleibt es (z. B. wegen der Kosten) freigestellt, die Warn- beziehungsweise Kontrollgrenzen abweichend von dieser üblichen Art auch für andere Werte der Sicherheitswahrscheinlichkeit zu bestimmen und etwa auf die Warngrenzen überhaupt zu verzichten.

Bezeichnen wir ganz allgemein mit λ_β denjenigen λ-Wert, der zur Sicherheitswahrscheinlichkeit β mit $0 < \beta < 1$ gehört, so ist λ_β bestimmt durch

$$W_\mu\left(\mu_0 - \lambda_\beta \frac{\sigma}{\sqrt{m}} < \bar{x} < \mu_0 + \lambda_\beta \frac{\sigma}{\sqrt{m}}\right) = \beta \quad \text{für} \quad \mu = \mu_0,$$

wobei nach (6.1) μ der Mittelwert derjenigen Grundgesamtheit ist, der die $x_1, x_2, \ldots, x_m$
als Stichprobe entnommen sind.
Nun ist

$$W_{\mu_0}\left(\mu_0 - \lambda_\beta \frac{\sigma}{\sqrt{m}} < \bar{x} < \mu_0 + \lambda_\beta \frac{\sigma}{\sqrt{m}}\right) = W_{\mu_0}\left(- \lambda_\beta < \frac{\bar{x} - \mu_0}{\sigma}\sqrt{m} < \lambda_\beta\right)$$

$$= \Phi(\lambda_\beta) - \Phi(-\lambda_\beta) = 2\Phi(\lambda_\beta) - 1.$$

Nach der Tab. 1 der Normalverteilung ist daher $\lambda_{95\%} = 1{,}96$ und $\lambda_{99\%} = 2{,}58$.
Wir wollen die Testvorschrift dieser Kontrollkarte für den Mittelwert unter Benutzung
der Bezeichnungen (6.1) zusammenfassen:

Mittelwertkarte bei bekannter Streuung *Um zu prüfen, ob der Mittelwert μ von dem vorgegebenen Wert μ_0 abweicht, benutzt man $\bar{x}$ als Testgröße. $\bar{x}$ liegt innerhalb der Warnbeziehungsweise Kontrollgrenzen, wenn*

$$\mu_0 - \lambda \frac{\sigma}{\sqrt{m}} < \bar{x} < \mu_0 + \lambda \frac{\sigma}{\sqrt{m}} \tag{6.10}$$

ist mit $\lambda = \lambda_{95\%} = 1{,}96$ beziehungsweise $\lambda = \lambda_{99\%} = 2{,}58$.

Die statistischen Eigenschaften dieses Testes werden wie stets durch die zugehörige
Operations-Charakteristik $L_1(\mu)$ wiedergegeben (s. Fig. 21), die außer vom tatsächlichen
Mittelwert μ noch von m, σ und λ abhängt:

$$L_1(\mu) = W_\mu\left(\mu_0 - \lambda \frac{\sigma}{\sqrt{m}} < \bar{x} < \mu_0 + \lambda \frac{\sigma}{\sqrt{m}}\right)$$

$$= W_\mu\left(- \lambda + \frac{\mu_0 - \mu}{\sigma}\sqrt{m} < \frac{\bar{x} - \mu}{\sigma}\sqrt{m} < \lambda + \frac{\mu_0 - \mu}{\sigma}\sqrt{m}\right)$$

$$= \Phi\left(\frac{\mu_0 - \mu}{\sigma}\sqrt{m} + \lambda\right) - \Phi\left(\frac{\mu_0 - \mu}{\sigma}\sqrt{m} - \lambda\right). \tag{6.11}$$

Je nachdem ob wir $\lambda = \lambda_{95\%}$ oder $\lambda = \lambda_{99\%}$ einsetzen, gibt $L_1(\mu)$ die Wahrscheinlichkeit
dafür an, daß $\bar{x}$ innerhalb der Warn- beziehungsweise der Kontrollgrenzen liegt. Es ist
$L_1(\mu_0) = 0{,}95$ beziehungsweise $0{,}99$.
Wir wollen nun zwei Modifikationen der Testvorschrift (6.10) für den Fall besprechen,
daß die Streuung σ_0 unbekannt ist. Nach wie vor nehmen wir aber an, daß σ gleich der
bisherigen Streuung σ_0 ist. Wir ersetzen σ in (6.10) durch $\bar{s}/\gamma_m$, wobei wir die Faktoren λ
ungeändert lassen. Wie die Untersuchung der Operations-Charakteristiken zeigen wird,
entsprechen die Warn- beziehungsweise Kontrollgrenzen ausreichend genau einer Sicherheitswahrscheinlichkeit von 95% beziehungsweise 99%. Unter Benutzung der Bezeich-

nungen (6.1), (6.3) und (2.20) ergibt sich also folgende Testvorschrift bei unbekannter Streuung $\sigma = \sigma_0$:

1. Mittelwertkarte bei unbekannter Streuung *Um zu prüfen, ob der Mittelwert μ von dem vorgegebenen Wert μ_0 abweicht, benutzt man $\bar{x}$ als Testgröße. $\bar{x}$ liegt innerhalb der Warn- beziehungsweise Kontrollgrenzen, wenn*

$$\mu_0 - \lambda \frac{\bar{s}}{\gamma_m \sqrt{m}} < \bar{x} < \mu_0 + \lambda \frac{\bar{s}}{\gamma_m \sqrt{m}} \tag{6.12}$$

ist mit $\lambda = \lambda_{95\%} = 1,96$ beziehungsweise $\lambda = \lambda_{99\%} = 2,58$.

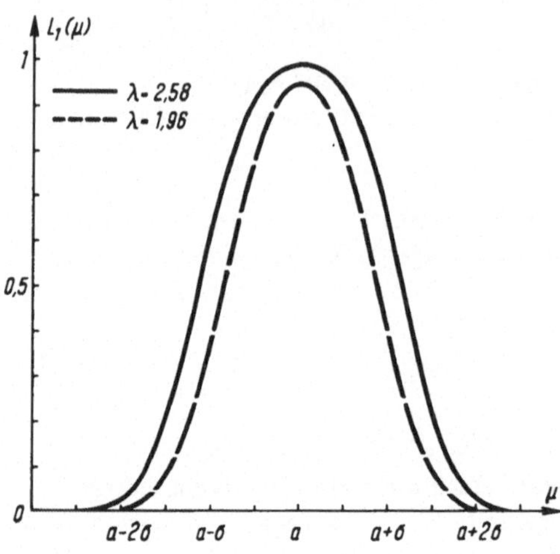

Fig. 21
Die Operations-Charakteristiken der Mittelwertkarte (6.10) bei bekannter Streuung $\sigma = \sigma_0$ und Stichprobenumfang $m = 5$ zu vorgegebenem Mittelwert a

Die Operations-Charakteristik dieses Testes ist

$$L_2(\mu) = W_\mu \left(\mu_0 - \lambda \frac{\bar{s}}{\gamma_m \sqrt{m}} < \bar{x} < \mu_0 + \lambda \frac{\bar{s}}{\gamma_m \sqrt{m}} \right)$$

$$= W_\mu \left(\bar{x} - \lambda \frac{\bar{s}}{\gamma_m \sqrt{m}} < \mu_0 \right) - W_\mu \left(\bar{x} + \lambda \frac{\bar{s}}{\gamma_m \sqrt{m}} \leqslant \mu_0 \right). \tag{6.13}$$

Nun ist $\bar{x}$ normalverteilt, und $\bar{s}$ ist als Summe von vielen (für $m = 5$ mindestens 40) Summanden nach dem zentralen Grenzwertsatz (s. Satz 1.10) in sehr guter Näherung ebenfalls normalverteilt. Daher können wir $L_2(\mu)$ mit Hilfe der Verteilungsfunktion Φ der Normalverteilung $N(0,1)$ ausreichend genau approximieren. Dazu berechnen wir (beachte $\sigma = \sigma_0$):

$$E\left[\bar{x} - \lambda \frac{\bar{s}}{\gamma_m \sqrt{m}} \right] = \mu - \lambda \frac{\sigma}{\sqrt{m}}, \qquad E\left[\bar{x} + \lambda \frac{\bar{s}}{\gamma_m \sqrt{m}} \right] = \mu + \lambda \frac{\sigma}{\sqrt{m}},$$

und nach (6.4) (beachte: $\bar{x}$ und $\bar{s}$ stammen aus verschiedenen Stichproben und sind daher unabhängig):

$$E\left[\left((\bar{x}-\mu)-\frac{\lambda}{\sqrt{m}}\left(\frac{\bar{s}}{\gamma_m}-\sigma\right)\right)^2\right]=E\left[\left((\bar{x}-\mu)+\frac{\lambda}{\sqrt{m}}\left(\frac{\bar{s}}{\gamma_m}-\sigma\right)\right)^2\right]$$

$$=\frac{\sigma^2}{m}+\frac{\lambda^2\sigma^2}{mn}\left(\frac{1}{\gamma_m^2}-1\right)=\frac{\sigma^2}{m}\left(1+\frac{\lambda^2}{n}\left(\frac{1}{\gamma_m^2}-1\right)\right).$$

Damit ergibt sich folgende Näherung

$$L_2(\mu)\approx\Phi\left(\frac{\dfrac{\mu_0-\mu}{\sigma}\sqrt{m}+\lambda}{\sqrt{1+\dfrac{\lambda^2}{n}\left(\dfrac{1}{\gamma_m^2}-1\right)}}\right)-\Phi\left(\frac{\dfrac{\mu_0-\mu}{\sigma}\sqrt{m}-\lambda}{\sqrt{1+\dfrac{\lambda^2}{n}\left(\dfrac{1}{\gamma_m^2}-1\right)}}\right),\qquad(6.14)$$

wobei die rechte Seite sich numerisch nicht nennenswert von (6.11) unterscheidet. So ist z. B. für m = 5 und n = 40:

$$\left(1+\frac{\lambda^2}{n}\left(\frac{1}{\gamma_m^2}-1\right)\right)^{1/2}=(1+0{,}0033\lambda^2)^{1/2}=\begin{cases}1{,}006 & \text{für}\quad\lambda=1{,}96\\1{,}011 & \text{für}\quad\lambda=2{,}58\end{cases}$$

und damit

$$L_2(\mu_0)\approx\begin{cases}\Phi(1{,}948)-\Phi(-1{,}948)=0{,}949 & \text{für}\quad\lambda=1{,}96\\\Phi(2{,}552)-\Phi(-2{,}552)=0{,}989 & \text{für}\quad\lambda=2{,}58.\end{cases}$$

Zur Erläuterung der obigen Mittelwertkarte wollen wir ein numerisches Beispiel mit dem Sollwert $\mu_0=500{,}00$, dem Stichprobenumfang m = 5 und dem Schätzwert $\bar{s}=1{,}23$ betrachten. Hierfür ist (s. auch die Tab. 2 für $1/\gamma_m$):

$$\lambda\frac{\bar{s}}{\gamma_5\sqrt{5}}=\lambda\frac{1{,}064\cdot1{,}23}{\sqrt{5}}=\begin{cases}1{,}15 & \text{für}\quad\lambda=1{,}96\\1{,}51 & \text{für}\quad\lambda=2{,}58.\end{cases}$$

$\bar{x}$ liegt also innerhalb der Warngrenzen, wenn $498{,}85<\bar{x}<501{,}15$ ist, und $\bar{x}$ liegt innerhalb der Kontrollgrenzen, wenn $498{,}49<\bar{x}<501{,}51$ ist. Eine Stichprobe habe nun die Werte $x_1=500{,}5$, $x_2=502{,}8$, $x_3=501{,}6$, $x_4=501{,}9$, $x_5=501{,}1$ ergeben. Dann liegt $\bar{x}=501{,}58$ außerhalb der Kontrollgrenzen und es ist erforderlich, in den Produktionsprozeß einzugreifen.

Eine zweite Möglichkeit, bei unbekannter Streuung σ_0 die Testvorschrift (6.10) zu modifizieren, besteht darin, daß wir σ_0 nach (6.7) durch $\overline{Rd}_m$ schätzen, wobei wir wieder annehmen, daß die Streuung σ gleich der bisherigen Streuung σ_0 ist. Entsprechend (6.10) und (6.12) ergibt sich hier mit den Bezeichnungen (6.1), (6.7) und (2.22) die folgende Testvorschrift:

2. Mittelwertkarte bei unbekannter Streuung *Um zu prüfen, ob der Mittelwert μ von dem vorgegebenen Wert μ_0 abweicht, benutzt man $\bar{x}$ als Testgröße. $\bar{x}$ liegt innerhalb der Warn- beziehungsweise Kontrollgrenzen, wenn*

$$\mu_0-\lambda\frac{\overline{Rd}_m}{\sqrt{m}}<\bar{x}<\mu_0+\lambda\frac{\overline{Rd}_m}{\sqrt{m}}\qquad(6.15)$$

ist mit $\lambda=\lambda_{95\%}=1{,}96$ beziehungsweise $\lambda=\lambda_{99\%}=2{,}58$.

Die Operations-Charakteristik dieses Testes ist

$$L_3(\mu) = W_\mu\left(\overline{x} - \lambda\,\frac{\overline{R}d_m}{\sqrt{m}} < \mu_0\right) - W_\mu\left(\overline{x} + \lambda\,\frac{\overline{R}d_m}{\sqrt{m}} \leqslant \mu_0\right). \qquad (6.16)$$

Auch $L_3(\mu)$ läßt sich analog zu (6.13), (6.14) durch die Normalverteilung approximieren. Dabei ist lediglich die Streuung von $\overline{s}/\gamma_m$ durch die Streuung von $\overline{R}d_m$ zu ersetzen. Da sich aber die Streuungen nach (6.5) und (6.9) numerisch nur geringfügig unterscheiden, sei auf eine explizite Angabe verzichtet. Genau wie bei (6.12) läßt sich auch hier zeigen, daß bei den Schranken (6.15) die Warn- beziehungsweise Kontrollgrenzen zwar nicht exakt, aber numerisch ausreichend genau einer Sicherheitswahrscheinlichkeit von 95% beziehungsweise 99% entsprechen.

Als numerisches Beispiel betrachten wir den Fall, daß der Sollwert $\mu_0 = 25,00$, der Stichprobenumfang m = 5 und das arithmetische Mittel der beobachteten Spannweiten $\overline{R} = 4,52$ ist. Dann ist nach Tab. 3

$$\lambda\,\frac{\overline{R}d_m}{\sqrt{m}} = \lambda\,\frac{4,52\cdot 0,430}{\sqrt{5}} = \begin{cases} 1,70 & \text{für}\quad \lambda = 1,96 \\ 2,24 & \text{für}\quad \lambda = 2,58. \end{cases}$$

Nach (6.15) liegt $\overline{x}$ innerhalb der Warngrenzen, wenn $23,30 < \overline{x} < 26,70$ ist, und innerhalb der Kontrollgrenzen, wenn $22,76 < \overline{x} < 27,24$ ist. Eine Stichprobe aus der augenblicklichen Produktion habe $x_1 = 24,9$, $x_2 = 22,7$, $x_3 = 26,4$, $x_4 = 23,3$, $x_5 = 21,4$ ergeben. Es ist $\overline{x} = 23,74$, und unser Test gibt keinen Anlaß, in die Produktion einzugreifen.

Aufgabe 6.1 Es sei m = 6, $\mu_0 = 3000$ und $\overline{s} = 5,2$. Man bestimme die Warn- beziehungsweise Kontrollgrenzen der 1. Mittelwertkarte bei unbekannter Streuung. Wie lautet die Entscheidung für die Stichprobe $x_1 = 2994,3$, $x_2 = 2992,6$, $x_3 = 2993,4$, $x_4 = 2997,1$, $x_5 = 2989,0$, $x_6 = 2994,0$?

Aufgabe 6.2 Es sei m = 10, $\mu_0 = 7,500$ und $\overline{R} = 0,248$. Man bestimme die Warn- beziehungsweise Kontrollgrenzen der 2. Mittelwertkarte bei unbekannter Streuung. Wie lautet die Entscheidung für die Stichprobe $x_1 = 7,517$, $x_2 = 7,553$, $x_3 = 7,469$, $x_4 = 7,533$, $x_5 = 7,446$, $x_6 = 7,490$, $x_7 = 7,589$, $x_8 = 7,525$, $x_9 = 7,662$, $x_{10} = 7,541$?

Aufgabe 6.3 Man skizziere die Operations-Charakteristik (6.11) der Mittelwertkarte bei bekannter Streuung für m = 10 und vergleiche das Ergebnis mit Fig. 21.

6.1.2 Mittelwertkarten zur Einhaltung des bisherigen Mittelwertes

Wir wollen hier annehmen, daß kein Sollwert für den Mittelwert vorgeschrieben ist, sondern daß man den unbekannten bisherigen Mittelwert μ_0 beizubehalten wünscht, für den nach (6.2) ein sehr guter Schätzwert $\overline{\overline{x}}$ vorliegt. Es ist naheliegend, hierfür in den drei Kontrollkarten des vorigen Abschnitts μ_0 durch $\overline{\overline{x}}$ zu ersetzen. An sich müßten dann die Schranken (6.10), (6.12) und (6.15) abgeändert werden, damit die Warn- beziehungsweise Kontrollgrenzen wieder exakt einer Sicherheitswahrscheinlichkeit von 95% beziehungsweise 99% entsprechen. Da aber $\overline{\overline{x}}$ als Mittelwert von mindestens 200 Beobachtungen nur noch eine sehr kleine Streuung, nämlich $\leqslant \sigma_0/\sqrt{200}$ hat, wären diese Änderungen numerisch nur klein. Überdies würden die Änderungen von der Anzahl n der benutzten Stichproben abhängen, was die Kontrollkarte vom Standpunkt der Praxis aus unnötig kompliziert machen würde. Man beläßt es daher bei den bisherigen Testschranken und nimmt es dafür in Kauf, daß die Sicherheitswahrscheinlichkeit nicht mehr genau 95% beziehungsweise 99% beträgt. Wie gering die Abweichungen sind, wird sich weiter unten an Hand der Operations-Charakteristiken zeigen.

Die hier zu benutzenden Kontrollkarten lassen sich also auf die des vorigen Abschnitts in der folgenden Weise zurückführen, wobei wieder angenommen wird, daß die Streuung unverändert $= \sigma_0$ ist:

Um zu prüfen, ob der augenblickliche Mittelwert μ von dem bisherigen Mittelwert μ_0 abweicht, benutzt man eine der Kontrollkarten des vorigen Abschnitts, wobei lediglich μ_0 durch das große Mittel $\overline{\overline{x}}$ zu ersetzen ist, die Warn- und Kontrollgrenzen aber sonst ungeändert bleiben.

Nach der Mittelwertkarte bei bekannter Streuung liegt dann $\overline{x}$ innerhalb der Warn- beziehungsweise Kontrollgrenzen, wenn

$$\overline{\overline{x}} - \lambda \, \frac{\sigma}{\sqrt{m}} < \overline{x} < \overline{\overline{x}} + \lambda \, \frac{\sigma}{\sqrt{m}} \tag{6.17}$$

ist mit $\lambda = 1{,}96$ beziehungsweise $\lambda = 2{,}58$.

Um die Operations-Charakteristik $L_4(\mu)$ dieses Testes zu berechnen, beachten wir, daß $\overline{x}$ nach $N\left(\mu, \dfrac{\sigma^2}{m}\right)$ und $\overline{\overline{x}}$ nach $N\left(\mu_0, \dfrac{\sigma_0^2}{nm}\right)$ verteilt ist, wobei nach Voraussetzung $\sigma = \sigma_0$ ist. Dann ist $\overline{x} - \overline{\overline{x}}$ nach $N\left(\mu - \mu_0, \dfrac{\sigma^2}{m}\left(1 + \dfrac{1}{n}\right)\right)$ verteilt, und es ergibt sich

$$L_4(\mu) = W_\mu\left(\overline{\overline{x}} - \lambda \, \frac{\sigma}{\sqrt{m}} < \overline{x} < \overline{\overline{x}} + \lambda \, \frac{\sigma}{\sqrt{m}}\right)$$

$$= W_\mu\left(\mu_0 - \mu - \lambda \, \frac{\sigma}{\sqrt{m}} < \overline{x} - \overline{\overline{x}} - \mu + \mu_0 < \mu_0 - \mu + \lambda \, \frac{\sigma}{\sqrt{m}}\right)$$

$$= W_\mu\left(\frac{\mu_0 - \mu)\sqrt{m} - \lambda\sigma}{\sigma\sqrt{1 + 1/n}} < \frac{\overline{x} - \overline{\overline{x}} - \mu + \mu_0}{\sigma\sqrt{1 + 1/n}}\sqrt{m} < \frac{(\mu_0 - \mu)\sqrt{m} + \lambda\sigma}{\sigma\sqrt{1 + 1/n}}\right),$$

also

$$L_4(\mu) = \Phi\left(\frac{(\mu_0 - \mu)\sqrt{m} + \lambda\sigma}{\sigma\sqrt{1 + 1/n}}\right) - \Phi\left(\frac{(\mu_0 - \mu)\sqrt{m} - \lambda\sigma}{\sigma\sqrt{1 + 1/n}}\right). \tag{6.18}$$

Die Sicherheitswahrscheinlichkeit dieses Testes ist $L_4(\mu_0)$. In dem wichtigen Spezialfall $m = 5$ und $n = 40$ (und damit $mn = 200$) ergibt sich

$$L_4(\mu_0) = \Phi\left(\frac{\lambda}{\sqrt{1{,}025}}\right) - \Phi\left(\frac{-\lambda}{\sqrt{1{,}025}}\right) = \begin{cases} 0{,}947 & \text{für} \quad \lambda = 1{,}96 \\ 0{,}989 & \text{für} \quad \lambda = 2{,}58. \end{cases}$$

Man sieht also, daß, mindestens in diesem Spezialfall, die Abweichungen von den gewünschten Sicherheitswahrscheinlichkeiten 95% beziehungsweise 99% nur geringfügig sind.

Aufgabe 6.4 Man bestimme die Operations-Charakteristik der 1. Mittelwertkarte bei unbekannter Streuung (s. (6.12) und (6.13)), wenn μ_0 durch $\overline{\overline{x}}$ ersetzt wird. Man zeige, daß die (6.14) entsprechende Näherung

$$\Phi\left(\frac{\dfrac{\mu_0 - \mu}{\sigma}\sqrt{m} + \lambda}{\sqrt{1 + \dfrac{1}{n} + \dfrac{\lambda^2}{n}\left(\dfrac{1}{\gamma_m^2} - 1\right)}}\right) - \Phi\left(\frac{\dfrac{\mu_0 - \mu}{\sigma}\sqrt{m} - \lambda}{\sqrt{1 + \dfrac{1}{n} + \dfrac{\lambda^2}{n}\left(\dfrac{1}{\gamma_m^2} - 1\right)}}\right)$$

lautet, wobei man benutzt, daß $\bar{x}$, $\bar{\bar{x}}$, $\bar{s}$ unabhängig sind.

6.1.3 Streuungskarten

Schon bei der Besprechung der Kontrollkarten für den Mittelwert wurde darauf hingewiesen, daß es erforderlich ist, auch die Streuung unter Kontrolle zu halten. Statistisch bedeutet das, daß wir die Nullhypothese $\sigma = \sigma_0$ gegen die Alternative $\sigma \neq \sigma_0$ zu testen haben, wobei nach den Bezeichnungen in 6.1 σ die Streuung der augenblicklichen und σ_0 die Streuung der vorhergehenden Produktion ist, die man beizubehalten wünscht. σ_0 kann natürlich auch ein von vornherein vorgeschriebener Wert sein. Die Warn- und Kontrollgrenzen der Streuungskarten werden wieder einer Sicherheitswahrscheinlichkeit von 95% beziehungsweise 99% entsprechen. Da in die Produktion eingegriffen werden muß, wenn bei der Mittelwertkarte oder wenn bei der Streuungskarte die Kontrollgrenzen überschritten werden, kommt es dann aber bei einwandfreier Produktion zu einem „falschen Alarm" nicht mit $100\% - 99\% = 1\%$ Wahrscheinlichkeit, sondern mit größerer Wahrscheinlichkeit (nämlich rund 2% Wahrscheinlichkeit, wie z. B. Gl. (6.32) zeigt).

Beginnen wir mit dem Fall, daß σ_0 bekannt oder vorgegeben ist und daß die empirische Streuung s (s. (6.1)) zum Testen benutzt werden soll. Es ist anschaulich naheliegend, daß man die Nullhypothese $\sigma = \sigma_0$ ablehnen wird, wenn s/σ_0 zu klein oder zu groß ausfällt. Ohne an den statistischen Eigenschaften des Testes etwas zu ändern, können wir statt dessen auch $(m - 1)s^2/\sigma_0^2$ als Testgröße verwenden, wobei wir Satz 1.13 entnehmen können, daß $(m - 1)s^2/\sigma^2$ nach der χ^2-Verteilung mit Freiheitsgrad $(m - 1)$ verteilt ist. Man beachte, daß man hierbei keinerlei Annahmen über den Mittelwert μ zu machen braucht. Damit unser Test die Sicherheitswahrscheinlichkeit β mit $0 < \beta < 1$ hat, müssen die Testschranken $0 \leqslant a_\beta < b_\beta$ der Gleichung

$$W_{\sigma_0}(a_\beta \leqslant (m - 1)s^2/\sigma_0^2 \leqslant b_\beta) = \beta \tag{6.19}$$

genügen. Bezeichnen wir die Verteilungsfunktion der χ^2-Verteilung mit $(m - 1)$ Freiheitsgraden mit $G(y; m - 1)$, so ist (6.19) nach Satz 1.13 gleichwertig mit

$$G(b_\beta; m - 1) - G(a_\beta; m - 1) = \beta. \tag{6.20}$$

Die Operations-Charakteristik $L_5(\sigma)$ dieses Testes ist

$$L_5(\sigma) = W_\sigma(a_\beta \leqslant (m - 1)s^2/\sigma_0^2 \leqslant b_\beta) = W_\sigma(a_\beta\sigma_0^2/\sigma^2 \leqslant (m - 1)s^2/\sigma^2 \leqslant b_\beta\sigma_0^2/\sigma^2),$$

also ist (s. auch Fig. 22)

$$L_5(\sigma) = G(b_\beta\sigma_0^2/\sigma^2; m - 1) - G(a_\beta\sigma_0^2/\sigma^2; m - 1) > 0. \tag{6.21}$$

Nach Definition 1.12 ist $L_5(\sigma)$ für $\sigma > 0$ nach σ differenzierbar, und es ist

$$\frac{dL_5(\sigma)}{d\sigma} = \frac{1}{\sigma 2^{\frac{m-3}{2}} \Gamma\left(\frac{m-1}{2}\right)} \left(\frac{\sigma_0}{\sigma}\right)^{m-1} \left[a_\beta^{\frac{m-1}{2}} e^{-\frac{a_\beta \sigma_0^2}{2\sigma^2}} - b_\beta^{\frac{m-1}{2}} e^{-\frac{b_\beta \sigma_0^2}{2\sigma^2}} \right].$$

$$(6.22)$$

Ersichtlich konvergiert $L_5(\sigma)$ und auch $\dfrac{d}{d\sigma} L_5(\sigma)$ gegen 0 für $\sigma \to 0$ ebenso wie für $\sigma \to \infty$.

$L_5(\sigma)$ hat genau ein Maximum, und zwar ist dort $\dfrac{dL_5(\sigma)}{d\sigma} = 0$. Damit unser Test mit der

Sicherheitswahrscheinlichkeit β für die Nullhypothese $\sigma = \sigma_0$ gegen die Alternative $\sigma \neq \sigma_0$ unverfälscht im Sinne der Definition 2.2 ist, muß das Maximum von $L_5(\sigma)$ bei $\sigma = \sigma_0$ liegen und dort also die erste Ableitung verschwinden. Die Testschranken a_β und b_β müssen dann also neben (6.20) noch der weiteren Bedingung

$$a_\beta^{\frac{m-1}{2}} e^{-\frac{a_\beta}{2}} = b_\beta^{\frac{m-1}{2}} e^{-\frac{b_\beta}{2}}$$

oder damit gleichwertig

$$\frac{b_\beta - a_\beta}{m-1} = \ln b_\beta - \ln a_\beta \qquad\qquad (6.23)$$

genügen. Bei L e h m a n n ([1959], S. 129/130 und 164/165) kann man nachlesen, daß diese Bedingungen nicht nur notwendig, sondern auch hinreichend für die Unverfälschtheit des Testes sind und daß dieser Test sogar ein gleichmäßig mächtigster unverfälschter Test ist.

Offenbar liegt die beobachtete Streuung s genau dann in der durch $a_\beta \leqslant (m-1)s^2/\sigma_0^2 \leqslant b_\beta$ beschriebenen Annahme-Region, wenn

$$\sigma_0 \sqrt{\frac{a_\beta}{m-1}} \leqslant s \leqslant \sigma_0 \sqrt{\frac{b_\beta}{m-1}} \qquad\qquad (6.24)$$

ist. Wenn die Schranken a_β und b_β den Gleichungen (6.20) und (6.23) genügen, so setzen wir

$$A'_\beta = \sqrt{\frac{a_\beta}{m-1}} \qquad \text{und} \qquad B'_\beta = \sqrt{\frac{b_\beta}{m-1}}. \qquad\qquad (6.25)$$

J. W. F e r t i g [1937] hat für m = 2, 3, . . ., 51 die Wahrscheinlichkeit β (s. (6.19)) in Abhängigkeit der von $a_\beta/(m-1) - \ln a_\beta = b_\beta/(m-1) - \ln b_\beta$ angenommenen Werte tabelliert. Mit Hilfe dieser Tabelle lassen sich die Schranken A'_β und B'_β berechnen, die für die Stichprobenumfänge m = 5, 6, . . ., 10 und die Sicherheitswahrscheinlichkeiten $\beta = 95\%$ und $\beta = 99\%$ in Tab. 6 zusammengestellt sind. Um sich von der Richtigkeit zu überzeugen, benutzt man für (6.23) eine Tafel der natürlichen Logarithmen und für (6.20) eine Tafel der χ^2-Verteilung, wie sie z. B. bei P e a r s o n und H a r t l e y [1966] wiedergegeben ist.

Tab. 6 Testschranken für den unverfälschten Test für $\sigma = \sigma_0$ gegen $\sigma \neq \sigma_0$

Stichproben- umfang m	Sicherheitswahrscheinlichkeit $\beta = 95\%$		Sicherheitswahrscheinlichkeit $\beta = 99\%$	
	$A'_{95\%}$	$B'_{95\%}$	$A'_{99\%}$	$B'_{99\%}$
5	0,39	1,79	0,26	2,06
6	0,44	1,70	0,31	1,93
7	0,49	1,63	0,36	1,84
8	0,52	1,58	0,40	1,77
9	0,55	1,54	0,43	1,71
10	0,57	1,50	0,46	1,67

Wir wollen die Testvorschrift unter Benutzung der Bezeichnungen (6.1) zusammenfassen:

1. Streuungskarte *Um mit Hilfe des gleichmäßig mächtigsten unverfälschten Testes zu prüfen, ob die Streuung σ von dem vorgegebenen Wert σ_0 abweicht, benutzt man s als Testgröße. s liegt innerhalb der Warn- beziehungsweise Kontrollgrenzen, wenn*

$$A'_\beta \sigma_0 \leqslant s \leqslant B'_\beta \sigma_0 \tag{6.26}$$

ist für $\beta = 95\%$ beziehungsweise $\beta = 99\%$. $A'_\beta = \sqrt{\dfrac{a_\beta}{m-1}}$ und $B'_\beta = \sqrt{\dfrac{b_\beta}{m-1}}$ sind eindeutig durch die Forderungen (6.20) und (6.23) bestimmt und können für m = 5, 6, . . ., 10 der Tab. 6 entnommen werden.

Sehr oft wird in der Praxis nicht dieser unverfälschte Test benutzt, sondern ein Test, der zwar auch $(m-1)s^2/\sigma_0^2$ als Testgröße benutzt, bei dem aber die Forderung (6.19) verschärft wird zu

$$W_{\sigma_0}((m-1)s^2/\sigma_0^2 < a_\beta) = W_{\sigma_0}((m-1)s^2/\sigma_0^2 > b_\beta) = \frac{1-\beta}{2} \tag{6.27}$$

und bei dem auf (6.23) verzichtet wird. Dieser Test ist nicht unverfälscht, aber dafür ist die Wahrscheinlichkeit für das Unterschreiten der unteren Schranke genau so groß wie für das Überschreiten der oberen Schranke, falls $\sigma = \sigma_0$ ist. Durch die Gleichungen (6.27), die gleichwertig mit

$$G(a_\beta; m-1) = 1 - G(b_\beta; m-1) = \frac{1-\beta}{2} \tag{6.28}$$

sind, sind a_β und b_β eindeutig bestimmt. Setzen wir in diesem Fall $A''_\beta = \sqrt{\dfrac{a_\beta}{m-1}}$ und $B''_\beta = \sqrt{\dfrac{b_\beta}{m-1}}$, so lautet die Annahme-Region für s:

$$A''_\beta \sigma_0 \leqslant s \leqslant B''_\beta \sigma_0. \tag{6.29}$$

Aus (6.28) folgt

$$A''_\beta = \sqrt{\frac{1}{m-1} G^*\left(\frac{1-\beta}{2}; m-1\right)} \quad \text{und} \quad B''_\beta = \sqrt{\frac{1}{m-1} G^*\left(\frac{1+\beta}{2}; m-1\right)}, \tag{6.30}$$

Tab. 7 Testschranken für den Test mit (6.27) für $\sigma = \sigma_0$ gegen $\sigma \neq \sigma_0$

Stichproben-umfang m	Sicherheitswahrscheinlichkeit $\beta = 95\%$		Sicherheitswahrscheinlichkeit $\beta = 99\%$	
	$A''_{95\%}$	$B''_{95\%}$	$A''_{99\%}$	$B''_{99\%}$
5	0,35	1,67	0,23	1,93
6	0,41	1,60	0,29	1,83
7	0,45	1,55	0,34	1,76
8	0,49	1,51	0,38	1,70
9	0,52	1,48	0,41	1,66
10	0,55	1,45	0,44	1,62

wobei $G^*(y; m - 1)$ die Umkehrfunktion von $G(y; m - 1)$ (s. (4.29)) ist. Mit Hilfe einer Tafel der χ^2-Verteilung berechnet man die in Tab. 7 wiedergegebenen Werte.

Auch diese Testvorschrift wollen wir unter Benutzung der Bezeichnungen (6.1) und (6.27), (6.28), (6.30) zusammenfassen:

2. Streuungskarte *Um mit Hilfe eines Testes, der der Bedingung (6.27) genügt, zu prüfen, ob die Streuung σ von dem vorgegebenen Wert σ_0 abweicht, benutzt man s als Testgröße. s liegt innerhalb der Warn- beziehungsweise Kontrollgrenzen, wenn*

$$A''_\beta \sigma_0 \leqslant s \leqslant B''_\beta \sigma_0 \tag{6.31}$$

ist für $\beta = 95\%$ beziehungsweise $\beta = 99\%$. Die Schranken A''_β und B''_β sind (6.30) zu entnehmen und für $m = 5, 6, \ldots, 10$ in Tab. 7 zusammengestellt.

Für die 1. ebenso wie für die 2. Streuungskarte ist die Operations-Charakteristik $L_5(\sigma)$ durch (6.21) gegeben, wobei nur die entsprechenden Schranken einzusetzen sind. In Fig. 22 ist $L_5(\sigma)$ für den Test (6.26) und für den Test (6.31) dargestellt, wobei $\beta = 95\%$ und der Stichprobenumfang $m = 5$ ist.

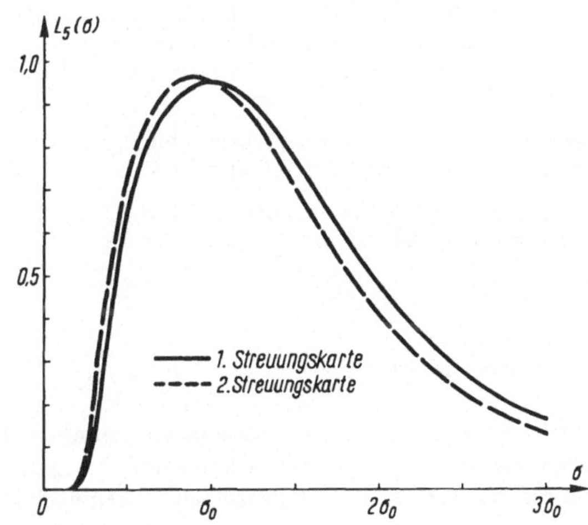

Fig. 22
Die Operations-Charakteristiken $L_5(\sigma)$ für die 1. und für die 2. Streuungskarte mit $\beta = 95\%$ und dem Stichprobenumfang $m = 5$

Es wurde verschiedentlich darauf hingewiesen, daß es erforderlich ist, gleichzeitig den Mittelwert und die Streuung unter Kontrolle zu halten. Benutzt man dazu etwa die 1. Mittelwertkarte und die 1. oder die 2. Streuungskarte, und zwar beide mit der Sicherheitswahrscheinlichkeit β, so ist die Wahrscheinlichkeit, daß sowohl $\bar{x}$ als auch s innerhalb der zugehörigen Schranken liegt – s. (6.11), (6.21) und Definition 1.10; man kann zeigen, daß $\bar{x}$ und s statistisch unabhängig sind – gleich

$$L_1(\mu)L_5(\sigma). \tag{6.32}$$

Bei gleichzeitiger Benutzung beider Kontrollkarten ist daher die Sicherheitswahrscheinlichkeit insgesamt gleich β^2, also gleich 90,25% für β = 95% beziehungsweise gleich 98,01% für β = 99%.

Wenn die Streuung σ_0 nicht vorgeschrieben oder wenn σ_0 als Streuung der bisherigen Produktion nicht exakt bekannt ist, andererseits aber die bisherige Streuung beibehalten werden soll, *so ersetzt man σ_0 in (6.26) beziehungsweise in (6.31) durch $\bar{s}/\gamma_m$ (s. (6.3))*. Nach (6.6) hat diese erwartungstreue Schätzung $\bar{s}/\gamma_m$ für σ_0 eine so kleine Streuung (falls nm $\geqslant$ 200 ist), daß die Faktoren A_β', B_β', A_β'', B_β'' ungeändert übernommen werden können. Die Tab. 6 und 7 für A_β', B_β', A_β'', B_β'' und Tab. 2 für $1/\gamma_m$ ermöglichen die numerische Bestimmung der Schranken $\bar{s}A_\beta'/\gamma_m$, $\bar{s}B_\beta'/\gamma_m$, $\bar{s}A_\beta''/\gamma_m$, $\bar{s}B_\beta''/\gamma_m$ für die Stichprobenumfänge m = 5, 6, . . ., 10.

Als numerisches Beispiel behandeln wir den Fall, daß der Stichprobenumfang m = 5 und das arithmetische Mittel der vorher beobachteten Streuungen $\bar{s}$ = 2,35 ist. Wir wollen die 1. Streuungskarte benutzen. Die Warngrenzen sind

$$\bar{s}A_{95\%}'/\gamma_5 = 2,35 \cdot 0,39 \cdot 1,064 = 0,98 \quad \text{und} \quad \bar{s}B_{95\%}'/\gamma_5 = 4,48.$$

Für die Kontrollgrenzen ergibt sich $\bar{s}\,A_{99\%}'/\gamma_5 = 0,65$ und $\bar{s}B_{99\%}'/\gamma_5 = 5,15$. Eine Stichprobe aus der laufenden Produktion habe $x_1 = 427,0$, $x_2 = 432,7$, $x_3 = 429,8$, $x_4 = 430,3$, $x_5 = 428,3$ ergeben. Dann ist nach (6.1) s = 2,16. s liegt innerhalb der Warngrenzen und es besteht also keine Veranlassung, in die Produktion einzugreifen.

Aufgabe 6.5 Der Produktion werden laufend Stichproben vom Umfang m = 10 entnommen. Es sei $\bar{s}$ = 0,17. Man berechne die Testschranken für die 2. Streuungskarte. Wie lautet bei dieser Kontrollkarte die Entscheidung für die Stichprobe $x_1 = 67,30$ $x_2 = 67,70$ $x_3 = 67,11$ $x_4 = 67,54$ $x_5 = 66,75$ $x_6 = 67,36$ $x_7 = 67,26$ $x_8 = 67,37$ $x_9 = 67,29$ $x_{10} = 67,60$?

Aufgabe 6.6 Man skizziere entsprechend Fig. 22 die Operations-Charakteristiken für die 1. und 2. Streuungskarte für m = 5 und β = 99%.

Aufgabe 6.7 Man skizziere entsprechend Fig. 22 die Operations-Charakteristiken für die 1. und 2. Streuungskarte für m = 10 und β = 95%.

6.1.4 Spannweitekarten

Die Streuung läßt sich nicht nur – wie im vorigen Abschnitt dargestellt – mit Hilfe der empirischen Streuung s, sondern auch mit Hilfe der Spannweite R (s. (6.1)) kontrollieren, wobei zur Frage der Sicherheitswahrscheinlichkeit nochmals auf Gl. (6.32) verwiesen sei.

Um die Testschranken berechnen zu können, benötigen wir die Verteilungsfunktion von R, die wir herleiten wollen, ohne von der Voraussetzung Gebrauch zu machen, daß Normalverteilung vorliegt. $x_1, x_2, \ldots, x_m$ seien also zufällige Variable, alle mit derselben Verteilungsfunktion F(y) und der Dichte f(y). Es sei $m \geqslant 2$. Die zugehörigen Ranggrößen seien $\xi_m(1) \leqslant \xi_m(2) \leqslant \cdots \leqslant \xi_m(m)$. Für $y_1 \leqslant y_m$ ist

$$\{\xi_m(m) \leqslant y_m\} = \{\{y_1 < \xi_m(1)\} \cap \{\xi_m(m) \leqslant y_m\}\} \cup \{\{\xi_m(1) \leqslant y_1\} \cap \{\xi_m(m) \leqslant y_m\}\}$$

und daher ist

$$W(\{\xi_m(1) \leqslant y_1\} \cap \{\xi_m(m) \leqslant y_m\}) = (F(y_m))^m - (F(y_m) - F(y_1))^m .$$

Also ist die gemeinsame Dichte von $\xi_m(1)$ und $\xi_m(m)$ für $y_1 \leqslant y_m$ gleich

$$m(m-1)(F(y_m) - F(y_1))^{m-2} f(y_1) f(y_m),$$

und es ergibt sich für die Spannweite $R = \xi_m(m) - \xi_m(1)$:

$$W(R \leqslant y) = \begin{cases} 0 & \text{für } y < 0 \\[2mm] \underset{0 \leqslant y_m - y_1 \leqslant y}{\int\int} m(m-1)(F(y_m) - F(y_1))^{m-2} f(y_1) f(y_m) \, dy_1 \, dy_m & \text{für } y \geqslant 0. \end{cases}$$

Die Integration über y_m läßt sich explizit ausführen, und man erhält für $y \geqslant 0$:

$$W(R \leqslant y) = \int\limits_{-\infty}^{+\infty} m(F(y + y_1) - F(y_1))^{m-1} f(y_1) \, dy_1 .$$

Damit ist bewiesen:

Satz 6.1 $x_1, x_2, \ldots, x_m$ *seien unabhängige zufällige Variable, alle mit derselben Verteilungsfunktion* F(y) *und der Dichte* f(y). *Es sei* $m \geqslant 2$, *und* $\xi_m(1) \leqslant \xi_m(2) \leqslant \cdots \leqslant \xi_m(m)$ *seien die zugehörigen Ranggrößen; ferner sei* $R = \xi_m(m) - \xi_m(1)$ *die Spannweite. Dann hat* R *die Verteilungsfunktion*

$$W(R \leqslant y) = \begin{cases} 0 & \textit{für } y < 0 \\[2mm] \int\limits_{-\infty}^{+\infty} m[F(y + t) - F(t)]^{m-1} f(t) \, dt & \textit{für } y \geqslant 0. \end{cases} \tag{6.33}$$

Liegt speziell die Normalverteilung $N(\mu, \sigma^2)$ vor, so ist für $y \geqslant 0$ nach (1.54)

$$W(R \leqslant y) = \int\limits_{-\infty}^{+\infty} m \left[\Phi\left(\frac{y + t - \mu}{\sigma} \right) - \Phi\left(\frac{t - \mu}{\sigma} \right) \right]^{m-1} \frac{1}{\sigma\sqrt{2\pi}} \, e^{-\frac{(t-\mu)^2}{2\sigma^2}} \, dt.$$

Wir setzen $\dfrac{t - \mu}{\sigma} = \tau$ und erhalten

$$W\left(\frac{R}{\sigma} \leqslant y \right) = \int\limits_{-\infty}^{+\infty} m[\Phi(y + \tau) - \Phi(\tau)]^{m-1} \frac{1}{\sqrt{2\pi}} \, e^{-\frac{\tau^2}{2}} \, d\tau.$$

Die Verteilungsfunktion von R/σ hängt also nur von m, nicht aber von μ oder σ ab, und es gilt:

Satz 6.2 $x_1, x_2, \ldots, x_m$ *seien unabhängige zufällige Variable; jedes* x_i *sei nach* $N(\mu, \sigma^2)$
normalverteilt. Es sei $m \geqslant 2$ *und*

$$
F_{R,m}(y) = \begin{cases} 0 & \text{für } y < 0 \\[2mm] \displaystyle\int_{-\infty}^{+\infty} \frac{m}{\sqrt{2\pi}} [\Phi(y+\tau) - \Phi(\tau)]^{m-1} e^{-\frac{\tau^2}{2}} \, d\tau & \text{für } y \geqslant 0. \end{cases} \tag{6.34}
$$

Dann ist die Verteilungsfunktion von R/σ:

$$
W\left(\frac{R}{\sigma} \leqslant y\right) = F_{R,m}(y). \tag{6.35}
$$

$F_{R,m}(y)$ ist die Verteilungsfunktion der Spannweite einer Stichprobe vom Umfang m bei
einer nach $N(0,1)$ normalverteilten Grundgesamtheit. Mittelwert, Streuung und kritische
Werte (also Quantile (s. Definition 1.9)) von $F_{R,m}(y)$ findet man bei H a l d [1962] und
bei O w e n [1962] tabelliert. P e a r s o n und H a r t l e y [1966] bringen darüber
hinaus eine Tafel der Verteilungsfunktion $F_{R,m}(y)$ für $m = 2, 3, \ldots, 20$.

Um die Nullhypothese $\sigma = \sigma_0$ gegen die Alternative $\sigma \neq \sigma_0$ zu testen, benutzen wir R/σ_0
als Testgröße, wobei wir zunächst wieder annehmen, daß σ_0 ein vorgegebener Wert ist.
Wir lehnen die Nullhypothese mit der Sicherheitswahrscheinlichkeit β ab, falls

$$
R/\sigma_0 < A_\beta \quad \text{oder} \quad R/\sigma_0 > B_\beta
$$

ausfällt. Die Schranken A_β und B_β bestimmen wir analog zur 2. Streuungskarte durch die
Forderung

$$
W_\sigma(R/\sigma_0 < A_\beta) = W_\sigma(R/\sigma_0 > B_\beta) = \frac{1-\beta}{2} \quad \text{für} \quad \sigma = \sigma_0, \tag{6.36}
$$

wobei der Index von W daran erinnern soll, daß die R zugrunde liegende Stichprobe aus
einer Grundgesamtheit mit der Streuung σ stammt. Nach Satz 6.2 ist (6.36) gleichwertig
mit

$$
F_{R,m}(A_\beta) = 1 - F_{R,m}(B_\beta) = \frac{1-\beta}{2}. \tag{6.37}
$$

Für die Stichprobenumfänge $m = 5, 6, \ldots, 10$ sind diese Schranken in Tab. 8 wiedergegeben.

Unter Benutzung der Bezeichnungen (6.1), (6.34) und (6.37) fassen wir diese Testvorschrift zusammen:

Spannweitekarte *Um zu prüfen, ob die Streuung* σ *von dem vorgegebenen Wert* σ_0
*abweicht, benutzt man die Spannweite R als Testgröße. R liegt innerhalb der Warn-
beziehungsweise Kontrollgrenzen, wenn*

$$
A_\beta \sigma_0 \leqslant R \leqslant B_\beta \sigma_0 \tag{6.38}
$$

ist für $\beta = 95\%$ *beziehungsweise* $\beta = 99\%$. *Die Schranken* A_β *und* B_β *sind durch die Forderung (6.37) eindeutig bestimmt und für* $m = 5, 6, \ldots, 10$ *der Tab. 8 zu entnehmen.*

Tab. 8 Testschranken für R/σ_0 für den Test für $\sigma = \sigma_0$ gegen $\sigma \neq \sigma_0$

Stichproben- umfang m	Sicherheitswahrscheinlichkeit $\beta = 95\%$		Sicherheitswahrscheinlichkeit $\beta = 99\%$	
	$A_{95\%}$	$B_{95\%}$	$A_{99\%}$	$B_{99\%}$
5	0,85	4,20	0,55	4,89
6	1,07	4,36	0,75	5,03
7	1,25	4,49	0,92	5,15
8	1,41	4,61	1,08	5,26
9	1,55	4,70	1,21	5,34
10	1,67	4,78	1,33	5,42

Die Operations-Charakteristik $L_6(\sigma)$ dieses Testes ist

$$L_6(\sigma) = W_\sigma(A_\beta \sigma_0 \leqslant R \leqslant B_\beta \sigma_0) = W_\sigma \left(A_\beta \frac{\sigma_0}{\sigma} \leqslant \frac{R}{\sigma} \leqslant B_\beta \frac{\sigma_0}{\sigma} \right),$$

und nach Satz 6.2 folgt

$$L_6(\sigma) = F_{R,m} \left(B_\beta \frac{\sigma_0}{\sigma} \right) - F_{R,m} \left(A_\beta \frac{\sigma_0}{\sigma} \right). \tag{6.39}$$

In Fig. 23 ist $L_6(\sigma)$ für $\beta = 95\%$ und m = 5 dargestellt. Vergleicht man die hier nicht wiedergegebenen Wertetabellen von $L_6(\sigma)$ und $L_5(\sigma)$ des Testes (6.31) für $\beta = 95\%$ und m = 5, so zeigt sich, daß stets $L_5(\sigma) \leqslant L_6(\sigma)$ ist. Der s benutzende Test (6.31) führt also mit etwas größerer Wahrscheinlichkeit als der R benutzende Test (6.38) zur Entdeckung von eventuellen Abweichungen der Streuung von σ_0; der Unterschied zwischen $L_5(\sigma)$ und $L_6(\sigma)$ ist jedoch gering, er bleibt unterhalb von 0,024.

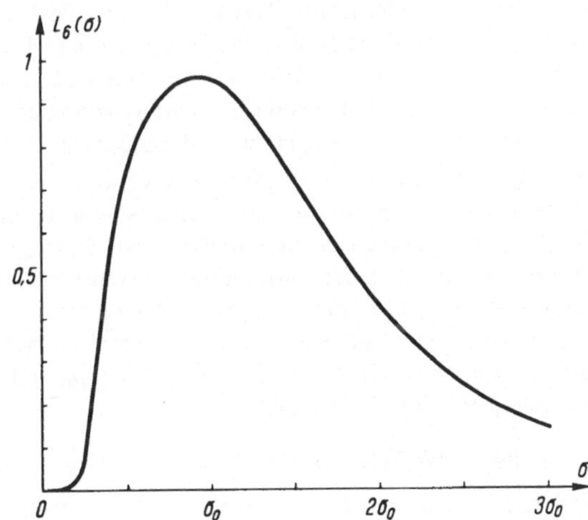

Fig. 23
Die Operations-Charakteristik
$L_6(\sigma)$ für die Spannweitekarte
mit $\beta = 95\%$ und Stichprobenumfang m = 5

Es bleibt noch der Fall zu behandeln, daß die einzuhaltende Streuung σ_0 nicht numerisch vorgegeben ist, sondern daß σ_0 auf Grund vieler vorhergehender Stichproben zu schätzen ist. Da wir hier die Spannweite R zum Testen benutzt haben, ist es zweckmäßig, σ_0 durch $\bar{R}d_m$ zu schätzen (s. (6.7)). Wie wir in (6.9) gesehen haben, ist die Streuung von $\bar{R}d_m$ ausreichend klein, so daß wir die Schranken (6.38) im übrigen ungeändert lassen können. Man benutzt dann also:

R *liegt innerhalb der Warn- beziehungsweise Kontrollgrenzen, wenn*

$$A_\beta d_m \bar{R} \leqslant R \leqslant B_\beta d_m \bar{R} \tag{6.40}$$

ist für β = 95% beziehungsweise β = 99%. Die Faktoren d_m sind in Tab. 3 angegeben.

Für ein numerisches Beispiel sei m = 5 und $\bar{R}$ = 4,75. Die Warngrenzen ergeben sich zu $A_{95\%}d_5 \bar{R}$ = 0,85 · 0,430 · 4,75 = 1,74 und $B_{95\%}d_5 \bar{R}$ = 8,58. Für die Kontrollgrenzen erhält man $A_{99\%}d_5 \bar{R}$ = 1,12 und $B_{99\%}d_5 \bar{R}$ = 9,99. Eine Stichprobe der laufenden Produktion habe x_1 = 213,49, x_2 = 220,28, x_3 = 215,98, x_4 = 223,54, x_5 = 217,24 ergeben. Dann liegt R = 223,54 − 213,49 = 10,05 außerhalb der Kontrollgrenzen und es ist erforderlich, in den Produktionsprozeß einzugreifen.

Aufgabe 6.8 Der Produktion werden laufend Stichproben vom Umfang m = 6 entnommen. Es sei $\bar{R}$ = 0,85. Man berechne die Schranken für (6.40). Wie lautet die Entscheidung für die Stichprobe x_1 = 37,41, x_2 = 37,49, x_3 = 37,42, x_4 = 37,72, x_5 = 37,25, x_6 = 37,41?

Aufgabe 6.9 Man skizziere die Operations-Charakteristik (6.39) für die Sicherheitswahrscheinlichkeit β = 95% und den Stichprobenumfang m = 6 und vergleiche mit Fig. 22 und Fig. 23.

6.1.5 Extremwertkarten

Man ist bei den bisher besprochenen Kontrollkarten genötigt, gleichzeitig den Mittelwert und die Streuung zu überprüfen. Demgegenüber bieten die Extremwertkarten den Vorteil, daß man mit einer Kontrollkarte auskommt. Da bei den Extremwertkarten die Entscheidung auf Grund der Meßwerte selbst getroffen wird, haben sie den weiteren Vorteil, daß überhaupt keine Rechenarbeit erforderlich ist. Demgegenüber steht der Nachteil, daß sie weniger leicht zur Entdeckung einer Abweichung des Mittelwertes oder der Streuung führen, wie der Verlauf der Operations-Charakteristik zeigt.

Nach wie vor setzen wir voraus, daß die Stichprobe (6.1) aus einer nach $N(\mu, \sigma^2)$ normalverteilten Grundgesamtheit stammt. Zunächst wollen wir annehmen, daß für den Mittelwert der Wert μ_0 und für die Streuung der Wert σ_0 vorgeschrieben ist. Das Stichprobenergebnis liegt innerhalb der Warn- beziehungsweise Kontrollgrenzen, wenn der größte Stichprobenwert $\xi_m(m)$ nicht zu groß und der kleinste Stichprobenwert $\xi_m(1)$ nicht zu klein ausfällt. Hierbei werden die Testschranken symmetrisch zu μ_0 gewählt. Anders ausgedrückt: Wir lehnen die Nullhypothese, daß $\mu = \mu_0$ und $\sigma = \sigma_0$ ist, mit der Sicherheitswahrscheinlichkeit β ab, falls nicht

$$\mu_0 - c_\beta \sigma_0 \leqslant x_i \leqslant \mu_0 + c_\beta \sigma_0 \tag{6.41}$$

für i = 1, 2, . . ., m ausfällt. c_β ist dabei durch die vorgegebene Sicherheitswahrscheinlichkeit β bestimmt und wird etwas weiter unten explizit angegeben. Zunächst wollen wir die Operations-Charakteristik $L(\mu, \sigma)$ dieses Testes berechnen, die vom tatsächlichen Mittelwert μ und der tatsächlichen Streuung σ abhängt. Wegen der Unabhängigkeit der x_i ist

$$L(\mu, \sigma) = W\left(\bigcap_{i=1}^{m} \{\mu_0 - c_\beta\sigma_0 \leqslant x_i \leqslant \mu_0 + c_\beta\sigma_0\}\right) = [W(\mu_0 - c_\beta\sigma_0 \leqslant x_i \leqslant \mu_0 + c_\beta\sigma_0)]^m$$

$$= \left[W\left(\frac{\mu_0 - \mu - c_\beta\sigma_0}{\sigma} \leqslant \frac{x_i - \mu}{\sigma} \leqslant \frac{\mu_0 - \mu + c_\beta\sigma_0}{\sigma}\right)\right]^m .$$

Da x_i nach $N(\mu, \sigma^2)$ verteilt ist, läßt sich die Operations-Charakteristik $L(\mu, \sigma)$ mit Hilfe der Verteilungsfunktion Φ der Normalverteilung $N(0,1)$ schreiben:

$$L(\mu, \sigma) = \left[\Phi\left(\frac{\mu_0 - \mu + c_\beta\sigma_0}{\sigma}\right) - \Phi\left(\frac{\mu_0 - \mu - c_\beta\sigma_0}{\sigma}\right)\right]^m . \tag{6.42}$$

Durch die Forderung $L(\mu_0, \sigma_0) = \beta$ ergibt sich daraus die Bestimmungsgleichung für c_β:

$$\beta = L(\mu_0, \sigma_0) = [\Phi(c_\beta) - \Phi(-c_\beta)]^m = [2\Phi(c_\beta) - 1]^m .$$

Also ist

$$c_\beta = \Psi\left(\frac{1 + \sqrt[m]{\beta}}{2}\right) \tag{6.43}$$

zu wählen, wobei Ψ wieder die Umkehrfunktion der Verteilungsfunktion Φ ist. In der Praxis bevorzugt man hier für die Warngrenzen eine Sicherheitswahrscheinlichkeit von 95% oder von 90%, wobei letzteres ungefähr einer Sicherheitswahrscheinlichkeit von jeweils 95% bei gleichzeitiger Benutzung von Mittelwert- und Streuungskarte entspricht (s. (6.32)). Für die Kontrollgrenzen kann man ganz analog $\beta = 99\%$ oder $\beta = 98\%$ wählen. Für die Stichprobenumfänge $m = 5, 6, \ldots, 10$ kann man c_β der Tab. 9 entnehmen.

Tab. 9 $c_\beta = \Psi\left(\dfrac{1 + \sqrt[m]{\beta}}{2}\right)$ für die Extremwertkarte

Stichproben-umfang m	Sicherheitswahrscheinlichkeit			
	$\beta = 90\%$	$\beta = 95\%$	$\beta = 98\%$	$\beta = 99\%$
5	2,31	2,57	2,88	3,09
6	2,38	2,63	2,93	3,14
7	2,43	2,68	2,98	3,19
8	2,48	2,73	3,02	3,23
9	2,52	2,77	3,06	3,26
10	2,56	2,80	3,09	3,29

Unter Benutzung der Bezeichnungen (6.1) läßt sich die Testvorschrift wie folgt zusammenfassen:

Extremwertkarte *Um zu prüfen, ob der Mittelwert μ von dem vorgegebenen Wert μ_0 und ob die Streuung σ von dem vorgegebenen Wert σ_0 abweicht, benutzt man das Stich-*

probenergebnis $x_1, x_2, \ldots, x_m$ *selbst zum Testen. Das Stichprobenergebnis liegt inner-halb der Warn- beziehungsweise Kontrollgrenzen, wenn*

$$\mu_0 - c_\beta \sigma_0 \leqslant x_i \leqslant \mu_0 + c_\beta \sigma_0 \tag{6.44}$$

für $i = 1, 2, \ldots, m$ *ausfällt mit* $\beta = 90\%$ *(oder* $\beta = 95\%$*) beziehungsweise* $\beta = 98\%$ *(oder* $\beta = 99\%$*). Die* c_β *sind durch Gl. (6.43) bestimmt und für* m = 5, 6, \ldots, 10 *der* Tab. 9 *zu entnehmen.*

Diese Extremwertkarte läßt sich besonders einfach und anschaulich führen, indem man die Stichprobenergebnisse graphisch darstellt, wie es Fig. 24 für den Stichprobenumfang m = 5 zeigt. In Fig. 24 liegt das Ergebnis der 6. Stichprobe außerhalb der Kontrollgren-zen, vermutlich, weil die Streuung σ zu groß geworden ist; das Ergebnis der 10. Stichprobe überschreitet die obere Warngrenze, vermutlich, weil der Mittelwert μ zu groß geworden ist.

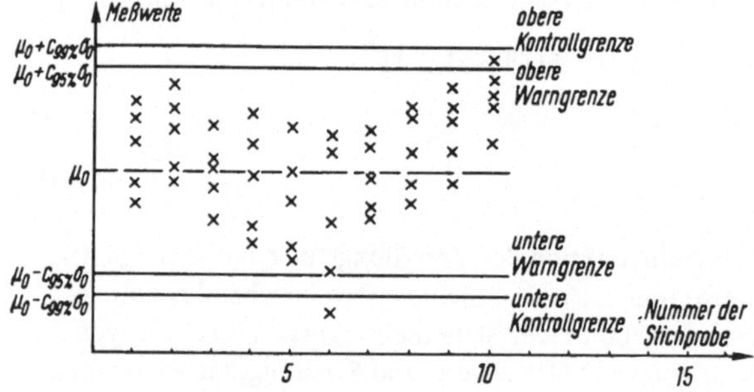

Fig. 24 Graphische Darstellung der Kontrolle mit einer Extremwertkarte für den Stichproben-umfang m = 5

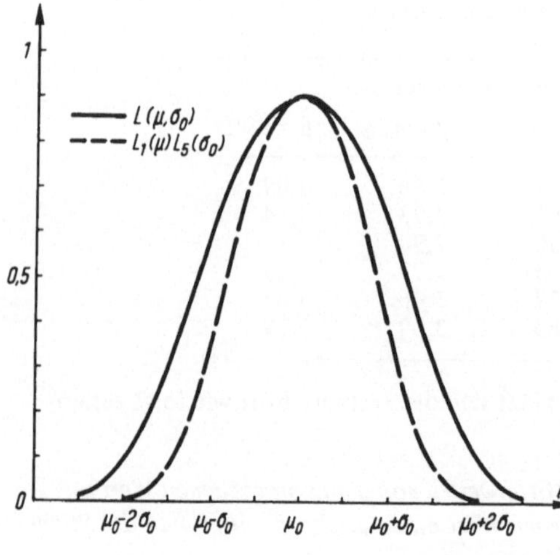

Fig. 25
Operations-Charakteristik $L(\mu, \sigma_0)$ der Extremwertkarte im Vergleich zur Operations-Charakteristik $L_1(\mu)L_5(\sigma_0)$; Stichprobenumfang m = 5, Sicherheits-wahrscheinlichkeit $\beta = 90\%$

Die Operations-Charakteristik $L(\mu, \sigma)$ der Extremwertkarte ist durch Gl. (6.42) gegeben.
In Fig. 25 ist die Wahrscheinlichkeit $L(\mu, \sigma_0)$ für das Nichtüberschreiten der Warngrenzen
($\beta = 90\%$) für den Stichprobenumfang m = 5 in Abhängigkeit von μ dargestellt für den
Fall, daß die Streuung σ gleich dem vorgegebenen Wert σ_0 ist. Dagegen gibt Fig. 26 die
Operations-Charakteristik $L(\mu_0, \sigma)$ für $\beta = 90\%$, m = 5 wieder für den Fall, daß der Mittelwert gleich dem vorgeschriebenen Wert μ_0 ist. Statt der Extremwertkarte könnte man
auch z. B. gleichzeitig die Mittelwertkarte (6.10) und die 2. Streuungskarte (6.31) benutzen
(beide mit $\beta = 95\%$ und m = 5). Nach (6.32) lautet ihre gemeinsame Operations-Charakteristik $L_1(\mu)L_5(\sigma)$. Zum Vergleich ist in Fig. 25 $L_1(\mu)L_5(\sigma_0) = 0{,}95\, L_1(\mu)$ und in Fig. 26
$L_1(\mu_0)L_5(\sigma) = 0{,}95\, L_5(\sigma)$ eingezeichnet. Es zeigt sich, daß $L(\mu, \sigma_0)$ ungünstiger verläuft
als $L_1(\mu)L_5(\sigma_0)$. Wenn $\mu = \mu_0$ ist, werden − wie anschaulich zu erwarten − bei der Extremwertkarte Abweichungen der Streuung σ vom vorgeschriebenen Wert σ_0 nach unten praktisch überhaupt nicht aufgedeckt, während Abweichungen nach oben häufiger bemerkt
werden als bei der 2. Streuungskarte.

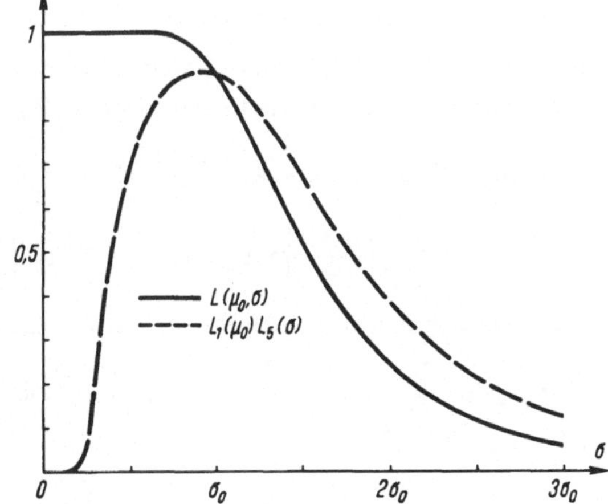

Fig. 26
Operations-Charakteristik $L(\mu_0, \sigma)$
der Extremwertkarte im Vergleich
zur Operations-Charakteristik
$L_1(\mu_0)L_5(\sigma)$; Stichprobenumfang
m = 5, Sicherheitswahrscheinlichkeit $\beta = 90\%$

Auch die Extremwertkarten lassen sich für den Fall benutzen, daß μ_0 oder σ_0 nicht vorgeschrieben sind und man nur die entsprechenden Werte der bisherigen Produktion beizubehalten wünscht. Allerdings kommt man dann nicht mehr ganz ohne Rechenarbeit
aus: Man muß μ_0 oder σ_0 durch hinreichend gute Schätzwerte aus den früheren Stichproben ersetzen. Wenn für den Mittelwert kein Sollwert vorgeschrieben ist, so ersetzt man in
(6.44) μ_0 durch das große Mittel $\overline{\overline{x}}$ (s. (6.2)). Wenn dagegen kein Sollwert für die Streuung vorgegeben ist, so ersetzt man in (6.44) σ_0 durch $\overline{R}d_m$, wobei nach (6.7) $\overline{R}$ das arithmetische Mittel von n beobachteten Spannweiten ist und der Faktor d_m der Tab. 3 ent-
nommen werden kann.

Aufgabe 6.10 Man skizziere $L(\mu, \sigma_0)$ und $L(\mu_0, \sigma)$ für die Sicherheitswahrscheinlichkeit
$\beta = 95\%$ und den Stichprobenumfang m = 10 (s. Gl. (6.42)) und vergleiche das Ergebnis
mit Fig. 25 und 26.

6.1.6 Mediankarten

Zum Abschluß dieses Abschnittes über Kontrollkarten für normalverteilte Grundgesamtheiten wollen wir die Mediankarten besprechen, die dieselbe Aufgabe wie die Mittelwertkarten, nämlich Kontrolle des Mittelwertes, haben, die aber jede Rechenarbeit ersparen. Im Gegensatz zu den Extremwertkarten erfordern sie die gleichzeitige Kontrolle der Streuung, was allerdings bei Benutzung der Spannweite und graphischer Darstellung der Stichprobenergebnisse ebenfalls keine Rechenarbeit erfordert.

Der Stichprobenumfang m sei im folgenden stets eine ungerade Zahl. Die Streuung σ der laufenden Produktion sei gleich dem vorgegebenen Wert σ_0. Wir lehnen mit Sicherheitswahrscheinlichkeit β die Nullhypothese, daß der Mittelwert μ gleich dem vorgeschriebenen Wert μ_0 ist, zugunsten der Alternative $\mu \neq \mu_0$ ab, wenn nicht

$$\mu_0 - \gamma_\beta \sigma_0 \leqslant \xi_m \left(\frac{m+1}{2} \right) \leqslant \mu_0 + \gamma_\beta \sigma_0 \tag{6.45}$$

ist, wobei $\xi_m \left(\dfrac{m+1}{2} \right)$ als der Zentralwert oder Median der Stichprobe (s. (6.1)) bezeichnet wird und die Schranke γ_β in Abhängigkeit von β und m später bestimmt wird. Zunächst wollen wir die Operations-Charakteristik $L_7(\mu)$ dieses Testes berechnen:

$$L_7(\mu) = W \left(\mu_0 - \gamma_\beta \sigma_0 \leqslant \xi_m \left(\frac{m+1}{2} \right) \leqslant \mu_0 + \gamma_\beta \sigma_0 \right)$$

$$= W \left(\xi_m \left(\frac{m+1}{2} \right) \leqslant \mu_0 + \gamma_\beta \sigma_0 \right) - W \left(\xi_m \left(\frac{m+1}{2} \right) \leqslant \mu_0 - \gamma_\beta \sigma_0 \right).$$

Nach Voraussetzung sind die x_i nach $N(\mu, \sigma_0^2)$ verteilt, und daher folgt aus (2.2) und (1.54)

$$L_7(\mu) = \sum_{j=\frac{m+1}{2}}^{m} \binom{m}{j} \left(\Phi \left(\frac{\mu_0 - \mu}{\sigma_0} + \gamma_\beta \right) \right)^j \left(1 - \Phi \left(\frac{\mu_0 - \mu}{\sigma_0} + \gamma_\beta \right) \right)^{m-j}$$

$$- \sum_{j=\frac{m+1}{2}}^{m} \binom{m}{j} \left(\Phi \left(\frac{\mu_0 - \mu}{\sigma_0} - \gamma_\beta \right) \right)^j \left(1 - \Phi \left(\frac{\mu_0 - \mu}{\sigma_0} - \gamma_\beta \right) \right)^{m-j}. \tag{6.46}$$

Wie nicht anders zu erwarten, ist $L_7(\mu)$ symmetrisch zu μ_0; γ_β ist so zu bestimmen, daß $L_7(\mu_0) = \beta$, also

$$\beta = \sum_{j=\frac{m+1}{2}}^{m} \binom{m}{j} (\Phi(\gamma_\beta))^j (1 - \Phi(\gamma_\beta))^{m-j}$$

$$- \sum_{j=\frac{m+1}{2}}^{m} \binom{m}{j} (\Phi(-\gamma_\beta))^j (1 - \Phi(-\gamma_\beta))^{m-j}$$

$$= 1 - 2 \sum_{j=0}^{\frac{m-1}{2}} \binom{m}{j} (\Phi(\gamma_\beta))^j (1 - \Phi(\gamma_\beta))^{m-j}$$

ist. Es muß also

$$\sum_{j=0}^{\frac{m-1}{2}} \binom{m}{j} (\Phi(\gamma_\beta))^j (1 - \Phi(\gamma_\beta))^{m-j} = \frac{1-\beta}{2} \tag{6.47}$$

sein. Durch Differentiation nach Φ überzeugt man sich davon, daß die linke Seite als Funktion von Φ im Intervall $1/2 \leqslant \Phi \leqslant 1$ streng monoton von $1/2$ auf 0 fällt; es gibt daher zu jedem β mit $0 < \beta < 1$ genau ein Φ mit $1/2 < \Phi < 1$ und also auch genau ein $\gamma_\beta > 0$. Nach Satz 2.1 ist (6.47) gleichbedeutend mit

$$\frac{\Phi(\gamma_\beta)}{1 - \Phi(\gamma_\beta)} = F^* \left(\frac{1+\beta}{2}; m+1, m+1 \right),$$

d. h. mit

$$\Phi(\gamma_\beta) = \frac{F^* \left(\dfrac{1+\beta}{2}; m+1, m+1 \right)}{1 + F^* \left(\dfrac{1+\beta}{2}; m+1, m+1 \right)}.$$

Die Schranke γ_β läßt sich also mit Hilfe der Umkehrfunktion Ψ der Verteilungsfunktion der Normalverteilung $N(0,1)$ und der Umkehrfunktion F^* der F-Verteilung mit Freiheitsgrad $(m+1, m+1)$ in der Form

$$\gamma_\beta = \Psi \left(\frac{F^* \left(\dfrac{1+\beta}{2}; m+1, m+1 \right)}{1 + F^* \left(\dfrac{1+\beta}{2}; m+1, m+1 \right)} \right) \tag{6.48}$$

schreiben.

Unter Benutzung der Bezeichnungen (6.1) fassen wir diese Testvorschrift zusammen, wobei man darauf achte, daß der Stichprobenumfang m ungerade und die Streuung σ gleich dem vorgegebenen Wert σ_0 sein muß:

Mediankarte *Um zu prüfen, ob der Mittelwert μ von dem vorgegebenen Wert μ_0 abweicht, benutzt man den Zentralwert $\xi_m \left(\dfrac{m+1}{2} \right)$ der Stichprobe als Testgröße. $\xi_m \left(\dfrac{m+1}{2} \right)$ liegt innerhalb der Warn- beziehungsweise Kontrollgrenzen, wenn*

$$\mu_0 - \gamma_\beta \sigma_0 \leqslant \xi_m \left(\frac{m+1}{2} \right) \leqslant \mu_0 + \gamma_\beta \sigma_0 \tag{6.49}$$

ist mit $\beta = 95\%$ beziehungsweise $\beta = 99\%$. γ_β ist Gl. (6.48) *oder der* Tab. 10 *zu entnehmen.*

Ganz ähnlich wie die Extremwertkarte ist auch diese Mediankarte besonders für eine graphische Darstellung der Stichprobenergebnisse geeignet, wie es Fig. 27 für $m = 5$ zeigt. Man zeichnet jeweils alle fünf Meßwerte einer Stichprobe ein und markiert dabei den Zentralwert. Wegen der Voraussetzung $\sigma = \sigma_0$ ist es erforderlich, auch die Streuung zu kontrollieren. Dazu benutzt man die Spannweitekarte (6.38). Markiert man sich auf einem Papierstreifen die Warn- und Kontrollgrenzen der Spannweitekarte, so läßt sich auch die Streuung ohne jede Rechenarbeit kontrollieren (s. Fig. 27). Entsprechend der Testvorschrift (6.38) wird der Nullpunkt „0" des Papierstreifens auf den kleinsten Meßwert gelegt und geprüft, ob der größte Meßwert innerhalb oder außerhalb der Warnbeziehungsweise Kontrollgrenzen liegt.

Tab. 10 γ_β für die Mediankarte

Stichprobenumfang m	Sicherheitswahrscheinlichkeit	
	$\beta = 95\%$	$\beta = 99\%$
3	1,315	1,735
5	1,051	1,386
7	0,900	1,187
9	0,799	1,053
11	0,726	0,957

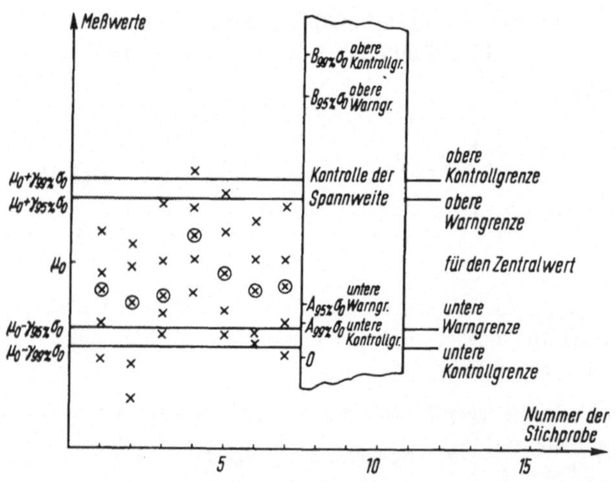

Fig. 27 Graphische Darstellung der Kontrolle mit einer Mediankarte für den Stichprobenumfang m = 5 kombiniert mit der Kontrolle der Streuung durch die Spannweitekarte (6.38)

Um einen Anhalt für die Wirksamkeit der Mediankarte zu geben, ist in Fig. 28 ihre Operations-Charakteristik $L_7(\mu)$ (s. (6.46)) für den Stichprobenumfang m = 5 und die Sicherheitswahrscheinlichkeit $\beta = 95\%$ dargestellt. Zum Vergleich sind die Operations-Charakteristik $L_1(\mu)$ (s. (6.11)) der Mittelwertkarte und die Operations-Charakteristik $L(\mu, \sigma_0)$ (s. (6.42)) der Extremwertkarte eingezeichnet, wobei stets angenommen wird, daß die Streuung σ gleich dem vorgeschriebenen Wert σ_0 ist. Es zeigt sich, daß die Mediankarte mit geringerer Wahrscheinlichkeit zur Entdeckung von Abweichungen des

Mittelwertes führt als die Mittelwertkarte, daß diese Wahrscheinlichkeit aber erheblich größer als bei der Extremwertkarte ist.

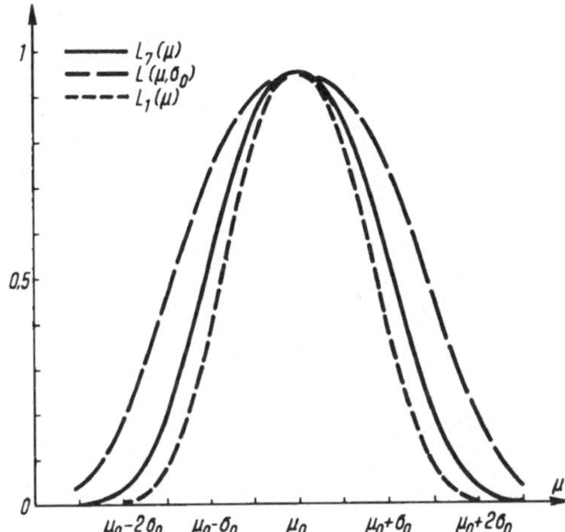

Fig. 28
Die Operations-Charakteristik $L_7(\mu)$ der Mediankarte im Vergleich zur Operations-Charakteristik $L_1(\mu)$ der Mittelwertkarte und zur Operations-Charakteristik $L(\mu, \sigma_0)$ der Extremwertkarte; Sicherheitswahrscheinlichkeit $\beta = 95\%$, Stichprobenumfang m = 5

Sind μ_0 oder σ_0 nicht vorgeschrieben, so ändert man die Mediankarte genauso ab, wie es am Ende des vorigen Abschnitts für die Extremwertkarte beschrieben wurde (Ersetzung von μ_0 durch $\overline{\overline{x}}$ und von σ_0 durch $\overline{R}d_m$).

Aufgabe 6.11 Man skizziere die Operations-Charakteristik $L_7(\mu)$ für die Sicherheitswahrscheinlichkeit $\beta = 95\%$ und den Stichprobenumfang m = 9 und vergleiche das Ergebnis mit Fig. 28.

6.2 Verteilungsfreie Verfahren für ein quantitatives Merkmal

Wie in 6.1 wollen wir auch hier annehmen, daß man sich bei jedem Werkstück für einen Meßwert x interessiert, nur wollen wir jetzt sogenannte verteilungsfreie oder nicht-parametrische Verfahren kennenlernen, die sich dadurch auszeichnen, daß sie keinen Gebrauch vom speziellen Typ (z. B. Normalverteilung) der Verteilungsfunktion F(y) der Grundgesamtheit machen. Wir wollen lediglich voraussetzen, daß die Verteilungsfunktion F(y) stetig ist.

Es sei darauf hingewiesen, daß es daneben stets auch noch die Möglichkeit gibt, von einem quantitativen zu einem qualitativen Merkmal überzugehen, z. B. indem man mit Hilfe einer festen Lehre ermittelt, ob das Werkstück „gut" ist, also innerhalb der vorgeschriebenen Toleranzen liegt, oder nicht.

6.2.1 Kontrolle des Zentralwertes mittels des Zeichentestes

Um zu kontrollieren, ob der Zentralwert z der Grundgesamtheit gleich dem vorgegebenen Wert z_0 ist, ob also $F(z_0) = 1/2$ ist, ziehen wir eine Stichprobe vom Umfang n. Die Stichprobe möge die Werte $x_1, x_2, \ldots, x_n$ ergeben haben, wobei wir annehmen wollen, daß n so klein ist, daß wir die x_i als unabhängig ansehen können. Als Testgröße benutzen wir

$$k = \text{Anzahl der } x_i \quad \text{mit} \quad x_i < z_0. \tag{6.50}$$

Da k gleich der Anzahl der negativen V o r z e i c h e n von $x_i - z_0$ ist, nennt man den auf k basierenden Test Z e i c h e n t e s t (= sign test).

Wenn die Nullhypothese $z = z_0$ richtig, also $F(z_0) = 1/2$ ist, so ist k nach der Binomial-Verteilung $Bi(n; 1/2)$ verteilt. Wir lehnen daher die Nullhypothese mit der Sicherheitswahrscheinlichkeit β ab, wenn k zu klein, nämlich $k \leqslant k_\beta$, oder wenn k zu groß, nämlich $k \geqslant n - k_\beta$, ausfällt. Für $z = z_0$ ist

$$W(k \leqslant k_\beta) = W(k \geqslant n - k_\beta) = \sum_{j=0}^{k_\beta} \binom{n}{j} \frac{1}{2^n},$$

und daher wählen wir für k_β eine möglichst große natürliche Zahl mit

$$\sum_{j=0}^{k_\beta} \binom{n}{j} \frac{1}{2^n} \leqslant \frac{1 - \beta}{2}. \tag{6.51}$$

Man findet k_β z. B. bei O w e n [1962] tabelliert. Man kann aber auch benutzen, daß (6.51) nach (2.37), (2.38) und Satz 2.1 gleichwertig ist mit

$$F^*\left(\frac{1 + \beta}{2}; 2(k_\beta + 1), 2(n - k_\beta)\right) \leqslant \frac{n - k_\beta}{k_\beta + 1}. \tag{6.52}$$

Wir fassen die Testvorschrift zusammen:

Kontrollkarte für den Zentralwert *Um zu prüfen, ob* $F(z_0)$ *von 1/2 abweicht, benutzt man die Anzahl* k *der Stichprobenelemente* $x_i < z_0$ *als Testgröße.* k *liegt je nach Wahl der Sicherheitswahrscheinlichkeit* β *innerhalb der Warn- oder Kontrollgrenzen, wenn*

$$k_\beta < k < n - k_\beta \tag{6.53}$$

ist, wobei die Schranke k_β *durch* (6.51) *eindeutig bestimmt ist.*

Die Operations-Charakteristik L definieren wir als Wahrscheinlichkeit für das Ereignis $\{k_\beta < k < n - k_\beta\}$ in Abhängigkeit vom Anteil p der Elemente der Grundgesamtheit, die kleiner als z_0 sind. Es ist also $p = W(x < z_0) = F(z_0)$, und speziell ist $p = 1/2$ für $z = z_0$. Da k nach der Binomial-Verteilung $Bi(n, p)$ verteilt ist, ergibt sich für die Operations-Charakteristik

$$L(p) = \sum_{j=k_\beta+1}^{n-k_\beta-1} \binom{n}{j} p^j (1 - p)^{n-j}. \tag{6.54}$$

Wie zu erwarten, folgt aus (6.54), daß $L(p) = L(1 - p)$ ist.

In Fig. 29 ist L(p) für n = 20 und β = 95% dargestellt. Der Tafel bei O w e n [1962],
S. 363 entnimmt man $k_{95\%}$ = 5. Nach (6.54) ergibt sich als tatsächliche Sicherheitswahrscheinlichkeit L(1/2) = 0,9586. Die numerische Berechnung von L(p) läßt sich mit Hilfe
einer Tafel der Binomial-Verteilung (z. B. bei O w e n [1962], S. 264 oder auch bei
P e a r s o n und H a r t l e y [1966]) erheblich vereinfachen.

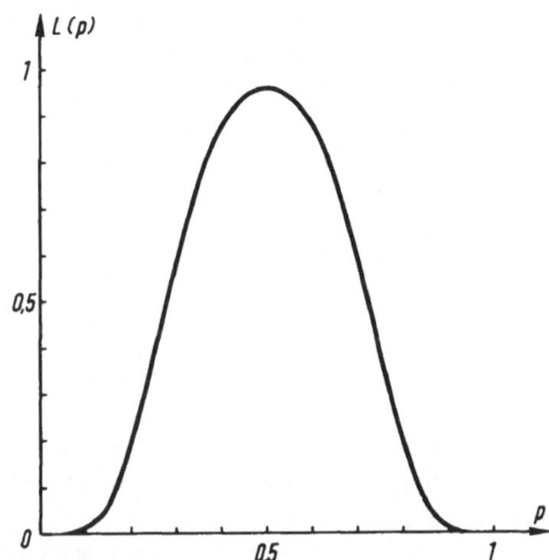

Fig. 29
Die Operations-Charakteristik (6.54) der
Kontrollkarte (6.53) für den Zentralwert
für den Stichprobenumfang m = 20 und
die Sicherheitswahrscheinlichkeit β = 95%

Analog zu 4.2.1 kann man den Stichprobenumfang n (bei gegebenem β) so bestimmen,
daß L(p) durch einen weiteren vorgegebenen Punkt geht. Zur Bestimmung von n kann
man die Approximation von L(p) durch die Normalverteilung (s. (4.30)) benutzen. Für
β = 95% findet sich eine Tafel für n in Abhängigkeit vom zweiten Punkt der Operations-
Charakteristik bei O w e n [1962], S. 366. Etwas ausführlichere Tafeln der Operations-
Charakteristiken hat W. J. D i x o n [1953] berechnet.

Weiß man, daß die Verteilungsfunktion F(y) symmetrisch zu ihrem Zentralwert z ist, so
läßt sich dieser Test verbessern, indem man die Rangzahlen der $|x_i - z_0|$ benutzt. Diesen
Vorzeichen-Rangtest von W i l c o x o n (= Wilcoxon matched pair signed rank test) findet man z. B. im 2. Band von P f a n z a g l [1978] dargestellt, und die zugehörigen Tafeln
sind bei O w e n [1962] wiedergegeben.

Aufgabe 6.12 Man bestimme die Schranke k_β in (6.53) für den Stichprobenumfang
n = 40 und β = 95%. Man skizziere L(p).

Aufgabe 6.13 Wie groß ist der Stichprobenumfang n zu wählen, damit L(1/2) $\geqslant$ 0,95 und
L(1/4) = L(3/4) $\leqslant$ 0,20 ist?

6.2.2 Verengte Lehren

Der im vorigen Abschnitt besprochene Zeichentest läßt sich so modifizieren, daß man
nicht nur die Lage, sondern auch die Streuung der zu messenden Größe kontrollieren
kann. Bei einer Stichprobe vom Umfang n, die die Werte $x_1, x_2, \ldots, x_n$ ergeben haben

möge, ermittelt man dazu (vgl. auch 3.4.2)

$$K = \text{Anzahl der } x_i \quad \text{mit} \quad x_i < a,$$
$$G = \text{Anzahl der } x_i \quad \text{mit} \quad x_i > b.$$

(6.55)

Die Größen a und b mit a < b sind dabei enger als die vorgeschriebenen Toleranzen. Auf Grund von asymptotischen Eigenschaften, auf die wir hier nicht eingehen können (s. die sehr ausführliche Darstellung von W. L. S t e v e n s [1948], ähnliche Überlegungen bei F i s z [1980] und bei J. O g a w a [1951]), ist es üblich, a und b so zu wählen, daß bei einwandfreier Produktion durchschnittlich 27% der Meßwerte x unterhalb von a und 27% der Meßwerte x oberhalb von b liegen. Wir wollen hier aber nur voraussetzen, daß bei einwandfreier Produktion

$$W(x < a) = W(x > b) = p$$

(6.56)

mit $0 < p < 1/2$ ist. Für die Praxis ist es von Vorteil, daß man zur Ermittlung von K und G die x_i nicht numerisch zu kennen braucht, sondern daß man mit Hilfe sogenannter verengter Lehren (= limit gages, limit gauging) nur festzustellen braucht, welche der Ungleichungen $x_i < a$, $a \leqslant x_i \leqslant b$, $x_i > b$ jeweils vorliegt.

Es ist anschaulich klar, daß G − K geeignet ist, zu kontrollieren, ob der Mittelwert eingehalten wird (Nullhypothese: (6.56) gilt; Alternative: $W(x < a) \neq W(x > b)$), während man mit Hilfe von G + K die Streuung überprüfen kann (Nullhypothese: $W(\{x < a\} \cup \{x > b\}) = 2p$); Alternative: $W(\{x < a\} \cup \{x > b\}) \neq 2p$).

Wir lehnen die Nullhypothese, daß (6.56) gilt, mit der Sicherheitswahrscheinlichkeit β ab, falls $|G - K| > j_\beta$ ist, wobei die Testschranke j_β wie folgt bestimmt wird: Unter der Voraussetzung (6.56) gilt für $j = -n, -n + 1, \ldots, -1, 0, 1, \ldots, n$:

$$W(G - K = j) = \sum_{\substack{0 \leqslant \nu \leqslant n \\ 0 \leqslant \mu \leqslant n \\ \nu + \mu \leqslant n \\ \nu - \mu = j}} W(\{G = \nu\} \cap \{K = \mu\}) = \sum_{\substack{0 \leqslant \mu \leqslant n \\ -j \leqslant \mu < \frac{n-j}{2}}} W(\{G = \mu + j\} \cap \{K = \mu\}),$$

also

$$W(G - K = j) = \sum_{\substack{0 \leqslant \mu \leqslant n \\ -j \leqslant \mu < \frac{n-j}{2}}} \frac{n!}{(\mu + j)! \, \mu! (n - j - 2\mu)!} \, p^{2\mu + j} (1 - 2p)^{n - j - 2\mu}.$$

(6.57)

Ersichtlich ist $W(G - K = j) = W(G - K = -j)$. Für $0 < \beta < 1$ ist daher j_β die kleinste natürliche Zahl mit

$$W(-j_\beta \leqslant G - K \leqslant +j_\beta) \geqslant \beta.$$

(6.58)

Um die numerische Bestimmung von j_β zu erleichtern, approximieren wir die Verteilungsfunktion von G − K durch die Normalverteilung. Unter der Voraussetzung (6.56) sind K und G beide nach der Binomial-Verteilung Bi(n; p) verteilt, und daher ist

$$E[K] = E[G] = np$$

und $\qquad E[(K - np)^2] = E[(G - np)^2] = np(1 - p).$

Weiter ist

$$E[KG] = \sum_{\substack{0 \leqslant \nu \leqslant n \\ 0 \leqslant \mu \leqslant n \\ \nu + \mu \leqslant n}} \nu\mu(W(\{G = \nu\} \cap \{K = \mu\}))$$

$$= \sum_{\substack{0 \leqslant \nu \leqslant n \\ 0 \leqslant \mu \leqslant n \\ \nu + \mu \leqslant n}} \frac{\nu\mu n!}{\nu!\mu!(n - \nu - \mu)!}\, p^{\nu+\mu}(1 - 2p)^{n-\nu-\mu}$$

$$= n(n - 1)p^2 \sum_{\substack{0 \leqslant \nu \leqslant n-1 \\ 0 \leqslant \mu \leqslant n-1 \\ \nu + \mu \leqslant n-2}} \frac{(n - 2)!}{\nu!\mu!(n - 2 - \nu - \mu)!}\, p^{\nu+\mu}(1 - 2p)^{n-2-\nu-\mu}$$

$$= n(n - 1)p^2(p + p + (1 - 2p))^{n-2} = n(n - 1)p^2.$$

Daher ist

$$E[G - K] = 0$$
$$E[(G - K)^2] = E[G^2] + E[K^2] - 2E[KG]$$
$$= 2np(1 - p) + 2n^2p^2 - 2n(n - 1)p^2 = 2np,$$

und es gilt die folgende Approximation durch die Verteilungsfunktion Φ der Normalverteilung $N(0,1)$:

$$W(- j_\beta \leqslant G - K \leqslant + j_\beta) = W\left(- j_\beta - \frac{1}{2} \leqslant G - K \leqslant + j_\beta + \frac{1}{2}\right)$$

$$\approx \Phi\left(\frac{j_\beta + \dfrac{1}{2}}{\sqrt{2np}}\right) - \Phi\left(\frac{- j_\beta - \dfrac{1}{2}}{\sqrt{2np}}\right) = 2\Phi\left(\frac{j_\beta + \dfrac{1}{2}}{\sqrt{2np}}\right) - 1.$$

Die Schranke j_β ist daher näherungsweise bestimmt durch

$$j_\beta \approx - \frac{1}{2} + \sqrt{2np}\; \Psi\left(\frac{1 + \beta}{2}\right), \tag{6.59}$$

wobei Ψ die Umkehrfunktion von Φ ist. Da $G - K$ ganzzahlig ist, braucht man für j_β nur eine relativ grobe Näherung zu kennen. Die für das so bestimmte j_β tatsächlich vorliegende Sicherheitswahrscheinlichkeit $W(|G - K| \leqslant j_\beta)$ ergibt sich mit Hilfe von (6.57). Wir fassen das eben besprochene Verfahren unter Benutzung der Bezeichnungen (6.56) und (6.55) zusammen:

1. Kontrollkarte für verengte Lehren *Um zu prüfen, ob* $W(x < a)$ *oder* $W(x > b)$ *von dem vorgegebenen Wert* p *abweicht, benutzt man* $G - K$ *als Testgröße. Je nach Wahl der Sicherheitswahrscheinlichkeit* β *(z. B. = 0,95 oder = 0,99) liegt* $G - K$ *innerhalb der Warn- oder Kontrollgrenzen, wenn*

$$- j_\beta \leqslant G - K \leqslant j_\beta \tag{6.60}$$

ist, wobei die Schranke j_β *exakt durch* (6.58) *und näherungsweise durch* (6.59) *bestimmt ist.*

Für das in der Praxis bevorzugte $p = 0,27$ ist nach (6.59) $j_{95\%} \approx - 1/2 + 1,44 \sqrt{n}$ und $j_{99\%} \approx - 1/2 + 1,89 \sqrt{n}$.

Es bleibt nun noch die – allerdings nicht sehr wirkungsvolle – Kontrolle der Streuung mit Hilfe der Testgröße G + K zu besprechen. Wenn sich die Streuung ändert, ohne daß sich der Mittelwert ändert, so weicht $W(\{x < a\} \cup \{x > b\})$ von 2p ab. Man lehnt die Nullhypothese $W(\{x < a\} \cup \{x > b\}) = 2p$ mit der Sicherheitswahrscheinlichkeit β ab, wenn $G + K > k_\beta$ oder wenn $G + K < k_\beta'$ ist, wobei k_β und k_β' natürliche Zahlen sind. Die Testschranken $k_\beta' < k_\beta$ sind dabei durch die Forderung: k_β' so groß und k_β so klein wie möglich, aber

$$W(G + K < k_\beta') \leqslant \frac{1 - \beta}{2} \quad \text{und} \quad W(G + K > k_\beta) \leqslant \frac{1 - \beta}{2}, \tag{6.61}$$

bestimmt, wobei für die Berechnung der Wahrscheinlichkeiten vorausgesetzt wird, daß die Nullhypothese richtig ist. Unter dieser Voraussetzung ist G + K nach der Binomial-Verteilung Bi(n; 2p) verteilt, und daher ist (6.61) gleichwertig mit

$$\sum_{k=0}^{k_\beta'-1} \binom{n}{k} (2p)^k (1 - 2p)^{n-k} \leqslant \frac{1 - \beta}{2}$$

$$\text{und} \quad \sum_{k=k_\beta+1}^{n} \binom{n}{k} (2p)^k (1 - 2p)^{n-k} \leqslant \frac{1 - \beta}{2}. \tag{6.62}$$

Für nicht zu kleine p (z. B. für $p = 0,27$) ist G + K recht genau nach der Normalverteilung $N(2np, n2p(1 - 2p))$ verteilt, und daher läßt sich (6.61) näherungsweise ersetzen durch

$$\Phi\left(\frac{k_\beta' - \frac{1}{2} - 2pn}{\sqrt{n2p(1 - 2p)}}\right) \approx \frac{1 - \beta}{2} \quad \text{und} \quad 1 - \Phi\left(\frac{k_\beta + \frac{1}{2} - 2pn}{\sqrt{n2p(1 - 2p)}}\right) \approx \frac{1 - \beta}{2},$$

also durch

$$k_\beta' \approx 2pn + \frac{1}{2} - \Psi\left(\frac{1 + \beta}{2}\right) \sqrt{n2p(1 - 2p)}$$

$$\text{und} \quad k_\beta \approx 2pn - \frac{1}{2} + \Psi\left(\frac{1 + \beta}{2}\right) \sqrt{n2p(1 - 2p)}. \tag{6.63}$$

Wir fassen diese Kontrollvorschrift für die Streuung zusammen:

2. Kontrollkarte für verengte Lehren *Um zu prüfen, ob* $W(\{x < a\} \cup \{x > b\})$ *von dem vorgegebenen Wert* 2p *abweicht, benutzt man* G + K *als Testgröße. Je nach Wahl der Sicherheitswahrscheinlichkeit* β *(z. B.* $= 0,95$ *oder* $= 0,99$) *liegt* G + K *innerhalb der Warn- oder Kontrollgrenzen, wenn*

$$k_\beta' \leqslant G + K \leqslant k_\beta \tag{6.64}$$

ist, wobei die Schranken k'_β *und* k_β *exakt durch* (6.62) *und in guter Näherung durch* (6.63) *bestimmt sind.*

Speziell ergibt sich für p = 0,27 aus (6.63): $k_{95\%} \approx 0,54n - 0,50 + 0,98\sqrt{n}$ und $k_{99\%} \approx 0,54n - 0,50 + 1,28\sqrt{n}$.

Aufgabe 6.14 Für p = 0,27 und die Stichprobenumfänge n = 5 und n = 10 bestimme man $j_{99\%}$ näherungsweise nach (6.59) und − unter Benutzung dieser Näherungslösung − exakt nach (6.58). Ebenso vergleiche man die exakte Lösung für $k'_{99\%}$ und $k_{99\%}$ nach (6.62) mit der Näherungslösung (6.63).

Aufgabe 6.15 Die Grundgesamtheit sei normalverteilt nach $N(\mu, \sigma^2)$, und die Produktion sei einwandfrei, falls $\mu = \mu_0$ und $\sigma = \sigma_0$ ist. Man bestimme a und b nach (6.56) als Funktion von μ_0 und σ_0 so, daß p = 0,27 ist. Unter der Voraussetzung $\mu = \mu_0$ bestimme man die Operations-Charakteristik des Testes (6.64) als Funktion von σ.

6.2.3 Iterationen oberhalb und unterhalb des Zentralwertes

Oft ist bei den geprüften Werkstücken die zeitliche Reihenfolge ihrer Herstellung bekannt. In einem solchen Fall wird man versuchen, Schlüsse aus der fallenden oder steigenden Tendenz der Meßwerte zu ziehen. Man kann dazu die Differenzen zeitlich aufeinanderfolgender Meßwerte heranziehen (s. 6.2.4) oder man kann − womit wir uns in diesem Abschnitt beschäftigen wollen − die Anzahl oder Dauer aufeinanderfolgender „großer" oder „kleiner" Meßwerte untersuchen.

Wir ziehen im Sinne von 2.1.1 eine Zufallsstichprobe vom Umfang n, wobei n eine gerade Zahl ≥ 2 sei. Die Stichprobe möge die Werte $x_1, x_2, \ldots, x_n$ ergeben haben. Der Index i beim Meßwert x_i soll hier die zeitliche Reihenfolge der Herstellung wiedergeben. Wir wollen annehmen, daß der Stichprobenumfang n relativ zur gesamten Produktion so klein ist, daß die $x_1, x_2, \ldots, x_n$ als Realisationen von n unabhängigen zufälligen Variablen angesehen werden können. (Man beachte: Die Meßwerte von direkt hintereinander produzierten Stücken müssen ja nicht im statistischen Sinne unabhängig sein − selbst bei einwandfreier Produktion). Wir wählen nun die reelle Zahl ζ so, daß

$$(\text{Anzahl der } x_i < \zeta) = (\text{Anzahl der } x_i > \zeta) = \frac{n}{2} \tag{6.65}$$

ist. Bezeichnet man die zu $x_1, x_2, \ldots, x_n$ gehörigen Ranggrößen mit $\xi_n(i)$, so ist also ζ eine beliebige Zahl zwischen $\xi_n(n/2)$ und $\xi_n(n/2 + 1)$. Man nennt ζ einen Zentralwert der Stichprobe (in 6.1.6 haben wir analog dazu $\xi_n((n + 1)/2)$ bei ungeradem n als Zentralwert der Stichprobe bezeichnet).

Das im folgenden zu besprechende Testverfahren basiert auf der zu $(x_1, x_2, \ldots, x_n)$ gehörigen 1. V o r z e i c h e n - S e q u e n z

$$V_1 = (\text{sgn}(x_1 - \zeta), \text{sgn}(x_2 - \zeta), \ldots, \text{sgn}(x_n - \zeta)). \tag{6.66}$$

Dabei ist − wie üblich − $\text{sgn}(x_i - \zeta) = + 1$, falls $x_i > \zeta$, und $= - 1$, falls $x_i < \zeta$ ist.

Wenn die Produktion keiner zeitlichen Veränderung unterliegt, so haben alle x_i dieselbe

Verteilungsfunktion F(y) und jeder der $\binom{n}{n/2}$ möglichen Vorzeichen-Sequenzen V_1 ist gleichwahrscheinlich. Zum Beispiel ist

$$V_1 = (+\,1, +\,1, -\,1, +\,1, -\,1, -\,1, -\,1, +\,1, +\,1, -\,1)$$

oder abgekürzt

$$V_1 = (+\,+\,-\,+\,-\,-\,-\,+\,+\,-)$$

eine solche Vorzeichen-Sequenz.

Gewisse „extreme" Vorzeichen-Sequenzen werden uns veranlassen, die Nullhypothese „Produktion hat sich im Laufe der Zeit nicht geändert" abzulehnen; ergibt sich nämlich z. B. $V_1 = (-\,-\,-\,-\,-\,+\,+\,+\,+\,+)$, so wird man vermuten, daß auch die Meßwerte der Grundgesamtheit eine steigende Tendenz aufweisen, anders ausgedrückt, daß die Verteilungsfunktion von x_i von i abhängt.

Die für unsere Zwecke wohl einfachste Möglichkeit, die Eigenschaften von V_1 zu beschreiben, ist durch die A n z a h l A d e r I t e r a t i o n e n (= runs) gegeben. Dabei verstehen wir unter einer I t e r a t i o n d e r L ä n g e ℓ eine ununterbrochene Folge von ℓ gleichen Vorzeichen in V_1, wobei weder unmittelbar vorher noch unmittelbar nachher dieses Vorzeichen auftritt. Zum Beispiel beginnt die Vorzeichen-Sequenz $V_1 = (+\,+\,-\,+\,-\,-\,-\,+\,+\,-)$ mit einer Iteration der Länge 2, es folgen zwei Iterationen der Länge 1, dann eine Iteration der Länge 3, dann eine Iteration der Länge 2 und zum Schluß noch eine Iteration der Länge 1. In diesem Beispiel ist die Anzahl der Iterationen A = 6.

Die Anzahl A der Iterationen hängt vom Stichprobenergebnis und damit vom Zufall ab: A ist eine zufällige Variable. Nach unseren obigen Überlegungen werden wir die Nullhypothese „Produktion ist im Laufe der Zeit unverändert" ablehnen, wenn A „zu klein" ausfällt.

Um Testschranken für A berechnen zu können, müssen wir die Verteilungsfunktion von A bestimmen. Im Hinblick auf die späteren Modifikationen dieses Testes wollen wir die Verteilungsfunktion von A nicht nur für den Fall bestimmen, daß die Anzahlen der „+" und „−" einander gleich sind (s. (6.65)).

Wir betrachten also etwas allgemeiner Vorzeichen-Sequenzen von ν negativen und μ positiven Vorzeichen, wobei $1 \leqslant \nu \leqslant \mu$ sei. Alle diese $\binom{\nu + \mu}{\nu}$ Vorzeichen-Sequenzen seien gleichwahrscheinlich.

Für die Anzahl A der Iterationen einer solchen Vorzeichen-Sequenz kommt offenbar nur einer der Werte $2, 3, \ldots, 2\nu + 1$ in Frage. Bei der Berechnung von $W(A = j)$ unterscheiden wir die Fälle $j = 2k$ und $j = 2k + 1$, wobei $k = 1, 2, \ldots, \nu$. Jede Vorzeichen-Sequenz mit 2k Iterationen kann man sich nun so entstanden denken: Man schreibt die ν „−"-Zeichen in irgendeiner Reihenfolge auf, darunter die μ „+"-Zeichen; dann vergrößert man $(k - 1)$ der $(\nu - 1)$ Zwischenräume zwischen den „−"-Zeichen (dafür gibt es $\binom{\nu - 1}{k - 1}$ Möglichkeiten), und ebenso vergrößert man $(k - 1)$ der $(\mu - 1)$ Zwischenräume zwischen den „+"-

Zeichen $\left(\binom{\mu-1}{k-1}\text{ Möglichkeiten}\right)$; dann schiebt man die beiden Folgen ineinander, wofür es zwei verschiedene Möglichkeiten gibt, je nachdem, ob man mit einer Iteration von „–"-Zeichen oder von „+"-Zeichen beginnt. Insgesamt gibt es also $2\binom{\nu-1}{k-1}\binom{\mu-1}{k-1}$ verschiedene Vorzeichen-Sequenzen mit genau 2k Iterationen. Ganz ähnlich erkennt man, daß es $\binom{\nu-1}{k}\binom{\mu-1}{k-1}$ beziehungsweise $\binom{\nu-1}{k-1}\binom{\mu-1}{k}$ verschiedene Vorzeichen-Sequenzen mit 2k + 1 Iterationen gibt, die mit einer Iteration von „–"-Zeichen beziehungsweise „+"-Zeichen beginnen und enden. Damit ist bewiesen:

Satz 6.3 *Alle möglichen Vorzeichen-Sequenzen aus ν negativen und μ positiven Vorzeichen mit $1 \leqslant \nu \leqslant \mu$ seien gleichwahrscheinlich. Dann gilt für die Anzahl A der Iterationen, die eine zufällig herausgegriffene Vorzeichen-Sequenz aufweist:*

$$W(A = 2k) = 2\binom{\nu-1}{k-1}\binom{\mu-1}{k-1}\bigg/\binom{\nu+\mu}{\nu}$$

$$W(A = 2k+1) = \left\{\binom{\nu-1}{k}\binom{\mu-1}{k-1} + \binom{\nu-1}{k-1}\binom{\mu-1}{k}\right\}\bigg/\binom{\nu+\mu}{\nu},$$

$$\tag{6.67}$$

wobei $k = 1, 2, \ldots, \nu$.

Für $\nu = \mu = n/2$ ergibt sich aus (6.67) die Wahrscheinlichkeitsverteilung der Anzahl A der Iterationen bei der 1. Vorzeichen-Sequenz V_1. Weist das zur Stichprobe gehörige V_1 eine zu kleine Anzahl A von Iterationen auf, nämlich $\leqslant u_\beta$, so lehnt man die Nullhypothese, daß die Produktion sich im Laufe der Zeit nicht verändert hat, mit der Sicherheitswahrscheinlichkeit β ab. Die Schranke u_β ist dabei eine möglichst große natürliche Zahl mit

$$\sum_{j=2}^{u_\beta} W(A = j) \leqslant 1 - \beta, \tag{6.68}$$

wobei $W(A = j)$ den Gleichungen (6.67) zu entnehmen ist. Für die Stichprobenumfänge n = 4, 6, 8, ..., 200 findet man u_β für $1 - \beta = 0{,}005; 0{,}01; 0{,}025$ und $0{,}05$ bei O w e n [1962], S. 373/382 tabelliert.

Wir fassen die Testvorschrift zusammen:

1. Iterationskarte *Um zu prüfen, ob sich die Produktion im Laufe der Zeit verändert, benutzt man die Anzahl A der Iterationen in der 1. Vorzeichen-Sequenz V_1 (s. (6.66)) als Testgröße. Je nach Wahl der Sicherheitswahrscheinlichkeit β liegt A innerhalb der Warn- oder Kontrollgrenzen, wenn*

$$A > u_\beta \tag{6.69}$$

ist. Die Schranke u_β ist dabei durch (6.68) bestimmt.

Der beschränkte Platz gestattet es hier nicht, weitere auf V_1 basierende Tests mit derselben Ausführlichkeit wie die 1. Iterationskarte zu besprechen, doch sollen einige Hinweise und grundlegende Formeln folgen.

Auf eine andere Anwendungsmöglichkeit des auf der Anzahl A der Iterationen basierenden Testes weist E. L. L e h m a n n [1959], S. 155/156 hin. Es handelt sich dabei um die Frage der Unabhängigkeit oder Abhängigkeit der x_i, grob gesagt darum, ob $W(x_i > \zeta)$ = 1/2 oder > 1/2 ist, wenn man schon weiß, daß $x_{i-1} > \zeta$ ist.

Die obige 1. Iterationskarte kann dadurch modifiziert werden, daß man ζ nicht – wie in (6.65) geschehen – in Abhängigkeit vom Stichprobenergebnis $x_1, x_2, \ldots, x_n$ definiert, sondern daß man ζ gleich dem vorgeschriebenen 100p%-Punkt der Grundgesamtheit setzt ($F(\zeta) = p$), wobei insbesondere der Zentralwert der Grundgesamtheit, also p = 1/2, in Frage kommt. Dies bietet den Vorteil, daß man das Vorzeichen von $x_i - \zeta$ ohne Kenntnis des genauen Stichprobenergebnisses (ja sogar mit festen Lehren) ermitteln kann und daß der Test auch dann Veränderungen aufdeckt, wenn sich die Produktion bereits auf einen falschen Zentralwert eingespielt hat. Die Anzahl der negativen Vorzeichen in der 1. Vorzeichen-Sequenz V_1 ist dann eine zufällige Variable, die nach der Binomial-Verteilung Bi(n, p) verteilt ist. Wenn die Nullhypothese „jedes x_i hat dieselbe Verteilungsfunktion $F(y)$ mit $F(\zeta) = p$" richtig ist, so ist nach (6.67) und (1.40) die Wahrscheinlichkeit W^* dafür, daß die Anzahl der negativen Vorzeichen in V_1 gleich ν (mit $0 \leqslant \nu \leqslant n$) und damit die Anzahl μ der positiven Vorzeichen gleich $n - \nu$ ist und daß gleichzeitig die Anzahl A der Iterationen gleich j ist, gegeben durch

$$W^* = \begin{cases} p^n \quad \text{für} \quad \nu = n, j = 1 \\[2mm] (1-p)^n \quad \text{für} \quad \nu = 0, j = 1 \\[2mm] 2\binom{\nu-1}{k-1}\binom{\mu-1}{k-1} p^\nu(1-p)^\mu \text{ für } 0 < \nu < n, j = 2k \\[2mm] \left\{ \binom{\nu-1}{k}\binom{\mu-1}{k-1} + \binom{\nu-1}{k-1}\binom{\mu-1}{k} \right\} p^\nu(1-p)^\mu \\[2mm] \qquad\qquad \text{für} \quad 0 < \nu < n, j = 2k+1 \end{cases} \qquad (6.70)$$

wobei k = 1, 2, . . ., aber $k \leqslant \nu$ und $k \leqslant \mu$ ist.

Eine andere Möglichkeit, die 1. Vorzeichen-Sequenz V_1 zum Testen zu benutzen, besteht darin, die Nullhypothese abzulehnen, wenn in V_1 zu lange Iterationen vorkommen. Wir wollen uns hier auf die Herleitung der grundlegenden Wahrscheinlichkeitsverteilung beschränken. Wie schon bei dem obigen Satz 6.3 betrachten wir Vorzeichen-Sequenzen aus $\nu \geqslant 1$ negativen und $\mu \geqslant 1$ positiven Vorzeichen, wobei wieder alle diese $\binom{\nu+\mu}{\nu}$ möglichen Vorzeichen-Sequenzen gleichwahrscheinlich seien. Es sei

A_i = Anzahl der Iterationen von „–"-Zeichen der Länge i,

B_j = Anzahl der Iterationen von „+"-Zeichen der Länge j.

Es ist $1 \leqslant i \leqslant \nu$, $1 \leqslant j \leqslant \mu$, $\Sigma i A_i = \nu$, $\Sigma j B_j = \mu$ und $A = \Sigma A_i + \Sigma B_j$; die Anzahl ΣA_i der „–"-Iterationen kann sich höchstens um 1 von der Anzahl ΣB_j der „+"-Iterationen unterscheiden. Wir wollen die gemeinsame Verteilungsfunktion der zufälligen Variablen $(A_1, \ldots, A_\nu, B_1, \ldots, B_\mu)$ bestimmen. Dazu betrachten wir das Ereignis $E = \{A_1 = r_1, \ldots, A_\nu = r_\nu, B_1 = s_1, \ldots, B_\mu = s_\mu\}$ für vorgegebene natürliche Zahlen

$r_i \geqslant 0$ und $s_j \geqslant 0$ mit $\Sigma ir_i = \nu$, $\Sigma js_j = \mu$ und $|\Sigma r_i - \Sigma s_j| \leqslant 1$. Alle möglichen Vorzeichen-Sequenzen, die E realisieren, lassen sich aus einer dieser Vorzeichen-Sequenzen gewinnen, indem man sowohl die „–"-Iterationen als auch die „+"-Iterationen untereinander vertauscht, dabei aber nur die Vertauschung verschieden langer Iterationen zählt; das ergibt

$$\frac{(\Sigma r_i)!}{r_1! r_2! \cdot \ldots \cdot r_\nu!} \cdot \frac{(\Sigma s_j)!}{s_1! s_2! \cdot \ldots \cdot s_\mu!}$$

Möglichkeiten. Ist $\Sigma r_i = \Sigma s_j$, so verdoppelt sich insgesamt noch die Anzahl dieser Möglichkeiten, weil entweder am Anfang eine „–"-Iteration oder eine „+"-Iteration stehen kann. Dagegen gibt es für $\Sigma r_i - \Sigma s_j = 1$ und für $\Sigma r_i - \Sigma s_j = -1$ jeweils nur eine Möglichkeit; ist z. B. $\Sigma r_i = 1 + \Sigma s_j$, so muß am Anfang und am Ende eine „–"-Iteration stehen. Damit ist bewiesen:

Satz 6.4 *Mit den obigen Bezeichnungen gilt für jedes $(\nu + \mu)$-Tupel $(r_1, \ldots, r_\nu, s_1, \ldots, s_\mu)$ natürlicher Zahlen $\geqslant 0$ mit $\Sigma ir_i = \nu$ und $\Sigma js_j = \mu$:*

$$W(A_1 = r_1, \ldots, A_\nu = r_\nu, B_1 = s_1, \ldots, B_\mu = s_\mu)$$

$$= \frac{(\Sigma r_i)!}{r_1! r_2! \cdot \ldots \cdot r_\nu!} \frac{(\Sigma s_j)!}{s_1! s_2! \cdot \ldots \cdot s_\mu!} \; \gamma(\Sigma r_i, \Sigma s_j) \Bigg/ \binom{\nu + \mu}{\nu}, \qquad (6.71)$$

wobei

$$\gamma(\Sigma r_i, \Sigma s_j) = \begin{cases} 0 & \textit{falls} \quad |\Sigma r_i - \Sigma s_j| > 1 \\ 1 & \textit{falls} \quad |\Sigma r_i - \Sigma s_j| = 1 \\ 2 & \textit{falls} \quad \Sigma r_i = \Sigma s_j. \end{cases}$$

Sind die Anzahlen ν und μ nicht fest vorgegeben, sondern ist die Wahrscheinlichkeit $= p$ für ein „–"-Zeichen und also die Wahrscheinlichkeit $= 1 - p$ für ein „+"-Zeichen, so ist, analog wie beim Übergang von (6.67) zu (6.70), $1\Big/\binom{\nu + \mu}{\nu}$ durch $p^\nu (1 - p)^\mu$ zu ersetzen.

Abschließend sei auf F. M o s t e l l e r [1941] und die Tafeln bei O w e n [1962] hingewiesen. Einen Vergleich mit anderen Kontrollkarten findet man bei E. S. P a g e [1962].

Aufgabe 6.16 Wir betrachten die 1. Vorzeichen-Sequenz V_1 (s. (6.66)), wobei ζ durch (6.65) definiert sei. Man tabelliere die Verteilungsfunktion (6.67) der Anzahl A der Iterationen für $\nu = \mu = 5$.

Aufgabe 6.17 Wir betrachten die Wahrscheinlichkeitsverteilung (6.70) für $p = 1/2$; es sei also ζ der Zentralwert der Grundgesamtheit, d. h. $F(\zeta) = 1/2$. Durch Summation über ν berechne man die Verteilungsfunktion der Anzahl A der Iterationen für den Stichprobenumfang $n = \nu + \mu = 10$.

Aufgabe 6.18 Wir betrachten die in Satz 6.3 behandelte Anzahl A der Iterationen. Man beweise für den Erwartungswert und die Varianz von A:

$$E[A] = 1 + \frac{2\nu\mu}{\nu + \mu}, \quad E[(A - E[A])^2] = \frac{2\nu\mu(2\nu\mu - \nu - \mu)}{(\nu + \mu)^2 (\nu + \mu - 1)}.$$

Dabei benutze man, daß $\displaystyle\sum_{i=0}^{M} \binom{M}{i} \binom{N - M}{k - i} = \binom{N}{k}$ für $0 \leqslant M \leqslant N$ und $1 \leqslant k \leqslant N$ ist.

6.2.4 Iterationen bei den ersten Differenzen

Wie schon im vorigen Abschnitt wollen wir auch hier prüfen, ob sich die Produktion im Laufe der Zeit geändert hat. Eine Zufallsstichprobe vom Umfang $n \geqslant 2$ habe also die Werte $x_1, x_2, \ldots, x_n$ ergeben, wobei der Index i wieder die zeitliche Reihenfolge der Herstellung wiedergibt. Um zu entscheiden, ob die zu den x_i gehörigen Verteilungsfunktionen untereinander verschieden sind, insbesondere, ob die Mittelwerte mit wachsendem i zunehmen oder abnehmen, bilden wir die Differenzen der Meßwerte:

$$x_2 - x_1, x_3 - x_2, x_4 - x_3, \ldots, x_n - x_{n-1}.$$

Der im folgenden zu besprechende Test benutzt die Vorzeichen dieser $(n-1)$ Differenzen. Wir nennen

$$V_2 = (\mathrm{sgn}(x_2 - x_1), \mathrm{sgn}(x_3 - x_2), \ldots, \mathrm{sgn}(x_n - x_{n-1})) \qquad (6.72)$$

die zu $(x_1, x_2, \ldots, x_n)$ gehörige 2. V o r z e i c h e n - S e q u e n z und interessieren uns insbesondere für die Iterationen der $(n-1)$ positiven und negativen Vorzeichen in V_2. Wir haben für Abschnitt 6 vorausgesetzt, daß die Verteilungsfunktion der Grundgesamtheit stetig ist. Daraus folgt, daß einander gleiche Meßwerte nur mit der Wahrscheinlichkeit 0 auftreten. Wenn in der Praxis infolge zu geringer Meßgenauigkeit doch zwei aufeinanderfolgende Werte gleich sind, so empfiehlt es sich, einen davon einfach wegzulassen. Anschaulich ist es klar, daß man die Nullhypothese „jedes x_i hat dieselbe Verteilungsfunktion $F(y)$" ablehnen wird, wenn die Anzahl C_n der Iterationen zu klein ausfällt. Um die Testschranken für C_n bestimmen zu können, müssen wir die Verteilungsfunktion von C_n unter der Voraussetzung bestimmen, daß die Nullhypothese richtig ist, woraus hier insbesondere folgt, daß alle $n!$ Permutationen oder Anordnungen von $x_1, x_2, \ldots, x_n$ gleichwahrscheinlich sind. In Anbetracht der völlig andersartigen Definition von V_2 gegenüber der 1. Vorzeichen-Sequenz V_1 (s. (6.66)) ist es klar, daß eine Zurückführung auf den Satz 6.3 nicht möglich ist.

Wir bezeichnen mit $P_{n,s}$ die Anzahl der Permutationen von $x_1, x_2, \ldots, x_n$ mit genau s Iterationen in V_2. Es ist unser Ziel, eine Rekursionsformel für $P_{n,s}$ herzuleiten, die $P_{n+1,s}$ auf $P_{n,s}$, $P_{n,s-1}$ und $P_{n,s-2}$ zurückführt. Um die Herleitung zu vereinfachen, bemerken wir, daß wir wegen der Definition (6.72) von V_2 nicht die Permutationen der $x_1, x_2, \ldots, x_n$ selbst zu betrachten brauchen, sondern daß es genügt, die Permutationen $(i_1, i_2, \ldots, i_n)$ der Zahlen $1, 2, \ldots, n$ zu betrachten.

Die folgenden Herleitungen lassen sich wesentlich anschaulicher machen, wenn man sich jeweils die Punkte $(1, i_1), (2, i_2), \ldots, (n, i_n)$ aufgezeichnet und durch einen Streckenzug verbunden denkt. Einer Iteration in V_2 entspricht dann jeweils eine „Bergauf-" oder „Bergab-Strecke" dieses Streckenzuges.

Man erkennt unmittelbar, daß für $n \geqslant 2$ gilt:

$$P_{n,0} = 0, P_{n,1} = 2 \quad \text{und} \quad P_{n,s} = 0 \quad \text{für} \quad s = n, n+1, \ldots .$$

Man kann sich nun jede Permutation $(j_1, j_2, \ldots, j_{n+1})$ der Zahlen $1, 2, \ldots, n+1$ aus einer Permutation $(i_1, i_2, \ldots, i_n)$ der Zahlen $1, 2, \ldots, n$ dadurch hervorgegangen denken, daß man an genau einer der $(n+1)$ möglichen Stellen die Zahl $(n+1)$ einfügt. Wir setzen

$$A(i_1, \ldots, i_n) = \text{Anzahl der zu } (i_1, \ldots, i_n) \text{ gehörigen Iterationen.}$$

Beim obigen Übergang von $(i_1, \ldots, i_n)$ zu $(j_1, \ldots, j_{n+1})$ ist ersichtlich

$$A(j_1, \ldots, j_{n+1}) - A(i_1, \ldots, i_n) = 0, 1 \text{ oder } 2.$$

Wenn $A(i_1, \ldots, i_n) = A(j_1, \ldots, j_{n+1}) = s \geqslant 1$ sein soll, kommen für die Zahl $(n+1)$ nur die folgenden Stellen in Frage: Vor i_1, nach i_n und vor und nach i_ν, falls $1 < \nu < n$, $i_{\nu-1} < i_\nu > i_{\nu+1}$. Man überlegt sich, daß für genau s dieser Stellen $A(i_1, \ldots, i_n)$ $= A(j_1, \ldots, j_{n+1})$ gilt. $P_{n,s}$ liefert also einen Beitrag von $sP_{n,s}$ für $P_{n+1,s}$.
Für $A(i_1, \ldots, i_n) + 1 = A(j_1, \ldots, j_{n+1}) \geqslant 2$ gibt es genau die folgenden beiden Stellen für die Zahl $(n+1)$: 1. vor i_1, falls $i_1 < i_2$, beziehungsweise nach i_1, falls $i_1 > i_2$ und 2. vor i_n, falls $i_{n-1} < i_n$, beziehungsweise nach i_n, falls $i_{n-1} > i_n$. $P_{n,s-1}$ liefert also $2P_{n,s-1}$ als Beitrag für $P_{n+1,s}$.
Wenn $A(i_1, \ldots, i_n) = s - 2 \geqslant 1$ ist, so gibt es nach der obigen Bemerkung $(s-2)$ Plätze für die Zahl $(n+1)$ mit $A(j_1, \ldots, j_{n+1}) = s - 2$ und zwei Plätze mit $A(j_1, \ldots, j_{n+1}) = s - 1$. Für die verbleibenden $(n+1) - (s-2) - 2 = n + 1 - s$ Plätze ist $A(j_1, \ldots, j_{n+1}) = s$. Also liefert $P_{n,s-2}$ den Beitrag $(n+1-s)P_{n,s-2}$ für $P_{n+1,s}$, und es ergibt sich insgesamt für $s > 2$ und — wie man sich leicht überlegt — auch für $s = 2$:

$$P_{n+1,s} = sP_{n,s} + 2P_{n,s-1} + (n+1-s)P_{n,s-2}.$$

Setzen wir formal $P_{n,k} = 0$ für $k = -1, -2, \ldots$, so gilt diese Rekursionsformel für alle ganzzahligen s.

Satz 6.5 *Für* $n \geqslant 2$ *sei* $P_{n,s}$ *die Anzahl der Permutationen* $(i_1, i_2, \ldots, i_n)$ *von* $1, 2, \ldots, n$ *mit genau* s *Iterationen bei der zugehörigen 2. Vorzeichen-Sequenz* $(\operatorname{sgn}(i_2 - i_1), \operatorname{sgn}(i_3 - i_2), \ldots, \operatorname{sgn}(i_n - i_{n-1}))$. *Dann gilt für ganzzahlige* s:

$$\left.\begin{aligned} P_{n,s} &= 0 \quad \textit{für} \quad s \leqslant 0 \quad \textit{und} \quad s \geqslant n \\ P_{n,1} &= 2 \\ P_{n+1,s} &= sP_{n,s} + 2P_{n,s-1} + (n+1-s)P_{n,s-2} \quad \textit{für alle } s. \end{aligned}\right\} \qquad (6.73)$$

Da es insgesamt $n!$ Permutationen gibt, ist $\sum_s P_{n,s} = n!$.

Für unsere ursprünglich betrachtete 2. Vorzeichen-Sequenz V_2 folgt aus dem obigen Satz

Satz 6.6 $x_1, x_2, \ldots, x_n$ *seien* $n \geqslant 2$ *paarweise verschiedene Zahlen. Alle* $n!$ *Anordnungen von* $x_1, x_2, \ldots, x_n$ *seien gleichwahrscheinlich.* C_n *sei die Anzahl der Iterationen in der* 2. *Vorzeichen-Sequenz* V_2 *(s. (6.72)). Dann ist die Wahrscheinlichkeit für* $C_n = s$ *für* $s = 1, 2, \ldots, n - 1$ *gegeben durch*

$$W(C_n = s) = \frac{P_{n,s}}{n!}, \qquad (6.74)$$

wobei $P_{n,s}$ *Satz 6.5 zu entnehmen ist.*

Mit Hilfe von (6.73) kann man durch vollständige Induktion nach n beweisen, daß für den Mittelwert von C_n gilt:

$$E[C_n] = \frac{2n-1}{3}. \qquad (6.75)$$

Ebenso beweist man für die Varianz von C_n:

$$E[(C_n - E[C_n])^2] = \begin{cases} 0 & \text{für } n = 2 \\[2mm] \dfrac{2}{9} & \text{für } n = 3 \\[2mm] \dfrac{16n - 29}{90} & \text{für } n = 4, 5, 6, \ldots \end{cases} \qquad (6.76)$$

Die Verteilungsfunktion von C_n findet man bei O w e n [1962], S. 390/391 für $n = 2, 3, \ldots, 25$ tabelliert. J. W o l f o w i t z [1944] hat gezeigt, daß C_n für $n \to \infty$ asymptotisch normalverteilt ist. Bereits für $n \geqslant 20$ läßt sich die Verteilungsfunktion von C_n ausreichend genau durch die Verteilungsfunktion Φ der Normalverteilung $N(0,1)$ approximieren:

$$W(C_n \leqslant s) = \sum_{k=1}^{s} \frac{P_{n,k}}{n!} \approx \Phi\left(\frac{s + \dfrac{1}{2} - \dfrac{2n-1}{3}}{\sqrt{(16n - 29)/90}} \right). \qquad (6.77)$$

Wir kommen nun auf unseren eingangs skizzierten Test mit der Testgröße C_n zurück. Zur Sicherheitswahrscheinlichkeit β bestimmen wir die Testschranke v_β als möglichst große natürliche Zahl mit

$$\sum_{s=1}^{v_\beta} \frac{P_{n,s}}{n!} \leqslant 1 - \beta. \qquad (6.78)$$

Die Testvorschrift lautet also:

2. Iterationskarte *Um zu prüfen, ob sich die Produktion im Laufe der Zeit verändert, benutzt man die Anzahl C_n der Iterationen in der 2. Vorzeichen-Sequenz V_2 (s. (6.72)) als Testgröße. Je nach Wahl der Sicherheitswahrscheinlichkeit β liegt C_n innerhalb der Warn- oder Kontrollgrenzen, wenn*

$$C_n > v_\beta \qquad (6.79)$$

ist. Die Schranke v_β ist dabei durch (6.78) bestimmt.

Weitere Hinweise über die Anwendungsmöglichkeiten gibt J. W o l f o w i t z [1943].

Wie schon im vorigen Abschnitt 6.2.3 gibt es auch hier die Möglichkeit, statt der Anzahl C_n die Länge der auftretenden Iterationen zum Testen zu benutzen, wobei die Nullhypothese „Produktion hat sich im Laufe der Zeit nicht verändert" abgelehnt wird, wenn Iterationen mit zu großer Länge auftreten. Wir müssen uns hier auf Literaturhinweise beschränken. Rekursionsformeln für die auftretenden Wahrscheinlichkeiten hat P. S. O l m s t e a d [1946] angegeben. L e v e n e und W o l f o w i t z [1944] haben die zugehörigen Erwartungswerte, Varianzen und Kovarianzen berechnet. Schließlich sei für Tabellen wieder auf O w e n [1962] hingewiesen.

Aufgabe 6.19 Man beweise Gl. (6.75) und (6.76).

Aufgabe 6.20 Man überzeuge sich von der Genauigkeit der Näherungsformel (6.77) für $n = 20$ und $s = 1, 2, \ldots, 19$.

6.3 Kontrollkarten für qualitative Merkmale

6.3.1 Anzahl der fehlerhaften Stücke

Hier wird bei jedem produzierten Werkstück nur darauf geachtet, ob es „einwandfrei" oder ob es „fehlerhaft" ist. Der laufenden Produktion wird im Sinne von 2.1.1 eine Zufallsstichprobe vom Umfang n entnommen, und es wird die Anzahl k der fehlerhaften oder schlechten Stücke als Testgröße ermittelt. Wir nehmen an, daß der Stichprobenumfang n so klein gegenüber der gesamten Produktion ist, daß die Beobachtungen als unabhängig angesehen werden können. Dann ist k nach 1.6.2 nach der Binomial-Verteilung $Bi(n, p)$ verteilt, wobei p der tatsächliche Ausschußanteil derjenigen Produktion ist, die im Augenblick überprüft wird.

Mit Hilfe der Testgröße k soll geprüft werden, ob p nicht von einem vorgegebenen Ausschußanteil p_0 abweicht, wobei $0 < p_0 < 1$ sei.

Gelegentlich kommt es vor, daß p_0 nicht numerisch vorgegeben ist, sondern daß man nur die Qualität der bisherigen Produktion beizubehalten wünscht. Ähnlich wie in 6.1.2 ersetzt man dann p_0 durch das arithmetische Mittel vieler beobachteter Ausschußanteile k/n aus Stichproben, die aus als einwandfrei angesehenen Grundgesamtheiten stammen.

Es ist von vornherein klar, daß obere Warn- und Kontrollgrenzen für k aufgestellt werden müssen, damit starke Vergrößerungen von p, also Verschlechterungen der Qualität, entdeckt werden. Oft ist man aber auch daran interessiert, Abweichungen nach unten unter Kontrolle zu halten, z. B. weil eine zu gute Produktion unnötig teuer sein kann. Man denke auch daran, daß eine auffallend geringe Anzahl von beobachteten fehlerhaften Stücken einfach den Grund haben kann, daß nachlässig kontrolliert wurde.

Nennen wir a_1 die untere und a_2 die obere Testschranke, so ist die Nullhypothese $p = p_0$ zugunsten der Alternative $p \neq p_0$ abzulehnen, wenn

$$k < a_1 \quad \text{oder} \quad k > a_2$$

ausfällt. a_1 und a_2 sind natürliche Zahlen, die so bestimmt werden, daß a_1 möglichst groß, a_2 möglichst klein und

$$W_{p_0}(k < a_1) \leqslant \alpha_1 \quad \text{und} \quad W_{p_0}(k > a_2) \leqslant \alpha_2 \tag{6.80}$$

ist, wobei α_1 und α_2 vorgegeben sind mit $0 < \alpha_1 + \alpha_2 < 1$. Der Test hat dann eine Irrtumswahrscheinlichkeit $\leqslant \alpha_1 + \alpha_2$ und eine Sicherheitswahrscheinlichkeit $\geqslant 1 - \alpha_1 - \alpha_2$. Für $\alpha_1 = 0$ und damit $a_1 = 0$ ist hier der Fall mit erfaßt, daß nur obere Schranken benutzt werden sollen; allerdings handelt es sich dann um einen Test für die Nullhypothese $p \leqslant p_0$ gegen die Alternative $p > p_0$ (s. 4.1.1). Selbst für $\alpha_1 > 0$ wird sich übrigens herausstellen (s. auch Aufgabe 6.22), daß nur für größere Stichprobenumfänge n (je nach Größe von p_0) die untere Schranke $a_1 > 0$ ist. Bei kleineren Stichprobenumfängen n ist also eine Kontrolle von p nach unten nicht möglich.

Da k nach $Bi(n, p)$ verteilt ist, ist die Bestimmung von a_1 und a_2 durch (6.80) gleichbedeutend mit: a_1 ist die größtmögliche und a_2 die kleinstmögliche natürliche Zahl mit

$$\sum_{i=0}^{a_1-1} \binom{n}{i} p_0^i (1-p_0)^{n-i} \leqslant \alpha_1 \quad \text{und} \quad \sum_{i=a_2+1}^{n} \binom{n}{i} p_0^i (1-p_0)^{n-i} \leqslant \alpha_2 . \tag{6.81}$$

Die Operations-Charakteristik $L(p)$ als Wahrscheinlichkeit für das Nicht-Ablehnen der Nullhypothese in Abhängigkeit vom tatsächlichen Ausschußanteil p ist

$$L(p) = W_p(a_1 \leqslant k \leqslant a_2) = \sum_{i=a_1}^{a_2} \binom{n}{i} p^i (1-p)^{n-i} . \tag{6.82}$$

An Hand der Operations-Charakteristik prüft man nach, ob Abweichungen von p_0 mit für den jeweiligen konkreten Fall hinreichend großer Wahrscheinlichkeit entdeckt werden. Gegebenenfalls ändert man den Stichprobenumfang ab.

Die Sicherheitswahrscheinlichkeit des Testes ist $L(p_0)$, wobei durch $1 - \alpha_1 - \alpha_2$ eine untere Schranke für $L(p_0)$ vorgegeben ist. Da für a_1 und a_2 nur ganzzahlige Werte in Frage kommen, kann bei der Anwendung von (6.81) (besonders bei kleinen Stichprobenumfängen n) $L(p_0)$ beträchtlich größer als $1 - \alpha_1 - \alpha_2$ ausfallen. In der Praxis ersetzt man daher oft die Ungleichungen (6.81) unter Verzicht auf die Unterscheidung zwischen Warn- und Kontrollgrenzen durch die Forderung, daß $L(p_0)$ etwa zwischen 0,95 bis 0,99 liegen soll, wobei man entweder $a_1 = 0$ setzt (und damit auf eine untere Testschranke für k verzichtet) oder a_1 und a_2 so wählt, daß

$$\sum_{i=0}^{a_1-1} \binom{n}{i} p_0^i (1-p_0)^{n-i} \approx \sum_{i=a_2+1}^{n} \binom{n}{i} p_0^i (1-p_0)^{n-i}$$

ist. Zur numerischen Bestimmung von a_1 und a_2 benutzt man zweckmäßigerweise eine Tafel der Binomial-Verteilung, wie sie z. B. S. W e i n t r a u b [1963] für verschiedene $p \leqslant 0,1$ und $n = 1, 2, \ldots, 100$ herausgegeben hat. In der Literatur zur Qualitätskontrolle findet man oft die Annäherung durch die Normalverteilung benutzt, bei der die Testschranken (für den zweiseitigen Test) in grober Näherung offenbar gleich $np_0 \pm \lambda \sqrt{np_0(1-p_0)}$ sind, wobei $\Phi(\lambda) - \Phi(-\lambda) = 2\Phi(\lambda) - 1$ gleich der Sicherheitswahrscheinlichkeit ist (s. die Approximation von $Bi(n, p)$ durch $N(np, np(1-p))$).

Wir fassen die Testvorschrift zusammen:

1. Kontrollkarte für den Ausschußanteil *Um zu prüfen, ob der Ausschußanteil p nicht nach oben von dem vorgegebenen Wert p_0 abweicht, benutzt man die Anzahl k der fehlerhaften Stücke in der Stichprobe vom Umfang n als Testgröße. Je nach Wahl der Sicherheitswahrscheinlichkeit β liegt k innerhalb der Warn- oder Kontrollgrenzen, wenn*

$$k \leqslant a_2 \tag{6.83}$$

ist, wobei a_2 die kleinstmögliche natürliche Zahl mit

$$\sum_{i=0}^{a_2} \binom{n}{i} p_0^i (1-p_0)^{n-i} \geqslant \beta \tag{6.84}$$

ist.

2. Kontrollkarte für den Ausschußanteil *Um zu prüfen, ob der Ausschußanteil p nicht von dem vorgegebenen Wert p_0 abweicht, benutzt man die Anzahl k der fehlerhaften Stücke in der Stichprobe vom Umfang n als Testgröße. Je nach Wahl der Sicherheitswahrscheinlichkeit $\beta = 1 - \alpha_1 - \alpha_2$ liegt k innerhalb der Warn- oder Kontrollgrenzen, wenn*

$$a_1 \leqslant k \leqslant a_2 \tag{6.85}$$

ist, wobei a_1 die größtmögliche und a_2 die kleinstmögliche natürliche Zahl mit

$$\sum_{i=0}^{a_1-1} \binom{n}{i} p_0^i (1-p_0)^{n-i} \leqslant \alpha_1 \quad und \quad \sum_{i=a_2+1}^{n} \binom{n}{i} p_0^i (1-p_0)^{n-i} \leqslant \alpha_2 \tag{6.86}$$

ist.

Zur Erläuterung der praktischen Möglichkeiten betrachten wir den Fall $n = 5$ und $p_0 = 0{,}01$. Dann ist

i	0	1	2	3	4	5
$\binom{n}{i} p_0^i (1-p_0)^{n-i}$	0,951	0,048	0,001	0,000	0,000	0,000

Hier ist also a_1 zwangsläufig gleich 0 für jede überhaupt brauchbare Irrtumswahrscheinlichkeit. Es läßt sich daher nur die 1. Kontrollkarte benutzen, und auch dann bleibt praktisch nur die Möglichkeit, $a_2 = 0$ zu wählen, woraus eine Sicherheitswahrscheinlichkeit von $L(p_0) = 0{,}951$ folgt. Für $a_2 = 1$ wäre die Sicherheitswahrscheinlichkeit bereits zu groß, nämlich = 0,999.

Abschließend sei auf eine Möglichkeit hingewiesen, diese Kontrollkarten mit Hilfe des Binomial-Papiers graphisch zu führen. Man zeichnet sich dabei die Punkte $(\sqrt{n-k}, \sqrt{k})$ auf. Mit Hilfe eines durchsichtigen Lineals kann man dann zu jedem vorgegebenen p_0 ablesen, ob der Punkt außerhalb der Warn- oder Kontrollgrenzen liegt oder nicht. Die auf dem durchsichtigen Lineal eingezeichneten parallelen Geraden werden mit Hilfe einer Transformation von k und Approximation durch die Normalverteilung in Abhängigkeit von der Sicherheitswahrscheinlichkeit berechnet. Näheres findet man in den Arbeiten von M o s t e l l e r und T u k e y [1949] und H. G e b e l e i n [1953].

Aufgabe 6.21 Man skizziere die Operations-Charakteristik des im obigen Beispiel erwähnten Testes mit $n = 5$, $a_1 = a_2 = 0$.

Aufgabe 6.22 Wie groß muß der Stichprobenumfang n mindestens sein, damit in (6.86) ein $a_1 > 0$ für $\alpha_1 = 0{,}025$ existiert, wenn $p_0 = 0{,}001$ oder $p_0 = 0{,}01$ oder $p_0 = 0{,}1$ ist?

6.3.2 Anzahl der Fehler pro Einheit

Nicht immer ist es möglich, die Anzahl der fehlerhaften Stücke zum Testen zu benutzen, wie dies im vorigen Abschnitt geschehen ist. Bei einem Stoffballen z. B. macht ein Fehler ja nicht den ganzen Ballen unbrauchbar, vielmehr kommt es nur darauf an, daß der einzelne Ballen nicht zu viele Fehler aufweist (und eventuell auch nicht zu wenig, weil er dann zu einer anderen Güteklasse gehört). Zum Testen wird hier die Anzahl der Fehler pro Einheit (= number of defects per unit) einer zufällig herausgegriffenen Einheit benutzt. Solche Einheit kann z. B. aus einer Rolle Kupferdraht, einem Ballen Stoff oder auch aus einem oder mehreren Radio-Apparaten bestehen. Für die Anwendungen ist auch der Fall wichtig, daß die Einheit gleich der Verpackungseinheit ist (z. B. ein Paket mit 1000 Schrauben).

Bei vielen in der Praxis vorkommenden Beispielen sind die folgenden Annahmen über die Anzahl der Fehler pro Einheit erfüllt, die wir am Beispiel einer Rolle isolierten Kupferdrahtes besprechen wollen. Bei einwandfreier Produktion seien einige Fehler, z. B. der Isolierung, erlaubt, deren Anzahl und Lage vom Zufall abhängt. Die Anzahlen der Fehler in getrennten Abschnitten des Drahtes sind statistisch voneinander unabhängig. Die Verteilungsfunktion der Anzahl der Fehler in einem kleinen Abschnitt der Länge Δt hängt nur von Δt, aber nicht von der Lage des Abschnitts ab. Die Wahrscheinlichkeit, in einem kleinen Abschnitt der Länge Δt genau einen Fehler zu finden, ist bis auf Glieder höherer Ordnung proportional zu Δt, sagen wir gleich $\lambda \cdot \Delta t$. Die Wahrscheinlichkeit, in einem kleinen Abschnitt der Länge Δt mehr als einen Fehler zu finden, ist von höherer Ordnung in Δt und kann daher vernachlässigt werden. Nun wurde bereits in 1.6.3 darauf hingewiesen, daß man unter diesen Voraussetzungen beweisen kann, daß dann die Anzahl der Fehler bei Drähten der Länge t nach der Poisson-Verteilung $Po(\lambda t)$ verteilt ist. Für unsere statistischen Zwecke kommt es nur auf den Parameter λt der Poisson-Verteilung an und nicht auf λ und t selbst.

Demnach hat es einen Sinn, eine Kontrollkarte unter der folgenden Voraussetzung zu entwickeln:

Bei einwandfreier Produktion ist die Anzahl der Fehler pro Einheit eine nach der Poisson-Verteilung $Po(c_0)$ *verteilte zufällige Variable.*

Ob diese Voraussetzung in einem konkreten Fall der Praxis erfüllt ist, kann man entweder dadurch entscheiden, daß man entsprechend dem obigen Beispiel prüft, ob das zur Ableitung der Poisson-Verteilung benutzte mathematische Modell angemessen ist, oder dadurch, daß man mit Hilfe eines statistischen Testes (z. B. des χ^2-Testes, s. P f a n z a g l [1978], Bd. II) prüft, ob bei einwandfreier Produktion die Poisson-Verteilung vorliegt.

Nach (1.45) und (1.46) hat die Poisson-Verteilung $Po(c_0)$ den Mittelwert und die Varianz c_0. c_0 ist also die durchschnittliche Anzahl der Fehler pro Einheit bei einwandfreier Produktion. Für die Kontrollkarte wird c_0 als Sollwert vorgegeben oder − wenn nur die bisherige Produktion ungeändert fortgesetzt werden soll − auf Grund vieler Stichproben geschätzt, die aus als einwandfrei angesehenen Grundgesamtheiten stammen.

Anschaulich ist es klar, daß die Anzahl der Fehler in zwei Einheiten nach einer Poisson-Verteilung $Po(2c)$ verteilt ist, wenn die Anzahl der Fehler in jeder Einheit nach $Po(c)$ verteilt ist. In der Tat läßt sich ganz allgemein mit Hilfe von (1.33) folgendes beweisen:

Satz 6.7 *Wenn* $\xi_1, \xi_2, \ldots, \xi_n$ *unabhängige zufällige Variable sind und* ξ_i *nach* $Po(c_i)$ *verteilt ist* $(i = 1, 2, \ldots, n)$, *so ist die Summe* $\xi_1 + \xi_2 + \cdots + \xi_n$ *nach der Poisson-Verteilung* $Po(c_1 + c_2 + \cdots + c_n)$ *verteilt.*

Dieser Satz zeigt, daß man bei der folgenden Kontrollkarte z. B. ebenso gut eine wie mehrere Verpackungseinheiten als „Einheit" für die Anzahl der Fehler ansehen kann.

Der Test benutzt die Anzahl k der Fehler einer zufällig herausgegriffenen Einheit als Testgröße. Im übrigen wird ganz analog zum vorigen Abschnitt vorgegangen, nur daß die Binomial-Verteilung durch die Poisson-Verteilung zu ersetzen ist. Wir können daher gleich die Testvorschrift formulieren:

Kontrollkarte für die durchschnittliche Anzahl der Fehler pro Einheit *Um zu prüfen, ob die durchschnittliche Anzahl der Fehler pro Einheit von dem vorgegebenen Wert c_0 abweicht, benutzt man die Anzahl k der Fehler einer zufällig herausgegriffenen Einheit als Testgröße. Je nach Wahl der Sicherheitswahrscheinlichkeit $\beta = 1 - \alpha_1 - \alpha_2$ liegt k innerhalb der Warn- oder Kontrollgrenzen, wenn*

$$c_1 \leqslant k \leqslant c_2 \tag{6.87}$$

ist, wobei $\alpha_1 \approx \alpha_2$ gewählt wird und c_1 die größtmögliche und c_2 die kleinstmögliche natürliche Zahl $\geqslant 0$ mit

$$\sum_{i=0}^{c_1-1} \frac{c_0^i}{i!} e^{-c_0} \leqslant \alpha_1 \quad und \quad \sum_{i=c_2+1}^{\infty} \frac{c_0^i}{i!} e^{-c_0} \leqslant \alpha_2 \tag{6.88}$$

ist. Interessiert man sich nur für Abweichungen nach oben, so wählt man dagegen $\alpha_1 = c_1 = 0$.

Um zu zeigen, daß im Falle $\alpha_1 = c_1 = 0$ die Irrtumswahrscheinlichkeit wirklich $= \alpha_2$ ist, braucht man nur auszunutzen, daß die Operations-Charakteristik (6.90) für $c_1 = 0$ eine monotone Funktion von c ist.

Für die numerische Bestimmung von c_1 und c_2 benutzt man zweckmäßigerweise eine Tafel der Poisson-Verteilung (siehe z. B. E. C. M o l i n a [1947], aber auch O w e n [1962] oder P e a r s o n und H a r t l e y [1966]), wobei man die Bedingung für c_2 umformt zu

$$\sum_{i=0}^{c_2} \frac{c_0^i}{i!} e^{-c_0} \geqslant 1 - \alpha_2. \tag{6.89}$$

Nähert man die Poisson-Verteilung $Po(c_0)$ durch die Normalverteilung $N(c_0, c_0)$ an, so erhält man $c_0 \pm \lambda \sqrt{c_0}$ als grobe Näherung für die Testschranken, wobei $\Phi(-\lambda) = \alpha_1 = \alpha_2$ ist.

Da c_1 und c_2 ganzzahlig sein müssen, ist man auch hier — ähnlich wie im vorigen Abschnitt — für kleine c_0 genötigt, auf $c_1 > 0$ und den Unterschied zwischen Warn- und Kontrollgrenzen zu verzichten. Betrachten wir z. B. den Fall $c_0 = 1$. Dann ist

i	0	1	2	3	4	5	6	...
$\dfrac{c_0^i}{i!} e^{-c_0}$	0,368	0,368	0,184	0,061	0,015	0,003	0,001	...

Für $\alpha_1 \leqslant 0,025$ (sogar $\leqslant 0,36$) ist $c_1 = 0$. Im Rahmen der üblichen Sicherheitswahrscheinlichkeit β ist $c_2 = 3$ zu wählen, wobei dann $\beta = 0,981$ ist.

Für den Fall, daß auch bei nicht einwandfreier Produktion immer noch die Poisson-Verteilung Po(c) – jetzt mit $c \neq c_0$ – vorliegt, läßt sich sofort die Operations-Charakteristik $L(c)$ des Testes (6.87), also die Wahrscheinlichkeit für das Nicht-Ablehnen der Nullhypothese „Produktion ist einwandfrei", angeben:

$$L(c) = \sum_{i = c_1}^{c_2} \frac{c^i}{i!} e^{-c}. \tag{6.90}$$

Aufgabe 6.23 Man bestimme die Testschranken c_1 und c_2 nach (6.88) beziehungsweise (6.89) für $c_0 = 4,5$ und $\alpha_1 = \alpha_2 = 0,015$. Man skizziere hierfür die Operations-Charakteristik (6.90).

Aufgabe 6.24 Wie groß muß c_0 mindestens sein, damit für $\alpha_1 = 0,025$ ein $c_1 > 0$ existiert?

Aufgabe 6.25 Man beweise Satz 6.7.

6.4 Kosten und Kontrollabstand

In den vorhergehenden Abschnitten 6.1, 6.2 und 6.3 wurde dargestellt, wie man eine laufende Produktion mit Hilfe von Stichproben kontrollieren kann, wobei aber nicht darauf eingegangen wurde, in welchem zeitlichen Abstand zu kontrollieren ist. Entsprechend den jeweiligen Umständen wurden verschiedene Tests vorgeschlagen. Stets aber handelte es sich um Signifikanz-Tests, wie sie in Abschnitt 2.3.2 eingeführt wurden. Die jeweils zu benutzenden Testschranken, also die Warn- beziehungsweise Kontrollgrenzen, wurden dabei so bestimmt, daß die Irrtumswahrscheinlichkeit gleich einem vorgegebenen Wert ausfällt, und zwar – wie auch sonst in der Statistik üblich und bewährt – insbesondere gleich 5% oder 1%. Etwas anders ausgedrückt kann man sagen, daß der Kontrollabstand und die Irrtumswahrscheinlichkeit (und damit die Testschranke) entsprechend der beim jeweiligen Fertigungsprozeß gewonnenen „Erfahrung" festgelegt wird. Gegen dieses Vorgehen ist – bei befriedigenden Ergebnissen – sicher nichts einzuwenden. Da aber bei fast jeder Produktion den Kosten eine entscheidende Rolle zukommt, muß man sich fragen, ob es nicht möglich ist, den Kontrollabstand und die Testschranke so zu bestimmen, daß das Ergebnis in Hinblick auf die Kosten möglichst günstig ist.

Es ist hier und jetzt nicht möglich, eine endgültige Antwort zu geben. Einerseits sind nämlich die Möglichkeiten für das, was zwischen zwei Kontrollen passieren kann, zu vielfältig und andererseits sind meines Erachtens auch die Untersuchungen über geeignete statistische Verfahren noch nicht hinreichend weit fortgeschritten. Wie so oft gilt es, einen Kompromiß zu finden zwischen einem den tatsächlichen Sachverhalt hinreichend gut erfassenden und damit zwangsläufig komplizierten und einem für die erforderliche Berechenbarkeit der Lösung ausreichend einfachen mathematischen Modell. Solche Modelle sind in den letzten Jahren Gegenstand vieler Untersuchungen gewesen. Eine Literatur-Übersicht findet man bei D. C. M o n t g o m e r y [1980].

Aus Platzgründen kann hier nur ein Modell vorgestellt werden, und zwar ein Modell, bei dem ein vorgeschriebener Mittelwert mittels einer messenden Prüfung kontrolliert wird (vergleiche 6.1.1). Das Modell geht auf A. J. D u n c a n [1956] zurück; es wurde verschiedentlich variiert und erweitert (siehe z. B. W. K. C h i u [1974], W. K. C h i u und G. B. W e t h e r i l l [1974], A. J. D u n c a n [1978]). Die hier dargestellte Fassung und die Lösung der auftretenden mathematischen Probleme findet man bei E. v. C o l l a n i [1978] und [1981].

6.4.1 Beschreibung des Modells

6.4.1.1 Annahmen über den Produktionsprozeß Entscheidend für die Güte eines produzierten Stückes sei ein quantitatives Merkmal ξ. Es sei

$$\xi_i = \text{Merkmal des i-ten produzierten Stückes.} \tag{6.91}$$

Wir setzen voraus, daß $\xi_1, \xi_2, \xi_3, \ldots$ als unabhängige zufällige Variable aufgefaßt werden können und daß jedes ξ_i normalverteilt ist mit bekannter Streuung σ.

Am Beginn der Fertigung sei der Produktionsprozeß in einwandfreiem Zustand, der dadurch gekennzeichnet ist, daß der Mittelwert der ξ_i gleich einem vorgeschriebenen Wert μ ist. Wir sagen dafür abkürzend, daß sich der Produktionsprozeß im

$$\text{Zustand I: } \xi \text{ normalverteilt nach } N(\mu, \sigma^2) \tag{6.92}$$

befindet.

Wir nehmen an, daß ein im Produktionsprozeß auftretender Fehler nur die Auswirkung haben kann, daß sich der Mittelwert um $\delta\sigma$ nach oben oder unten verschiebt (es sei $\delta > 0$); der Prozeß befindet sich dann im

$$\text{Zustand II: } \xi \text{ normalverteilt nach } N(\mu + \delta\sigma, \sigma^2) \text{ oder } N(\mu - \delta\sigma, \sigma^2). \tag{6.93}$$

Die Wahrscheinlichkeit, daß nach einem auftretenden Fehler der Mittelwert $\mu + \delta\sigma$ ist, sei w mit $0 \leqslant w \leqslant 1$. Dann ist die Wahrscheinlichkeit, daß der Mittelwert bei einem Fehler auf $\mu - \delta\sigma$ fällt, gleich $1 - w$.

Die Zeit τ_I zwischen dem Produktionsbeginn und dem Auftreten eines Fehlers im Produktionsprozeß, genauer: die Zeit, in der tatsächlich produziert wird, Pausen einschließlich Pausen für eine Durchsicht des Produktionsapparates nicht mitgerechnet, hänge vom Zufall ab; wir wollen annehmen, daß τ_I eine zufällige Variable ist, die nach einer Exponential-Verteilung mit bekanntem Parameter $\lambda > 0$ verteilt ist (siehe (1.66)):

$$W(\tau_I \leqslant t) = \begin{cases} 0 & \text{für } t \leqslant 0 \\ 1 - e^{-\lambda t} & \text{für } t > 0. \end{cases} \tag{6.94}$$

Nach den Erläuterungen zu (1.65) ist $1/\lambda$ die charakteristische Lebensdauer; es ist nämlich $W(\tau_I > 1/\lambda) = e^{-1}$. Mit Hilfe von (1.22) und der im Anschluß an Definition 1.12 eingeführten Gamma-Funktion rechnet man leicht nach, daß $1/\lambda$ zugleich der Erwartungswert von τ_I ist:

$$E[\tau_I] = 1/\lambda. \tag{6.95}$$

Da τ_I die Verweildauer im Zustand I ist, kann man $1/\lambda$ als mittlere Verweildauer im Zustand I bezeichnen. Nach (1.61) und (1.67) hat unsere Annahme (6.94) zur Folge, daß die bedingte Wahrscheinlichkeit dafür, daß ein Fehler im Produktionsprozeß in einem Zeitintervall der Länge Δt auftritt, unabhängig davon ist, wie lange die Produktion schon einwandfrei abläuft. Anders ausgedrückt: Der Produktionsprozeß wird im Laufe der Zeit nicht anfälliger für einen Fehler.

Wir wollen schließlich noch annehmen, daß die Produktionsgeschwindigkeit im Laufe der Zeit ungeändert bleibt. Setzen wir

$$\nu = \text{Anzahl der produzierten Stücke pro Zeiteinheit,} \tag{6.96}$$

so ist also die Anzahl der während der mittleren Verweildauer im Zustand I produzierten Stücke stets gleich ν/λ.

Diese Annahmen sind sicherlich recht einschränkend und daher wohl in der Praxis auch höchstens näherungsweise erfüllt. Doch scheint mir dieses Modell für eine Fortentwicklung besonders aussichtsreich zu sein.

6.4.1.2 Verallgemeinerte Prüfpläne Durch die Kosten berücksichtigende Kontroll- und gegebenenfalls Reparaturmaßnahmen soll dafür gesorgt werden, daß der Produktionsprozeß sich möglichst oft im Zustand I befindet.

Die Kontrollmaßnahmen wollen wir durch einen verallgemeinerten

$$\text{Prüfplan (T, n, c)} \tag{6.97}$$

charakterisieren, wobei

$$\left.\begin{array}{l} T = \text{Kontrollabstand} > 0 \\ n = \text{Stichprobenumfang, ganzzahlig} \geqslant 0 \\ c \geqslant 0, \ c = \text{Testschranke für } n > 0 \end{array}\right\} \tag{6.98}$$

ist.

Bei gegebenem Prüfplan (T, n, c) ist folgendermaßen vorzugehen:

1. Fall *Es sei* $0 < T < \infty$, $n \geqslant 1$, $0 < c < \infty$. *Dann ist im zeitlichen Abstand T jeweils eine Kontrolle durchzuführen. Man entnimmt dazu der Produktion n hintereinander produzierte Stücke, ermittelt ihre Meßwerte* (6.91) *und errechnet den empirischen Mittelwert* $\bar{x}$ *dieser Stichprobe. Falls* $|\bar{x} - \mu| \leqslant c\sigma/\sqrt{n}$ *ausfällt, läuft die Produktion ungeändert weiter. Falls aber* $|\bar{x} - \mu| > c\sigma/\sqrt{n}$ *ausfällt, wird der Produktionsapparat durchgesehen und nötigenfalls repariert.*

Die Voraussetzung $0 < c < \infty$ stellt sicher, daß die Entscheidung überhaupt vom Stichprobenergebnis abhängt; will man dies nicht, so setzt man $n = 0$ (siehe „2. Fall").

Nach wie vor ist es zweckmäßig, die Kontrollergebnisse in eine Kontrollkarte einzutragen. Der Kontrollabstand T soll nur die reine Produktionszeit umfassen, beginnt also gegebenenfalls erst nach Abschluß der Durchsicht und Reparatur zu zählen. Es ist sorgfältig zwischen Durchsicht und Reparatur zu unterscheiden; die Durchsicht beinhaltet – anders als die Reparatur – keine Nachstellung des Produktionsapparates; oder anders ausgedrückt: Die in (6.94) eingeführte Verweildauer wird durch eine Durchsicht ohne anschließende Reparatur nur unterbrochen, beginnt aber nicht etwa neu zu zählen.

Neben dem obigen 1. Fall sind für extreme Kostensituationen die folgenden beiden Sonderfälle in die Betrachtungen einzubeziehen.

2. Fall *Es sei $0 < T < \infty$, $n = 0$, $0 \leqslant c < \infty$. Nach jeweils T Zeiteinheiten ist mit der Wahrscheinlichkeit $\alpha = 2\Phi(-c)$ der Produktionsapparat durchzusehen und nötigenfalls zu reparieren. Es ist $0 < \alpha \leqslant 1$.*

Es erweist sich als zweckmäßig, hier eine randomisierte Entscheidung (vergleiche den letzten Teil von Abschnitt 4.2.5.2) zuzulassen, wobei wir die Wahrscheinlichkeit für die Durchsicht mit Hilfe der in (1.53) eingeführten Verteilungsfunktion Φ der Normalverteilung $N(0,1)$ als Funktion von c ausdrücken. Für $c = 0$ und also $\alpha = 1$ entfällt die Randomisierung, die Durchsicht ist dann stets durchzuführen. Für $c = \infty$ dagegen wäre $\alpha = 0$, man verzichtete also auf Durchsichten und wäre beim

3. Fall *Es sei $T = \infty$. Dann ist auf Kontrolle und Durchsicht überhaupt zu verzichten. Wir setzen $n = 0$ und $c = \infty$.*

Ersichtlich kommt es bei dieser Vorschrift für den 3. Fall nicht auf n und c an. Um aber doch auch hier wie in den anderen Fällen den Prüfplan eindeutig anzugeben, setzen wir in naheliegender Weise $n = 0$ und $c = \infty$ (denn $n = 0$ deutet an, daß keine Stichproben gezogen werden und $c = \infty$ erinnert daran, daß es nie zur Durchsicht des Produktionsapparates kommt).

In den ersten beiden Fällen kommt es zu Durchsichten und eventuell auch zu Reparaturen. Für die dafür erforderlichen Zeiten – sie zählen bei der in (6.94) eingeführten Verweildauer und beim Kontrollabstand T nicht mit – führen wir folgende Bezeichnungen ein:

$$t_D = \text{durchschnittliche Zeitdauer einer Durchsicht des Produktionsapparates,}$$

$$t_R = \text{durchschnittliche Zeitdauer einer Reparatur des Produktionsapparates.} \tag{6.99}$$

Es genügt $t_D \geqslant 0$ und $t_R \geqslant 0$ vorauszusetzen.

Wir wollen weiter annehmen, daß die für die Stichprobenkontrolle erforderliche Zeit so kurz ist, daß man sie vernachlässigen kann.

6.4.1.3 Annahmen über die Kosten Wir wollen zur Bestimmung eines möglichst guten verallgemeinerten Prüfplans (T, n, c) die folgenden Kosten berücksichtigen:

$$G_I = \text{Gewinn pro produziertem Stück im Zustand I,}$$

$$G_{II} = \text{Gewinn pro produziertem Stück im Zustand II,}$$

wobei

$$G_I > 0 \quad \text{und} \quad G_{II} < G_I \tag{6.100}$$

vorausgesetzt sei.

Weiter sei

K_F = feste Kosten pro Zeiteinheit, falls überhaupt Durchsichten und Reparaturen vorgesehen sind ($T < \infty$)

K_D = durchschnittliche Kosten für eine Durchsicht des Produktionsapparates

K_R = durchschnittliche Kosten für eine Reparatur des Produktionsapparates

K_S = feste Kosten pro Zeiteinheit, falls überhaupt Stichprobenkontrollen vorgesehen sind ($n \geqslant 1$)

K_K = Kosten für die Kontrolle eines Stückes.

Wir setzen voraus:

$$K_F \geqslant 0, \quad K_D > 0, \quad K_R \geqslant 0, \quad K_S \geqslant 0, \quad K_K > 0. \tag{6.101}$$

Bei den Kosten K_D und K_R ist auch zu berücksichtigen, daß während der Durchsicht oder Reparatur nichts produziert wird; K_D und K_R enthalten also auch den „entgangenen Gewinn".

Um eine gemeinsame Behandlung der drei Fälle des vorigen Abschnittes zu ermöglichen, führen wir die Größe

$$K_{T,n} = \begin{cases} 0 & \text{für } T = \infty \\ K_F & \text{für } T < \infty, n = 0 \\ K_F + K_S & \text{für } T < \infty, n \geqslant 1 \end{cases} \tag{6.102}$$

ein.

6.4.1.4 Durchschnittlicher Verlust pro Stück Als entscheidend für die Beurteilung eines verallgemeinerten Prüfplans (T, n, c) wollen wir den durchschnittlichen Verlust $V(T, n, c)$ pro produziertem Stück auf lange Sicht ansehen.

Wir betrachten dazu zunächst den Fall, daß der Kontrollabstand $T < \infty$ ist. Da nach Abschluß einer Reparatur des Produktionsapparates alles wieder von vorn beginnt, genügt es, einen Produktionszyklus zu betrachten, der nach einer Reparatur (oder nach dem ersten korrekten Einstellen) beginnen und nach der ersten darauffolgenden Reparatur enden soll. Jeder Produktionszyklus beginnt also im Zustand I. Da Reparaturen nur vorgenommen werden, falls sie erforderlich sind, wird in jedem Produktionszyklus auch im Zustand II produziert. Wir führen für einen Produktionszyklus die folgenden Bezeichnungen ein:

$$\left.\begin{array}{l} \tau_I \;\; = \text{Zeit, in der im Zustand I produziert wird} \\ \tau_{II} \;\, = \text{Zeit, in der im Zustand II produziert wird} \\ A_I \;\, = \text{Anzahl der Stichproben-Kontrollen im Zustand I} \\ A_{II} = \text{Anzahl der Stichproben-Kontrollen im Zustand II} \\ A_D = \text{Anzahl der Durchsichten im Zustand I.} \end{array}\right\} \tag{6.103}$$

Die Zeitdauer eines solchen Zyklus beträgt dann (siehe (6.99))

$$\tau_I + \tau_{II} + (A_D + 1)t_D + t_R, \tag{6.104}$$

und nach (6.97) ist

$$(A_I + A_{II})T = \tau_I + \tau_{II}. \tag{6.105}$$

Nach Abschnitt 6.4.1.3 ergibt sich für den Gesamtverlust V_g in einem Produktionszyklus

$$V_g = - G_I \tau_I \nu - G_{II} \tau_{II} \nu + K_{T,n}(\tau_I + \tau_{II} + (A_D + 1)t_D + t_R)$$
$$+ K_D(A_D + 1) + K_R + K_K(A_I + A_{II})n. \tag{6.106}$$

Man beachte, daß in (6.106) nur die Größen τ_I, τ_{II}, A_D, A_I, A_{II} zufällige Variable sind; alle anderen Größen sind bei gegebenen Produktionsbedingungen Konstante. Es sei betont, daß auch jedes andere Modell, bei dem der Verlust ebenfalls eine lineare Funktion der fünf zufälligen Variablen ist, zu der prinzipiell gleichen mathematischen Aufgabenstellung führt.

Bevor wir nun die Erwartungswerte dieser fünf zufälligen Variablen und damit des Gesamtverlustes (6.106) berechnen, wollen wir die Wahrscheinlichkeiten für zufallsbedingte Fehlentscheidungen bestimmen.

Mit α wollen wir die Wahrscheinlichkeit dafür bezeichnen, daß auf Grund der Kontroll-Vorschriften des Abschnittes 6.4.1.2 die Entscheidung „Produktionsapparat ist durchzusehen" lautet, obwohl sich die Produktion im Zustand I befindet. Ist der Stichprobenumfang $n \geqslant 1$, so ist α die Wahrscheinlichkeit dafür, daß $|\bar{x} - \mu| > c\sigma/\sqrt{n}$ ausfällt, falls ξ nach $N(\mu, \sigma^2)$ und daher $\bar{x}$ nach $N(\mu, \sigma^2/n)$ normalverteilt ist.

Daher ist nach (1.54)

$$\alpha = 1 - W_\mu\left(- c \leqslant \frac{\bar{x} - \mu}{\sigma}\sqrt{n} \leqslant c\right) = 1 - \Phi(c) + \Phi(- c),$$

also ist

$$\alpha = 2\Phi(- c). \tag{6.107}$$

Nach dem „2. Fall" in Abschnitt 6.4.1.2 ist $\alpha = 2\Phi(- c)$ auch im Falle $n = 0$ gleich der Wahrscheinlichkeit für eine Durchsicht des Produktionsapparates, obwohl diese unnötig ist.

Wir fragen nun andererseits nach der Wahrscheinlichkeit für ein Unterlassen der Durchsicht, falls die Produktion schon im Zustand II ist. Falls ξ nach $N(\mu + \delta\sigma, \sigma^2)$ und also $\bar{x}$ nach $N(\mu + \delta\sigma, \sigma^2/n)$ verteilt ist, so ist für $n \geqslant 1$

$$W_{\mu+\delta\sigma}(|\bar{x} - \mu| \leqslant c\sigma/\sqrt{n}) = W_{\mu+\delta\sigma}\left(- c - \delta\sqrt{n} \leqslant \frac{\bar{x} - \mu - \delta\sigma}{\sigma}\sqrt{n} \leqslant c - \delta\sqrt{n}\right)$$
$$= \Phi(c - \delta\sqrt{n}) - \Phi(- c - \delta\sqrt{n}) = 1 - \Phi(- c + \delta\sqrt{n}) - \Phi(- c - \delta\sqrt{n});$$

falls aber ξ nach $N(\mu - \delta\sigma, \sigma^2)$ verteilt ist, so ist wiederum

$$W_{\mu-\delta\sigma}(|\bar{x} - \mu| \leqslant c\sigma/\sqrt{n}) = W_{\mu-\delta\sigma}\left(- c + \delta\sqrt{n} \leqslant \frac{\bar{x} - \mu + \delta\sigma}{\sigma}\sqrt{n} \leqslant c + \delta\sqrt{n}\right)$$
$$= \Phi(c + \delta\sqrt{n}) - \Phi(- c + \delta\sqrt{n}) = 1 - \Phi(- c - \delta\sqrt{n}) - \Phi(- c + \delta\sqrt{n}).$$

Nach Definition 1.10 und nach (6.93) ist daher für $n \geqslant 1$ die Wahrscheinlichkeit β dafür, daß eine Stichprobe zur Entscheidung „keine Durchsicht erforderlich" führt, obwohl sich die Produktion bereits im Zustand II befindet, gleich

$$\beta = wW_{\mu+\delta\sigma}(|\bar{x} - \mu| \leqslant c\sigma/\sqrt{n}) + (1 - w)W_{\mu-\delta\sigma}(|\bar{x} - \mu| \leqslant c\sigma/\sqrt{n}),$$

also $\qquad \beta = 1 - \Phi(- c + \delta\sqrt{n}) - \Phi(- c - \delta\sqrt{n}).$ $\qquad\qquad$ (6.108)

Für $n = 0$ geht (6.108) über in $\beta = 1 - 2\Phi(- c)$; also gibt (6.108) auch im Falle $n = 0$ (siehe „2. Fall" in 6.4.1.2) die Wahrscheinlichkeit dafür an, daß es nicht zu einer Durchsicht kommt, obwohl diese erforderlich wäre. In beiden Fällen ist $0 \leqslant \beta < 1$, und es ist $\beta = 0$ nur für $n = c = 0$.

Wir kommen nun zur Berechnung der einzelnen Erwartungswerte. Nach (6.103) und (6.94), (6.95) gilt für den Erwartungswert der Produktionszeit τ_I im Zustand I

$$E[\tau_I] = 1/\lambda. \qquad\qquad (6.109)$$

Im Zustand II kommt es genau dann zu i Stichproben-Kontrollen, wenn die ersten $(i - 1)$ Kontrollen zur Entscheidung „keine Durchsicht" geführt haben, die i-te Kontrolle aber zur Entscheidung „Durchsicht erforderlich"; daher gilt nach (1.21) für den Erwartungswert der Anzahl A_{II} der Stichproben-Kontrollen im Zustand II:

$$E[A_{II}] = \sum_{i=0}^{\infty} i\beta^{i-1}(1 - \beta) = \frac{1}{1 - \beta}. \qquad\qquad (6.110)$$

Zur Berechnung des Erwartungswertes der Anzahl A_I der Stichproben-Kontrollen im Zustand I berücksichtigt man, daß es genau dann zu mindestens j Kontrollen kommt, falls $\tau_I \geqslant jT$ ist; damit ergibt sich nach (6.94)

$$E[A_I] = \sum_{i=0}^{\infty} iW(A_I = i) = \sum_{i=1}^{\infty} \sum_{j=1}^{i} W(A_I = i) = \sum_{j=1}^{\infty} \sum_{i=j}^{\infty} W(A_I = i)$$

$$= \sum_{j=1}^{\infty} W(A_I \geqslant j) = \sum_{j=1}^{\infty} W(\tau_I \geqslant jT) = \sum_{j=1}^{\infty} e^{-\lambda jT} = \frac{1}{e^{\lambda T} - 1}. \qquad (6.111)$$

Es kann höchstens dann zu k Durchsichten im Zustand I kommen, wenn die Anzahl A_I der Stichproben-Kontrollen größer oder gleich k ist; daher ergibt sich für den Erwartungswert der Anzahl A_D der Durchsichten im Zustand I unter Berücksichtigung von (6.107) und (6.111):

$$E[A_D] = \sum_{k=0}^{\infty} kW(A_D = k) = \sum_{k=1}^{\infty} kW(\{A_D = k\} \cap \bigcup_{i=k}^{\infty} \{A_I = i\})$$

$$= \sum_{k=1}^{\infty} \sum_{i=k}^{\infty} kW(\{A_D = k\} \cap \{A_I = i\})$$

$$= \sum_{i=1}^{\infty} \sum_{k=1}^{i} k \binom{i}{k} \alpha^k (1 - \alpha)^{i-k} W(A_I = i)$$

$$= \sum_{i=1}^{\infty} i\alpha(\alpha + 1 - \alpha)^{i-1} W(A_I = i) = \sum_{i=1}^{\infty} i\alpha W(A_I = i) = \frac{\alpha}{e^{\lambda T} - 1}. \qquad (6.112)$$

Zur Berechnung des Erwartungswertes der Produktionszeit τ_{II} im Zustand II benutzen wir (6.105):

$$E[\tau_{II}] = E[A_I T + A_{II} T - \tau_I] = \frac{T}{e^{\lambda T} - 1} + \frac{T}{1 - \beta} - \frac{1}{\lambda}. \tag{6.113}$$

Unter Benutzung von (6.109) bis (6.113) ergibt sich für den Erwartungswert des Gesamtverlustes (6.106) in einem Produktionszyklus

$$E[V_g] = -\frac{\nu}{\lambda} G_I - \nu G_{II} \left(\frac{T}{e^{\lambda T} - 1} + \frac{T}{1 - \beta} - \frac{1}{\lambda} \right)$$

$$+ K_{T,n} \left(\frac{T}{e^{\lambda T} - 1} + \frac{T}{1 - \beta} + \frac{\alpha}{e^{\lambda T} - 1} t_D + t_D + t_R \right)$$

$$+ K_D \left(\frac{\alpha}{e^{\lambda T} - 1} + 1 \right) + K_R + K_K \left(\frac{1}{e^{\lambda T} - 1} + \frac{1}{1 - \beta} \right) n. \tag{6.114}$$

Zur Vereinfachung setzen wir

$$\bar{b}_{T,n} = (G_I - G_{II}) \nu / \lambda - K_D - K_R - K_{T,n} (t_D + t_R) \tag{6.115}$$

und $$e_{T,n} = K_{T,n} t_D + K_D > 0, \tag{6.116}$$

wobei sich die Ungleichung $e_{T,n} > 0$ aus (6.99), (6.101) und (6.102) ergibt, und zwar auch für $T = \infty$. Mit diesen Abkürzungen erhalten wir

$$E[V_g] = -\bar{b}_{T,n} + (n K_K - \nu G_{II} T + K_{T,n} T) \left(\frac{1}{e^{\lambda T} - 1} + \frac{1}{1 - \beta} \right) + \frac{\alpha}{e^{\lambda T} - 1} e_{T,n}. \tag{6.117}$$

Für den Erwartungswert der Anzahl der in einem Produktionszyklus produzierten Stücke N_z erhalten wir unmittelbar aus (6.96), (6.103), (6.109) und (6.113)

$$E[N_z] = E[(\tau_I + \tau_{II}) \nu] = \left(\frac{1}{e^{\lambda T} - 1} + \frac{1}{1 - \beta} \right) T \nu. \tag{6.118}$$

In naheliegender Weise bezeichnen wir nun den Quotienten

$$V(T, n, c) = \frac{E[V_g]}{E[N_z]} \tag{6.119}$$

als den durchschnittlichen Verlust pro produziertem Stück auf lange Sicht, was sich mit Hilfe des schwachen oder auch des starken Gesetzes der großen Zahlen noch genauer rechtfertigen ließe.

Wegen

$$\frac{1}{e^{\lambda T} - 1} + \frac{1}{1 - \beta} = \frac{e^{\lambda T} - \beta}{(e^{\lambda T} - 1)(1 - \beta)}$$

ist nach (6.117) und (6.118) für $0 < T < \infty$

$$V(T, n, c) = \frac{K_{T,n} - \nu G_{II}}{\nu} + \frac{K_K}{T \nu} n - \frac{\bar{b}_{T,n}}{T \nu} \frac{(e^{\lambda T} - 1)(1 - \beta)}{e^{\lambda T} - \beta} + \frac{\alpha}{T \nu} \frac{1 - \beta}{e^{\lambda T} - \beta} e_{T,n}. \tag{6.120}$$

Zur weiteren Vereinfachung setzen wir

$$a_{T,n} = K_K/e_{T,n} > 0, \tag{6.121}$$

wobei sich die Ungleichung $a_{T,n} > 0$ aus (6.101) und (6.116) ergibt, und zwar auch für $T = \infty$. Weiter sei

$$b_{T,n} = \frac{\bar{b}_{T,n}}{e_{T,n}} = \frac{(G_I - G_{II})\nu/\lambda - K_D - K_R - K_{T,n}(t_D + t_R)}{e_{T,n}}. \tag{6.122}$$

Damit läßt sich (6.120) schreiben in der Form

$$V(T, n, c) = \frac{K_{T,n} - \nu G_{II}}{\nu} + \frac{e_{T,n}}{T\nu} \left\{ n\, a_{T,n} - b_{T,n} \frac{(e^{\lambda T} - 1)(1 - \beta)}{e^{\lambda T} - \beta} + \frac{\alpha(1 - \beta)}{e^{\lambda T} - \beta} \right\}$$

$$= \frac{K_{T,n} - \nu G_{II}}{\nu} + \frac{e_{T,n}}{T\nu} \left\{ n\, a_{T,n} - \frac{(e^{\lambda T} - 1)b_{T,n} - \alpha}{e^{\lambda T} - \beta}(1 - \beta) \right\}.$$

Wir fassen unser Ergebnis zusammen:

Der durchschnittliche Verlust $V(T, n, c)$ *pro produziertem Stück auf lange Sicht ist in Abhängigkeit vom verallgemeinerten Prüfplan* (T, n, c) *(siehe 6.4.1.2) gleich*

$$V(T, n, c) = \frac{K_{T,n} - \nu G_{II}}{\nu} + \frac{\lambda}{\nu}\, e_{T,n} S(T, n, c) \tag{6.123}$$

mit $\quad S(T, n, c) = \frac{1}{\lambda T} \left\{ n\, a_{T,n} - \frac{(e^{\lambda T} - 1)b_{T,n} - \alpha}{e^{\lambda T} - \beta}(1 - \beta) \right\}.$

1. A n m e r k u n g. Man bezeichnet $S(T, n, c)$ als standardisierte Verlustfunktion; dabei ist zu beachten, daß nach (6.94), (6.96) und (6.116) $\frac{\lambda}{\nu}\, e_{T,n} > 0$ ist.

2. A n m e r k u n g. ν ist nach (6.96) die Anzahl der produzierten Stücke pro Zeiteinheit, und $1/\lambda$ ist nach (6.95) und (6.92) die mittlere Verweildauer im Zustand I. $K_{T,n}, e_{T,n} > 0, a_{T,n} > 0$ und $b_{T,n}$ hängen nach (6.102), (6.116), (6.121) und (6.122) von den Kostenparametern $G_I, G_{II}, K_F, K_D, K_R, K_S, K_K$ des Abschnittes 6.4.1.3 und von t_D und t_R, den durchschnittlichen Zeitdauern (6.99) für Durchsicht beziehungsweise Reparatur des Produktionsapparates ab; sie hängen vom Kontrollabstand T und Stichprobenumfang n aber nur über $K_{T,n}$ ab, und $K_{T,n}$ nimmt nach (6.102) höchstens drei verschiedene Werte an.

3. A n m e r k u n g. Nach (6.107) und (6.108) sind α und β Funktionen von n und c, nämlich

$$\alpha = 2\Phi(-c) \quad \text{und} \quad \beta = 1 - \Phi(-c + \delta\sqrt{n}) - \Phi(-c - \delta\sqrt{n}), \tag{6.124}$$

wobei Φ nach (1.53) die Verteilungsfunktion der Normalverteilung $N(0,1)$ ist.

4. A n m e r k u n g. $V(T, n, c)$ wurde bisher nur für $0 < T < \infty$ berechnet. Nach dem „3. Fall" in Abschnitt 6.4.1.2 ist für $T = \infty$ stets $n = 0$ und $c = \infty$ zu setzen. Dies ist der Fall, daß man überhaupt keine Kontrollen und Durchsichten macht. Nach einer Anfangs-

phase (siehe (6.95)) produziert man nur noch im Zustand II und erhält damit für $T = \infty$ nach Abschnitt 6.4.1.3 auf lange Sicht einen Verlust pro produziertem Stück in Höhe von $- G_{II}$. Dieses Ergebnis läßt sich auch durch einen Grenzübergang aus (6.123) erhalten. Wir setzen

$$V(\infty, 0, \infty) = \lim_{T \to \infty} (\lim_{c \to \infty} V(T, 0, c)).$$

Nach (6.124) konvergiert α gegen 0 und β gegen 1 für $c \to \infty$. Daher ist nach (6.120) unter Beachtung von $K_{\infty,0} = 0$

$$\lim_{c \to \infty} V(T, 0, c) = - G_{II}.$$

Also ist

$$V(\infty, 0, \infty) = \lim_{T \to \infty} (\lim_{c \to \infty} V(T, 0, c)) = - G_{II} \tag{6.125}$$

gleich dem durchschnittlichen Verlust pro produziertem Stück auf lange Sicht für den Prüfplan $(\infty, 0, \infty)$.

6.4.2 Kostenoptimale Prüfpläne

In Abschnitt 6.4.1.2 wurde beschrieben, wie bei gegebenem verallgemeinerten Prüfplan (T, n, c) vorzugehen ist. Wir wollen uns nun der Frage zuwenden, wie man den Prüfplan so bestimmt, daß der in (6.123) angegebene durchschnittliche Verlust $V(T, n, c)$ pro produziertem Stück möglichst klein ausfällt. Dazu führen wir die folgenden Bezeichnungen ein:

Definition 6.1 *Ein Prüfplan* (T^*, n^*, c^*) *heißt* k o s t e n o p t i m a l *bezüglich der Verlustfunktion* $V(T, n, c)$, *falls für jeden Prüfplan* (T, n, c)

$$V(T, n, c) \geqslant V(T^*, n^*, c^*)$$

gilt.

Definition 6.2 *Ein Prüfplan* (T_1, n_1, c_1) *heißt* k o s t e n g ü n s t i g e r *bezüglich der Verlustfunktion* $V(T, n, c)$ *als ein Prüfplan* (T_2, n_2, c_2), *falls*

$$V(T_1, n_1, c_1) < V(T_2, n_2, c_2).$$

Nun kann es vorkommen, daß zwei verschiedene Prüfpläne zum gleichen Wert der Verlustfunktion führen. Will man die Eindeutigkeit des kostenoptimalen Prüfplans erreichen, so kann man etwa den Prüfplan mit dem kleineren Stichprobenumfang n und gegebenenfalls noch den mit dem größeren Kontrollabstand T vorziehen.

6.4.2.1 Eigenschaften kostenoptimaler Prüfpläne Bevor wir Kriterien dafür angeben, daß Prüfpläne mit $T = \infty$ beziehungsweise $n = 0$ kostengünstiger als andere sind und bevor wir die Existenz eines kostenoptimalen Prüfplans nachweisen, wollen wir die in (6.123) auftretende standardisierte Verlustfunktion $S(T, n, c)$ betrachten.

Nach (6.102) ist $K_{T,n}$ für $0 < T < \infty$ und festes n unabhängig von T und es ist

$$0 \leqslant K_{T,0} \leqslant K_{T,1} = K_{T,2} = K_{T,3} = \ldots . \tag{6.126}$$

Nach (6.116), (6.121) und (6.122) sind daher auch $e_{T,n}$, $a_{T,n}$ und $b_{T,n}$ für $0 < T < \infty$ und festes n unabhängig von T und es ist

$$\left.\begin{array}{c} 0 < e_{T,0} \leqslant e_{T,1} = e_{T,2} = e_{T,3} = \ldots \\[1mm] a_{T,0} \geqslant a_{T,1} = a_{T,2} = a_{T,3} = \ldots > 0 \\[1mm] b_{T,1} = b_{T,2} = b_{T,3} = \ldots . \end{array}\right\} \tag{6.127}$$

Betrachten wir nun den Verlust $V(T, n, c)$ für einen festen Stichprobenumfang $n \geqslant 0$, so folgt unmittelbar aus (6.123) und (6.124), daß $S(T, n, c)$ und damit auch $V(T, n, c)$ stetige Funktionen von T und c sind für $0 < T < \infty$ und $0 \leqslant c < \infty$. Für die nicht zu diesem Gebiet gehörenden Ränder gelten ersichtlich die folgenden Grenzwert-Aussagen:

$$\left.\begin{array}{ll} \lim\limits_{T \to 0} S(T, n, c) = \infty & \text{für } n \geqslant 0, 0 \leqslant c < \infty \\[3mm] \lim\limits_{T \to \infty} S(T, n, c) = 0 & \text{für } n \geqslant 0, 0 \leqslant c < \infty \\[3mm] \lim\limits_{c \to \infty} S(T, n, c) = \dfrac{na_{T,n}}{\lambda T} \geqslant 0 & \text{für } n \geqslant 0, 0 < T < \infty \end{array}\right\} \tag{6.128}$$

Daraus folgt: Das Minimum von $S(T, n, c)$ und damit auch das Minimum von $V(T, n, c)$ wird als Funktion von T und c bei gegebenem $n \geqslant 0$ jedenfalls dann angenommen, wenn $S(T, n, c) < 0$ ist für mindestens ein (T, n, c).

Von der vereinbarten Kontrollvorschrift her (siehe „1. Fall" in 6.4.1.2) ist $c > 0$ für $n \geqslant 1$, denn es wäre sinnlos, Stichproben vom Umfang $n \geqslant 1$ zu ziehen und dann doch unabhängig vom Stichprobenergebnis stets eine Durchsicht des Produktionsapparates vorzunehmen. Dies drückt sich aber auch in den Werten der Verlustfunktion $V(T, n, c)$ aus, in der man formal $c = 0$ auch für $n \geqslant 1$ setzen darf; nach (6.120) ist nämlich für $n \geqslant 1$ unter Beachtung von $\bar{b}_{T,n} \leqslant \bar{b}_{T,0}$ (siehe (6.115)) und $\alpha = 1$, $\beta = 0$ für $c = 0$ (siehe (6.124))

$$V(T, n, 0) = \frac{K_{T,n} - \nu G_{II}}{\nu} + \frac{K_K}{T\nu} n - \frac{(e^{\lambda T} - 1)\bar{b}_{T,n}}{e^{\lambda T}} + \frac{e_{T,n}}{T\nu e^{\lambda T}}$$

$$> \frac{K_{T,0} - \nu G_{II}}{\nu} - \frac{(e^{\lambda T} - 1)\bar{b}_{T,0}}{e^{\lambda T}} + \frac{e_{T,0}}{T\nu e^{\lambda T}} = V(T, 0, 0).$$

Damit ist bewiesen:

$$V(T, n, 0) > V(T, 0, 0) \quad \text{für } n \geqslant 1, 0 < T < \infty; \tag{6.129}$$

der Prüfplan $(T, 0, 0)$ ist also − wie zu erwarten − kostengünstiger als jeder Prüfplan $(T, n, 0)$ mit $n \geqslant 1$.

Nach diesen Vorbemerkungen wollen wir nun ein hinreichendes, aber nicht notwendiges Kriterium dafür angeben, daß der Prüfplan $(\infty, 0, \infty)$, bei dem auf Kontrollen, Durchsichten und Reparaturen des Produktionsapparates vollständig verzichtet wird, kostenoptimal ist.

Satz 6.8 *Falls der in (6.122) eingeführte Parameter* $b_{T,0} \leqslant 0$ *ist für* $T < \infty$, *so ist der Prüfplan* $(\infty, 0, \infty)$ *kostenoptimal bezüglich der Verlustfunktion (6.123); es ist*

$$V(\infty, 0, \infty) = - G_{II} < V(T, n, c)$$

für jeden Prüfplan (T, n, c) *mit* $0 < T < \infty$, $n \geqslant 0$, $0 \leqslant c < \infty$.

B e w e i s. Nach (6.102) und (6.122) folgt aus $b_{T,0} \leqslant 0$, daß $b_{T,n} \leqslant 0$ für $n \geqslant 0$ ist. Nach (6.124) ist $\alpha > 0$ und $\beta < 1$ für $c < \infty$, also ist $S(T, n, c) > 0$ für $0 < T < \infty$, $n \geqslant 0$, $c < \infty$. Nach (6.123), (6.126) und (6.125) folgt daraus

$$V(T, n, c) > - G_{II} = V(\infty, 0, \infty).$$ ∎

Damit ist der Fall $b_{T,0} \leqslant 0$ vollständig behandelt; der kostenoptimale Prüfplan, nämlich $(\infty, 0, \infty)$, existiert und ist eindeutig bestimmt.

Für den verbleibenden Fall $b_{T,0} > 0$ untersuchen wir zunächst die Prüfpläne mit $n = 0$ und scheiden anschließend Prüfpläne mit größeren Stichprobenumfängen n als sicher nicht kostenoptimal aus.

Satz 6.9 *Falls der in (6.122) eingeführte Parameter* $b_{T,0} > 0$ *ist, existiert ein Prüfplan* $(T_0, 0, c_0)$ *mit* $0 < T_0 < \infty$, $0 \leqslant c_0 < \infty$ *derart, daß es keinen kostengünstigeren Prüfplan mit* $n = 0$ *gibt. Für die Verlustfunktion (6.123) gilt:*

$$V(T_0, 0, c_0) = \underset{\substack{0 < T < \infty \\ 0 \leqslant c < \infty}}{\mathrm{Min}} \; V(T, 0, c)$$

$$S(T_0, 0, c_0) < 0 \quad und \quad V(T_0, 0, c_0) < \frac{K_{T,0} - \nu G_{II}}{\nu}.$$

B e w e i s. Für $n = 0$ und $c = 0$ ist $\alpha = 1$ und $\beta = 0$, und also ist wegen $b_{T,0} > 0$

$$S(T', 0, 0) = \frac{1 - (e^{\lambda T'} - 1) b_{T,0}}{\lambda T' e^{\lambda T'}} < 0$$

für hinreichend großes T'. $S(T, 0, c)$ nimmt also negative Werte an, und nach der Folgerung aus (6.128) existiert daher ein Prüfplan $(T_0, 0, c_0)$ mit $V(T_0, 0, c_0) \leqslant V(T, 0, c)$ für jedes T und c mit $0 < T < \infty$, $0 \leqslant c < \infty$; es ist $S(T_0, 0, c_0) < 0$ und $V(T_0, 0, c_0) < V(T', 0, 0) < (K_{T,0} - \nu G_{II})/\nu$. ∎

Satz 6.10 *Es sei der in (6.122) eingeführte Parameter* $b_{T,0} > 0$. *Dann ist der Prüfplan* $(T_0, 0, c_0)$ *aus Satz 6.9 kostengünstiger als jeder Prüfplan* (T, n, c) *mit* $n \geqslant \mathrm{Max}\,(1, b_{T,1}/a_{T,1})$:

$$V(T_0, 0, c_0) < V(T, n, c).$$

B e w e i s. Es sei also $n \geqslant 1$ und $n \geqslant b_{T,1}/a_{T,1}$, wobei man beachte, daß $b_{T,1}$ auch negativ sein kann. Nun ist für $0 \leqslant \beta < 1$ und $0 < T < \infty$

$$0 < (e^{\lambda T} - 1)(1 - \beta) = e^{\lambda T} - 1 - \beta e^{\lambda T} + \beta < e^{\lambda T} - \beta - \beta + \beta = e^{\lambda T} - \beta$$

und folglich ist

$$0 < \frac{(e^{\lambda T} - 1)(1 - \beta)}{e^{\lambda T} - \beta} < 1.$$

Daher ist nach (6.123)

$$\lambda T \, S(T, n, c) \geqslant n \, a_{T,1} - \frac{(e^{\lambda T} - 1) b_{T,1}}{e^{\lambda T} - \beta} (1 - \beta) \geqslant n \, a_{T,1} - \frac{(e^{\lambda T} - 1)(1 - \beta)}{e^{\lambda T} - \beta} \, n \, a_{T,1} > 0.$$

Aus $S(T, n, c) > 0$ und $S(T_0, 0, c_0) < 0$ folgt aber $V(T_0, 0, c_0) < V(T, n, c)$.   ∎

Nach Satz 6.10 sind alle Prüfpläne (T, n, c) mit $n \geqslant 1$ sicher dann nicht kostenoptimal, wenn $b_{T,1} \leqslant a_{T,1}$ und damit $b_{T,1}/a_{T,1} \leqslant 1$ ist. Wir brauchen also nur noch den Fall $b_{T,1} > a_{T,1}$ zu behandeln, wobei zu beachten ist, daß wegen $a_{T,1} > 0$ auch $b_{T,1} > 0$ und daher nach (6.122) und (6.126) erst recht $b_{T,0} > 0$ ist. Für die verbleibenden Prüfpläne (T, n, c) mit $1 \leqslant n < b_{T,1}/a_{T,1}$ zeigen wir nun, daß es zu jedem solchen n ein T_n und ein c_n gibt mit $V(T_n, n, c_n) \leqslant V(T, n, c)$ für alle T und c mit $0 < T < \infty$ und $0 < c < \infty$, oder daß n nicht kostenoptimal ist.

Satz 6.11 *Für die in (6.121) und (6.122) eingeführten Parameter $a_{T,1}$ und $b_{T,1}$ gelte $b_{T,1} > a_{T,1}$ und damit $b_{T,0} > 0$. Es sei n eine natürliche Zahl mit $1 \leqslant n < b_{T,1}/a_{T,1}$. Dann existiert zu n ein T_n und ein c_n mit $0 < T_n < \infty, 0 \leqslant c_n < \infty$ und*

$$V(T_n, n, c_n) = \underset{\substack{0 < T < \infty \\ 0 \leqslant c < \infty}}{\text{Min}} \; V(T, n, c).$$

Ist $c_n > 0$, so ist kein Prüfplan (T, n, c) kostengünstiger als der Prüfplan (T_n, n, c_n). Ist dagegen $c_n = 0$, so ist der Prüfplan $(T_0, 0, c_0)$ aus Satz 6.10 kostengünstiger als jeder Prüfplan (T, n, c) mit diesem Stichprobenumfang n.

B e w e i s. Es sei also $1 \leqslant n < b_{T,1}/a_{T,1}$. Nach (6.127) ist $a_{T,1} > 0$ und damit $b_{T,1} > a_{T,1} > 0$. Wir wählen nun T' so groß, daß $0 < (1 + b_{T,1}) e^{-\lambda T'} < (b_{T,1} - n \, a_{T,1})/2$ ist. Da $\alpha = 1$ und $\beta = 0$ für $c = 0$ ist (siehe (6.124)) folgt aus (6.123)

$$\lambda T' \, S(T', n, 0) = n \, a_{T,1} + \frac{1 - (e^{\lambda T'} - 1) b_{T,1}}{e^{\lambda T'}} =$$

$$= n \, a_{T,1} - b_{T,1} + (1 + b_{T,1}) e^{-\lambda T'} < - (b_{T,1} - n \, a_{T,1})/2 < 0.$$

$S(T, n, c)$ nimmt also auf $0 < T < \infty$, $0 \leqslant c < \infty$ auch negative Werte an. Nach der Folgerung aus (6.128) ist damit die Existenz einer Minimalstelle (T_n, n, c_n) der Verlustfunktion $V(T, n, c)$ gesichert. Ist $c_n > 0$, so ist (T_n, n, c_n) ein möglicher Prüfplan (siehe „1. Fall" in 6.4.1.2). Ist dagegen $c_n = 0$, so ist nach Satz 6.9 und (6.129)

$$V(T_0, 0, c_0) \leqslant V(T_n, 0, 0) < V(T_n, n, 0) = V(T_n, n, c_n) \leqslant V(T, n, c)$$

für alle T und c mit $0 < T < \infty$ und $0 < c < \infty$.   ∎

Die bisherigen Ergebnisse können wir wie folgt zusammenfassen:

Falls $b_{T,0} \leqslant 0$ ist, so ist $(\infty, 0, \infty)$ der eindeutig bestimmte kostenoptimale Prüfplan (siehe Satz 6.8).

Falls $b_{T,0} > 0$ und $b_{T,1} \leqslant a_{T,1}$ ist, so ist nach Satz 6.10 der Prüfplan $(\infty, 0, \infty)$ oder der Prüfplan $(T_0, 0, c_0)$ kostenoptimal.

Falls $b_{T,0} > 0$ und $b_{T,1} > a_{T,1}$ ist, so ist nach Satz 6.9 und Satz 6.11 entweder der Prüfplan $(\infty, 0, \infty)$ oder der Prüfplan $(T_0, 0, c_0)$ oder ein Prüfplan (T_n, n, c_n) mit

$$1 \leqslant n < b_{T,1}/a_{T,1} \quad \text{und} \quad c_n > 0 \tag{6.130}$$

ein kostenoptimaler Prüfplan.

Damit haben wir insbesondere bewiesen:

Satz 6.12 *Es existiert stets ein bezüglich der Verlustfunktion* (6.123) *kostenoptimaler Prüfplan* (T^*, n^*, c^*).

6.4.2.2 Berechnung kostenoptimaler Prüfpläne Die Zusammenfassung am Ende des vorigen Abschnittes gestattet bereits die numerische Berechnung eines kostenoptimalen Prüfplans, denn man braucht nur unter den endlich vielen überhaupt in Frage kommenden Prüfplänen der Form $(\infty, 0, \infty)$, $(T_0, 0, c_0)$, (T_n, n, c_n) denjenigen auszuwählen, für den die Verlustfunktion (6.123) am kleinsten ausfällt. Rechenaufwand erfordert dabei nur die Bestimmung einer Minimalstelle der Verlustfunktion (6.123) bei gegebenem n, wozu hier einige Hinweise gegeben werden sollen.

Beginnen wir mit einer Bemerkung zur Berechnung von T_0 und c_0 entsprechend Satz 6.9, die nach Satz 6.8 nur für $b_{T,0} > 0$ erforderlich ist. Es gilt folgender Satz, der zeigt, daß unter den Prüfplänen $(T, 0, c)$ – also mit $n = 0$ (siehe „2. Fall" in 6.4.1.2) – ein Prüfplan mit $c = 0$ am kostengünstigsten ist; damit entfällt also die zunächst zugelassene Randomisierung der Entscheidung.

Satz 6.13 *Es sei der in* (6.122) *eingeführte Parameter* $b_{T,0} > 0$. *Dann ist der nach Satz* 6.9 *existierende Prüfplan* $(T_0, 0, c_0)$ *mit* $0 < T_0 < \infty$, $0 \leqslant c_0 < \infty$ *und*

$$V(T_0, 0, c_0) = \min_{\substack{0 < T < \infty \\ 0 \leqslant c < \infty}} V(T, 0, c)$$

eindeutig bestimmt, und zwar durch

$$c_0 = 0 \quad \text{und} \quad \frac{e^{\lambda T_0}}{1 + \lambda T_0} = 1 + \frac{1}{b_{T,0}}.$$

B e w e i s. Nach (6.123) haben $V(T, 0, c)$ und $S(T, 0, c)$ die gleichen Minimalstellen. Da nach (6.124) $\alpha = 2\Phi(-c) = 1 - \beta$ für $n = 0$ ist, haben wir also die Funktion

$$S(T, 0, c) = \frac{\alpha(\alpha - (e^{\lambda T} - 1)b_{T,0})}{\lambda T(\alpha + e^{\lambda T} - 1)} \quad \text{für } 0 < T < \infty, \, 0 \leqslant c < \infty$$

zu untersuchen. Wir setzen zur Abkürzung $\lambda T = y$ und $b_{T,0} = b$ und fragen zunächst nach den Minimalstellen der Hilfsfunktion

$$F(y, \alpha) = \frac{\alpha(\alpha - (e^y - 1)b)}{y(\alpha + e^y - 1)} \quad \text{für } 0 < y < \infty, \, 0 < \alpha \leqslant 1.$$

Nach Satz 6.9 hat $V(T, 0, c)$ und damit auch $F(y, \alpha)$ mindestens eine Minimalstelle. Nun ist $\quad \dfrac{\partial F(y, \alpha)}{\partial \alpha} = \dfrac{(\alpha + e^y - 1)^2 - (e^y - 1)^2(1 + b)}{y(\alpha + e^y - 1)^2}$.

Setzen wir

$$\alpha(y) = (e^y - 1)(\sqrt{1 + b} - 1)$$

und definieren wir $y_1 > 0$ durch $\alpha(y_1) = 1$, so ist für $0 < y \leqslant y_1$, $0 < \alpha \leqslant 1$

$$\frac{\partial F(y, \alpha)}{\partial \alpha} \begin{cases} > 0 & \text{falls } \alpha < \alpha(y) \\ = 0 & \text{falls } \alpha = \alpha(y) \\ < 0 & \text{falls } \alpha > \alpha(y). \end{cases}$$

Daraus folgt, daß jede Minimalstelle von $F(y, \alpha)$ entweder von der Form $(y, \alpha(y))$ mit $0 < y < y_1$ oder von der Form $(y, 1)$ mit $y \geqslant y_1$ ist.

Die Punkte $(y, \alpha(y))$ mit $0 < y < y_1$ scheiden aber als Minimalstellen aus, denn es ist

$$F(y, \alpha(y)) = - \frac{e^y - 1}{y} (\sqrt{1 + b} - 1)^2$$

und also

$$\frac{dF(y, \alpha(y))}{dy} = - (\sqrt{1 + b} - 1)^2 \frac{ye^y - e^y + 1}{y^2} < 0 \quad \text{für } 0 < y \leqslant y_1,$$

woraus folgt, daß $F(y_1, 1) < F(y, \alpha(y))$ für $0 < y < y_1$.

Minimalstellen von $F(y, \alpha)$ müssen also von der Form $(y, 1)$ sein. Nun ist

$$F(y, 1) = \frac{1 - be^y + b}{ye^y} \quad \text{für } 0 < y < \infty$$

und

$$\frac{dF(y, 1)}{dy} = \frac{b}{y^2 e^y} \left(e^y - \left(1 + \frac{1}{b} \right)(1 + y) \right).$$

Ersichtlich hat diese Ableitung genau eine Nullstelle y_0, die eindeutig bestimmt ist durch $y_0 > 0$ und

$$\frac{e^{y_0}}{1 + y_0} = 1 + \frac{1}{b}.$$

Da $\alpha = 1$ gleichbedeutend mit $c = 0$ ist, folgt daraus die Richtigkeit des Satzes 6.13. $\blacksquare$

Falls $b_{T,0} > 0$ und $b_{T,1} > a_{T,1}$ ist, müssen zur Bestimmung eines kostenoptimalen Prüfplans auch alle Minimalstellen (T_n, n, c_n) der Verlustfunktion $V(T, n, c)$ berechnet werden, und zwar für alle Stichprobenumfänge n, die der Bedingung (6.130) genügen. Nach Satz 6.11 ist für solche n die Existenz von (T_n, n, c_n) gesichert. Für die numerische Berechnung ist es wichtig zu wissen, daß T_n und c_n bei gegebenem n eindeutig bestimmt sind. Dies ist durch folgenden Satz gesichert, dessen Beweis man bei E. v. C o l l a n i [1978] oder [1981] findet.

Satz 6.14 *Für die in* (6.121) *und* (6.122) *eingeführten Parameter gelte* $b_{T,1} > a_{T,1}$.
Dann existiert zu jedem Stichprobenumfang $n \geqslant 1$ *höchstens ein Prüfplan* (T_n, n, c_n)
mit $0 < T_n < \infty, 0 < c_n < \infty$

und $V(T_n, n, c_n) \leqslant V(T, n, c)$

für alle T *und* c *mit* $0 < T < \infty, 0 < c < \infty$.

Abschließend sei auf eine umfangreiche Tabelle kostenoptimaler Prüfpläne hingewiesen,
die E. v. C o l l a n i [1978] berechnet hat. Sie enthält die kostenoptimalen Prüfpläne
(T^*, n^*, c^*) in Abhängigkeit von den drei Parametern δ, $b_{T,n}$ und $a_{T,n}$ (siehe (6.123)
und (6.124)) fertig ausgedruckt.

7 Kontinuierliche Stichprobenpläne

Die kontinuierlichen Stichprobenpläne (= continuous sampling plans = CSP) lassen sich
sowohl bei der Abnahme von Partien als auch bei der laufenden Kontrolle einsetzen. Sie
nehmen von ihrer Zielsetzung her eine gewisse Zwischenstellung zwischen den im
Abschnitt 4 besprochenen Stichprobenplänen zur Abnahme von Partien und den Kontrollkarten für die laufende Produktion ein. Sie können dort angewendet werden, wo für
den Prüfer die Fertigungsreihenfolge erkennbar ist, z. B. am Ende eines laufenden Bandes.

Der Zweck der kontinuierlichen Stichprobenpläne ist es, durch eine ununterbrochene, aber
in ihrer Intensität wechselnde Kontrolle sicherzustellen, daß der durchschnittliche Ausschußanteil nach der Kontrolle kleiner oder gleich einem vorgegebenen Wert ist. Wie
intensiv die Kontrolle durchzuführen ist, d. h. welcher Prozentsatz der Produktion zu
prüfen ist, hängt von dem jeweiligen bisherigen Kontrollergebnis ab. Dabei wird für jedes
Werkstück nur festgestellt, ob es „gut" oder „schlecht" ist. Es wird vorausgesetzt, daß
jedes bei der Kontrolle ermittelte schlechte Stück repariert oder durch ein gutes Stück
ersetzt wird. Die Kontrolle darf also nicht zerstörend sein.

Der erste und wohl einfachste kontinuierliche Stichprobenplan, den wir in 7.1 besprechen werden, wurde von H. F. D o d g e [1943] veröffentlicht. Eine sehr schöne Übersicht über die Entwicklung kontinuierlicher Stichprobenpläne bis zum Jahre 1955 gibt
A. H. B o w k e r [1956], der dabei auch viele für die Anwendung der Verfahren wichtige Gesichtspunkte zur Sprache bringt.

7.1 Kontinuierlicher Stichprobenplan von Dodge

7.1.1 Beschreibung des Verfahrens

Der 1943 von D o d g e veröffentlichte Stichprobenplan, abgekürzt mit CSP – 1 bezeichnet, wird durch zwei natürliche Zahlen $i \geqslant 1$ und $k > 1$ charakterisiert. Wir setzen f = 1/k
und nennen f den Stichprobenanteil und i die Relaxationszahl.

Man beginnt mit einer 100%-Kontrolle, prüft also in der Reihenfolge der Fertigung nacheinander jedes produzierte Stück darauf, ob es gut oder schlecht ist. Diese 100%-Kontrolle wird solange fortgesetzt, bis man i aufeinanderfolgende gute Stücke gefunden hat.

Nun wird von den nächsten k aufeinanderfolgenden Stücken eines zufällig herausgegriffen und geprüft, während die übrigen $(k - 1)$ Elemente sofort zu den „erledigten" Stücken getan werden. Für jedes der k Stücke soll dabei die Wahrscheinlichkeit, für die Prüfung gezogen zu werden, gleich groß sein, nämlich $f = 1/k$. Ist das geprüfte Stück gut, so werden die nächstfolgenden k Stücke in derselben Weise behanaelt. Mit dieser 100f%-Kontrolle wird solange fortgefahren, bis sich ein geprüftes Stück als schlecht erweist.

Nach derartigem Auffinden eines schlechten Stückes werden die folgenden Stücke wieder solange alle geprüft, bis i aufeinanderfolgende gute Stücke gefunden worden sind. Sodann geht man von der 100%-Kontrolle wieder zur 100f%-Kontrolle über und fährt wie oben beschrieben fort.

Wie schon in der Einleitung erwähnt, wird dabei jedes aufgefundene schlechte Stück repariert oder durch ein gutes ersetzt. Es wird bei der folgenden Ermittlung der Eigenschaften dieses Planes vorausgesetzt, daß bei der Kontrolle keine Irrtümer passieren.

Um bei der Anwendung dieses Stichprobenplanes die Zahlen i und k geeignet festsetzen zu können, wollen wir den durchschnittlichen Prozentsatz der zu prüfenden Stücke und den durchschnittlich ausgelieferten Ausschußanteil berechnen.

Dies kann unter der Voraussetzung geschehen, daß der Produktionsprozeß – wie man sagt – unter statistischer Kontrolle ist. Dabei soll „P r o d u k t i o n s p r o z e ß   i s t   u n t e r   s t a t i s t i s c h e r   K o n t r o l l e" (= production process is in statistical control) bedeuten, daß das folgende mathematische Modell zutrifft: Ordnet man dem ν-ten produzierten Stück die Zahl $x_\nu = 1$ zu, wenn es schlecht ist, und die Zahl $x_\nu = 0$, wenn es gut ist, so sollen $x_1, x_2, x_3, \ldots$ u n a b h ä n g i g e zufällige Variable mit $W(x_\nu = 1) = p$ und $W(x_\nu = 0) = 1 - p$ sein. Wir bezeichnen p als den ursprünglichen oder angelieferten Ausschußanteil.

Für die Praxis ist es wichtig, daß man auch dann noch Aussagen über den ausgelieferten Ausschußanteil machen kann, wenn der „Produktionsprozeß nicht unter statistischer Kontrolle" ist. Dies ist dann der Fall, wenn die Wahrscheinlichkeit $W(x_\nu = 1)$ von ν, also von der Zeit abhängt, oder wenn die $x_1, x_2, x_3, \ldots$ nicht statistisch unabhängig sind.

7.1.2 Eigenschaften, falls „Produktionsprozeß unter statistischer Kontrolle"

Wir setzen voraus, daß sich der „Produktionsprozeß unter statistischer Kontrolle" befindet, wobei der ursprüngliche Ausschußanteil gleich p sei.

Wir wollen uns zunächst mit dem durchschnittlichen Prüfaufwand beschäftigen. Wir setzen

$$z_\mu = \begin{cases} 1 & \text{falls das } \mu\text{-te geprüfte Stück im Rahmen einer 100\%-Kontrolle,} \\ k & \text{falls das } \mu\text{-te geprüfte Stück im Rahmen einer 100f\%-Kontrolle} \end{cases} \tag{7.1}$$

geprüft wurde. Man beachte, daß der Index μ die Nummer des geprüften und nicht etwa des produzierten Stückes wiedergibt. Nach der Definition des Verfahrens ist $z_1 = z_2 = \cdots$

$= z_i = 1$. Für $\mu > i$ ist z_μ eine zufällige Variable, die genau dann den Wert k annimmt, wenn die i unmittelbar vorher geprüften Stücke (mit den Prüfnummern $\mu - i, \mu - i + 1,$ ..., $\mu - 1$) gut sind. Da der Produktionsprozeß nach Voraussetzung unter statistischer Kontrolle ist, ist die Wahrscheinlichkeit

$$W(z_\mu = k) = (1 - p)^i \quad \text{für} \quad \mu > i, \tag{7.2}$$

und also ist

$$W(z_\mu = 1) = 1 - (1 - p)^i \quad \text{für} \quad \mu > i. \tag{7.3}$$

Nach Definition der z_μ sind nach Prüfung von n Stücken genau

$$\sum_{\mu = 1}^{n} z_\mu \tag{7.4}$$

Stücke abgefertigt. Die Größe (7.4) hängt vom Zufall ab, und ihr Mittelwert oder Erwartungswert ist für $n > i$

$$E\left[\sum_{\mu = 1}^{n} z_\mu\right] = i + \sum_{\mu = i + 1}^{n} E[z_\mu] = i + (n - i) [1 - (1 - p)^i + k(1 - p)^i]. \tag{7.5}$$

Wir bilden nun das Verhältnis der Anzahl n der geprüften zur durchschnittlichen Anzahl (7.5) der dabei abgefertigten Stücke und erhalten

$$\frac{n}{E\left[\sum_{\mu = 1}^{n} z_\mu\right]} = \frac{n}{i + (n - i) [1 + (k - 1) (1 - p)^i]}$$

$$= \frac{1}{\dfrac{i}{n} + \left(1 - \dfrac{i}{n}\right) [1 + (k - 1) (1 - p)^i]}. \tag{7.6}$$

Für die Praxis ist es insbesondere wichtig, zu wissen, wie groß der durchschnittliche Anteil der geprüften Stücke bei großem n, also bei sehr vielen geprüften Stücken, ist.

Wir nennen daher den Grenzwert von (7.6) für $n \to \infty$ *den* d u r c h s c h n i t t l i c h e n   A n t e i l   d e r   g e p r ü f t e n   S t ü c k e *(= average fraction inspected = AFI) oder auch den durchschnittlichen Prüfaufwand* $A_{i,k}(p)$. *Es ist*

$$A_{i,k}(p) = \frac{1}{1 + (k - 1) (1 - p)^i}. \tag{7.7}$$

In Fig. 30 ist $A_{i,k}(p)$ für den Spezialfall i = 50 und k = 20 dargestellt.

Da nach Voraussetzung die geprüften Stücke nach der Prüfung alle gut sind und die ungeprüften Stücke einen Ausschußanteil p haben, ist der durchschnittlich ausgelieferte Ausschußanteil $\pi_{i,k}(p)$ in Abhängigkeit von p:

$$\pi_{i,k}(p) = p(1 - A_{i,k}(p)) = \frac{(k - 1)p(1 - p)^i}{1 + (k - 1) (1 - p)^i}. \tag{7.8}$$

Es ist $\pi_{i,k}(0) = \pi_{i,k}(1) = 0$ und $0 < \pi_{i,k}(p) < 1$ für $0 < p < 1$. Um $\pi_{i,k}(p)$ genauer zu untersuchen, berechnen wir

$$\frac{d\pi_{i,k}(p)}{dp} = \frac{(k-1)(1-p)^{i-1}[(k-1)(1-p)^{i+1} - (1+i)p + 1]}{[1 + (k-1)(1-p)^i]^2}.$$

Die Ableitung von $\pi_{i,k}(p)$ hat also genau eine Nullstelle $p_{i,k}$ im Intervall $(0, 1)$. Daher hat $\pi_{i,k}(p)$ im Intervall $[0,1]$ genau eine Maximalstelle, nämlich $p_{i,k}$. Durch

$$(1 + i)p_{i,k} - 1 = (k - 1)(1 - p_{i,k})^{i+1} \tag{7.9}$$

ist $p_{i,k}$ eindeutig bestimmt und es ist $0 < p_{i,k} < 1$.

In Fig. 31 ist $\pi_{i,k}(p)$ für den Spezialfall $i = 50$ und $k = 20$ dargestellt.

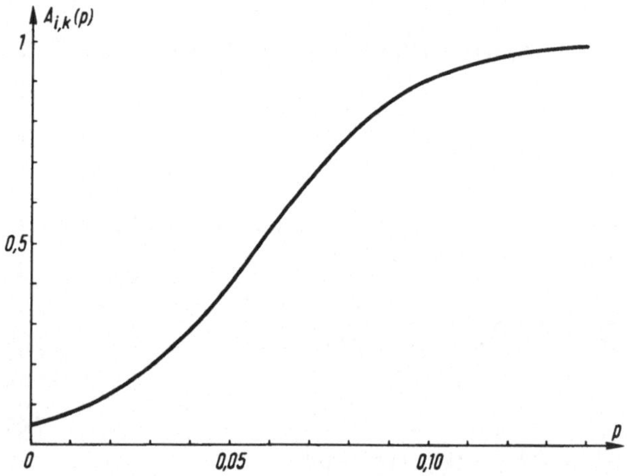

Fig. 30 Der durchschnittliche Prüfaufwand $A_{50,\,20}(p)$ in Abhängigkeit vom angelieferten Ausschußanteil p für die Relaxationszahl i = 50 und den Stichprobenanteil f = 1/k = 1/20

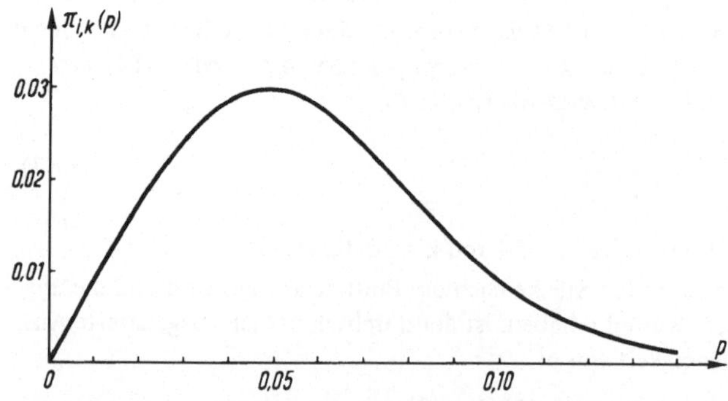

Fig. 31 Der durchschnittlich ausgelieferte Ausschußanteil $\pi_{50,\,20}(p)$ in Abhängigkeit vom angelieferten Ausschußanteil p für die Relaxationszahl i = 50 und den Stichprobenanteil f = 1/20

Das unter der Voraussetzung „Produktionsprozeß ist unter statistischer Kontrolle" ermittelte Maximum

$$\pi_{i,k}(p_{i,k}) = \underset{0 \leq p \leq 1}{\text{Max}}\ \pi_{i,k}(p) \tag{7.10}$$

des durchschnittlich ausgelieferten Ausschußanteils $\pi_{i,k}(p)$ bezeichnen wir als H ö c h s t -
w e r t   d e s   m i t t l e r e n   D u r c h s c h l u p f e s (= average outgoing quality limit
= AOQL), wie wir das entsprechend schon in (4.50) getan haben.

Wie einleitend erwähnt, werden kontinuierliche Stichprobenpläne mit dem Ziel angewendet, diesen Höchstwert $\pi_{i,k}(p_{i,k})$ des mittleren Durchschlupfes kleiner oder gleich einer vorgegebenen Schranke L_1, natürlich mit $0 < L_1 < 1$, zu halten. Wir fragen uns daher, für welche Relaxationszahlen $i \geq 1$ und welche Stichprobenanteile $f = 1/k$ mit $k > 1$ die Forderung

$$\pi_{i,k}(p_{i,k}) = \underset{0 \leq p \leq 1}{\text{Max}}\ \pi_{i,k}(p) \leq L_1 \tag{7.11}$$

erfüllt ist, wobei man beachte, daß i und k ganzzahlig sein müssen.

Nun ist nach (7.8) und (7.9)

$$0 < \pi_{i,k}(p_{i,k}) = \frac{(k-1)p_{i,k}(1-p_{i,k})^{i+1}}{(1-p_{i,k})+(k-1)(1-p_{i,k})^{i+1}} = \frac{p_{i,k}((1+i)p_{i,k}-1)}{1-p_{i,k}+(1+i)p_{i,k}-1}$$

$$= \frac{(1+i)p_{i,k}-1}{i}\ .$$

Daher ist

$$\pi_{i,k}(p_{i,k}) \leq L_1 \Leftrightarrow \frac{(1+i)p_{i,k}-1}{i} \leq L_1 \Leftrightarrow p_{i,k} \leq \frac{1+iL_1}{1+i}\ . \tag{7.12}$$

Lösen wir (7.9) nach k auf, so erhalten wir

$$k = 1 + \frac{(1+i)p_{i,k}-1}{(1-p_{i,k})^{i+1}}\ ;$$

da die rechte Seite streng monoton wachsend von $p_{i,k}$ abhängt, folgt aus (7.12), daß die Forderung (7.11) genau dann erfüllt ist, wenn

$$k \leq 1 + \frac{(1+i)(1+iL_1)/(1+i)-1}{(1-(1+iL_1)/(1+i))^{i+1}}\ ,$$

also

$$k \leq 1 + \frac{iL_1}{(1-L_1)^{i+1}}\left(1+\frac{1}{i}\right)^{i+1}$$

ist. Wir haben damit bewiesen:

Satz 7.1 *Ein kontinuierlicher Stichprobenplan mit Relaxationszahl $i \geq 1$ und Stichprobenanteil $f = 1/k$ mit $k > 1$ erfüllt unter der Voraussetzung „Produktionsprozeß ist unter* *statistischer Kontrolle" genau dann die Forderung* (7.11), *nämlich daß der durchschnittlich ausgelieferte Ausschußanteil* $\pi_{i,k}(p)$ *nach oben durch die vorgegebene Schranke* L_1 *beschränkt ist, also*

$$\pi_{i,k}(p) \leqslant L_1$$

für jeden angelieferten Ausschußanteil p *mit* $0 \leqslant p \leqslant 1$ *ist, wenn*

$$k \leqslant 1 + \frac{iL_1}{(1 - L_1)^{i+1}} \left(1 + \frac{1}{i}\right)^{i+1} \tag{7.13}$$

ist.

Bei gegebener Relaxationszahl i und gegebener Schranke L_1 läßt sich damit k nach (7.13) bestimmen, und zwar wählt man k gleich der größten ganzen Zahl, die (7.13) erfüllt und erreicht auf diese Weise, daß die Bedingung (7.11) erfüllt ist, aber die Schranke L_1 nicht nennenswert unterschritten wird. Wenn nämlich ein Ausschußanteil bis zur Höhe L_1 als tolerierbar gilt, wäre es unnötig teuer, ein kleineres als das obige k zu benutzen.

Die Schranke L_1 ist entsprechend ihrer Bedeutung als Obergrenze für den durchschnittlich ausgelieferten Ausschußanteil $\pi_{i,k}(p)$ entsprechend der weiteren Verwendung der produzierten Stücke festzulegen.

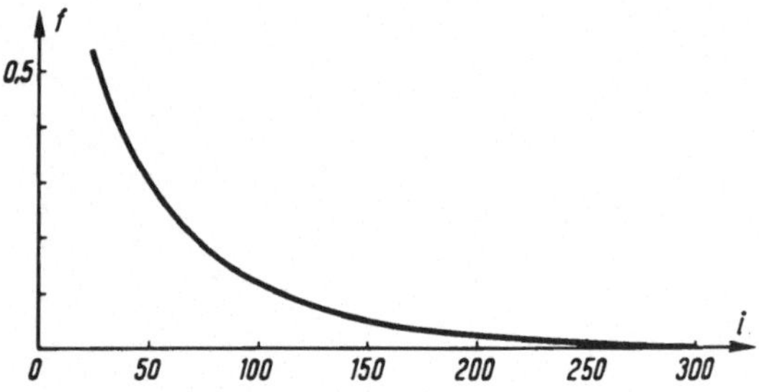

Fig. 32
Der Stichprobenanteil f in Abhängigkeit von der Relaxationszahl i bei vorgegebenem Höchstwert $L_1 = 0,01$ des mittleren Durchschlupfes

Für die noch freie Wahl der Relaxationszahl i kann man verschiedene Gesichtspunkte berücksichtigen. Um bei gegebener Schranke L_1 einen Überblick über die Abhängigkeit des Stichprobenanteiles f = 1/k von der Relaxationszahl i zu erhalten, ist in Fig. 32 für $L_1 = 0,01$

$$\left[1 + \frac{iL_1}{(1 - L_1)^{i+1}} \left(1 + \frac{1}{i}\right)^{i+1}\right]^{-1}$$

als Funktion von i aufgetragen, wobei — da ja nur die erforderliche Ganzzahligkeit von k und i vernachlässigt wurde — entsprechend (7.13) der Einfachheit halber diese Funktion wiederum mit f bezeichnet wurde. Solche Kurven findet man bei H. F. D o d g e [1943] für alle praktisch interessanten Werte von L_1, wobei doppelt-logarithmisches Papier zur Darstellung benutzt wurde.

Wie sich die Wahl der Relaxationszahl i auf den durchschnittlichen Prüfaufwand $A_{i,k}(p)$ auswirkt, ist in Fig. 33 skizziert, wobei in allen drei Fällen der Höchstwert $\pi_{i,k}(p_{i,k})$ des mittleren Durchschlupfes etwa gleich 0,01 ist.

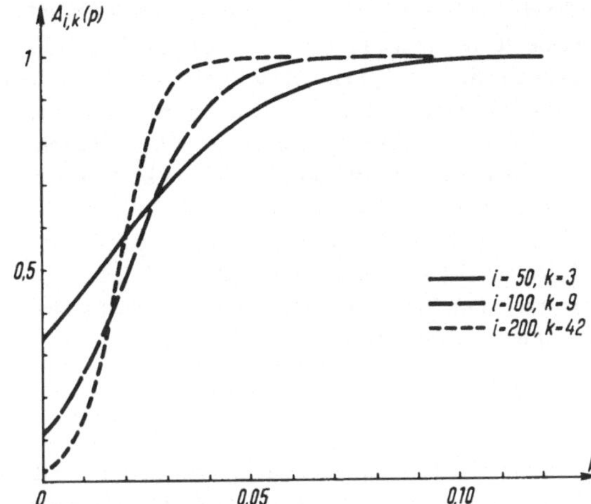

Fig. 33
Der durchschnittliche Prüfaufwand $A_{i,k}(p)$ bei einem Höchstwert des mittleren Durchschlupfes $\pi_{i,k}(p_{i,k}) \approx 0,01$ für die Relaxationszahlen $i = 50$, $i = 100$ und $i = 200$

Bei gegebenem L_1 ist für die Wahl von i zu beachten, daß k nicht zu groß sein sollte, um ausreichenden Schutz vor kurzen Folgen von schlechten Stücken („spotty" quality) zu haben. Solche Folgen können zwar unter der Voraussetzung „Produktionsprozeß ist unter statistischer Kontrolle" nur mit kleiner Wahrscheinlichkeit auftreten, doch hat man ja in der Praxis keine Garantie dafür, daß diese Voraussetzung ständig erfüllt ist. Wie groß der durchschnittlich ausgelieferte Ausschußanteil ohne diese Voraussetzung werden kann, zeigt Gl. (7.19) des folgenden Abschnittes. Das Verhältnis von i und k zueinander ist außerdem — und zwar ganz wesentlich — durch organisatorische Fragen bestimmt, wobei es darauf ankommt, wer die einzelnen Kontrollen durchführt beziehungsweise bezahlt. So kann es in manchen Fällen zweckmäßig sein, daß der Konsument die Kosten der 100f%-Kontrolle übernimmt, während der Produzent für die nach dem beschriebenen kontinuierlichen Stichprobenplan erforderliche 100%-Kontrolle aufkommt.

Ein Modell zur Erfassung der Kosten werden wir in Abschnitt 7.1.4 besprechen. Für einen Schutz gegen „spotty quality" sei auf ein von F. S. H i l l i e r [1964] entwickeltes Konzept hingewiesen, bei dem die Relaxationszahl i und der Stichprobenanteil f = 1/k so bestimmt werden, daß die Forderung (7.11) erfüllt ist, bei dem aber außerdem der ausgelieferte Ausschußanteil möglichst klein gehalten wird, falls von der am Ende von Abschnitt 7.1.1 eingeführten Voraussetzung „Produktionsprozeß ist unter statistischer Kontrolle" zwar noch die „Unabhängigkeit" erfüllt ist, der angelieferte Ausschußanteil aber größer als das ursprüngliche p ist.

Aufgabe 7.1 Es sei $L_1 = 0,03$ vorgegeben. Wie groß ist k für i = 20 beziehungsweise i = 60 zu wählen? Man skizziere den durchschnittlichen Prüfaufwand $A_{i,k}(p)$ und den durchschnittlich ausgelieferten Ausschußanteil $\pi_{i,k}(p)$.

Aufgabe 7.2 Man löse Aufgabe 7.1 für $L_1 = 0,003$ und i = 100, i = 300 und i = 600.

7.1.3 Eigenschaften, falls „Produktionsprozeß nicht unter statistischer Kontrolle"

Wir wollen uns hier mit dem Höchstwert des mittleren Durchschlupfes beschäftigen, ohne vorauszusetzen, daß der Produktionsprozeß unter statistischer Kontrolle ist.

Um eine obere Grenze für den durchschnittlich ausgelieferten Ausschußanteil zu finden, betrachten wir zunächst eine Realisierung des Produktionsprozesses, die bei unserem Prüfverfahren einen hohen ausgelieferten Ausschußanteil aufweist. Bei der Produktion seien die ersten i Stücke gut, die nächsten k Stücke schlecht, die nächsten i Stücke wieder gut, usw. Wenden wir nun den in 7.1.1 beschriebenen kontinuierlichen Stichprobenplan an, so ist offenbar immer abwechselnd eine 100%-Kontrolle von i Stücken und eine 100f%-Kontrolle mit einem zu prüfenden Stück durchzuführen. Für m = 1, 2, 3, . . . kommen auf (i + 1)m geprüfte Stücke jeweils genau (i + k)m abgefertigte Stücke, von denen (k − 1)m Stücke nach der Kontrolle noch schlecht sind. Der ausgelieferte Ausschußanteil beträgt hier also

$$\frac{k-1}{k+i} \, . \tag{7.14}$$

Man vermutet sofort, daß dies bei gegebenem i und k der größtmögliche durchschnittlich ausgelieferte Ausschußanteil ist. In der Tat kann man beweisen (s. G. J. L i e b e r m a n [1953]), daß der durchschnittlich ausgelieferte Ausschußanteil nur mit Wahrscheinlichkeit 0 größer als (k − 1)/(k + i) ausfällt.

Da die erforderlichen mathematisch-statistischen Begriffe und Lehrsätze im Rahmen dieses Buches nicht zur Verfügung stehen, wollen wir uns auf eine genaue Formulierung des oben angedeuteten Satzes beschränken.

Bereits in 7.1.1 haben wir die Größen

$$x_\nu = \begin{cases} 1, & \text{falls das } \nu\text{-te produzierte Stück schlecht ist,} \\ 0, & \text{falls das } \nu\text{-te produzierte Stück gut ist,} \end{cases} \tag{7.15}$$

eingeführt. Wir setzen

$$y_\nu = \begin{cases} 1, & \text{falls das } \nu\text{-te produzierte Stück kontrolliert wird,} \\ 0, & \text{falls das } \nu\text{-te produzierte Stück nicht kontrolliert wird.} \end{cases} \tag{7.16}$$

Für die folgenden Untersuchungen werden die x_ν als (dem Prüfer natürlich unbekannte) reelle Zahlen angesehen; nur die y_ν sind zufällige Variable, die nicht im statistischen Sinne unabhängig sind. Da alle kontrollierten Stücke gegebenenfalls repariert oder durch gute Stücke ersetzt werden, ist das ν-te produzierte Stück nach der Kontrolle genau dann schlecht, wenn $x_\nu(1 - y_\nu) = 1$ ist. Mit diesen Bezeichnungen ist daher der ausgelieferte Ausschußanteil gleich

$$\frac{1}{N} \sum_{\nu=1}^{N} x_\nu(1 - y_\nu), \tag{7.17}$$

wobei N die Anzahl der abgefertigten (nicht der kontrollierten!) Stücke ist.

In Abänderung unserer im vorigen Abschnitt benutzten Bezeichnungen definieren wir hier den Höchstwert des mittleren Durchschlupfes (= *average outgoing quality limit = AOQL*) *als die kleinste reelle Zahl* L_2, *für die für jede Folge* $x_1, x_2, x_3, \ldots$ *die Wahrscheinlichkeit gleich 1 ist, daß*

$$\limsup_{N \to \infty} \frac{1}{N} \sum_{\nu=1}^{N} x_\nu (1 - y_\nu) \leqslant L_2 \tag{7.18}$$

ausfällt.

Dabei ist der in 7.1.1 geschilderte kontinuierliche Stichprobenplan ungeändert anzuwenden, wobei insbesondere also bei der 100f%-Kontrolle jedes der jeweiligen k Stücke dieselbe Wahrscheinlichkeit f = 1/k hat, für die Kontrolle ausgewählt zu werden.

In der oben schon erwähnten Arbeit von G. J. Lieberman [1953] *wird unter diesen Voraussetzungen für den kontinuierlichen Stichprobenplan von Dodge mit der Relaxationszahl* i *und dem Stichprobenanteil* f = 1/k *bewiesen, daß*

$$L_2 = \frac{k-1}{k+i} \tag{7.19}$$

ist.

Ein Aufsatz von G. Elfving [1962/63] enthält dieses Resultat als Spezialfall.

Im vorigen Abschnitt haben wir das Beispiel i = 100 und k = 9 betrachtet, wobei unter der Voraussetzung „Produktionsprozeß ist unter statistischer Kontrolle" der Höchstwert $\pi_{i,k}(p_{i,k})$ des mittleren Durchschlupfes ungefähr 0,01 ist; ohne diese Voraussetzung ergibt sich nach (7.19), daß $L_2 = 8/109 = 0,073$ ist. Für i = 50 und k = 3 ist ebenfalls $\pi_{i,k}(p_{i,k}) \approx 0,01$, aber $L_2 = 2/53 = 0,038$.

Aus (7.14) folgt übrigens, daß $L_2 \geqslant (k-1)/(k+i)$ ist. Für den Beweis der Ungleichung $L_2 \leqslant (k-1)/(k+i)$, den wir hier, wie erwähnt, nicht erbringen wollen, bedarf es einiger Sätze über Folgen von abhängigen zufälligen Variablen. Solche Folgen von zufälligen Variablen sind Spezialfälle der stochastischen Prozesse, von denen wir einen anderen Spezialfall bei der Ableitung der Poisson-Verteilung (s. 1.6.3) kennengelernt haben. Im jetzigen Zusammenhang spielen insbesondere Markoffsche Ketten eine Rolle; das sind Folgen von zufälligen Variablen $\xi_1, \xi_2, \xi_3, \ldots$, bei denen die Verteilungsfunktion von $\xi_{\nu+1}$ unter der Bedingung, daß man die von $\xi_1, \xi_2, \ldots, \xi_\nu$ angenommenen Werte kennt, nur von dem Wert von ξ_ν, nicht aber von denen von $\xi_1, \xi_2, \ldots, \xi_{\nu-1}$ abhängt. Man spricht daher auch von einem Prozeß „ohne Nachwirkung", weil für die Zukunft (Index $> \nu$) zwar die Gegenwart (Index $= \nu$), aber nicht die Vergangenheit (Index $< \nu$) von Bedeutung ist. Ein besonders einfaches Beispiel für eine solche Markoffsche Kette $\xi_1, \xi_2, \ldots, \xi_\nu, \ldots$ ergibt das Vermögen ξ_ν eines Glücksspielers nach dem ν-ten Spiel, der im Roulette bei jedem Spiel denselben Betrag auf „rot" setzt.

Zum Abschluß dieses Abschnittes sei noch auf eine Möglichkeit der Bestimmung der Relaxationszahl i und des Stichprobenanteils f = 1/k hingewiesen, die von E. v. Collani [1974] vorgeschlagen wurde, und zwar für eine Verallgemeinerung des kontinuierlichen Stichprobenplans von Dodge, bei der statt eines Stichprobenanteils mehrere verschiedene Stichprobenanteile zugelassen werden (siehe Abschnitt 7.3). Für den hier behandelten Spezialfall läuft das vorgeschlagene Verfahren auf Folgendes hinaus: Bei vorgegebener Schranke L_2 (siehe (7.18)) müssen Produktionen mit einem angelieferten Ausschußanteil p, der kleiner oder gleich L_2 ist, als gut gelten. Man bestimmt nun i und k so, daß einerseits die Ungleichung (7.18) für alle p eingehalten wird und daß andererseits der Prüfaufwand „im

Durchschnitt" möglichst klein ist für die angelieferten Ausschußanteile p, die dicht bei L_2 liegen und mit denen daher in aller Regel zu rechnen ist. Die beigefügten Tabellen gestatten ohne nennenswerten Rechenaufwand dieses Ziel zu erreichen.

Aufgabe 7.3 Man berechne L_2 für die in den Aufgaben 7.1 und 7.2 behandelten Beispiele.

7.1.4 Erfassung der Kosten

Es soll hier ein Konzept geschildert werden, bei dem der durch die Relaxationszahl i und den Stichprobenanteil f = 1/k bestimmte kontinuierliche Stichprobenplan von Dodge – kurz: der kontinuierliche Prüfplan (i, k) – unter Berücksichtigung der Kosten festgelegt wird. Dieses Verfahren wurde von R. L u d w i g [1974] vorgeschlagen und untersucht; ihrem Aufsatz sind auch Fig. 34 und Fig. 35 entnommen.

Es wird vorausgesetzt, daß der „Produktionsprozeß unter statistischer Kontrolle" ist, und zwar mit dem angelieferten Ausschußanteil p (siehe 7.1.1). Dann ist der durchschnittliche Prüfaufwand $A_{i,k}(p)$ durch (7.7) und der durchschnittlich ausgelieferte Ausschußanteil $\pi_{i,k}(p)$ durch (7.8) gegeben.

Entsprechend dem allgemeinen Ziel der Anwendung kontinuierlicher Stichprobenpläne verlangen wir auch hier, daß der durchschnittlich ausgelieferte Ausschußanteil $\pi_{i,k}(p)$ für alle p mit $0 \leqslant p \leqslant 1$ unterhalb einer vorgegebenen Schranke L_1 mit $0 < L_1 < 1$ bleibt (siehe (7.11)):

$$\pi_{i,k}(p) = p(1 - A_{i,k}(p)) \leqslant \pi_{i,k}(p_{i,k}) = \max_{0 \leqslant p \leqslant 1} \pi_{i,k}(p) \leqslant L_1. \tag{7.20}$$

Bei der von uns bisher benutzten Art der Anwendung eines kontinuierlichen Prüfplans (i, k) muß sowohl i als auch k ganzzahlig sein, und zwar $i \geqslant 1$ und $k > 1$. Wir wollen hier nun – Satz 7.1 legt dies nahe – für k beliebige reelle Zahlen > 1 zulassen; entweder ersetzt man dann bei der tatsächlichen Anwendung eines kontinuierlichen Prüfplans (i, k) das reelle k näherungsweise durch die nächstgelegene ganze Zahl oder man modifiziert die in 7.1.1 geschilderte 100f%-Kontrolle in der Weise, daß man nicht zufällig eines der k Stücke auswählt, sondern daß man zwar jedes Stück, aber nur mit der Wahrscheinlichkeit f = 1/k prüft (Wahrscheinlichkeitsauswahl = probability sampling).

Über die Verluste und Kosten wollen wir nun folgende Annahmen machen: Da wir nur kontinuierliche Prüfpläne benutzen wollen, die der Forderung (7.20) genügen, ist konsequenterweise anzunehmen, daß ein Unterschreiten der Schranke L_1 für den durchschnittlich ausgelieferten Ausschußanteil keinen zusätzlichen Gewinn bringt. Wir nehmen daher an, daß zu dem durchschnittlichen Verlust pro abgefertigtem Stück in Höhe c (c kann negativ sein, also Gewinn bedeuten) nur die Kosten a, falls das Stück geprüft wird, und die Kosten b, falls das geprüfte Stück repariert oder durch ein gutes Stück ersetzt werden muß, hinzukommen. Damit ergibt sich für den durchschnittlichen Gesamtverlust $V_g(p)$ pro abgefertigtem Stück in Abhängigkeit vom angelieferten Ausschußanteil p:

$$V_g(p) = c + (a + bp)A_{i,k}(p), \tag{7.21}$$

wobei $a > 0$ und $b > 0$ vorausgesetzt werden kann und soll.

Da es hier nur darum geht, die Kontrolle möglichst kostengünstig durchzuführen und nicht etwa um Maßnahmen zur Verbesserung der Produktion, ist zunächst zu fragen, welche Kosten bei gegebenen Produktionsbedingungen, also bei gegebenem angelieferten Ausschußanteil p, unvermeidbar sind (man vergleiche die Ausführungen zum Minimax-Regret-Prinzip in Abschnitt 2.4.3). Wäre p bekannt und wäre $p \leqslant L_1$, so wäre das Ziel (7.20) entsprechend (7.21) am kostengünstigsten zu erreichen, wenn man auf jede Prüfung verzichten würde. Wäre dagegen $p > L_1$, so müßte man mindestens den Anteil $1 - L_1/p$ prüfen, um $\pi_{i,k}(p) = p(1 - A_{i,k}(p)) \leqslant L_1$ zu erreichen, und dürfte höchstens diesen Anteil $1 - L_1/p$ prüfen, um unnötige Kosten zu vermeiden. Für $p > L_1$ hätte man also genau den Anteil $1 - L_1/p$ zu prüfen und würde damit einen durchschnittlichen ausgelieferten Ausschußanteil in Höhe von L_1 erreichen, und zwar mit einem durchschnittlichen Verlust in Höhe von $c + (a + bp)(1 - L_1/p)$. Wäre uns also der angelieferte Ausschußanteil p bekannt — er ist es im allgemeinen nicht —, so bliebe immer noch der Verlust

$$V_u(p) = \begin{cases} c & \text{für } 0 \leqslant p \leqslant L_1 \\ c + (a + bp)(1 - L_1/p) & \text{für } L_1 < p \leqslant 1 \end{cases} \qquad (7.22)$$

unvermeidbar.

Im Sinne des Minimax-Regret-Prinzips sehen wir daher einen kontinuierlichen Prüfplan (i, k) als um so günstiger an, je kleiner das über p genommene Maximum der Differenz $V_v(p) = V_g(p) - V_u(p)$ ausfällt. Wie schon früher bezeichnen wir diese Differenz $V_v(p)$ als durchschnittlichen vermeidbaren Verlust; nach (7.21) und (7.22) ist

$$V_v(p) = V_g(p) - V_u(p) = \begin{cases} (a + bp)A_{i,k}(p) & \text{für } 0 \leqslant p \leqslant L_1 \\ (a + bp)(A_{i,k}(p) - 1 + L_1/p) & \text{für } L_1 < p \leqslant 1. \end{cases} \qquad (7.23)$$

Es sei angemerkt, daß $V_v(p)$ nicht mehr von dem pro ausgeliefertem Stück erzielbaren durchschnittlichen Gewinn $- c$ abhängt.

Ersichtlich ist $V_v(p)$ eine — auch für $p = L_1$ — stetige Funktion. Für kontinuierliche Prüfpläne (i, k), die (7.20) erfüllen, für die also $p(1 - A_{i,k}(p)) \leqslant L_1$ ist, ist

$$A_{i,k}(p) \geqslant 1 - L_1/p \quad \text{für } p > 0; \qquad (7.24)$$

und daher ist für solche Prüfpläne $V_v(p) \geqslant 0$ für $0 \leqslant p \leqslant 1$. Fig. 34 zeigt $V_v(p)$ für den Spezialfall $a = b = 1$, $L_1 = 0,02$, $i = 80$, $k = 15$.

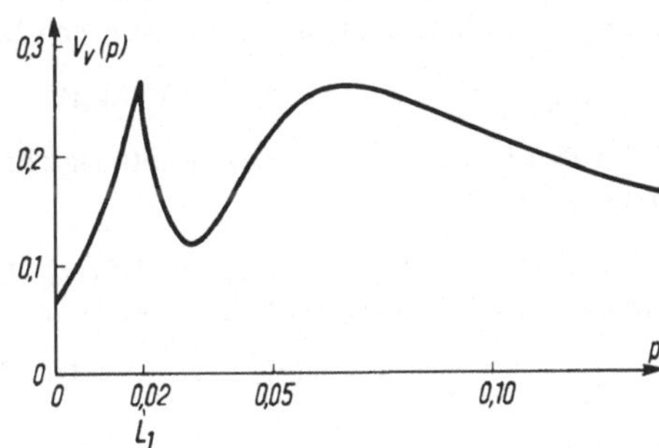

Fig. 34
Der durchschnittliche vermeidbare Verlust
$V_v(p)$ für $a = b = 1$, $L_1 = 0,02$, $i = 80$, $k = 15$

Wie ausgeführt, suchen wir unter den kontinuierlichen Prüfplänen (i, k), die der Forderung (7.20) genügen, einen, für den das über p genommene Maximum des durchschnittlichen vermeidbaren Verlustes $V_v(p)$ möglichst klein ausfällt. Da b $>$ 0 vorausgesetzt wurde, ist diese zweite Forderung genau dann erfüllt, wenn das über p genommene Maximum von $V_v(p)/b$ minimal ausfällt. Damit unsere Lösung von möglichst wenig Parametern abhängt, setzen wir

$$d = a/b > 0 \tag{7.25}$$

und normieren $V_v(p)$ vermittels Division durch b zur Regretfunktion $V_{i,k}(p) = V_v(p)/b$. Es ist

$$V_{i,k}(p) = \begin{cases} (d + p)A_{i,k}(p) & \text{für } 0 \leqslant p \leqslant L_1 \\ (d + p)(A_{i,k}(p) - 1 + L_1/p) & \text{für } L_1 < p \leqslant 1, \end{cases} \tag{7.26}$$

wobei $A_{i,k}(p)$ der Gleichung (7.7) zu entnehmen ist. $V_{i,k}(p)$ ist eine stetige Funktion von p.

Wie schon bei früheren Gelegenheiten benutzen wir für Prüfpläne, die im obigen Sinne am günstigsten sind, die Bezeichnung „kostenoptimal":

Definition 7.1 *Ein kontinuierlicher Prüfplan* (i*, k*) *heißt kostenoptimal bezüglich der Regretfunktion* (7.26), *wenn er der Forderung* (7.20) *genügt und wenn*

$$\underset{0 \leqslant p \leqslant 1}{\text{Max}} \; V_{i^*,k^*}(p) \leqslant \underset{0 \leqslant p \leqslant 1}{\text{Max}} \; V_{i,k}(p)$$

ist für alle kontinuierlichen Prüfpläne (i, k), *die ebenfalls* (7.20) *erfüllen.*

Wir wollen zunächst zu jeder Relaxationszahl i das günstigste k, also den günstigsten Stichprobenanteil 1/k bestimmen. Beachtet man, daß bei der Herleitung von Satz 7.1 kein Gebrauch von der damals noch vorausgesetzten Ganzzahligkeit von k gemacht wurde, so folgt aus Satz 7.1 sofort, daß (7.20) genau dann erfüllt ist, wenn

$$1 < k \leqslant k(i) \tag{7.27}$$

gilt, wobei die Funktion k(i) definiert sei durch

$$k(i) = 1 + \frac{iL_1}{(1 - L_1)^{i+1}} \left(1 + \frac{1}{i}\right)^{i+1}. \tag{7.28}$$

Nun ist $A_{i,k}(p)$ nach (7.7) für jedes i $\geqslant$ 1 und jedes p mit $0 \leqslant p \leqslant 1$ eine monoton nicht wachsende Funktion von k, und daher ist nach (7.26)

$$V_{i,k(i)}(p) \leqslant V_{i,k}(p) \quad \text{für } 1 < k \leqslant k(i). \tag{7.29}$$

Da sich außerdem die Existenz kostenoptimaler Prüfpläne beweisen läßt (siehe R. L u d - w i g [1974]), gilt also

Satz 7.2 *Es existiert stets ein bezüglich der Regretfunktion* $V_{i,k}(p)$ *kostenoptimaler kontinuierlicher Prüfplan* (i*, k*), *und zwar mit*

$$k^* = k(i^*) = 1 + \frac{i^*L_1}{(1 - L_1)^{i^*+1}} \left(1 + \frac{1}{i^*}\right)^{i^*+1}.$$

Um die günstigste Relaxationszahl i* zu bestimmen, bedarf es detaillierter Untersuchungen der Regretfunktion $V_{i,k(i)}(p)$, deren Verlauf für $d = 1$ und $L_1 = 0{,}02$ für einige Relaxationszahlen i in Fig. 35 dargestellt ist.

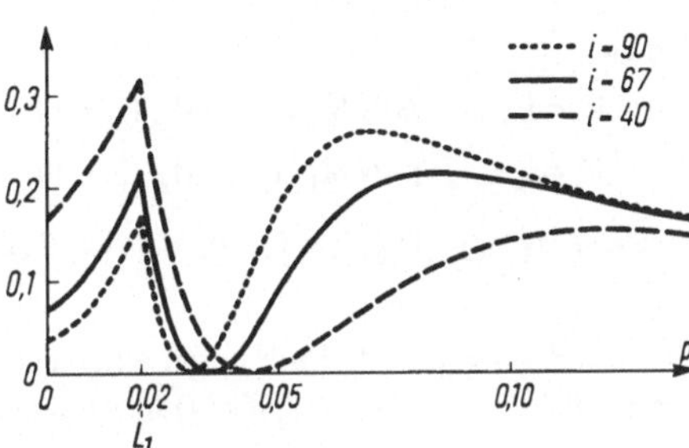

Fig. 35
Die Regretfunktionen $V_{i,k(i)}(p)$ für $d = 1$,
$L_1 = 0{,}02$ und $i = 40$, $i = 67$, $i = 90$

Nach der Folgerung aus (7.24) ist klar, daß $V_{i,k(i)}(p) \geqslant 0$ ist für $0 \leqslant p \leqslant 1$. Da $A_{i,k}(p) > 0$ ist, ist überdies $V_{i,k(i)}(p) > 0$ für $0 \leqslant p \leqslant L_1$. Für p mit $L_1 < p \leqslant 1$ ist $V_{i,k(i)}(p) = 0$ genau dann, wenn $A_{i,k(i)}(p) = 1 - L_1/p$, also $p(1 - A_{i,k(i)}(p)) = L_1$ ist; nach der Bemerkung vor (7.9) nimmt $\pi_{i,k(i)}(p) = p(1 - A_{i,k(i)}(p))$ genau einmal seinen Maximalwert, hier L_1, an, nämlich für $p = p_{i,k(i)}$, wobei $p_{i,k(i)}$ durch (7.9) eindeutig bestimmt ist. Es gilt also

$$V_{i,k(i)}(p) \begin{cases} > 0 & \text{für } 0 \leqslant p < p_{i,k(i)} \\ = 0 & \text{für } p = p_{i,k(i)} \\ > 0 & \text{für } p_{i,k(i)} < p \leqslant 1. \end{cases} \tag{7.30}$$

Es läßt sich nun zeigen (siehe R. L u d w i g [1974]), daß $V_{i,k(i)}(p)$ im Intervall $(0, p_{i,k(i)})$ sein Maximum an der Stelle L_1 annimmt und daß dieses Maximum

$$M_L(i) = \underset{0 \leqslant p \leqslant p_{i,k(i)}}{\text{M a x}} V_{i,k(i)}(p) = V_{i,k(i)}(L_1) \tag{7.31}$$

eine streng monoton fallende Funktion von i ist und daß $M_L(i)$ gegen 0 konvergiert für $i \to \infty$. Dagegen läßt sich das Maximum

$$M_R(i) = \underset{p_{i,k(i)} \leqslant p \leqslant 1}{\text{M a x}} V_{i,k(i)}(p) \tag{7.32}$$

nicht so explizit angeben; trotzdem läßt sich beweisen, daß $M_R(i)$ in Abhängigkeit von i streng monoton wächst und gegen $d + L_1$ konvergiert für $i \to \infty$. Aus diesem Verhalten von $M_L(i)$ und $M_R(i)$ läßt sich nicht nur die Existenz eines kostenoptimalen kontinuierlichen Prüfplans $(i^*, k(i^*))$ folgern, sondern auch ein Verfahren für die numerische Berechnung von i* herleiten. Berücksichtigt man noch auftretende Sonderfälle, so erhält man folgenden

Satz 7.3 *Für kostenoptimale kontinuierliche Prüfpläne der Form* $(i^*, k(i^*))$ *gilt:*

1. *Für* $1/3 \leqslant L_1 < 1$ *ist* $i^* = 1$.
2. *Für* $0 < L_1 < 1/3$ *und* $d \leqslant 4L_1^2/((1 + L_1)(1 - 3L_1))$ *ist* $i^* = 1$.
3. *Für alle anderen* d *und* L_1 *gibt es ein* i_s *mit*

$$M_L(i) > M_R(i) \quad \textit{für } i < i_s$$

$$M_L(i) \leqslant M_R(i) \quad \textit{für } i = i_s + 1$$

$$M_L(i) < M_R(i) \quad \textit{für } i > i_s + 1$$

und es ist

$$i^* = i_s, \qquad \textit{falls } M_L(i_s) < M_R(i_s + 1)$$

$$i^* = i_s + 1, \quad \textit{falls } M_L(i_s) > M_R(i_s + 1).$$

Ist dagegen $M_L(i_s) = M_R(i_s + 1)$, *so ist sowohl* $(i_s, k(i_s))$ *als auch* $(i_s + 1, k(i_s + 1))$ *kostenoptimal.*

Bei R. L u d w i g [1974] findet man eine ausführliche Tabelle dieser kostenoptimalen kontinuierlichen Prüfpläne $(i^*, i(k^*))$ in Abhängigkeit von d und L_1.

7.2 Kontinuierlicher Stichprobenplan von Wald und Wolfowitz

7.2.1 Beschreibung des Verfahrens

Im Jahre 1945 haben A. W a l d und J. W o l f o w i t z [1945] einen kontinuierlichen Stichprobenplan veröffentlicht, der mit SPA (als Abkürzung für „sampling plan A") bezeichnet wird. Modifikationen des Planes heißen SPB, SPC, usw. Dieser Stichprobenplan geht in seiner Konzeption unmittelbar von dem für den in (7.18) definierten Höchstwert des mittleren Durchschlupfes vorgegebenen Wert L_2 aus. Wir können dabei die Bezeichnungen (7.15) und (7.16) unmittelbar übernehmen, denn gegenüber dem Plan von D o d g e werden nur die Vorschriften abgeändert, wann die 100%-Kontrolle und wann die 100f%-Kontrolle durchzuführen ist.

Es sei also L_2 eine vorgegebene reelle Zahl mit $0 < L_2 < 1$, k eine vorgegebene natürliche Zahl > 1, und es sei $f = 1/k$.

Auch bei dem Plan von W a l d und W o l f o w i t z werden die Stücke in der Reihenfolge ihrer Herstellung abgefertigt. Ob eine 100f%-Kontrolle oder eine 100%-Kontrolle durchzuführen ist, hängt vom bisherigen Kontrollergebnis ab, genauer gesagt davon, ob die Ungleichung (7.34) erfüllt ist oder nicht. Bei der 100f%-Kontrolle wird jeweils aus der Gruppe der nächsten k aufeinanderfolgenden Stücke ein zufällig herausgegriffenes Stück kontrolliert, und die übrigen (k − 1) Stücke werden sofort zu den bereits abgefertigten Stücken gelegt. Dabei soll die Wahrscheinlichkeit, für die Kontrolle ausgewählt zu werden, für jedes Stück der Gruppe gleich groß, nämlich = f, sein. Jedes bei der Kontrolle gefundene schlechte Stück wird repariert oder durch ein gutes Stück ersetzt. Wir setzen

$$
\left.
\begin{aligned}
N \;\; &= \text{Anzahl der bisher abgefertigten Stücke} \\
S_N &= \text{Anzahl der dabei 100f\%-kontrollierten Gruppen von k Elementen} \\
D_N &= \text{Anzahl der bei den } S_N \text{ Gruppen gefundenen schlechten Stücke} \\
e_N &= (k - 1)D_N/N
\end{aligned}
\right\} \quad (7.33)
$$

Man beginnt stets mit einer 100f%-Kontrolle und setzt diese solange fort, wie

$$e_N \leqslant L_2 \tag{7.34}$$

ist. Wenn dagegen

$$e_N > L_2 \tag{7.35}$$

ausfällt, so ist beim $(N + 1)$-ten Stück eine 100%-Kontrolle zu beginnen, die erst dann wieder von einer 100f%-Kontrolle abgelöst wird, wenn wieder (7.34) erfüllt ist.

Da sich D_N während einer 100%-Kontrolle nicht ändert, kommt es mit Sicherheit immer wieder zur 100f%-Kontrolle. Dagegen kann es sein, daß man überhaupt nur mit der 100f%-Kontrolle auskommt, z. B. dann, wenn alle produzierten Stücke gut sind.

7.2.2 Eigenschaften, falls „Produktionsprozeß nicht unter statistischer Kontrolle"

Um den Höchstwert des mittleren Durchschlupfes zu ermitteln, wenn der Produktionsprozeß nicht unter statistischer Kontrolle ist, müssen wir jede Aufeinanderfolge von guten und schlechten Stücken in der Produktion ins Auge fassen, d. h. für die Folge $x_1, x_2, x_3, \ldots$ (s. (7.15)) ist jede Folge der Zahlen 0 und 1 in die Betrachtung einzubeziehen.

Sind alle produzierten Stücke schlecht, ist also $x_\nu = 1$ für $\nu = 1, 2, 3, \ldots$, so ist bei N abgefertigten Stücken der ausgelieferte Ausschußanteil (7.17)

$$\frac{1}{N} \sum_{\nu=1}^{N} x_\nu (1 - y_\nu) = \frac{(k-1)S_N}{N} = \frac{(k-1)D_N}{N} = e_N,$$

und offenbar konvergiert hier wegen (7.34) und (7.35) e_N gegen L_2 für $N \to \infty$. Daraus folgt (s. (7.18)), daß der Höchstwert des mittleren Durchschlupfes mindestens L_2 beträgt. Darüber hinaus kann man zeigen (s. W a l d und W o l f o w i t z [1945]), daß der Höchstwert des mittleren Durchschlupfes sogar genau $= L_2$ ist.

Da beim Beweis ein uns hier nicht zur Verfügung stehender Konvergenzsatz für Folgen von abhängigen zufälligen Variablen hinzuzuziehen ist, wollen wir uns auf einige Bemerkungen beschränken, die wesentliche Teile des Beweises enthalten.

Nach (7.33) sind bei der Abfertigung der ersten N produzierten Stücke insgesamt S_N Gruppen von je k Elementen der 100f%-Kontrolle unterworfen worden. Es sei nun $(j = 1, 2, \ldots, S_N)$

$$d_j = \begin{cases} 1, \text{ falls das kontrollierte Element der j-ten Gruppe schlecht ist,} \\ 0, \text{ falls das kontrollierte Element der j-ten Gruppe gut ist.} \end{cases}$$

Dann ist

$$D_N = \sum_{j=1}^{S_N} d_j.$$

Sind bei der j-ten Gruppe die Elemente mit den Nummern $\alpha_j + 1, \alpha_j + 2, \ldots, a_j + k$

abgefertigt, so ist

$$W(d_j = 1) = \frac{1}{k} \sum_{\nu = \alpha_j+1}^{\alpha_j+k} x_\nu,$$

und daher

$$E[d_j] = \frac{1}{k} \sum_{\nu = \alpha_j+1}^{\alpha_j+k} x_\nu.$$

Nun ist nach (7.15) und (7.16)

$$d_j = \sum_{\nu = \alpha_j+1}^{\alpha_j+k} x_\nu y_\nu = \sum_{\nu = \alpha_j+1}^{\alpha_j+k} (x_\nu - x_\nu(1 - y_\nu)),$$

und daher ist (beachte: die y_ν, aber nicht die x_ν sind zufällige Variable)

$$E[(k - 1)d_j] = \sum_{\nu = \alpha_j+1}^{\alpha_j+k} x_\nu - E[d_j] = E\left[\sum_{\nu = \alpha_j+1}^{\alpha_j+k} x_\nu(1 - y_\nu) \right].$$

Da außerdem $x_\nu(1 - y_\nu) = 0$ ist, falls das ν-te produzierte Stück im Rahmen einer 100%-Kontrolle geprüft wird, so folgt daraus wegen

$$E\left[\frac{k - 1}{N} \sum_{j = 1}^{S_N} d_j \right] = E[e_N],$$

daß

$$E[e_N] = E\left[\frac{1}{N} \sum_{\nu = 1}^{N} x_\nu(1 - y_\nu) \right] \tag{7.36}$$

ist, d. h. der Erwartungswert von e_N ist gleich dem Erwartungswert des ausgelieferten Ausschußanteils. Mit Hilfe des oben erwähnten Grenzwertsatzes kann man folgern, daß

$$\lim_{N \to \infty} \left(e_N - \frac{1}{N} \sum_{\nu = 1}^{N} x_\nu(1 - y_\nu) \right) = 0 \tag{7.37}$$

mit Wahrscheinlichkeit 1 ist.

Außerdem ist für jedes noch so kleine $\epsilon > 0$ die Größe $e_N < L_2 + \epsilon$, falls nur N hinreichend groß ist. Zusammen mit (7.37) beweist das die Behauptung:

Wenn der „Produktionsprozeß nicht unter statistischer Kontrolle" ist, so ist der Höchstwert des mittleren Durchschlupfes beim kontinuierlichen Stichprobenplan (7.34), (7.35) gleich L_2, d. h. L_2 ist die kleinste Zahl mit der folgenden Eigenschaft: Für jede Folge $x_1, x_2, x_3, \ldots$ (s. (7.15)) ist die Wahrscheinlichkeit gleich 1, daß

$$\limsup_{N \to \infty} \frac{1}{N} \sum_{\nu = 1}^{N} x_\nu(1 - y_\nu) \leqslant L_2 \tag{7.38}$$

ist.

7.2.3 Eigenschaften, falls „Produktionsprozeß unter statistischer Kontrolle"

Wir setzen voraus, daß sich der Produktionsprozeß im Sinne von 7.1.1 unter statistischer Kontrolle befindet, und zwar mit einem angelieferten Ausschußanteil p.

Wir wollen uns heuristisch überlegen, was für den durchschnittlich ausgelieferten Ausschußanteil zu erwarten ist. Dazu betrachten wir den folgenden abgeänderten Stichprobenplan: Wir führen ausschließlich die 100f%-Kontrolle durch, ohne Rücksicht darauf, welche der Ungleichungen (7.34) oder (7.35) gilt. Bei der Abfertigung jeder Gruppe von k Stücken ist die Wahrscheinlichkeit gleich p, daß das eine kontrollierte Stück schlecht ist. Daher ist der Erwartungswert der Anzahl der schlechten Stücke nach der Kontrolle bei der ersten ebenso wie bei allen folgenden Gruppen von k Elementen gleich

$$E\left[\sum_{\nu=1}^{k} x_\nu(1 - y_\nu)\right] = kE[x_\nu(1 - y_\nu)] = kp\,\frac{k-1}{k} = (k-1)p.$$

Der durchschnittliche Ausschußanteil bei n geprüften und also N = nk abgefertigten Stücken beträgt daher

$$\frac{(k-1)pn}{N} = \frac{(k-1)p}{k} = (1-f)p.$$

Andererseits ist hier (s. (7.33)) $E[D_N] = np$, und also ist bei diesem abgeänderten Stichprobenplan

$$E[e_N] = \frac{k-1}{N}\,E[D_N] = (1-f)p.$$

Für unseren ursprünglich beschriebenen Stichprobenplan (7.34), (7.35) wird man daher vermuten, daß man „im wesentlichen" mit 100f%-Kontrollen auskommt, falls $(1-f)p \leqslant L_2$ ist, und daß dann der durchschnittlich ausgelieferte Ausschußanteil $(1-f)p$ beträgt. Ist dagegen $(1-f)p > L_2$, so werden vermutlich die 100%-Kontrollen entscheidend eingreifen und der durchschnittlich ausgelieferte Ausschußanteil wird L_2 betragen.

Wir wollen diese in der Tat richtige Vermutung nun mit den bei W a l d und W o l f o w i t z benutzten Begriffen formulieren, müssen wegen der erforderlichen Grenzwertsätze jedoch auf einen Beweis verzichten (s. W a l d und W o l f o w i t z [1945]).

In – für die Praxis unwesentlicher – Abänderung der in 7.1.1 benutzten Bezeichnungen definieren wir hier den durchschnittlich ausgelieferten, nur noch von p abhängenden Ausschußanteil $\pi^*(p)$ als mit Wahrscheinlichkeit 1 existierenden Grenzwert

$$\lim_{N \to \infty} \frac{1}{N} \sum_{\nu=1}^{N} x_\nu(1 - y_\nu) = \pi^*(p) \tag{7.39}$$

des ausgelieferten Ausschußanteils (7.17).

Dann gilt unter der Voraussetzung „Produktionsprozeß ist unter statistischer Kontrolle" für den durchschnittlich ausgelieferten Ausschußanteil $\pi^*(p)$ in Abhängigkeit vom angelieferten Ausschußanteil p:

$$\pi^*(p) = \begin{cases} (1 - f)p, & \textit{falls} \quad (1 - f)p \leqslant L_2 \\ L_2, & \textit{falls} \quad (1 - f)p > L_2. \end{cases} \tag{7.40}$$

Wir definieren hier den durchschnittlichen Prüfaufwand $A^*(p)$ als den — wie man zeigen kann — mit Wahrscheinlichkeit 1 existierenden Grenzwert

$$\lim_{N \to \infty} \frac{I(N)}{N} = A^*(p),$$

wobei $I(N)$ die Anzahl der geprüften Stücke bei der Abfertigung der ersten N produzierten Stücke ist. Analog zu $\pi(p) = p(1 - A(p))$ (s. (7.8)) gilt auch hier

$$\pi^*(p) = p(1 - A^*(p)). \tag{7.41}$$

Daher ist nach (7.40)

$$A^*(p) = \begin{cases} f & \text{falls} \quad (1 - f)p \leqslant L_2 \\ 1 - \dfrac{L_2}{p} & \text{falls} \quad (1 - f)p > L_2. \end{cases} \tag{7.42}$$

7.3 Weitere kontinuierliche Stichprobenpläne

Im Laufe der letzten Jahre sind zahlreiche weitere kontinuierliche Stichprobenpläne entworfen und untersucht worden; auf einige dieser Pläne soll zum Abschluß wenigstens hingewiesen werden.

Man hat es bei dem in 7.1 dargestellten Plan von D o d g e als Nachteil empfunden, daß bereits ein einziges im Laufe der 100f%-Kontrolle gefundenes schlechtes Stück die aufwendigere 100%-Kontrolle auslöst. Eine erste Änderung besteht daher darin, erst dann zur 100%-Kontrolle überzugehen, wenn zwei schlechte Stücke relativ schnell hintereinander (eingehender in der Literatur behandelt: innerhalb von $(i + 1)$ geprüften Stücken) gefunden werden; dieser Plan wird mit CSP – 2 bezeichnet. Eine andere Modifikation bietet der Plan CSP – 3. Findet man hier während der 100f%-Kontrolle ein schlechtes Stück, so werden die nächstfolgenden vier produzierten Stücke geprüft; man geht zur 100%-Kontrolle über, falls eines dieser vier Stücke schlecht ist. Für beide Modifikationen siehe z. B. E. L. G r a n t [1952].

Statt der bisher benutzten zwei Stichprobenanteile (1 bei der 100%-Kontrolle und f bei der 100f%-Kontrolle) ist es naheliegend, mehrere, etwa $(n + 1)$, verschiedene Stichprobenanteile zuzulassen (multi-level continuous sampling plans = MLP). Die benutzten Stichprobenanteile seien

$$f_0 = 1 > f_1 > f_2 > \cdots > f_n.$$

Außerdem werden n natürliche Zahlen $l_0, l_1, \ldots, l_{n-1}$ als Relaxationszahlen vorgegeben. Wir wollen annehmen, daß wir im Augenblick eine $100f_j$%-Kontrolle durchführen mit $j < n$. Wenn dabei l_j aufeinanderfolgende geprüfte Stücke für gut befunden werden, so geht man zur $100f_{j+1}$%-Kontrolle über. Findet man während einer $100f_j$%-Kontrolle (dabei $j \geqslant 1$) ein schlechtes Stück, so ist je nach dem benutzten Stichprobenplan – sie werden mit MLP – 1, MLP – T und MLP – r bezeichnet – eine der folgenden drei Vorschriften anzuwenden:

MLP – 1: Man gehe über zur $100f_{j-1}$%-Kontrolle.

MLP – T: Man gehe über zur 100%-Kontrolle.

MLP – r: Man gehe über zur $100f_\rho$%-Kontrolle, wobei $\rho = \text{Max}\,(0, j - r)$ ist.

Der Höchstwert des mittleren Durchschlupfes (AOQL) für diese drei Pläne wurde von G. E l f v i n g [1962/63] berechnet, und zwar ergibt sich (dabei $k_j = 1/f_j$, $k_{-1} = k_{-2} = \cdots = 0$)

$$\text{für}\quad \text{MLP} - 1: \quad \max_j \frac{k_j - 1}{k_j + l_{j-1}k_{j-1}}$$

$$\text{für}\quad \text{MLP} - \text{T}: \quad \max_j \frac{k_j - 1}{k_j + l_{j-1}k_{j-1} + \cdots + l_0 k_0}$$

$$\text{für}\quad \text{MLP} - \text{r}: \quad \max_j \frac{k_j - 1}{k_j + l_{j-1}k_{j-1} + \cdots + l_{j-r}k_{j-r}}.$$

Für den Plan MLP-1 mit der speziellen Wahl $f_j = f^j$ und $l_0 = l_1 = \cdots = l_{n-1} = i$ findet man bei B o w k e r und L i e b e r m a n [1972] graphische Darstellungen für f in Abhängigkeit von i und dem Höchstwert des mittleren Durchschlupfes, und zwar für $n = 1$, $n = 2$, $n = 3$, $n = 4$ und $n = \infty$.

In diesem Zusammenhang seien auch die Arbeiten von E. v. C o l l a n i [1974], L i e b e r m a n und S o l o m o n [1955], von D e r m a n , L i t t a u e r und S o l o m o n [1957] und von D e r m a n , J o h n s und L i e b e r m a n [1959] genannt.

Der in 7.2 besprochene kontinuierliche Stichprobenplan von W a l d und W o l f o - w i t z weist den folgenden Nachteil auf: Ist die Produktion längere Zeit sehr gut gewesen, so wird e_N beträchtlich unterhalb von L_2 liegen. Bei einer plötzlichen Verschlechterung der Qualität wird es daher geraume Weile dauern, bis $e_N > L_2$ ausfällt und mit Hilfe der 100%-Kontrolle der ausgelieferte Ausschußanteil wieder herabgesetzt wird. Dies ändert selbstverständlich nichts an dem bewiesenen Höchstwert L_2 des mittleren Durchschlupfes, doch hat es W a l d und W o l f o w i t z [1945] veranlaßt, Modifikationen vorzuschlagen, die durch gewisse zusätzliche 100%-Kontrollen und völligen Neubeginn des Verfahrens bei zu kleinem e_N eine größere „lokale Stabilität" gewährleisten sollen.

Einen weiteren kontinuierlichen Stichprobenplan hat M. A. G i r s h i c k [1954] veröffentlicht. Bei diesem Plan werden drei natürliche Zahlen m, N und 1/f vorgegeben. Von den ersten 1/f produzierten Stücken wird eines zufällig ausgewählt und geprüft. Dann wählt man aus den folgenden 1/f produzierten Stücken wieder eines zufällig aus und prüft es und fährt mit dieser 100f%-Kontrolle solange fort, bis die Anzahl der gefundenen schlechten Stücke die vorgegebene Zahl m erreicht. Dies sei nach Überprüfung von n Gruppen von jeweils 1/f Stücken der Fall. Wenn $n \geqslant N$ ist, so wird die bisherige Produktion akzeptiert und das Verfahren beginnt von vorn. Ist dagegen $n < N$, so werden die folgenden $(N - n)$ Gruppen, also die folgenden $(N - n)/f$ Elemente, einer 100%-Kontrolle unterworfen; dann beginnt auch hier wieder das Verfahren von vorn. Dieser Plan garantiert einen Höchstwert des mittleren Durchschlupfes von

$$\frac{(1 - f)m}{N},$$

und zwar auch dann, wenn der Produktionsprozeß nicht unter statistischer Kontrolle ist. Bei S c h a a f s m a und W i l l e m z e [1973] findet man eine Modifikation des in 7.1 behandelten kontinuierlichen Stichprobenplanes von D o d g e. Dieser modifizierte Plan dient zur Annahme oder Ablehnung von Partien, wie dies auch die in Abschnitt 4 dargestellten Stichprobenpläne tun. Zu prüfen sei eine Partie vom Umfang N. Die einzelnen Stücke werden in ihrer Fertigungsreihenfolge nach dem kontinuierlichen Stichprobenplan von D o d g e geprüft, wobei allerdings die Kontrolle abgebrochen und die Partie zurückgewiesen wird, sobald die Anzahl der dabei gefundenen schlechten Stücke eine vorgegebene „zulässige Fehleranzahl" c überschreitet. Entsprechend dem Philips-Stichprobensystem (s. 4.2.2) werden auch hier der 50%-Punkt $p_{50\%}$ und die Steilheit h_0 der Operations-Charakteristik zur Kennzeichnung der Eigenschaften des Planes benutzt. Bei der Anwendung des Planes werden $p_{50\%}$ und h_0 vorgegeben und $1/f$ nach technischen Gesichtspunkten (z. B. Anzahl der Stücke, die nach der Kontrolle als eine Einheit verpackt werden sollen) gewählt. Man versucht, i und c in Abhängigkeit von N, $p_{50\%}$, h_0 und f zu bestimmen.

Literatur

A n d e r s o n , T. W.; S a m u e l s, S. M.: Some Inequalities among Binomial and Poisson Probabilities. Proceedings of the Fifth Berkeley Symposium on Mathematical Statistics and Probability. Vol. I. Ed. by L. M. LeCam and J. Neyman. Berkeley and Los Angeles 1967, p. 1–12

B a r l o w , R. E.; P r o s c h a n , F.: Exponential Life Test Procedures when the Distribution has Monotone Failure Rate. J. Amer. Statist. Ass. **62** (1967) 548–560

B a r n e t t , F. C.; M u l l e n , K.; S a w , J. G.: Linear Estimates of a Population Scale Parameter. Biometrika **54** (1967) 551–554

B a s l e r , H.: Bestimmung kostenoptimaler Prüfpläne mittels des Mini-Max-Prinzips. Metrika **12** (1967/68) 115–154

B a s l e r , H.: Aufgabensammlung zur statistischen Methodenlehre und Wahrscheinlichkeitsrechnung. Würzburg, Wien 1977

B a s l e r , H.: Grundbegriffe der Wahrscheinlichkeitsrechnung und statistischen Methodenlehre. Würzburg, Wien 1978

B a s l e r , H.: Zur Definition von Zufallsstichproben aus endlichen Grundgesamtheiten. Metrika **26** (1979) 219--236

B a u e r , H.: Wahrscheinlichkeitstheorie und Grundzüge der Maßtheorie. Berlin–New York 1978

B e h l , M.: Die messende Prüfung bei Abweichung von der Normalverteilungsannahme. Metrika **28** (1981) 93–107

B o w k e r , A. H.: Continuous Sampling Plans. Proceedings of the Third Berkely Symposium on Mathematical Statistics and Probability. Vol. V. Ed. by J. Neyman. Berkeley and Los Angeles 1956, p. 75–85

B o w k e r , A. H.; L i e b e r m a n , G. J.: Handbook of Industrial Statistics. Englewood Cliffs N. J. 1961

B o w k e r , A. H.; L i e b e r m a n , G. J.: Engineering Statistics. Englewood Cliffs N. J. 1972

B u c k l a n d , W. R.: Statistical Assessment of the Life Characteristics. London 1964

C a r n a p , R.: Induktive Logik und Wahrscheinlichkeit. Bearb. von W. Stegmüller. Wien 1959

C h i u , W. K.: The Economic Design of Cusum Charts for Controlling Normal Means. Applied Statistics **23** (1974) 420–433

C h i u , W. K.; W e t h e r i l l , G. B.: A Simplified Scheme for the Economic Design of $\bar{x}$-Charts. J. Qual. Techn. **6** (1974) 63–69

C h u n g , K. L.: Elementare Wahrscheinlichkeitstheorie und stochastische Prozesse. (Übers. a. d. Engl.). Berlin–Heidelberg–New York 1978

v. C o l l a n i , E.: Zur Wahl eines mehrstufigen Stichprobenplanes. Metrika **21** (1974) 175–196

v. C o l l a n i , E.: Kostenoptimale Prüfpläne für die laufende Kontrolle eines normalverteilten Merkmals. Dissertation, Universität Würzburg 1978

v. C o l l a n i , E.: Kostenoptimale Prüfpläne für die laufende Kontrolle eines normalverteilten Merkmals. Metrika **28** (1981) 211–236

D e r m a n , C.; J o h n s jr., M. V.; L i e b e r m a n , G. J.: Continuous Sampling Procedures without Control. Ann. Math. Statistics **30** (1959) 1175–1191

D e r m a n , C.; L i t t a u e r , S.; S o l o m o n , H.: Tightened Multi-Level Continuous Sampling Plans. Ann. Math. Statistics **28** (1957) 395–404

D i x o n , W. J.: Power Functions of the Sign Test and Power Efficiency for Normal Alternatives. Ann. Math. Statistics **24** (1953) 467–479

D o d g e , H. F.: A Sampling Inspection Plan for Continuous Production. Ann. Math. Statistics **14** (1943) 264–279

D o d g e , H. F.; R o m i g , H. G.: Sampling Inspection Tables. 2. ed. New York– London 1959

D u n c a n , A. J.: The Economic Design of $\bar{x}$-Charts Used to Maintain Current Control of a Process. J. Amer. Statist. Ass. **51** (1956) 228–242

D u n c a n , A. J.: Quality Control and Industrial Statistics. Homewood Ill. 1965

D u n c a n , A. J.: The Economic Design of p-Charts to Maintain Current Control of a Process: Some Numerical Results. Technometrics **20** (1978) 235–243

v. E e d e n , C.: Some Approximations to the Percentage Points of the Non-Central T-Distribution. Rev. Inst. Internat. Statist. **29** (1961) 4–31

E l f v i n g , G,: The AOQL of Multi-Level Continuous Sampling Plans. Z. f. Wahrscheinlichkeitstheorie und verwandte Gebiete **1** (1962/63) 70–81

E p s t e i n , B.: Statistical Life Test Acceptance Procedures. Technometrics **2** (1960) 435–446

F e r t i g , J. W.: A Test of a Sample Variance based on Both Tail Ends of the Distribution. With the assistance of E. A. Proehl. Ann. Math. Statistics **8** (1937) 193–205

F i s h e r , R. A.; Y a t e s , F.: Statistical Tables for Biological, Agricultural, and Medical Research. 6. ed. Edinburgh–London 1978

F i s z , M.: Wahrscheinlichkeitsrechnung und mathematische Statistik (Übers. a. d. Poln.). Berlin 1980

F r e e m a n , H. A.; F r i e d m a n , M.; M o s t e l l e r , F.; W a l l i s , W. A.: Sampling Inspection. New York 1948

G e b e l e i n , H.: Einige Bemerkungen und Ergänzungen zum graphischen Verfahren von Mosteller und Tukey. Mitt. Math. Statistik **5** (1953) 125–142

G i r s h i c k , M. A.: A Sequential Inspection Plan for Quality Control. Stanford Calif. 1954. = Technical Report No. 16, Applied Mathematics and Statistics Laboratory

G n e d e n k o , B. W.: Lehrbuch der Wahrscheinlichkeitsrechnung (Übers. a. d. Russ.). Berlin 1965

G r a f , U.; H e n n i n g , H. J.; S t a n g e , K.: Formeln und Tabellen der mathematischen Statistik. Berlin–Göttingen–Heidelberg 1966

G r a n t , E. L.: Statistical Quality Control. New York–Toronto–London 1952

G r e e n w o o d , J. A.; H a r t l e y , H. O.: Guide to Tables in Mathematical Statistics. Princeton N. J. 1962

G u m b e l , E. J.: Statistics of Extremes. New York 1960

G u r l a n d , J.: On Wallis' Formula. Amer. Math. Monthly **63** (1956) 643–645

H a l d , A.: Statistical Tables and Formulas. New York–London 1962

H a l d , A.: Statistical Theory of Sampling Inspection by Attributes, Part I. Institute of Mathematical Statistics, University of Copenhagen 1976

H a l d , A.: Statistical Theory of Sampling Inspection by Attributes, Part II. Institute of Mathematical Statistics, University of Copenhagen 1978.

H a m a k e r , H. C.: Theorie des Stichprobenschemas. Philips' Technische Rundschau II (1949/50) 264–274

H a m a k e r , H. C.; van S t r i k , R.: The Efficiency of Double Sampling for Attributes. J. of the American Statistical Association **50** (1955) 830–849

H e i n h o l d , J.; G a e d e , K.-W.: Ingenieur-Statistik. München–Wien 1972

H i l l i e r , F. S.: New Criteria for Selecting Continuous Sampling Plans. Technometrics 6 (1964) 161–178

H i n d e r e r , K.: Grundbegriffe der Wahrscheinlichkeitstheorie. Berlin–Heidelberg–New York 1975

J o h n s o n , N. L.; W e l c h , B. L.: Applications of the Non-central t-distribution. Biometrika 31 (1939) 362–389

K a c , M.; K i e f e r , J.; W o l f o w i t z , J.: On Tests of Normality and other Tests of Goodness of Fit based on Distance Methods. Ann. Math. Statistics 26 (1955) 189–211

K a p p o s , D. A.: Strukturtheorie der Wahrscheinlichkeitsfelder und -räume. Berlin–Göttingen–Heidelberg 1960

L e h m a n n , E. L.: A General Concept of Unbiasedness. Ann. Math. Statistics 22 (1951) 587–592

L e h m a n n , E. L.: Testing Statistical Hypotheses. New York–London 1959

L e h m a n n , E. L.: Nonparametrics, Statistical Methods Based on Ranks. San Francisco 1975

L e v e n e , H.; W o l f o w i t z , J.: The Covariance Matrix of Runs up and down. Ann. Math. Statistics 15 (1944) 58–69

L i e b e r m a n n , G. J.: A Note on Dodge's Continuous Inspection Plan. Ann. Math. Statistics 24 (1953) 480–484

L i e b e r m a n n , G. J.; O w e n , D. B.: Tables of the Hypergeometric Probability Distribution. Stanford Calif. 1961

L i e b e r m a n n , G. J.; S o l o m o n , H.: Multi-Level Continuous Sampling Plans. Ann. Math. Statistics 26 (1955) 686–704

L o è v e , M.: Probability Theory. 2. ed. Princeton-New Jersey–Toronto–New York–London 1977

L u d w i g , R.: Bestimmung kostenoptimaler Parameter für den kontinuierlichen Stichprobenplan von Dodge. Metrika 21 (1974) 83–126

M a s i n g , W. (Hrsg.): Handbuch der Qualitätssicherung. München–Wien 1980

M o l e n a a r , W.: Approximations to the Poisson, Binomial and Hypergeometric Distribution Functions. Amsterdam 1970

M o l i n a , E. C.: Poisson's Exponential Binomial Limit. New York 1947

M o n t g o m e r y , D. C.: The Economic Design of Control Charts: A Review and Literature Survey. J. Qual. Techn. 12 (1980) 75–87

M o r g e n s t e r n , D.: Einführung in die Wahrscheinlichkeitsrechnung und mathematische Statistik. Berlin–Göttingen–Heidelberg 1968

M o r i g u t i , S.: Notes on Sampling Inspection Plans. Reports of Statistical Application Research = Union of Japanese Scientists and Engineers 3 (1955) 99–121

M o s t e l l e r , F.: Note on an Application of Runs to Quality Control Charts. Ann. Math. Statistics 12 (1941) 228–232

M o s t e l l e r , F.; T u k e y , J. W.: Uses and Usefulness of Binomial Probability Paper. J. Amer. Statist. Ass. 44 (1949) 174–212

M ü l l e r , P. H. (Hrsg.): Lexikon der Stochastik. Berlin 1980

O g a w a , J.: Contributions to the Theory of Systematic Statistics I. Osake Mathematical Journal 3 (1951) 175–213

O l m s t e a d , P. S.: Distribution of Sample Arrangements for Runs up and down. Ann. Math. Statistics 17 (1946) 24–33

O r u ç , M.: Über sequentielle Qualitätskontrolle. Z. Wahrscheinlichkeitstheorie verw. Geb. 4 (1965) 203–208

O w e n , D. B.: Handbook of Statistical Tables. Reading Mass.–Palo Alto–London 1962

O w e n , D. B.: The Power of Student's t-Test. Journ. Amer. Statist. Ass. **60** (1965) 320–333

P a g e , E. S.: A Modified Control Chart with Warning Lines. Biometrika **49** (1962) 171–175

P e a c h , P.; L i t t a u e r , S. B.: A Note on Sampling Inspection. Ann. Math. Statistics **17** (1946) 81–84

P e a r s o n , E. S.; H a r t l e y , H. O.: Biometrika Tables for Statisticians. London 1966

P f a n z a g l , J.: Allgemeine Methodenlehre der Statistik. 2 Bde. Berlin, Bd. I 1972, Bd. II 1978

R a s c h , D.; H e r r e n d ö r f e r , G.; B o c k , J.; B u s c h , K.: Verfahrensbibliothek Bd. 1 und Bd. 2: Versuchsplanung und -Auswertung. Berlin 1978

R é n y i , A.: Wahrscheinlichkeitsrechnung. Berlin 1962

R e s n i k o f f , G. J.; L i e b e r m a n , G. J.: Tables of the Non-central t-distribution. Stanford Calif. 1957

R i c h t e r , G.: Kostenoptimale Stichprobenpläne für mehrere qualitative Merkmale. Metrika **21** (1974) 155–173

S a n d i f o r d , P. J.: A New Binomial Approximation for Use in Sampling from Finite Populations. J. Amer. Statist. Assoc. **55** (1960) 718–722

S c h a a f s m a , A. H.; W i l l e m z e , F. G.; Moderne Qualitätskontrolle = Philips Technische Bibliothek, Eindhoven 1973

S c h m e t t e r e r , L.: Einführung in die mathematische Statistik. Wien 1966

S m i r n o w , N. W.; D u n i n - B a r k o w s k i , I. W.: Mathematische Statistik in der Technik (Übers. a. d. Russ. Neu bearb. von W. Richter) Berlin 1973

S ö d e r , A.: Kostenoptimale Prüfpläne für die messende Prüfung. Dissertation Universität Würzburg 1978

S o m m e r , K.: Probenahme von Pulvern und körnigen Massengütern – Grundlagen, Verfahren, Geräte. Berlin–Heidelberg–New York 1979

S t a n g e , K.: Die Berechnung wirtschaftlicher Pläne für messende Prüfung. Metrika **8** (1964) 48–82

S t e v e n s , W. L.: Control by Gauging. J. of the Royal Statistical Society, Ser. B, **10** (1948) 54–108

S t o r m , R.: Wahrscheinlichkeitsrechnung, mathematische Statistik und statistische Qualitätskontrolle. Leipzig 1976

S t ö r m e r , H.: Ein Test zum Erkennen von Normalverteilungen. Z. f. Wahrscheinlichkeitstheorie **2** (1964) 420–428

U h l m a n n , W.: Ranggrößen als Schätzfunktionen. Metrika **7** (1963) 23–40

U h l m a n n , W.: Vergleich der hypergeometrischen mit der Binomial-Verteilung. Metrika **10** (1966) 145–158

U h l m a n n , W.: Statistische Schätzverfahren für Dauerfestigkeits-Versuche. Deutsche Luft- und Raumfahrt, Forschungsbericht 67–10, 1967

U h l m a n n , W.: Kostenoptimale Prüfpläne für die Gut-Schlecht-Prüfung. Metrika **13** (1968) 206–228

U h l m a n n , W.: Kostenoptimale Prüfpläne, Tabellen, Praxis und Theorie eines Verfahrens der statistischen Qualitätskontrolle. Würzburg–Wien 1970

U h l m a n n , W.: Zum Minimax-Prinzip in der statistischen Qualitätskontrolle. Metrika **28** (1981) 203–206

U r a , S.: Minimax Approach to a Single Sampling Inspection. Reports of Statistical Application Research **3** (1955) 140—148 = Union of Japanese Scientists and Engineers

V a j d a , S.: Average Sampling Numbers from Finite Lots. Supplement to the Journal of the Royal Statistical Society **VIII** (1946) 198—201

V o g e l , W.: Wahrscheinlichkeitstheorie. Göttingen 1970

V o g t , H.: Über eine Variante der empirischen Verteilungsfunktion. Metrika **25** (1978) 49—58

v. d. W a e r d e n , B. L.: Sampling Inspection as a Minimum Loss Problem. Ann. Math. Statistics **31** (1960) 369—384

v. d. W a e r d e n , B. L.: Sequentielle Qualitätskontrolle als Minimumproblem. Z. Wahrscheinlichkeitstheorie verw. Geb. **4** (1965) 187—202

v. d. Waerden, B. L.: Mathematische Statistik. Berlin—Göttingen—Heidelberg 1971

W a g n e r , G.: Abnahme mit Stichproben. Berlin—Frankfurt 1959 = Ausschuß f. wirtschaftliche Fertigung e. V.

W a l d , A.: Sequential Tests of Statistical Hypotheses. Ann. Math. Statistics **16** (1945) 117—186

W a l d , A.: Sequential Analysis. New York—London 1947

W a l d , A.: Statistical Decision Functions. New York—London 1950

W a l d , A.; W o l f o w i t z , J.: Sampling Inspection Plans for Continuous Production which insure a prescribed Limit on the Outgoing Quality. Ann. Math. Statistics **16** (1945) 30—49

W e i n t r a u b , S.: Tables of the Cumulative Binomial Probability Distribution for small Values of p. London 1963

W i l k s , S. S.: Mathematical Statistics. New York—London 1962

W i t t i n g , H.; N ö l l e , G.: Angewandte mathematische Statistik. Stuttgart 1970

W i t t i n g , H.: Mathematische Statistik. Stuttgart 1978

W o l f o w i t z , J.: On the Theory of Runs with some Applications to Quality Control. Ann. Math. Statistics **14** (1943) 280—288

W o l f o w i t z , J.: Asymptotic Distribution of Runs up and down. Ann. Math. Statistics **15** (1944) 163—172

ASQ-Stichproben-Tabellen zur Attributprüfung. Frankfurt/Main 1960.
= Deutsche Arbeitsgemeinschaft für statistische Qualitätskontrolle (ASQ).

Verzeichnis der Tabellen

Verzeichnis der wichtigeren Bezeichnungen

$\subseteq$	enthalten in (S. 14)
$\in$	Element aus (S. 15)
Ω	Menge, deren Elemente ω als Elementarereignisse interpretiert werden (S. 14)
$\{\omega: \ldots\}$	Menge der Elemente ω, die der nach dem Doppelpunkt folgenden Bedingung genügen (S. 14)
$\emptyset$	leere Menge, die als unmögliches Ereignis interpretiert wird (S. 14)
S	System von Teilmengen von Ω, die als Ereignisse interpretiert werden (S. 15)
CM	Komplement einer Menge M (S. 14)
$\cup$	Vereinigung (S. 15)
$\cap$	Durchschnitt (S. 15)
$W(E)$	Wahrscheinlichkeit des Ereignisses E (S. 17)
$E[\ldots]$	Erwartungswert oder Mittelwert der in eckigen Klammern folgenden zufälligen Variablen (S. 26)
$H(N, n; p)$	Hypergeometrische Verteilung (S. 36)
$Bi(n, p)$	Binomial-Verteilung (S. 37)
$Po(a)$	Poisson-Verteilung (S. 39)
$N(\mu, \sigma^2)$	Normalverteilung mit Mittelwert μ und Varianz σ^2 (S. 41)
$\Phi(y)$	Verteilungsfunktion der Normalverteilung N(0, 1) (S. 42)
$\Psi(y)$	Umkehrfunktion von $\Phi(y)$ (S. 60)
$F^*(\alpha; m_1, m_2)$	Umkehrfunktion der Verteilungsfunktion der F-Verteilung mit m_1 = Freiheitsgrad des Zählers und m_2 = Freiheitsgrad des Nenners (S. 72)
$G^*(\alpha; k)$	Umkehrfunktion der Verteilungsfunktion der χ^2-Verteilung mit Freiheitsgrad k (S. 116)
$\Gamma(y)$	Gamma-Funktion (S. 46)

Sachverzeichnis

Teubner Studienbücher Fortsetzung

Mathematik Fortsetzung

Kochendörffer: **Determinanten und Matrizen**
IV, 148 Seiten. DM 17,80

Kohlas: **Stochastische Methoden des Operations Research**
192 Seiten. DM 24,80 (LAMM)

Krabs: **Optimierung und Approximation**
208 Seiten. DM 26,80

Müller: **Darstellungstheorie von endlichen Gruppen**
IX, 211 Seiten. DM 24,80

Rauhut/Schmitz/Zachow: **Spieltheorie**
Eine Einführung in die mathematische Theorie strategischer Spiele
400 Seiten. DM 29,80 (LAMM)

Schwarz: **FORTRAN-Programme zur Methode der finiten Elemente**
208 Seiten. DM 21,80

Schwarz: **Methode der finiten Elemente**
320 Seiten. DM 32,– (LAMM)

Stiefel: **Einführung in die numerische Mathematik**
5. Aufl. 292 Seiten. DM 26.80 (LAMM)

Stiefel/Fässler: **Gruppentheoretische Methoden und ihre Anwendung**
Eine Einführung mit typischen Beispielen aus Natur- und Ingenieurwissenschaften
256 Seiten. DM 26,80 (LAMM)

Stummel/Hainer: **Praktische Mathematik**
2. Aufl. 368 Seiten. DM 36,–

Topsøe: **Informationstheorie**
Eine Einführung. 88 Seiten. DM 14,80

Uhlmann: **Statistische Qualitätskontrolle**
Eine Einführung. 2. Aufl. 292 Seiten. DM 38,– (LAMM)

Velte: **Direkte Methoden der Variationsrechnung**
Eine Einführung unter Berücksichtigung von Randwertaufgaben bei partiellen
Differentialgleichungen. 198 Seiten. DM 26,80 (LAMM)

Walter: **Biomathematik für Mediziner**
2. Aufl. 206 Seiten. DM 19,80

Witting: **Mathematische Statistik**
Eine Einführung in Theorie und Methoden. 3. Aufl. 223 Seiten. DM 26,80 (LAMM)

Preisänderungen vorbehalten